《中国工程物理研究院科技丛书》 第063号

分数阶偏微分方程及其数值解

Fractional Partial Differential Equations and their Numerical Solutions

郭柏灵 蒲学科 黄凤辉 著

科学出版社
北京

内 容 简 介

本书共分 6 章，主要涉及分数阶偏微分方程的理论分析以及数值计算。第 1 章着重介绍分数阶导数的由来以及一些分数阶偏微分方程的物理背景；第 2 章介绍 Riemann-Liouville 等分数阶导数以及分数阶 Sobolev 空间、交换子估计等常用的工具；第 3 章从理论的角度讨论一些重要的偏微分方程；从第 4 章开始重点讨论分数阶偏微分方程的数值计算，介绍了有限差分法、级数逼近法(主要是 Adomian 分解和变分迭代法)、有限元法以及谱方法、无网格法等计算方法。本书涵盖了该领域的一些前沿结果以及作者目前的一些研究结果。

本书可供大学数学专业、应用数学专业和计算数学专业的高年级学生、研究生、教师以及相关的科技工作者阅读、参考。

图书在版编目(CIP)数据

分数阶偏微分方程及其数值解/郭柏灵，蒲学科，黄凤辉著. —北京：科学出版社，2012

(中国工程物理研究院科技丛书)

ISBN 978-7-03-032684-3

Ⅰ. ①分… Ⅱ. ①郭… ②蒲… ③黄… Ⅲ. ①偏微分方程-数值解 Ⅳ. O241.82

中国版本图书馆 CIP 数据核字 (2011) 第 225742 号

责任编辑：胡 凯 顾 艳／责任校对：钟 洋
责任印制：吴兆东／封面设计：王 浩

科学出版社 出版
北京东黄城根北街 16 号
邮政编码：100717
http://www.sciencep.com

北京凌奇印刷有限责任公司印刷
科学出版社发行 各地新华书店经销
*
2012 年 1 月第 一 版 开本：787×1092 1/16
2025 年 4 月第八次印刷 印张：17
字数：382 000

定价：99.00 元

(如有印装质量问题，我社负责调换)

《中国工程物理研究院科技丛书》

出版说明

中国工程物理研究院建院50年来，坚持理论研究、科学实验和工程设计密切结合的科研方向，完成了国家下达的各项国防科技任务。通过完成任务，在许多专业领域里，不论是在基础理论方面，还是在实验测试技术和工程应用技术方面，都有重要发展和创新，积累了丰富的知识经验，造就了一大批优秀科技人才。

为了扩大科技交流与合作，促进我院事业的继承与发展，系统地总结我院50年来在各个专业领域里集体积累起来的经验，吸收国内外最新科技成果，形成一套系列科技丛书，无疑是一件十分有意义的事情。

这套丛书将部分地反映中国工程物理研究院科技工作的成果，内容涉及本院过去开设过的20几个主要学科。现在和今后开设的新学科，也将编著出书，续入本丛书中。

这套丛书自1989年开始出版，在今后一段时期还将继续编辑出版。我院早些年零散编著出版的专业书籍，经编委会审定后，也纳入本丛书系列。

谨以这套丛书献给50年来为我国国防现代化而献身的人们！

《中国工程物理研究院科技丛书》
编审委员会
2008年5月8日修改

《中国工程物理研究院科技丛书》

公开出版书目

001 **高能炸药及相关物性能**
董海山　周芬芬 主编　　科学出版社 1989 年 11 月

002 **光学高速摄影测试技术**
谭显祥 编著　　科学出版社 1990 年 02 月

003 **凝聚炸药起爆动力学**
章冠人 等编著　　国防工业出版社 1991 年 09 月

004 **线性代数方程组的迭代解法**
胡家赣 编著　　科学出版社 1991 年 12 月

005 **映象与混沌**
陈式刚 编著　　国防工业出版社 1992 年 06 月

006 **再入遥测技术(上册)**
谢铭勋 编著　　国防工业出版社 1992 年 06 月

007 **再入遥测技术(下册)**
谢铭勋 编著　　国防工业出版社 1992 年 12 月

008 **高温辐射物理与量子辐射理论**
李世昌 编著　　国防工业出版社 1992 年 10 月

009 **粘性消去法和差分格式的粘性**
郭柏灵 著　　科学出版社 1993 年 03 月

010 **无损检测技术及其应用**
张俊哲 等著　　科学出版社 1993 年 05 月

011 **半导体材料辐射效应**
曹建中 著　　科学出版社 1993 年 05 月

012 **炸药热分析**
楚士晋 编著　　科学出版社 1993 年 12 月

013 **脉冲辐射场诊断技术**
刘庆兆 主编　　科学出版社 1994 年 12 月

014 **放射性核素活度的测量方法和技术**
古当长 编著　　科学出版社 1994 年 12 月

015 **二维非定常流和激波**
王继海 编著　　科学出版社 1994 年 12 月

016 **抛物型方程差分方法引论**
李德元　陈光南 著　　科学出版社 1995 年 12 月

017 **特种结构分析**
刘新民　韦日演 主编　　国防工业出版社 1995 年 12 月

018 理论爆轰物理

孙锦山　朱建士 著　　国防工业出版社 1995 年 12 月

019 可靠性维修性可用性评估手册

潘吉安 编著　　国防工业出版社 1995 年 12 月

020 脉冲辐射场测量数据处理与误差分析

陈元金 编著　　国防工业出版社 1997 年 01 月

021 近代成像技术与图像处理

吴世法 著　　国防工业出版社 1997 年 03 月

022 一维流体力学差分方法

水鸿寿 著　　国防工业出版社 1998 年 02 月

023 抗辐射电子学——辐射效应及加固原理

赖祖武 等著　　国防工业出版社 1998 年 07 月

024 金属的环境氢脆及其试验技术

周德惠　谭云 著　　国防工业出版社 1998 年 12 月

025 试验核物理测量中的粒子分辨

段绍节 编著　　国防工业出版社 1999 年 06 月

026 实验物态方程导引(第二版)

经福谦 著　　科学出版社 1999 年 09 月

027 无穷维动力系统

郭柏灵 著　　国防工业出版社 2000 年 01 月

028 真空吸取器设计及应用技术

单景德 编著　　国防工业出版社 2000 年 01 月

029 再入飞行器天线

金显盛 编著　　国防工业出版社 2000 年 03 月

030 应用爆轰物理

孙承纬 著　　国防工业出版社 2000 年 12 月

031 混沌的控制、同步与利用

王光瑞　于熙龄　陈式刚 编著　　国防工业出版社 2000 年 12 月

032 激光干涉测速技术

胡绍楼 著　　国防工业出版社 2000 年 12 月

033 空气炮理论与实验技术

王金贵 著　　国防工业出版社 2000 年 12 月

034 一维不定常流与激波

李维新 著　　国防工业出版社 2001 年 05 月

035 X 射线与真空紫外辐射源及其计量技术

孙景文 编著　　国防工业出版社 2001 年 08 月

036 含能材料热谱集

董海山 等编著　　国防工业出版社 2001 年 10 月

037 材料中的氦及氚渗透

王佩璇　宋家树 著　　国防工业出版社 2002 年 04 月

038 **高温等离子体 X 射线谱学**
孙景文 编著 国防工业出版社 2003 年 01 月

039 **激光核聚变靶物理基础**
张钧 常铁强 著 国防工业出版社 2004 年 06 月

040 **复杂系统可靠性工程**
金碧辉 主编 国防工业出版社 2004 年 06 月

041 **核材料 γ 特征谱的探测和分析技术**
田东风 伍钧 编著 国防工业出版社 2004 年 06 月

042 **高能激光系统**
苏毅 万敏 编著 国防工业出版社 2004 年 06 月

043 **近可积无穷维动力系统**
郭柏灵 等著 国防工业出版社 2004 年 06 月

044 **半导体器件和集成电路的辐射效应**
陈盘训 著 国防工业出版社 2004 年 06 月

045 **高功率脉冲技术**
刘锡三 编著 国防工业出版社 2004 年 08 月

046 **热电池**
陆瑞生 刘效疆 编著 国防工业出版社 2004 年 08 月

047 **原子结构、碰撞与光谱理论**
方泉玉 颜君 著 国防工业出版社 2006 年 01 月

048 **非牛顿流动力系统**
郭柏灵 林国广 尚亚东 著 国防工业出版社 2006 年 02 月

049 **动高压原理与技术**
经福谦 陈俊祥 主编 国防工业出版社 2006 年 03 月

050 **直线感应电子加速器**
邓建军 主编 国防工业出版社 2006 年 10 月

051 **中子核反应激发函数**
田东风 主编 国防工业出版社 2006 年 11 月

052 **实验冲击波物理导引**
谭华 著 国防工业出版社 2007 年 03 月

053 **核军备控制核查技术概论**
刘成安 伍钧 编著 国防工业出版社 2007 年 03 月

054 **强流粒子束及其应用**
刘锡三 编著 国防工业出版社 2007 年 05 月

055 **氚和氚的工程技术**
蒋国强 等编著 国防工业出版社 2007 年 11 月

056 **中子学宏观实验**
段绍节 编著 国防工业出版社 2008 年 05 月

057 **高功率微波发生器原理**
丁武 著 国防工业出版社 2008 年 05 月

058 **等离子体中辐射输运和辐射流体力学**

彭惠民 编著　　国防工业出版社 2008 年 08 月

059 **非平衡统计力学**

陈式刚 编著　　科学出版社 2010 年 02 月

060 **高能硝胺炸药的热分解**

彭惠民 编著　　国防工业出版社 2010 年 06 月

061 **电磁脉冲导论**

王泰春　贺云汉　王玉芝 著　　国防工业出版社 2011 年 03 月

062 **高功率超宽带电磁脉冲技术**

孟凡宝 主编　　国防工业出版社 2011 年 11 月

063 **分数阶偏微分方程及其数值解**

郭柏灵　蒲学科　黄凤辉 著　　科学出版社 2012 年 01 月

前　言

近几年来, 分数阶偏微分方程在流体力学、材料力学、生物学、等离子体物理学、金融学、化学等许多领域中被提出, 并开展着蓬蓬勃勃的研究, 其中包括分数阶准地转方程、分数阶 Fokker-Planck 方程、分数阶非线性 Schrödinger 方程、分数阶 Navier-Stokes 方程、分数阶 Landau-Lifshitz 方程以及分数阶 Ginzburg-Landau 方程等. 这些研究都有明确的物理背景, 开辟了一个崭新的研究领域. 其实早在 17 世纪末, 一些数学家, 如 L'Hôpital、Leibniz、Euler 等就开始思考如何定义分数阶导数. 19 世纪 70 年代, Riemann、Liouville 将 Cauchy 积分公式推广, 得到函数的分数阶导数的定义:

$$
{}_0\mathrm{D}_t^{-v} f(t) = \frac{1}{\Gamma(v)} \int_0^t (t-\tau)^{v-1} f(\tau) \mathrm{d}\tau,
$$

其中实部 $\mathrm{Re}v > 0$. 目前经常用的是 Riemann-Liouville、Caputo 以及 Weyl 分数阶导数的定义. 关于拟微分算子的研究始于 20 世纪 60 年代 Kohn 和 Nirenberg 的研究.

近几年来, 我们对大气海洋运动以及等离子体物理的实际物理问题中出现的具分数阶导数的非线性发展方程及其数值方法等方面的资料进行了收集和整理, 并对其中的数学物理问题的数学理论进行研究. 本书主要介绍这些领域中有关研究的最新成果, 其中包括了作者及其合作者得到的一些研究成果. 为了保持系统性和阅读方便起见, 我们还对分数阶导数的基本概念、运算法则及其基本性质, 特别是它的数值方法作了简要的、深入浅出的介绍. 我们希望此书的出版能帮助对此项问题感兴趣的读者, 使他们对该领域的研究有概括性的了解. 对于想从事这方面研究的读者来说, 我们期望他们在阅读本书的基础上, 可以较早地进入国际前沿状态, 从而推动我国在这项研究上得到更加蓬勃的发展.

我们对北京应用物理与计算数学研究所参加讨论班成员的共同努力表示衷心的感谢.
由于作者水平有限, 且时间较短, 资料积累不够充分, 书中一定有不当和错误之处, 敬请读者批评指正.

郭柏灵

2010 年 12 月 1 日

目　录

第 1 章　数学物理中的分数阶微分方程

分数阶微分方程具有深刻的物理背景和丰富的理论内涵, 近年来特别引人注目. 分数阶微分方程指的是含有分数阶导数或者分数阶积分的方程. 目前, 分数阶导数和分数阶积分在物理、生物、化学等多个学科领域有着广泛的应用, 如具有混沌动力行为的动力系统、拟混沌动力系统、复杂物质或者多孔介质的动力学、具有记忆的随机游走等. 本章的目的是介绍分数阶导数的由来, 然后介绍一些分数阶微分方程的物理背景等. 由于篇幅所限, 这一章仅作一点概括性的介绍, 但这已经足以说明分数阶微分方程 (包括分数阶偏微分方程、分数阶积分方程) 在各学科领域中的广泛应用, 然而对分数阶微分方程的数学理论研究以及其数值解的研究都有待进一步深入. 有兴趣的读者可以参阅相关的专著和文献.

1.1　分数阶导数的由来

整数阶导数以及积分的概念是大家所熟知的. 导数 $\mathrm{d}^n y/\mathrm{d}x^n$ 描述了 y 变量关于 x 的变化程度, 有着深刻的物理背景. 现在的问题是：怎样将 n 推广到一般的分数, 甚至是复数?

这一问题由来已久, 可以追溯到 1695 年 L'Hôpital 给 Leibniz 的一封信, 其中便问道当 $n=1/2$ 时, $\mathrm{d}^n y/\mathrm{d}x^n$ 是什么？同一年, 在 Leibniz 给 J. Bernoulli 的信件中也提到了具有一般阶数的导数. 这一问题也被 Euler, Lagrange 等考虑过, 并给出了相关的见解. 1812 年, Laplace 利用积分给出了一个分数阶导数的定义. 当 $y=x^m$ 时, 利用 Gamma 函数, Lacroix 得到

$$\frac{\mathrm{d}^n y}{\mathrm{d}x^n}=\frac{\Gamma(m+1)}{\Gamma(m-n+1)}x^{m-n+1},\quad m\geqslant n, \tag{1.1.1}$$

并由此给出了当 $y=x, n=\dfrac{1}{2}$ 时的分数阶导数

$$\frac{\mathrm{d}^{1/2} y}{\mathrm{d}x^{1/2}}=\frac{2\sqrt{x}}{\sqrt{\pi}}. \tag{1.1.2}$$

这和现在的 Riemann-Liouville 分数阶导数给出的结论是一致的.

稍后, Fourier 通过现在所谓的傅里叶变换给出了分数阶导数的定义. 注意到函数 $f(x)$ 可以表示为双重积分

$$f(x)=\frac{1}{2\pi}\int_{-\infty}^{\infty}\int_{-\infty}^{\infty} f(y)\cos\xi(x-y)\mathrm{d}\xi\mathrm{d}y.$$

注意到

$$\frac{\mathrm{d}^n}{\mathrm{d}x^n}\cos\xi(x-y)=\xi^n\cos\left(\xi(x-y)+\frac{1}{2}n\pi\right),$$

并将 n 替换为一般的 ν, 通过积分号下求导数的方法, 则可以将整数阶导数推广到分数阶：

$$\frac{\mathrm{d}^{\nu}}{\mathrm{d}x^{\nu}}f(x)=\frac{1}{2\pi}\int_{-\infty}^{\infty}\int_{-\infty}^{\infty}f(y)\xi^{\nu}\cos\left(\xi(x-y)+\frac{1}{2}\nu\pi\right)\mathrm{d}\xi\mathrm{d}y.$$

考虑 Abel 积分方程

$$k=\int_{0}^{x}(x-t)^{-1/2}f(t)\mathrm{d}t, \tag{1.1.3}$$

其右端是定义了分数阶 (1/2) 积分的定积分, f 待定. Abel 在研究上述积分方程时将右端写为 $\sqrt{\pi}\frac{\mathrm{d}^{-1/2}}{\mathrm{d}x^{-1/2}}f(x)$, 从而有

$$\frac{\mathrm{d}^{1/2}}{\mathrm{d}x^{1/2}}k=\sqrt{\pi}f(x).$$

此式表明, 一般情况下常数的分数阶导数不再是零.

可能是受到 Fourier 和 Abel 的启发, Liouville 于 19 世纪 30 年代在分数阶导数方面做了一系列的工作, 并成功地将其理论应用到位势理论中. 由于

$$\mathrm{D}^{m}\mathrm{e}^{ax}=a^{m}\mathrm{e}^{ax},$$

Liouville 将其导数推广到任意的阶数 (ν 可以为有理数、无理数、甚至是复数):

$$\mathrm{D}^{\nu}\mathrm{e}^{ax}=a^{\nu}\mathrm{e}^{ax}. \tag{1.1.4}$$

如果函数 f 可以展成无穷级数的形式:

$$f(x)=\sum_{n=0}^{\infty}c_n\mathrm{e}^{a_nx},\quad \mathrm{Re}a_n>0, \tag{1.1.5}$$

则可以求其分数阶导数

$$\mathrm{D}^{\nu}f(x)=\sum_{n=0}^{\infty}c_na_n^{\nu}\mathrm{e}^{a_nx}. \tag{1.1.6}$$

如果 f 不能展成式 (1.1.5) 的形式时又怎样求其分数阶导数呢? 可能 Liouville 已经注意到了这样的问题, 于是他利用 Gamma 函数给出了另一种表述. 为了利用其基本假设 (1.1.4), 注意到

$$I=\int_{0}^{\infty}u^{a-1}\mathrm{e}^{-xu}=x^{-a}\Gamma(a),$$

从而可以得到

$$\begin{aligned}\mathrm{D}^{\nu}x^{-a}=&\frac{(-1)^{\nu}}{\Gamma(a)}\int_{0}^{\infty}u^{a+\nu-1}\mathrm{e}^{-xu}\mathrm{d}u\\=&\frac{(-1)^{\nu}\Gamma(a+\nu)}{\Gamma(a)}x^{-a-\nu},\quad a>0.\end{aligned} \tag{1.1.7}$$

至此, 我们已经介绍了两类不同的分数阶导数的定义: 一是 Lacroix 给出的关于 $x^{a}(a>0)$ 的定义 (1.1.1); 另一是由 Liouville 给出的关于 $x^{-a}(a>0)$ 的定义 (1.1.7). 可以看出, 利用 Lacroix 的定义, 常数 x^0 的分数阶导数一般不再是零. 如当 $m=0$, $n=\frac{1}{2}$ 时,

$$\frac{\mathrm{d}^{1/2}}{\mathrm{d}x^{1/2}}x^{0}=\frac{\Gamma(1)}{\Gamma(1/2)}x^{-1/2}=\frac{1}{\sqrt{\pi x}}. \tag{1.1.8}$$

而在 Liouville 的定义中, 由于 $\Gamma(0)=\infty$, 可以看出常数的分数阶导数为零 (尽管 Liouville 假设 $a>0$). 至于这二者之间哪个才是分数阶导数正确的形式, Center 指出整个问题可以归结为怎样确定 $\mathrm{d}^{\nu}x^{0}/\mathrm{d}x^{\nu}$; 又正如 De Morgan 指出的, 二者均可能是一个更广泛的系统的一部分.

现在被称为 Riemann-Liouville(R-L) 分数阶导数的定义可能源于 N. Ya Sonin. 他的出发点是 Cauchy 积分公式. 利用 Cauchy 积分公式, n 阶导数可以定义为

$$\mathrm{D}^{n}f(z)=\frac{n!}{2\pi \mathrm{i}}\int_{C}\frac{f(\xi)}{(\xi-z)^{n+1}}\mathrm{d}\xi. \tag{1.1.9}$$

利用围道积分, 可以得到如下的推广 (其中, Laurent 的工作功不可没!):

$${}_{c}\mathrm{D}_{x}^{-\nu}f(x)=\frac{1}{\Gamma(\nu)}\int_{c}^{x}(x-t)^{\nu-1}f(t)\mathrm{d}t,\quad \mathrm{Re}\,\nu>0, \tag{1.1.10}$$

其中, 常数 $c=0$ 是最常用的情形, 称之为 Riemann-Liouville 分数阶积分, 即

$${}_{0}\mathrm{D}_{x}^{-\nu}f(x)=\frac{1}{\Gamma(\nu)}\int_{0}^{x}(x-t)^{\nu-1}f(t)\mathrm{d}t,\quad \mathrm{Re}\,\nu>0. \tag{1.1.11}$$

为了使该积分收敛, 一个充分的条件是 $f(1/x)=O(x^{1-\varepsilon}),\varepsilon>0$. 具有该性质的可积函数通常称为属于 Riemann 类的函数. 当 $c=-\infty$ 时,

$${}_{-\infty}\mathrm{D}_{x}^{-\nu}f(x)=\frac{1}{\Gamma(\nu)}\int_{-\infty}^{x}(x-t)^{\nu-1}f(t)\mathrm{d}t,\quad \mathrm{Re}\,\nu>0. \tag{1.1.12}$$

为了使积分收敛, 一个充分的条件是当 $x\to\infty$ 时, $f(-x)=O(x^{-\nu-\varepsilon})(\varepsilon>0)$. 具有该性质的可积函数常称为属于 Liouville 类的函数. 这样的积分还满足如下的指数法则:

$${}_{c}\mathrm{D}_{x}^{-\mu}{}_{c}\mathrm{D}_{x}^{-\nu}f(x)={}_{c}\mathrm{D}_{x}^{-\mu-\nu}f(x).$$

当 $f(x)=x^{a}(a>-1)$, $\nu>0$ 时, 由式 (1.1.11) 可知

$${}_{0}\mathrm{D}_{x}^{-\nu}x^{a}=\frac{\Gamma(a+1)}{\Gamma(a+\nu+1)}x^{a+\nu},$$

利用链式法则 $\mathrm{D}[\mathrm{D}^{-\nu}f(x)]=\mathrm{D}^{1-\nu}f(x)$, 则可以得到

$${}_{0}\mathrm{D}_{x}^{\nu}x^{a}=\frac{\Gamma(a+1)}{\Gamma(a-\nu+1)}x^{a-\nu},\quad 0<\nu<1,\ a>-1.$$

特别地, 当 $f(x)=x$, $\nu=\dfrac{1}{2}$ 时, 可以重新得到 Lacroix 的公式 (1.1.2); 当 $f(x)=x^{0}=1$, $\nu=\dfrac{1}{2}$ 时, 又可以重新得到公式 (1.1.8)(与前文 Liouville 给出的分数阶微分系统相吻合).

另外, 现在使用较多的还有 Weyl 分数阶积分的定义:

$${}_{x}W_{\infty}^{-\nu}f(x)=\frac{1}{\Gamma(\nu)}\int_{x}^{\infty}(t-x)^{\nu-1}f(t)\mathrm{d}t,\quad \mathrm{Re}\,\nu>0. \tag{1.1.13}$$

从 R-L 分数阶积分的定义 (1.1.12) 出发, 作变换 $t=-\tau$ 可以得到

$$ {}_{-\infty}\mathrm{D}_x^{-\nu}f(x)=-\frac{1}{\Gamma(\nu)}\int_{\infty}^{-x}(x+\tau)^{\nu-1}f(-\tau)\mathrm{d}\tau. $$

再作变换 $x=-\xi$, 可以得到

$$ {}_{-\infty}\mathrm{D}_{-\xi}^{-\nu}f(-\xi)=\frac{1}{\Gamma(\nu)}\int_{\xi}^{\infty}(\tau-\xi)^{\nu-1}f(-\tau)\mathrm{d}\tau. $$

记 $f(-\xi)=g(\xi)$, 则可以得到 Weyl 分数阶积分定义 (1.1.13) 的右端表达式.

1.2 反常扩散与分数阶扩散对流

反常扩散现象在自然科学和社会科学中大量存在. 事实上, 许多复杂的动力系统通常都包含着反常扩散. 在描述这些复杂系统时, 分数阶动力学方程通常是一种有效的方法. 这些方程包含扩散型的、扩散对流型的和 Fokker-Planck 型的分数阶方程. 复杂系统通常有以下几个方面的特点: 首先, 系统中有大量的基本单元; 其次, 这些基本单元之间存在着强作用, 或者随着时间的发展, 其变化是不可预测地或者是反常地发展, 往往和通常标准系统的发展有所偏离. 这些系统现在已经大量地出现在物理、化学、工程、地质、生物、经济、气象、大气等许多实际问题中. 我们的目的不是系统地介绍反常扩散与分数阶对流扩散, 而在于引出描述一些复杂系统的分数阶微分方程, 更进一步的知识请读者参阅某些专著.

在经典的指数 Debye 模式中, 系统的松弛通常满足关系:

$$ \Phi(t)=\Phi_0\exp(-t/\tau); $$

然而在复杂系统中, 却往往满足 Kohlrausch-Williams-Watts 指数关系:

$$ \Phi(t)=\Phi_0\exp(-(t/\tau)^{\alpha}),\quad 0<\alpha<1, $$

或者满足下述的渐近幂律:

$$ \Phi(t)=\Phi_0(1+t/\tau)^{-n},\quad n>0. $$

而且在实际的系统中, 往往还可以观测到由指数律向幂律关系的转换.

与此类似, 在许多复杂系统中的扩散过程不再遵循 Gauss 统计, 从而 Fick 第二定律就不足以描述相应的输运行为. 在经典的布朗运动中, 可以观测到均方偏移对时间的线性依赖性:

$$ \langle x^2(t)\rangle\sim K_1t. \tag{1.2.1} $$

而在反常扩散中, 其均方偏移不再是时间的线性函数, 常见的有幂律依赖性, 即

$$ \langle x^2(t)\rangle\sim K_{\alpha}t^{\alpha}. $$

根据反常扩散指数 α 的不同, 可以定义不同的反常扩散类型. 当 $\alpha=1$ 时, 为“正常”的扩散过程; 当 $0<\alpha<1$ 时, 具有非正常扩散指数, 为亚扩散过程 (色散的、慢的); 当 $\alpha>1$ 时, 为超扩散过程 (增高的、快的).

在具有或者不具有外力场的情形下, 反常扩散过程已经有大量的研究结果, 包括:

(1) 分数阶布朗运动, 可以追溯到 Benoît Mandelbrot[1, 2];

(2) 连续时间随机游走模型;

(3) 广义扩散方程[3];

(4) Langevin 方程;

(5) 广义 Langevin 方程;

……

其中, (2) 和 (5) 恰当地描述了系统的记忆行为以及概率分布函数的特殊形式[4], 然而不足的是, 不能够以直接的方式考虑外力场的作用、边值问题, 或者在相空间考虑其动力学.

1.2.1 随机游走和分数阶方程

下面简单地介绍随机游走和分数阶扩散方程. 考虑一维的随机游走. 受检验的粒子在时间间隔 Δt 内随机地游走到它邻近的一个格点, 其距离为 Δx, 这样的系统可由如下方程描述:

$$W_j(t+\Delta t)=\frac{1}{2}W_{j-1}(t)+\frac{1}{2}W_{j+1}(t),$$

其中, $W_j(t)$ 表示粒子在 t 时刻位于 j 位置的概率密度函数, 系数 $\frac{1}{2}$ 表示粒子的游走是各向同性的, 即向左和向右游走一个单位的概率均是 $\frac{1}{2}$. 考虑其连续极限 $\Delta t\to 0$, $\Delta x\to 0$, 由 Talyor 展式可得

$$W_j(t+\Delta t)=W_j(t)+\Delta t\frac{\partial W_j}{\partial t}+O((\Delta t)^2),$$
$$W_{j\pm 1}(t)=W(x,t)\pm\Delta x\frac{\partial W}{\partial x}+\frac{(\Delta x)^2}{2}\frac{\partial^2 W}{\partial x^2}+O((\Delta x)^3),$$

从而导致扩散方程

$$\frac{\partial W}{\partial t}=K_1\frac{\partial^2}{\partial x^2}W(x,t),\quad K_1=\lim_{\Delta x\to 0,\Delta t\to 0}\frac{(\Delta x)^2}{2\Delta t}<\infty. \tag{1.2.2}$$

由简单的偏微分方程知识可知, 方程 (1.2.2) 的解可以表示为

$$W(x,t)=\frac{1}{\sqrt{4\pi K_1 t}}\exp\left(-\frac{x^2}{4K_1 t}\right). \tag{1.2.3}$$

函数 (1.2.3) 通常称为传播子, 即方程 (1.2.2) 的满足初值为 $W_0(x)=\delta(x)$ 的解. 方程 (1.2.2) 的解满足指数衰减律:

$$W(x,t)=\exp(-K_1k^2t). \tag{1.2.4}$$

对于反常扩散, 我们先考虑连续时间的随机游走模型. 它主要基于如下思想: 对于一次给定的跳跃 (Jump), 其跳跃长度以及两次相邻跳跃之间的等待时间可以由一个跳跃概率密度函数 $\psi(x,t)$ 决定. 跳跃长度概率密度函数和等待时间概率密度函数分别为

$$\lambda(x)=\int_0^{\infty}\psi(x,t)\mathrm{d}t,\quad w(t)=\int_{-\infty}^{\infty}\psi(x,t)\mathrm{d}x. \tag{1.2.5}$$

这里 $\lambda(x)\mathrm{d}x$ 可以理解为在 $(x, x+\mathrm{d}x)$ 区间内的跳跃长度的概率, 而 $w(t)\mathrm{d}t$ 可以理解为在 $(t, t+\mathrm{d}t)$ 时间段内的跳跃等待时间的概率. 容易看出, 如果跳跃时间和跳跃长度是独立的, 则 $\psi(x,t) = w(t)\lambda(x)$. 不同的连续时间随机游走模型可以由特征等待时间

$$T = \int_0^{\infty} w(t) t \mathrm{d}t$$

和跳跃长度变差

$$\Sigma^2 = \int_{-\infty}^{\infty} \lambda(x) x^2 \mathrm{d}x$$

是否有限或者发散共同决定. 此时, 一个连续时间随机游走模型可由如下方程描述:

$$\eta(x,t) = \int_{-\infty}^{\infty} \mathrm{d}x' \int_0^{\infty} \mathrm{d}t' \eta(x',t') \psi(x-x', t-t') + \delta(x)\delta(t), \tag{1.2.6}$$

该方程将在 t 时刻就已经到达 x 位置的概率密度函数 $\eta(x,t)$ 和在 t' 时刻就已经到达 x' 位置这一事件联系起来, 而方程右端第二项则表示初始条件. 从而, 在 t 时刻在 x 位置的概率密度函数 $W(x,t)$ 就可以表示为

$$W(x,t) = \int_0^t \mathrm{d}t' \eta(x,t') \Psi(t-t'), \quad \Psi(t) = 1 - \int_0^t \mathrm{d}t' w(t'). \tag{1.2.7}$$

式 (1.2.7) 中各项可以这样理解: $\eta(x,t')$ 表示在 t' 时刻就已经到达 x 的概率密度函数, 而 $\Psi(t-t')$ 表示在 t 时刻还没有离开的概率密度函数, 从而 $W(x,t)$ 表示 t 在 x 的概率密度函数. 利用傅里叶变换和拉普拉斯变换, 可以发现 $W(x,t)$ 满足下面的代数关系[5]:

$$W(k,u) = \frac{1-w(u)}{u} \frac{W_0 k}{1-\psi(k,u)}, \tag{1.2.8}$$

其中, $W_0(k)$ 表示初值 $W_0(x)$ 的傅里叶变换.

当 $w(t)$ 和 $\lambda(t)$ 独立, 即 $\psi(x,t) = w(t)\lambda(x)$, 且 T 和 Σ^2 有限时, 连续时间随机游走模型渐近等价于布朗运动. 考虑 Poisson 等待时间概率密度函数 $w(t) = \tau^{-1}\exp(-t/\tau)$, 且 $T = \tau$, 和 Gauss 跳跃长度概率密度函数 $\lambda(x) = (4\pi\sigma^2)^{-1/2}\exp(-x^2/(4\sigma^2))$, $\Sigma^2 = 2\sigma^2$. 则相应的拉普拉斯变换和傅里叶变换具有形式

$$w(u) \sim 1 - u\tau + O(\tau^2), \quad \lambda(k) \sim 1 - \sigma^2 k^2 + O(k^4).$$

考虑一种特殊情形 —— 分数时间随机游走, 它将导致描述亚扩散过程的分数阶扩散方程. 在此模型中, 其特征等待时间 T 发散, 跳跃长度方差 Σ^2 有限[6]. 引入长尾等待时间概率密度函数, 其渐近行为以及拉普拉斯变换分别渐近满足

$$w(t) \sim A_\alpha (\tau/t)^{1+\alpha}, \quad w(u) \sim 1 - (u\tau)^\alpha,$$

而 $w(t)$ 的具体形式却无关紧要. 又考虑到如上的 Gauss 跳跃长度概率密度函数 $\lambda(x)$, 可以得到概率密度函数满足

$$W(k,u) = \frac{[W_0(k)/u]}{1 + K_\alpha u^{-\alpha} k^2}. \tag{1.2.9}$$

利用分数阶积分的拉普拉斯变换[7~10]

$$\mathscr{L}\{{}_0\mathrm{D}_t^{-p}W(x,t)\} = u^{-p}W(x,u), \quad p \geqslant 0,$$

又注意到 $\mathscr{L}\{1\} = 1/u$, 可以由式 (1.2.9) 得到分数阶积分方程

$$W(x,t) - W_0(x) = {}_0\mathrm{D}_t^{-\alpha} K_\alpha \frac{\partial^2}{\partial x^2} W(x,t). \tag{1.2.10}$$

引入时间导数 $\dfrac{\partial}{\partial t}$, 进而可以得到分数阶微分方程

$$\frac{\partial W}{\partial t} = {}_0\mathrm{D}_t^{1-\alpha} K_\alpha \frac{\partial^2}{\partial x^2} W(x,t), \tag{1.2.11}$$

其中, Riemann-Liouville 算子 ${}_0\mathrm{D}_t^{1-\alpha} = \dfrac{\partial}{\partial t}{}_0\mathrm{D}_t^{-\alpha}(0 < \alpha < 1)$ 定义为 (见后续章节)

$${}_0\mathrm{D}_t^{1-\alpha} W(x,t) = \frac{1}{\Gamma(\alpha)} \frac{\partial}{\partial t} \int_0^t \frac{W(x,t')}{(t-t')^{1-\alpha}} \mathrm{d}t'. \tag{1.2.12}$$

由此定义中的积分核 $M(t) \propto t^{\alpha-1}$ 可知, 方程 (1.2.11) 中定义的亚扩散过程不具有 Markov 性. 事实上, 此时[4]

$$\langle x^2(t) \rangle = \frac{2K_\alpha}{\Gamma(1+\alpha)} t^\alpha.$$

方程 (1.2.11) 还可以写为其等价形式:

$${}_0\mathrm{D}_t^{\alpha} W - \frac{t^{-\alpha}}{\Gamma(1-\alpha)} W_0(x) = K_\alpha \frac{\partial^2}{\partial x^2} W(x,t),$$

其中, 和通常的标准扩散过程相比, 初值 $W_0(x)$ 不再具有指数衰减性质, 而是具有幂律衰减[11][比较式 (1.2.4)].

考虑另外一种特殊形式 ——Lévy 飞行 (Lévy Flights). 其中, 特征等待时间 T 有限, 而 Σ^2 发散. 模型具有 Poisson 等待时间, 其跳跃长度满足 Lévy 分布, 即

$$\lambda(k) = \exp(-\sigma^\mu |k|^\mu) \sim 1 - \sigma^\mu |k|^\mu, \quad 1 < \mu < 2, \tag{1.2.13}$$

渐近满足

$$\lambda(x) \sim A_\mu \sigma^{-\mu} |x|^{-1-\mu}, \quad |x| \gg \sigma.$$

由 T 的有限性, 此过程具有 Markov 特性. 将式 (1.2.13) 中 $\lambda(k)$ 的渐近展式代入到关系式 (1.2.8) 可以得到

$$W(k,u) = \frac{1}{u + K^\mu |k|^\mu}, \tag{1.2.14}$$

从而通过傅里叶变换和拉普拉斯变换可以导出分数阶微分方程

$$\frac{\partial W}{\partial t} = K^\mu {}_{-\infty}\mathrm{D}_x^\mu W(x,t), \quad K^\mu \equiv \sigma^\mu / \tau. \tag{1.2.15}$$

此处 ${}_{-\infty}\mathrm{D}_x^\mu$ 为 Weyl 算子 (见后续章节), 在一维情形下等价于 Riesz 算子 ∇^μ. 利用傅里叶变换, 其传播子可以表示为

$$W(k,t) = \exp(-K^{\mu}t|k|^{\mu}).$$

如果 Σ^2 和 T 均发散, 则可以得到如下的分数阶微分方程[4]

$$\frac{\partial W}{\partial t} = {}_0\mathrm{D}_t^{1-\alpha} K_\alpha^\mu \nabla^\mu W(x,t), \quad K_\alpha^\mu \equiv \sigma^\mu/\tau^\alpha. \tag{1.2.16}$$

1.2.2 分数阶扩散对流方程

下面考虑分数阶扩散对流方程. 在布朗运动情形下, 当具有附加的速度场 v 或者在具有恒定的外力场的影响下时, 系统可有如下的扩散对流方程描述:

$$\frac{\partial W}{\partial t} + v\frac{\partial W}{\partial x} = K_1 \frac{\partial^2}{\partial x^2} W(x,t). \tag{1.2.17}$$

在反常扩散中, 此方程将不再成立. 下面考虑几种常见的推广.

首先, 注意到方程 (1.2.17) 是 Galilei 不变的, 即问题在变换 $x \to x - vt$ 下是不变的. 当考虑随着齐次速度场 v 移动的标架 (参考系) 时, 检验粒子的随机游走的跳跃函数为 $\psi(x,t)$, 相应地, 在实验室标架下待检验粒子的跳跃函数则应为

$$\phi(x,t) = \psi(x - vt, t).$$

利用相应的傅里叶–拉普拉斯变换可知

$$\phi(k,u) = \psi(k, u + \mathrm{i}vk).$$

当 T 发散, 而 Σ^2 有限时, 可以通过式 (1.2.8) 导出传播子

$$W(k,u) = \frac{1}{u + \mathrm{i}vk + K_\alpha k^2 u^{1-\alpha}}, \tag{1.2.18}$$

从而可导出分数阶扩散对流方程 [比较式 (1.2.11)]

$$\frac{\partial W}{\partial t} + v\frac{\partial W}{\partial x} = {}_0\mathrm{D}_t^{1-\alpha} K_\alpha \frac{\partial^2}{\partial x^2} W(x,t). \tag{1.2.19}$$

该方程的解可以通过对方程 (1.2.11) 的解作 Galilei 变换得到, 即

$$W(x,t) = W_{v=0}(x - vt, t).$$

方程 (1.2.19) 的一些矩统计量为

$$\begin{aligned} &\langle x(t)\rangle = vt, \quad \langle x^2(t)\rangle = \frac{2K_\alpha}{\Gamma(1+\alpha)} t^\alpha + v^2 t^2, \\ &\langle (\Delta x(t))^2\rangle = \frac{2K_\alpha}{\Gamma(1+\alpha)} t^\alpha. \end{aligned} \tag{1.2.20}$$

可以看出, 均方偏移 $\langle (\Delta x(t))^2\rangle$ 仅包含分子的分布信息, 一阶矩 $\langle x(t)\rangle$ 则解释了沿速度场 v 的平移. 这样的 Galilei 不变亚扩散可用来描述在流场中的粒子运动, 其中流质本身具有亚扩散现象.

如果速度场 $v=v(x)$ 依赖于空间变量[12~14], 假设

$$\phi(x,t;x_0)=\psi(x-\tau_a v(x_0),t), \tag{1.2.21}$$

此时可以导出如下的分数阶微分方程:

$$\frac{\partial W}{\partial t}={}_0\mathrm{D}_t^{1-\alpha}\left[-A_\alpha\frac{\partial}{\partial x}v(x)+K_\alpha\frac{\partial^2}{\partial x^2}\right]W(x,t). \tag{1.2.22}$$

对于齐次的速度场, 可以得到如下的分数阶微分方程:

$$\frac{\partial W}{\partial t}={}_0\mathrm{D}_t^{1-\alpha}\left[-A_\alpha\frac{\partial}{\partial x}v+K_\alpha\frac{\partial^2}{\partial x^2}\right]W(x,t). \tag{1.2.23}$$

可以证明, 此时分数阶方程的解不满足 $W(x-v^*t^\alpha,t)$ 形式的 Galilei 变换. 此时方程的一些统计量为

$$\langle x(t)\rangle=\frac{A_\alpha vt^\alpha}{\Gamma(1+\alpha)},\quad \langle x^2(t)\rangle=\frac{2A_\alpha^2v^2t^{2\alpha}}{\Gamma(1+2\alpha)}+\frac{2K_\alpha t^\alpha}{\Gamma(1+\alpha)}, \tag{1.2.24}$$

此时一阶矩次线性增长.

对于有外速度场 v 情形时的 Lévy 飞行, 即 T 有限而 Σ^2 发散, 可以导出分数阶微分方程

$$\frac{\partial W}{\partial t}+v\frac{\partial W}{\partial x}=K^\mu\boldsymbol{\nabla}^\mu W(x,t), \tag{1.2.25}$$

它可以用于描述具有发散的均方偏移的 Markov 过程.

1.2.3 分数阶 Fokker-Planck 方程

在具有外力场时, 经典的扩散过程通常可以利用 Fokker-Planck 方程 (FPE) 描述[4,15~18]:

$$\frac{\partial W}{\partial t}=\left[\frac{\partial}{\partial x}\frac{V'(x)}{m\eta_1}+K_1\frac{\partial^2}{\partial x^2}\right]W(x,t), \tag{1.2.26}$$

其中, m 为检验粒子的质量, η_1 为检验粒子和其环境之间的摩擦系数, 外力通过外场表示 $F(x)=-\dfrac{\mathrm{d}V}{\mathrm{d}x}$, 其性质可以参阅相关文献. 为了和下面的分数阶 Fokker-Planck 方程 (FFPE) 对比, 下面仅给出几个重要的基本性质:

(1) 在无外力极限时, 方程 (1.2.26) 退化为 Fick 第二定律, 从而均方偏移满足式 (1.2.1) 中描述的线性关系;

(2) 单模式的松弛随时间指数衰减:

$$T_n(t)=\exp(-\lambda_{n,1}t), \tag{1.2.27}$$

其中, $\lambda_{n,1}$ 为 Fokker-Planck 算子 $L_{FP}=\dfrac{\partial}{\partial x}\dfrac{V'(x)}{m\eta_1}+K_1\dfrac{\partial^2}{\partial x^2}$ 的特征值;

(3) 稳态解 $W_{st}(x)=\lim\limits_{t\to\infty}W(x,t)$ 由 Gibbs-Boltzmann 分布给出:

$$W_{st}=N\exp(-\beta V(x)), \tag{1.2.28}$$

其中, N 为正则化常数, $\beta=(k_BT)^{-1}$ 为 Boltzmann 因子;

(4) FPE 满足 Einstein-Stokes-Smoluchowski 关系:

$$K_1 = k_B T/m\eta_1;$$

(5) 第二 Einstein 关系成立:

$$\langle x(t)\rangle_F = \frac{FK_1}{k_B T}t, \tag{1.2.29}$$

联系着在恒定外力 F 下的一阶矩和不具有外力时的二阶矩 $\langle x^2(t)\rangle_0 = 2K_1 t$.

FPE 方程及其应用已经得到了广泛的研究, 为了描述在外力场中的反常扩散, 引入推广的 FFPE[4,11,19,20]:

$$\frac{\partial W}{\partial t} = {}_0\mathrm{D}_t^{1-\alpha}\left[\frac{\partial}{\partial x}\frac{V'(x)}{m\eta_\alpha} + K_\alpha\frac{\partial^2}{\partial x^2}\right]W(x,t). \tag{1.2.30}$$

方程满足以下性质:

(1) 在无外力场极限下,

$$\langle x^2(t)\rangle_0 = \frac{2K_\alpha}{\Gamma(1+\alpha)}t^\alpha,$$

当 $V =$ 常数时, 方程退化为方程 (1.2.11);

(2) 单模式的松弛由 Mittag-Leffler 函数给出 [比较式 (1.2.27)]:

利用分离变量方法, 设

$$W_n(x,t) = T_n(t)\varphi_n(x),$$

从而方程 (1.2.30) 可以分解为如下方程:

$$\frac{\mathrm{d}T_n}{\mathrm{d}t} = -\lambda_{n,\alpha}{}_0\mathrm{D}_t^{1-\alpha}T_n(t), \tag{1.2.31}$$

$$L_{FP}\varphi_n(x) = -\lambda_{n,\alpha}\varphi_n(x). \tag{1.2.32}$$

当 $T_n(0) = 1$ 时, $T_n(t)$ 由 Mittag-Leffler 函数表示为

$$T_n(t) = E_\alpha(-\lambda_{n,\alpha}t^\alpha) = \sum_{j=0}^{\infty}\frac{(-\lambda_{n,\alpha}t^\alpha)^j}{\Gamma(1+\alpha j)};$$

(3) 稳态解由 Gibbs-Boltzmann 分布给出:

将方程 (1.2.30) 右端写为如下形式:

$$-{}_0\mathrm{D}_t^{1-\alpha}\frac{\partial S(x,t)}{\partial x}, \quad S(x,t) = \left[-\frac{\partial}{\partial x}\frac{V'(x)}{m\eta_\alpha} - K_\alpha\frac{\partial^2}{\partial x^2}\right]W(x,t), \tag{1.2.33}$$

其中, $S(x,t)$ 表示概率流. 在稳态解情形, $S(x,t)$ 为常数, 从而

$$\frac{V'(x)}{m\eta_\alpha}W_{st}(x) + K_\alpha\frac{\mathrm{d}}{\mathrm{d}x}W_{st}(x) = 0. \tag{1.2.34}$$

可以推知

$$W_{st}(x) = N\exp\left(-\frac{V(x)}{m\eta_\alpha K_\alpha}\right).$$

和经典情形类似地, 要求 W_{st} 由 Boltzmann 分布式 (1.2.28) 给出, 则可以得到.

(4) 广义的 Einstein-Stokes-Smoluchowski 关系: $K_\alpha = k_{\rm B}T/m\eta_\alpha$;

(5) 第二 Einstein 关系式对 FFPE 仍然成立, 即

$$\langle x(t)\rangle_F = \frac{F}{m\eta_\alpha\Gamma(1+\alpha)}t^\alpha = \frac{FK_\alpha}{k_{\rm B}T\Gamma(1+\alpha)}t^\alpha.$$

注意到 $\Gamma(2)=1$, 于是此关系式退化到式 (1.2.29).

考虑一种特殊情形, $V(x)=\frac{1}{2}m\omega^2x^2$, 此时系统描述的是亚扩散的、调和约束粒子 (Harmonically Bound Particles) 的运动. 此时, 方程 (1.2.30) 化简为

$$\frac{\partial W}{\partial t} = {}_0{\rm D}_t^{1-\alpha}\left[\frac{\partial}{\partial x}\frac{\omega^2 x}{\eta_\alpha} + K_\alpha\frac{\partial^2}{\partial x^2}\right]W(x,t).$$

利用分离变量法以及 Hermite 多项式的定义[21], 可以得到方程的解的表达式[19]:

$$W=\sqrt{\frac{m\omega^2}{2\pi k_{\rm B}T}}\sum_0^\infty\frac{1}{2^n n!}E_\alpha\left(\frac{-n\omega^2t^\alpha}{\eta_\alpha}\right)H_n\left(\frac{\sqrt{m}\omega x'}{\sqrt{2k_{\rm B}T}}\right)H_n\left(\frac{\sqrt{m}\omega x}{\sqrt{2k_{\rm B}T}}\right)\exp\left(-\frac{m\omega^2x^2}{2k_{\rm B}T}\right),$$

其中, H_n 表示厄米多项式, 其稳态解则可以表示为

$$\begin{aligned}W_{st}(x)=&\sqrt{\frac{m\omega^2}{2\pi k_{\rm B}T}}H_0\left(\frac{\sqrt{m}\omega x'}{\sqrt{2k_{\rm B}T}}\right)H_0\left(\frac{\sqrt{m}\omega x}{\sqrt{2k_{\rm B}T}}\right)\exp\left(-\frac{m\omega^2x^2}{2k_{\rm B}T}\right)\\=&\sqrt{\frac{m\omega^2}{2\pi k_{\rm B}T}}\exp\left(-\frac{m\omega^2x^2}{2k_{\rm B}T}\right),\end{aligned}$$

正如我们所期望的, 为 Gibbs-Boltzmann 分布.

在拉普拉斯变换下, 对于相同的初值 $W_0(x)=\delta(x-x')$, 方程 (1.2.30) 的解满足函数关系

$$W_\alpha(x,u)=\frac{\eta_\alpha}{\eta_1}u^{\alpha-1}W_1\left(x,\frac{\eta_\alpha}{\eta_1}u^\alpha\right),\quad 0<\alpha<1, \tag{1.2.35}$$

其中, W_1 和 W_α 分别表示方程 (1.2.26) 和方程 (1.2.30) 的解. 此表明, 在拉普拉斯变换下, 亚扩散系统和经典的扩散相差一个变量的伸缩. 进一步, W_α 还可以通过积分用 W_1 表示出:

$$W_\alpha(x,t)=\int_0^\infty {\rm d}sA(s,t)W_1(x,s), \tag{1.2.36}$$

其中, $A(s,t)$ 可以通过拉普拉斯逆变换给出:

$$A(s,t)=\mathscr{L}^{-1}\left[\frac{\eta_\alpha}{\eta_1u^{1-\alpha}}\exp\left(\frac{\eta_\alpha}{\eta_1}u^\alpha s\right)\right]. \tag{1.2.37}$$

如果考虑非局部跳跃过程, 即假设 Σ^2 发散, 则可以得到如下的 FFPE[4]:

$$\frac{\partial W}{\partial t}={}_0{\rm D}_t^{1-\alpha}\left[\frac{\partial}{\partial x}\frac{V'(x)}{m\eta_\alpha}+K^\mu\boldsymbol{\nabla}^\mu\right]W(x,t). \tag{1.2.38}$$

当 $\mu=2$, 即 Σ^2 有限时, 该方程退化为亚扩散的 FFPE 式 (1.2.30). 考虑相反的情形, 即 T 有限但 Σ^2 发散, 则类似于式 (1.2.38), 可以得到

$$\frac{\partial W}{\partial t}=\left[\frac{\partial}{\partial x}\frac{V'(x)}{m\eta_1}+K_1^{\mu}{}_{-\infty}\mathrm{D}_x^{\mu}\right]W(x,t), \tag{1.2.39}$$

此即为在外力场 $F(x)$ 下的 Lévy 飞行.

1.2.4 分数阶 Klein-Kramers 方程

从连续时间的 Chapman-Fokker 方程[15, 22] 以及具有外力场下的受阻尼的粒子的 Markov-Langevin 方程, 可以推导出分数阶 Klein-Kramers(FKK) 方程. 利用该方程的速度平均的高阻尼极限可以重新得到分数阶 Fokker-Planck 方程, 并可以用来解释广义的输运系数 K_α 和 η_α 的物理意义. 分数阶 FKK 方程如下:

$$\frac{\partial W}{\partial t}={}_0\mathrm{D}_t^{1-\alpha}\left[-v^*\frac{\partial}{\partial x}+\frac{\partial}{\partial x}\left(\eta^*v-\frac{F^*(x)}{m}\right)+\eta^*\frac{k_BT}{m}\frac{\partial^2}{\partial v^2}\right]W(x,v,t), \tag{1.2.40}$$

其中, $v^*=v\vartheta$, $\eta^*=\eta\vartheta$, $F^*(x)=F(x)\vartheta$ 且 $\vartheta=\tau^*/\tau^\alpha$. 对该方程关于 v 积分, 再作一定的变换可以得到方程

$$\frac{\partial W}{\partial t}+{}_0\mathrm{D}_t^{1+\alpha}\frac{W}{\eta^*}={}_0\mathrm{D}_t^{1-\alpha}\left[-\frac{\partial}{\partial x}\frac{F(x)}{m\eta_\alpha}+K_\alpha\frac{\partial^2}{\partial x^2}\right]W(x,t). \tag{1.2.41}$$

方程 (1.2.41) 是广义 Cattaneo 方程的类型, 且当 $\alpha=1$ 时, 在布朗运动极限情形下, 退化为电报方程 (Telegrapher's Equation). 当考虑高阻尼极限或者长时间极限时, 则可以重新得到分数阶 Fokker-Planck 方程式 (1.2.30).

对方程关于位置坐标积分, 并考虑其无阻尼极限, 则可以得到分数阶 Rayleigh 方程

$$\frac{\partial W}{\partial t}={}_0\mathrm{D}_t^{1-\alpha}\eta^*\left[\frac{\partial}{\partial v}v+\frac{k_BT}{m}\frac{\partial^2}{\partial v^2}\right]W(v,t), \tag{1.2.42}$$

其概率密度分布解 $W(v,t)$ 描述了其趋于 Maxwell 稳态分布的过程:

$$W_{st}(v)=\frac{\beta m}{2\pi}\exp\left(-\frac{\beta m}{2}v^2\right).$$

1.3 分数阶准地转方程 (QGE)

分数阶准地转方程 (Quasigeostrophic Equation) 具有如下形式[23]:

$$\frac{\mathrm{D}\theta}{\mathrm{D}t}=\frac{\partial\theta}{\partial t}+v\cdot\nabla\theta=0, \tag{1.3.1}$$

其中, $v=(v_1,v_2)$ 是二维速度场, 可由流函数决定:

$$v_1=-\frac{\partial\psi}{\partial x_2},\quad v_2=\frac{\partial\psi}{\partial x_1}. \tag{1.3.2}$$

这里流函数 ψ 和 θ 具有关系式

$$(-\Delta)^{\frac{1}{2}}\psi = -\theta. \tag{1.3.3}$$

利用傅里叶变换, 分数阶拉普拉斯算子可定义为

$$(-\Delta)^{\frac{1}{2}}\psi = \int \mathrm{e}^{2\pi\mathrm{i}x\cdot k}2\pi|k|\hat{\psi}(k)\mathrm{d}k.$$

在方程 (1.3.1)~(1.3.3) 中, θ 代表位温, v 代表流体速度, 而流函数 ψ 则可以认为是压强. 当考虑具有黏性项时, 可以得到如下方程:

$$\theta_t + \kappa(-\Delta)^{\alpha}\theta + v\cdot\nabla\theta = 0,$$

其中, θ 和 v 仍然由式 (1.3.2) 和式 (1.3.3) 决定, $0\leqslant\alpha\leqslant 1$, $\kappa > 0$ 为实数. 更一般地, 可以考虑具有外力项的分数阶 QG 方程

$$\theta_t + u\cdot\nabla\theta + \kappa(-\Delta)^{\alpha}\theta = f.$$

通常为了数学讨论上的方便, 往往假设 f 不依赖于时间.

分数阶 QG 方程 (1.3.1)~(1.3.3) 和三维的不可压缩 Euler 方程在物理和数学上都有许多相似之处, 这一点可以从如下几个方面看出来. 三维的涡度方程具有如下的形式:

$$\frac{\mathrm{D}\omega}{\mathrm{D}t} = (\nabla v)\omega, \tag{1.3.4}$$

其中, $\dfrac{\mathrm{D}}{\mathrm{D}t} = \dfrac{\partial}{\partial t} + v\cdot\nabla$, $v = (v_1, v_2, v_3)$ 为三维的涡度向量, 且 $\operatorname{div} v = 0$, $\omega = \operatorname{curl} v$ 为涡度向量. 引入向量

$$\nabla^{\perp}\theta =^t (-\theta_{x_2}, \theta_{x_1}).$$

可以发现向量场 $\nabla^{\perp}\theta$ 在二维分数阶 QG 方程中的作用和 ω 在三维 Euler 方程中的作用是一致的. 将方程 (1.3.1) 微分可得

$$\frac{\mathrm{D}\nabla^{\perp}\theta}{\mathrm{D}t} = (\nabla v)\nabla^{\perp}\theta, \tag{1.3.5}$$

其中, $\dfrac{\mathrm{D}}{\mathrm{D}t} = \dfrac{\partial}{\partial t} + v\cdot\nabla$ 且 $v = \nabla^{\perp}\psi$, 从而 $\operatorname{div} v = 0$. 由此可知, 方程 (1.3.5) 中的 $\nabla^{\perp}\psi$ 和式 (1.3.4) 中的涡度 ω 满足同样的方程.

其次考查其解析结构. 对三维 Euler 方程而言, 其速度 v 可以由其涡度表示出来, 即大家所熟悉的 Biot-Savart 律:

$$v(x) = -\frac{1}{4\pi}\int_{\mathbf{R}^3}\left(\nabla^{\perp}\frac{1}{|y|}\right)\times\omega(x+y)\mathrm{d}y.$$

将 3×3 矩阵 $\nabla v = (v^i_{x_j})$ 表示为对称部分以及反称部分:

$$\mathcal{D}^E = \frac{1}{2}[(\nabla v) + (\nabla v)^t],$$

$$\Omega^E = \frac{1}{2}[(\nabla v) - (\nabla v)^t],$$

则其对称部分 $\mathcal{D}^E$ 可以表示为奇异积分:

$$\mathcal{D}^E(x) = \frac{3}{4\pi} P.V. \int_{\mathbf{R}^3} \frac{\boldsymbol{M}^E(\hat{y}, \omega(x+y))}{|y|^3} \mathrm{d}y.$$

由于流体是不可压的, 成立 $\mathrm{tr}\mathcal{D}^E = \sum_i d_{ii} = 0$. 这里矩阵 $\boldsymbol{M}^E$ 为二元函数

$$\boldsymbol{M}^E(\hat{y}, \omega) = \frac{1}{2}[\hat{y} \otimes (\hat{y} \times \omega) + (\hat{y} \times \omega) \otimes \hat{y}],$$

其中, $a \times b = (a_i b_j)$ 表示两个向量的张量积. 显然, Euler 方程可以写为

$$\frac{\mathrm{D}\omega}{\mathrm{D}t} = \omega \cdot \boldsymbol{\nabla} v = \mathcal{D}^E \omega.$$

对于二维的分数阶 QG 方程

$$\psi(x) = -\int_{\mathbf{R}^2} \frac{1}{|y|} \theta(x+y) \mathrm{d}y,$$

从而

$$v = -\int_{\mathbf{R}^2} \frac{1}{|y|} \boldsymbol{\nabla}^\perp \theta(x+y) \mathrm{d}y.$$

此时, 速度梯度矩阵的对称部分 $\mathcal{D}^{QG}(x) = \frac{1}{2}[(\boldsymbol{\nabla} v) + (\boldsymbol{\nabla} v)^t]$ 可以写为奇异积分

$$\mathcal{D}^{QG} = P.V. \int_{\mathbf{R}^2} \frac{\boldsymbol{M}^{QG}(\hat{y}, (\boldsymbol{\nabla}^\perp \theta)(x+y))}{|y|^2} \mathrm{d}y, \tag{1.3.6}$$

其中, $\hat{y} = \frac{y}{|y|}$ 且 $\boldsymbol{M}^{QG}$ 为双元函数

$$\boldsymbol{M}^{QG} = \frac{1}{2}(\hat{y}^\perp \otimes \omega^\perp + \omega^\perp \otimes \hat{y}^\perp).$$

对于固定的 ω, 定义奇异积分的函数 $\boldsymbol{M}^{QG}$ 在单位圆上的平均值为零. 由此可以看出, 对于二维 QG 方程和三维 Euler 方程, 其速度有类似的表示:

$$v = \int_{\mathbf{R}^d} K_{\mathrm{d}}(y) \omega(x+y) \mathrm{d}y,$$

其中, $K_d(y)$ 为 $1-d$ 次齐次的核函数, 且其对称部分 $\mathcal{D}^E$ 和 $\mathcal{D}^{QG}$ 都可以由 $\omega(x)$ 通过奇异积分表示, 且其核函数为 $-d$ 次齐次函数, 且具有标准的消失 (Cancellation) 性质. 由上述讨论可知, 二维 QG 方程中的 $\boldsymbol{\nabla}^\perp \theta$ 和三维不可压 Euler 方程中的涡度 ω 地位是相当的.

考虑三维 Euler 方程的涡线 (Vortex Line). 称光滑曲线 $C = \{y(s) \in \mathbf{R}^3 : 0 < s < 1\}$ 为固定时刻 t 的涡线, 如果它与涡度 ω 在每点都相切, 即

$$\frac{\mathrm{d}y}{\mathrm{d}s}(s) = \lambda(s) \omega(y(s), t), \quad \lambda(s) \neq 0.$$

考虑初始时刻的涡线 $C = \{y(s) \in \mathbf{R}^3 : 0 < s < 1\}$, 随着时间的发展, 它发展为 $C(t) = \{X(y(s), t) \in \mathbf{R}^3 : 0 < s < 1\}$, 其中, $X(\alpha, t)$ 为标记为 α 的粒子的运动轨迹. 利用涡度方程, 可以说明 $X(\alpha, t)$ 满足方程

$$\omega(X(\alpha,t),t)=\nabla_\alpha X(\alpha,t)\omega_0(\alpha).$$

由 $C(t)$ 的定义可知

$$\frac{\mathrm{d}X(y(s),t)}{\mathrm{d}s}=\nabla_\alpha X(y(s),t)\frac{\mathrm{d}y(s)}{\mathrm{d}s}=\nabla_\alpha X(y(s),t)\lambda(s)\omega_0(y(s)),$$

从而

$$\frac{\mathrm{d}X}{\mathrm{d}s}(y(s),t)=\lambda(s)\omega(X(y(s),t),t),$$

由此说明在理想流体中, 涡线随着流体移动. 令 LS^{QG} 表示二维 QG 方程的水平集, 即 $\theta=$ 常数. 由方程 (1.3.1) 可知 LS^{QG} 随着流体移动, 且 $\nabla^\perp\theta$ 和水平集 LS^{QG} 相切. 这说明这样的事实: 对于二维 QG 方程而言, 其水平集和三维 Euler 方程的涡线角色相当. 进一步, 对于三维 Euler 方程, 我们有

$$\frac{\mathrm{D}|\omega|}{\mathrm{D}t}=\alpha^E|\omega|,$$

其中, $\alpha^E(x,t)=\mathcal{D}^E(x,t)\xi\cdot\xi$, $\xi=\dfrac{\omega(x,t)}{|\omega(x,t)|}$. 类似地, 对于二维的 QG 方程, $|\nabla^\perp\theta|$ 的发展满足相同的方程:

$$\frac{\mathrm{D}|\nabla^\perp\theta|}{\mathrm{D}t}=\alpha|\nabla^\perp\theta|,\tag{1.3.7}$$

其中, $\alpha^{QG}=\mathcal{D}^{QG}(x,t)\xi\cdot\xi$, $\mathcal{D}^{QG}$ 在式 (1.3.6) 中定义, 而 $\xi=\dfrac{\nabla^\perp\theta}{|\nabla^\perp\theta|}$ 为 $\nabla^\perp\theta$ 的方向向量.

进一步考查方程的守恒量. 利用傅里叶变换可知 $\hat{v}(k)=\hat{\nabla^\perp\psi}(k)=\dfrac{\mathrm{i}(-k_2,k_1)}{|k|}\hat{\theta}(k)$, 从而利用 Plancherel 公式可知

$$\frac{1}{2}\int_{\mathbf{R}^2}|v|^2=\frac{1}{2}\int_{\mathbf{R}^2}|\theta|^2\mathrm{d}x.$$

对于二维的 QG 方程而言, 显然量 $\displaystyle\int_{\mathbf{R}^2}G(\theta)\mathrm{d}x$ 是守恒的, 特别地, 选取 $G(\theta)=\dfrac{1}{2}\theta^2$ 可知其动能守恒. 这一点和三维 Euler 方程是一致的.

最近, Wu[24] 又考虑了如下的分数阶 Navier-Stokes 方程:

$$\begin{cases}\partial_t u+u\cdot\nabla u+\nabla p=-\nu(-\Delta)^\alpha u,\\ \nabla\cdot u=0,\end{cases}\tag{1.3.8}$$

其中, $\nu>0$, $\alpha>0$ 为实值参数. Wu 在文献 [24] 中建立了如上的分数阶 NS 方程在 Besov 空间中的存在唯一性.

另外, 最近我们也建立了一类高阶的二维准地转方程的解的存在性及其衰减估计 (参见我们最近的文章, 参见文献 [25])

$$\left(\frac{\partial}{\partial t}+\frac{\partial\psi}{\partial x}\frac{\partial}{\partial y}-\frac{\partial\psi}{\partial y}\frac{\partial}{\partial x}\right)q=\frac{1}{R_e}(-\Delta)^{1+\alpha}\psi,\tag{1.3.9}$$

其中, $q=\Delta\psi-F\psi+\beta y$, $(x,y)\in\mathbf{R}^2$, $t\geqslant 0$.

1.4 分数阶 Schrödinger 方程

在经典的量子力学中, 自由粒子的 Schrödinger 方程扮演着重要的角色:

$$\mathrm{i}\hbar\frac{\partial}{\partial t}\psi(r,t)=-\frac{\hbar^2}{2m}\nabla^2\psi(r,t),$$

其中, $\psi(r,t)$ 是描述微观粒子的量子态波函数. 当波函数 $\psi(r,t)$ 确定后, 粒子的任何一个力学量的平均值及其测值概率的分布就完全确定了. 从而, 如何确定波函数随着时间的演化, 以及找出在各种具体情况下描述体系状态的各种可能的波函数就成了量子力学中最核心的问题. 进一步考虑在势场 $V(r,t)$ 中运动的粒子, 则可以得到

$$\mathrm{i}\hbar\frac{\partial}{\partial t}\psi(r,t)=\left[-\frac{\hbar^2}{2m}\nabla^2+V(r,t)\right]\psi(r,t),$$

这就是 Schrödinger 波动方程, 它揭示了微观世界中物质运动的基本规律.

考虑稳定的随机过程. 在 20 世纪 30 年代中期, P. Lévy 和 A.Y. Khintchine 提出了如下问题: 在什么情况下, N 个独立同分布的随机变量的和 $X=X_1+\cdots+X_N$ 的概率分布 $p_N(X)$ 与 $p_i(X_i)$ 相同? 稳定的概念正源于此. 考虑到中心极限定理, 传统的答案是每个 $p_i(X_i)$ 都是高斯分布, 即高斯随机变量值和仍然是高斯随机变量. Lévy 和 Khintchine 证明了存在另外的非高斯的可能性, 即现在称为 Lévy-α 稳定的概率分布 $(0<\alpha\leqslant 2)$. 当 $\alpha=2$ 时, 该分布就是通常的高斯分布.

在量子力学中, 费恩曼路径积分实际上就是基于布朗型的量子力学路径积分. 显然布朗运动是 Lévy-α 稳定的随机过程, 而布朗型的路径积分导致了如上的经典的 Schrödinger 方程. 将布朗型的积分路径替换为 Lévy 型的量子力学路径时, 则可以得到分数阶的 Schrödinger 方程[26]:

$$\mathrm{i}\hbar\frac{\partial}{\partial t}\psi(r,t)=\mathrm{D}_\alpha(-\hbar^2\Delta)^{\alpha/2}\psi(r,t)+V(r,t)\psi(r,t), \tag{1.4.1}$$

其空间导数为 α 阶, D_α 为常数, 其量纲为 $[\mathrm{D}_\alpha]=\mathrm{erg}^{1-\alpha}\cdot\mathrm{cm}^\alpha\cdot\mathrm{sec}^{-\alpha}$. 此方程可以写为如下的算子形式:

$$\mathrm{i}\hbar\frac{\partial\psi}{\partial t}=H_\alpha\psi,$$

其中, $H_\alpha=\mathrm{D}_\alpha(-\hbar^2\Delta)^{\alpha/2}+V(r,t)$, 称为分数阶 Hamilton 算子.

利用傅里叶变换来看待 $(-\hbar\Delta)^{\alpha/2}$ 是方便的. 考虑三维情形的傅里叶变换及其逆变换

$$\varphi(p,t)=\int\mathrm{e}^{-\mathrm{i}\frac{px}{\hbar}}\psi(r,t)\mathrm{d}r,\quad \psi(r,t)=\frac{1}{(2\pi\hbar)^3}\int\mathrm{e}^{\mathrm{i}\frac{px}{\hbar}}\varphi(p,t)\mathrm{d}p.$$

此时, 三维的量子 Riesz 分数阶导数 $(-\hbar^2\Delta)^{\alpha/2}$ 可以定义为

$$(-\hbar^2\Delta)^{\alpha/2}\psi(r,t)=\frac{1}{(2\pi\hbar)^3}\int\mathrm{e}^{\mathrm{i}\frac{pr}{\hbar}}|p|^\alpha\varphi(p,t)\mathrm{d}p.$$

利用分部积分公式

$$(\phi,(-\Delta)^{\alpha/2}\chi)=((-\Delta)^{\alpha/2},\chi)$$

可知, 这里的分数阶 Hamilton 算子 H_α 在标量积 $(\phi,\chi):=\int_{-\infty}^{\infty}\phi^*(r,t)\chi(r,t)\mathrm{d}r$ 下是厄米算符, 其中 $*$ 表示复共轭. 而以 H_α 为 Hamilton 量的分数阶量子系统的平均能量为

$$E_\alpha=\int_{-\infty}^{\infty}\psi^*(r,t)H_\alpha\psi(r,t)\mathrm{d}r.$$

利用上述分部积分公式还可以知道:

$$E_\alpha=\int_{-\infty}^{\infty}\psi^*(r,t)H_\alpha\psi(r,t)\mathrm{d}r=\int_{-\infty}^{\infty}(H_\alpha^+\psi(r,t))\psi(r,t)\mathrm{d}r=E_\alpha^*,$$

从而, 系统的能量总是取实值的函数. 如此, 上述定义的分数阶 Hamilton 量在如上述标量积下是厄米的, 或者自伴的:

$$(H_\alpha^\dagger\phi,\chi)=(\phi,H_\alpha\chi).$$

分数阶 Schrödinger 方程也具有一定的宇称结构. 由分数阶拉普拉斯算子的定义可知

$$(-\hbar^2\Delta)^{\alpha/2}\mathrm{e}^{\mathrm{i}px/\hbar}=|p|^\alpha\mathrm{e}^{\mathrm{i}px/\hbar},$$

从而函数 $\mathrm{e}^{\mathrm{i}px/\hbar}$ 是算子 $(-\hbar^2\Delta)^{\alpha/2}$ 的本征量, 其本征值为 $|p|^\alpha$. 另一方面, 算子 $(-\hbar^2\Delta)^{\alpha/2}$ 是对称的, 即

$$(-\hbar^2\Delta_r)^{\alpha/2}=\cdots=(-\hbar^2\Delta_{-r})^{\alpha/2}=\cdots.$$

由此可知 Hamilton 量 H_α 在空间反射变换下是不变的. 记此反射算子为 $\hat{P}$, 此不变性可以表示为 $\hat{P}$ 和 H_α 的可交换性: $\hat{P}H_\alpha=H_\alpha\hat{P}$. 利用这些记号可以将算子 $\hat{P}$ 的本征值量子力学态波函数分为两类: 一类是在反射变换下不变的, $\hat{P}\psi_+(r)=\psi_+(r)$, 称之为偶态; 另一类是在反射变换下改变符号, $\hat{P}\psi_-(r)=-\psi_-(r)$, 称之为奇态. 如果一个封闭的分数阶量子力学系统具有给定的宇称, 则此宇称是守恒的.

在分数阶 Schrödinger 方程的研究中, H_α 不依赖于时间的情形在物理的研究中是重要的. 此时, 方程 (1.4.1) 具有如下形式的特解:

$$\psi(r,t)=\mathrm{e}^{-\mathrm{i}Et/\hbar}\phi(t),$$

其中, $\phi(r)$ 满足 $H_\alpha\phi(r)=E\phi(r)$, 或者

$$\mathrm{D}_\alpha(-\hbar^2\Delta)^{\alpha/2}\phi(r)+V(r)\phi(r)=E\phi(r).$$

通常, 此方程也称为定态分数阶 Schrödinger 方程.

进一步考虑流密度. 由方程 (1.4.1) 可知

$$\begin{aligned}&\frac{\partial}{\partial t}\int\psi^*(r,t)\psi(r,t)\mathrm{d}r\\=&\frac{\mathrm{D}_\alpha}{\mathrm{i}\hbar}\int\left[\psi^*(r,t)(-\hbar^2\Delta)^{\alpha/2}\psi(r,t)-\psi(r,t)(-\hbar^2\Delta)^{\alpha/2}\psi^*(r,t)\right]\mathrm{d}r.\end{aligned}$$

此方程可以简记为如下的方程

$$\frac{\partial\rho(r,t)}{\partial t}+\mathrm{div}j(r,t)=0,$$

其中, $\rho(r,t)=\psi^*(r,t)\psi(r,t)$, 称为概率密度, 而

$$j(r,t)=\frac{\mathrm{D}_\alpha\hbar}{\mathrm{i}}\left[\psi^*(r,t)(-\hbar^2\Delta)^{\alpha/2-1}\nabla\psi(r,t)-\psi(r,t)(-\hbar^2\Delta)^{\alpha/2-1}\nabla\psi^*(r,t)\right]$$

则称为分数阶概率流密度, 这里 $\nabla=\frac{\partial}{\partial r}$.

引入动量算子 $\hat{p}=\frac{\hbar}{\mathrm{i}}\nabla$, 向量 j 可以写为

$$j=\mathrm{D}_\alpha\left(\psi(\hat{p}^2)^{\alpha/2-1}\hat{p}\psi^*+\psi^*(\hat{p}^{*2})^{\alpha/2-1}\hat{p}^*\psi\right),\quad 1<\alpha\leqslant 2.$$

当 $\alpha=2,\mathrm{D}_\alpha=1/2m$ 时, 上述推导正对应着经典的量子力学以及经典的 Schrödinger 方程, 从而上述讨论正是将经典的体系推广到分数阶体系. 记坐标算子为 $\hat{v}=\frac{\mathrm{d}}{\mathrm{d}t}\hat{r}$, 动量算子为 $\hat{p}$, 则

$$\hat{v}=\frac{\mathrm{d}}{\mathrm{d}t}\hat{r}=\frac{\mathrm{i}}{\hbar}[H_\alpha,r]=\frac{\mathrm{i}}{\hbar}(H_\alpha r-rH_\alpha),$$

从而

$$\hat{v}=\alpha\mathrm{D}_\alpha|\hat{p}^2|^{\alpha/2-1}\hat{p}.$$

由此可知

$$j=\frac{1}{\alpha}(\psi\hat{v}\psi^*+\psi^*\hat{v}\psi),\quad 1<\alpha\leqslant 2.$$

为了使概率流密度归一化, 可以令

$$\psi(r,t)=\sqrt{\frac{\alpha}{2v}}\mathrm{e}^{\frac{\mathrm{i}pr}{\hbar}-\frac{\mathrm{i}Et}{\hbar}},\quad E=\mathrm{D}_\alpha|p|^\alpha,\quad 1<\alpha\leqslant 2.$$

还可以考虑时间分数阶 Schrödinger 方程. 仅看一维情形, 此时经典的 Schrödinger 方程为

$$\mathrm{i}\hbar\partial_t\psi=-\frac{\hbar^2}{2m}\partial_x^2\psi+V\psi.$$

对此可以作如下两种推广[27]：

$$(\mathrm{i}T_p)^\nu\mathrm{D}_t^\nu\psi=-\frac{L_p^2}{2N_m}\partial_x^2\psi+N_V\psi,\tag{1.4.2}$$

以及

$$\mathrm{i}(T_p)^\nu\mathrm{D}_t^\nu\psi=-\frac{L_p^2}{2N_m}\partial_x^2\psi+N_V\psi,\tag{1.4.3}$$

其中, D_t^ν 表示 ν 阶 Caputo 分数阶导数, 其参量分别为 $T_p=\sqrt{G\hbar/c^5}$, $L_p=\sqrt{G\hbar/c^3}$, $N_\nu=V/E_p$, $E_p=M_pc^2$, $N_m=m/M_p$, $M_p=\sqrt{\hbar c/G}$.

1.5 分数阶 Ginzburg-Landau 方程

这里我们将从分形物质的 Euler-Lagrange 方程导出分数阶的 Ginzburg-Landau 方程 (FGLE)[28]. 该方程可用来描述具有分数阶色散的物质的动力学过程. 我们知道, Ginzburg-Landau 方程 (GLE)[29]

$$g\Delta Z=aZ-bZ^3,$$

可以由 Euler-Lagrange 方程变分得到

$$\frac{\delta F\{Z(x)\}}{\delta Z(x)}=0,$$

其中

$$F\{Z(x)\}=F_0+\frac{1}{2}\int_{\Omega}\left[g(\boldsymbol{\nabla} Z)^2+aZ^2+\frac{b}{2}Z^4\right]\mathrm{d}V_3. \tag{1.5.1}$$

下面考虑对式 (1.5.1) 的两种分数阶推广：一是将其积分推广到分数阶积分; 二是将其中的导数推广到分数阶导数.

最简单的推广方式是考虑如下的能量泛函：

$$F\{Z(x)\}=F_0+\frac{1}{2}\int_{\Omega}\left[g(\boldsymbol{\nabla} Z)^2+aZ^2+\frac{b}{2}Z^4\right]\mathrm{d}V_D,$$

其中, $\mathrm{d}V_D$ 是 D 维体积元:

$$\mathrm{d}V_D=C_3(D,x)\mathrm{d}V_3.$$

在 Riesz 分数阶积分的定义中, $C_3(D,x)=\dfrac{2^{3-D}\Gamma(3/2)}{\Gamma(D/2)}|x|^{D-3}$. 在 Riemann-Liouville 分数阶积分的定义中, $C_3(D,x)=\dfrac{|x_1x_2x_3|^{D/3-1}}{\Gamma(D/3)}$.

记

$$\mathcal{F}(Z(x),\boldsymbol{\nabla} Z(x))=\frac{1}{2}\left[g(\boldsymbol{\nabla} Z)^2+aZ^2+\frac{b}{2}Z^4\right], \tag{1.5.2}$$

则可以得到 Euler-Lagrange 方程

$$C_3(D,x)\frac{\partial\mathcal{F}}{\partial Z}-\sum_{k=1}^{3}\boldsymbol{\nabla}_k\left(C_3(D,x)\frac{\partial\mathcal{F}}{\partial\boldsymbol{\nabla}_k Z}\right)=0,$$

从而可以得到推广的 FGLE

$$gC_3^{-1}(D,x)\boldsymbol{\nabla}_k(C_3(D,x)\boldsymbol{\nabla}_k Z)-aZ-bZ^3=0, \tag{1.5.3}$$

或者其等价形式

$$g\Delta Z+E_k(D,x)\boldsymbol{\nabla}_k Z-aZ-bZ^3=0, \tag{1.5.4}$$

其中, $E_k(D,x)=C_3^{-1}(D,x)\boldsymbol{\nabla}_k C_3(D,x)$.

将能量泛函推广到分数阶形式:

$$F\{Z(x)\}=F_0+\int_{\Omega}\mathcal{F}(Z(x),\mathrm{D}^{\alpha}Z(x))\mathrm{d}V_D, \tag{1.5.5}$$

其中, $\mathcal{F}$ 由式 (1.5.6) 给出:

$$\mathcal{F}(Z(x),\mathrm{D}^{\alpha}Z(x))=\frac{1}{2}\left[g(\mathrm{D}^{\alpha}Z)^2+aZ^2+\frac{b}{2}Z^4\right]. \tag{1.5.6}$$

其 Euler-Lagrange 方程为

$$C_3(D,x)\frac{\partial\mathcal{F}}{\partial Z}+\sum_{k=1}^{3}\mathrm{D}_{x_k}^{\alpha}\left(C_3(D,x)\frac{\partial\mathcal{F}}{\partial\mathrm{D}_{x_k}^{\alpha}Z}\right)=0,$$

当 $D\neq 3\alpha$, 该方程等价于如下形式:

$$gC_3^{-1}(D,x)\sum_{k=1}^{3}\mathrm{D}_{x_k}^{\alpha}(C_3(D,x)\mathrm{D}_{x_k}^{\alpha}Z)+aZ+bZ^3=0. \tag{1.5.7}$$

通常, 如此推广的方程也称为分数阶 Ginzburg-Landau 方程.

下面考虑式 (1.5.7) 的几种特殊情形.

(1) 一维情形下, $Z=Z(x)$, 利用分数阶分部积分公式

$$\int_{-\infty}^{\infty}f(x)\frac{\mathrm{d}^{\beta}g(x)}{\mathrm{d}x^{\beta}}\mathrm{d}x=\int_{-\infty}^{\infty}g(x)\frac{\mathrm{d}^{\beta}f(x)}{\mathrm{d}(-x)^{\beta}}\mathrm{d}x,$$
$$\int_{-\infty}^{\infty}f(x)\mathrm{D}_x^{\alpha}g(x)\mathrm{d}x=\int_{-\infty}^{\infty}g(x)\mathrm{D}_x^{\alpha}f(x)\mathrm{d}x$$

可以得到 Euler-Lagrange 方程:

$$\mathrm{D}_x^{\alpha}\left(C_1(D,x)\frac{\partial\mathcal{F}}{\partial\mathrm{D}_x^{\alpha}Z}\right)+C_1(D,x)\frac{\partial\mathcal{F}}{\partial Z}=0,\quad C_1(D,x)=\frac{|x|^{D-1}}{\Gamma(\mathrm{D})},$$

进而可以得到

$$C_1^{-1}(D,x)\mathrm{D}_x^{\alpha}(C_1(D,x)\mathrm{D}_x^{\alpha}Z)+aZ+bZ^3.$$

特别地, 当 $D=1$ 时, 方程简化为

$$\mathrm{D}_x^{2\alpha}Z+aZ+bZ^3,$$

其中, $\mathrm{D}_x^{\alpha}(\ n-1<\alpha<n)$ 为 Riesz 分数阶导数算子:

$$(\mathrm{D}_x^{\alpha}f)(x)=\frac{-1}{2\cos(\pi\alpha/2)\Gamma(n-\alpha)}\frac{\partial^n}{\partial x^n}\left(\int_{-\infty}^{x}\frac{f(z)\mathrm{d}z}{(x-z)^{\alpha-n+1}}+\int_{x}^{\infty}\frac{(-1)^n f(z)\mathrm{d}z}{(z-x)^{\alpha-n+1}}\right).$$

(2) 考虑

$$\mathcal{F}=\frac{1}{2}g_1(\mathrm{D}_x^{\alpha}Z)^2+\frac{1}{2}g_2(\mathrm{D}_x^{\beta}Z)^2+\frac{a}{2}Z^2+\frac{b}{4}Z^4.$$

利用分部积分公式可得 Euler-Lagrange 方程

$$\mathrm{D}_x^{\alpha}\left(C_1(D,x)\frac{\partial\mathcal{F}}{\partial\mathrm{D}_x^{\alpha}Z}\right)+\mathrm{D}_x^{\beta}\left(C_1(D,x)\frac{\partial\mathcal{F}}{\partial\mathrm{D}_x^{\beta}Z}\right)+C_1(D,x)\frac{\partial\mathcal{F}}{\partial Z}=0,$$

从而可以得到如下的分数阶 Ginzburg-Landau 方程:

$$g_1C_1^{-1}\mathrm{D}_x^{\alpha}(C_1(D,x)\mathrm{D}_x^{\alpha}Z)+g_2C_1^{-1}(D,x)\mathrm{D}_x^{\beta}(C_1(D,x)\mathrm{D}_x^{\beta}Z)+aZ+bZ^3=0.$$

特别地, 当 $D=1, C_1=1$ 时, 可以得到

$$g_1\mathrm{D}_x^{2\alpha}Z+g_2\mathrm{D}_x^{2\beta}Z+aZ+bZ^3=0,\quad 1\leqslant\alpha,\beta\leqslant 1.$$

(3) 更一般的情形, 考虑

$$\mathcal{F}=\mathcal{F}(Z,\mathrm{D}_{x_1}^{\alpha_1}Z,\mathrm{D}_{x_2}^{\alpha_2}Z,\mathrm{D}_{x_3}^{\alpha_3}Z),$$

此时可以得到如下的 FGLE:

$$g_1C_3^{-1}\sum_{k=1}^{3}\mathrm{D}_{x_k}^{\alpha_k}(C_3(D,x)\mathrm{D}_{x_k}^{\alpha_k}Z)+aZ+bZ^3=0.$$

下面考虑 GLE 的另一种推广形式. 考虑在一定介质中波动传播, 其波矢 $\vec{k}$ 满足

$$\vec{k}=\vec{k}_0+\vec{\kappa}=\vec{k}_0+\vec{\kappa}_{\parallel}+\vec{\kappa}_{\perp}, \tag{1.5.8}$$

其中, $\vec{k}_0$ 为未扰动的波矢, 下脚标 $\parallel,\perp$ 均是关于向量 $\vec{k}_0$ 取的. 考虑对称色散关系 $\omega=\omega(k)(\kappa\ll k_0)$, 将其展开可知

$$\omega(k)=\omega(|\vec{k}_0+\vec{\kappa}|)\approx\omega(k_0)+c(|\vec{k}_0+\vec{\kappa}|-k_0)\approx\omega(k_0)+c\kappa_{\parallel}+\frac{c}{2k_0}\kappa_{\perp}^2, \tag{1.5.9}$$

其中, $c=\dfrac{\partial\omega}{\partial k_0}$. 该式即为场 Z 的动量表述 (在对偶空间中的表述), 它对应于坐标空间中的如下表述:

$$-\mathrm{i}\frac{\partial Z}{\partial t}=\mathrm{i}c\frac{\partial Z}{\partial x_1}+\frac{c}{2k_0}\Delta Z, \tag{1.5.10}$$

其中, x_1 为 $\vec{k}_0$ 的方向. 式 (1.5.9) 和式 (1.5.10) 相比较可知, 这里实际上是作了对偶空间和时空空间的如下对应关系:

$$\omega(k)\leftrightarrow\mathrm{i}\frac{\partial}{\partial t},\quad \vec{\kappa}_{\parallel}\leftrightarrow-\mathrm{i}\frac{\partial}{\partial x_1},\quad (\vec{\kappa}_{\perp})^2\leftrightarrow-\Delta=-\frac{\partial^2}{\partial x_2^2}-\frac{\partial^2}{\partial x_3^2}.$$

将其推广到非线性色散关系情形, 可得

$$\omega(k,|Z|^2)\approx\omega(k,0)+b|Z|^2=\omega(|\vec{k}_0+\vec{\kappa}|,0)+b|Z|^2, \tag{1.5.11}$$

其中, $b=\left.\dfrac{\partial\omega(k,|Z|^2)}{\partial|Z|^2}\right|_{|Z|^2=0}$, 类似地可以得到

$$-\mathrm{i}\frac{\partial Z}{\partial t}=\mathrm{i}c\frac{\partial Z}{\partial x}+\frac{c}{2k_0}\Delta Z-\omega(k_0)Z-b|Z|^2Z, \tag{1.5.12}$$

该方程也称为非线性 Schrödinger 方程, 其中, 系数均可以为复数. 令 $Z=Z(t,x_1-t,x_2,x_3)$, 则有

$$-\mathrm{i}\frac{\partial Z}{\partial t}=\frac{c}{2k_0}\Delta Z-\omega(k_0)Z-b|Z|^2Z.$$

将其色散关系式 (1.5.11) 推广到分数阶情形:

$$\omega(k,|Z|^2)=\omega(\vec{k}_0,0)+c\vec{\kappa}_{\parallel}+c_\alpha(\vec{\kappa}_{\perp}^2)^{\alpha/2}+b|Z|^2,\quad 1<\alpha<2, \tag{1.5.13}$$

其中, c_α 为常数, 则利用对应关系 $(-\Delta)^{\alpha/2}\leftrightarrow(\vec{\kappa}_{\perp}^2)^{\alpha/2}$, 可以得到

$$-\mathrm{i}\frac{\partial Z}{\partial t}=\mathrm{i}c\frac{\partial Z}{\partial x}-\frac{c}{2k_0}(-\Delta)^{\alpha/2}Z+\omega(k_0)Z+b|Z|^2Z, \tag{1.5.14}$$

称为分数阶 Ginzburg-Landau 方程 (FGLE) 或者分数阶非线性 Schrödinger 方程 (FNLS). 方程右端第一项描述在分数阶介质中波的传播, 其分数阶导数可以是超扩散波传播或者其他的物理机制导致的; 其余项则表示在非线性介质中的波动相互作用. 从而方程可以用来描述自聚焦以及一些相关情形的分数阶过程.

在一维情形下, 方程 (1.5.14) 可以简化为

$$c\frac{\partial Z}{\partial t} = g\mathrm{D}_x^\alpha Z + aZ + b|Z|^2 Z,$$

其中, g, a, b, c 为常数. 令 $x = x_3 - ct$, 则还可以得到方程的行波解 $Z = Z(x)$ 满足方程

$$g\mathrm{D}_x^\alpha Z + c\mathrm{D}_x^1 Z + aZ + b|Z|^2 Z = 0,$$

或者对于实值的 Z, 满足

$$g\mathrm{D}_x^\alpha Z + c\mathrm{D}_x^1 Z + aZ + bZ^3 = 0.$$

1.6 分数阶 Landau-Lifshitz 方程

Landau-Lifshitz 方程 (LLE) 在铁磁体理论中扮演着重要的角色, 它描述了磁化向量的运动模式. LLE 最初是由 Landau 和 Lifshitz 在研究铁磁体的磁化现象的色散理论时提出来的, 也称为铁磁链方程[30]. 后来, 此类方程在凝聚态物理学的研究中也大量出现. 在 20 世纪 60 年代, 前苏联物理学家 A. I. Akhiezer 等在他们的专著[31] 中又研究了自旋波、铁磁链方程的行波解等理论. 1974 年, Nakamura 等首次得到了一维情形不具有 Gilbert 项的 Landau-Lifshitz 方程的孤立子解. 从 20 世纪 80 年代开始, 许多数学家转向该方程的研究, 并得到了许多重要的结果. 国内在这方面处于领先地位的是由周毓麟、郭柏灵院士领导的研究小组, 他们得到了 Landau-Lifshitz 方程的某些初值以及初边值问题的整体弱解, 以及一维 LLE 的整体光滑解[32], 由此得到了 LLE 的一些正则性结果. 随后, 郭柏灵院士和洪敏纯一起研究了二维 LLE, 得到了小解的整体存在性并建立了 LLE 和调和映照热流之间的联系[33]. 最近, Landau-Lifshitz 方程的数学问题越来越引起数学界的重视, 并已有大量的文献和专著出版, 进一步的知识, 读者可以参阅郭柏灵院士和丁时进教授新近出版的专著[34] 及其参考文献.

Landau-Lifshitz 方程可以写为如下形式:

$$\frac{\partial M}{\partial t} = -\gamma M \times H_{\mathrm{eff}} - \alpha^2 M \times (M \times H_{\mathrm{eff}}),$$

其中, γ 称为旋磁率, $\alpha > 0$ 为依赖于材料物理性质的常数, $M = (M_1, M_2, M_3)$ 为磁化向量, H_{eff} 是作用于磁矩的有效磁场强度, 它可以表示为

$$H_{\mathrm{eff}} = -\frac{\delta E_{\mathrm{tot}}}{\delta M},$$

其中, E_{tot} 表示整个磁场能量泛函, 通常由以下几部分构成[35]:

$$E_{\mathrm{tot}} = E_{\mathrm{exc}} + E_{\mathrm{ani}} + E_{\mathrm{dem}} + E_{\mathrm{app}}.$$

最近关于薄膜的微磁学理论引起了许多数学物理工作者的重视. A. DeSimone 等[36]在研究薄膜的磁化理论时给出了如下二维模型, 其中

$$E_{\text{tot}} = \int_{\mathbf{R}^2} (|\xi \cdot \widehat{M\chi_\Omega}|^2/|\xi|) \mathrm{d}\xi.$$

此时 $\dfrac{\delta E_{\text{tot}}}{\delta M} = -\nabla(-\Delta)^{-\frac{1}{2}}\mathrm{div}M$, 若仅考虑 Gilbert 项 (即假设 $\gamma = 0$), 则可以得到如下的方程:

$$\frac{\partial M}{\partial t} - \nabla(-\Delta)^{-\frac{1}{2}}\mathrm{div}M + \nabla(-\Delta)^{-\frac{1}{2}}\mathrm{div}M \cdot MM = 0,$$

其中, $M = (M_1, M_2)$ 表示二维磁化向量. 可以看出, 该方程是具有分数阶导数的偏微分方程, 其研究在理论上有相当的难度. 为此还可以考虑如下的具有交换能的 Landau-Lifshitz 方程. 令

$$E_{\text{tot}} = \varepsilon \int_\Omega |\nabla M|^2 \mathrm{d}x + \int_{\mathbf{R}^2} (|\xi \cdot \widehat{M\chi_\Omega}|^2/|\xi|) \mathrm{d}\xi,$$

从而可以得到如下的方程:

$$\frac{\partial M}{\partial t} = \varepsilon\Delta M + \nabla(-\Delta)^{-\frac{1}{2}}\mathrm{div}M + \varepsilon|\nabla M|^2 M - \nabla(-\Delta)^{-\frac{1}{2}}\mathrm{div}M \cdot MM = 0.$$

另外, 郭柏灵等最近在文献 [37], [38] 中研究了如下的周期初边值分数阶 Landau-Lifshitz 方程:

$$\begin{cases} M_t = M \times (-\Delta)^\alpha M, & \mathbb{T}^d \times (0, T), \\ M(0, x) = M_0, & x \in \mathbb{T}^d. \end{cases} \tag{1.6.1}$$

作者利用黏性消去法, 先构造了如下的逼近问题并得到了问题弱解的整体存在性:

$$M_t = \frac{M}{\max\{1, |M|\}} \times (-\Delta)^\alpha M - \beta \frac{M}{\max\{1, |M|\}} \times \Delta M + \varepsilon\Delta M. \tag{1.6.2}$$

作为式 (1.6.1) 的 Gilbert 阻尼方程, 还可以考虑如下的分数阶 Landau-Lifshitz-Gilbert 方程 (FLLGE)(我们最近的文章, 见文献 [39]):

$$M_t = \gamma M \times (-\Delta)^\alpha M + \beta M \times (M \times (-\Delta)^\alpha M). \tag{1.6.3}$$

1.7 分数阶微分方程的一些应用

本节介绍分数阶微分方程在黏弹性力学、生物、控制论、统计等应用学科中的应用. 由于本书自身的特点, 本节仅作较为粗略的介绍, 有兴趣的读者可以参考进一步的文献.

黏弹性力学是分数阶微分方程应用极其广泛的学科之一, 已有大量的文献发表 (参见文献 [40]~[42]). 利用分数阶导数来描述黏弹性材料是很自然的, 原因之一是聚合材料在工程中的大量应用. 在材料力学中, 应力和应变之间有如下关系: 对于固体而言, Hooke 定律表明

$$\sigma(t) = E\epsilon(t),$$

对于牛顿流体而言,

$$\sigma(t)=\eta\frac{\mathrm{d}\epsilon(t)}{\mathrm{d}t}.$$

这二者都不是普适的法则, 它们仅是理想固体和理想流体的数学模型 (然而 “理想” 的东西在现实中是不存在的!). 事实上, 一般的材料介于这两种极限情形之间; 将这二者结合有两种基本的方法: 其一是“串联”, 由此给出了黏弹性力学的 Maxwell 模型; 其二是“并联”, 由此得到了 Voigt 模型.

在 Maxwell 模型中, 应力和应变之间可描述为

$$\frac{\mathrm{d}\epsilon}{\mathrm{d}t}=\frac{1}{E}\frac{\mathrm{d}\sigma}{\mathrm{d}t}+\frac{\sigma}{\eta},$$

如果应力 σ 为常数, 则 $\mathrm{d}\epsilon/\mathrm{d}t$ 为常数, 从而应变将无穷增长, 与实际的实验观察不符.

在 Voigt 模型中, 二者之间可以描述为

$$\sigma=E\epsilon+\eta\frac{\mathrm{d}\epsilon}{\mathrm{d}t}.$$

如果应变 ϵ 为常数, 则应力 σ 也为常数, 从而与实验观察的应力松弛不符.

为了修正这二者的不足, 将二者结合可以得到如下的模型:

Kelvin 模型

$$\frac{\mathrm{d}\sigma}{\mathrm{d}t}+\alpha\sigma=E_1\left(\frac{\mathrm{d}\epsilon}{\mathrm{d}t}+\beta\epsilon\right);$$

Zener 模型

$$\frac{\mathrm{d}\sigma}{\mathrm{d}t}+\beta\sigma=\alpha\eta\frac{\mathrm{d}\epsilon}{\mathrm{d}t}+\beta E_1\epsilon.$$

Kelvin 模型和 Zener 模型都能给出较好的定性描述, 然而在定量描述方面却不尽如人意. 为此, 有许多更为复杂的模型提出, 最一般的形式可以写为如下方程:

$$\sum_{k=0}^{n}a_k\frac{\mathrm{d}^k\sigma}{\mathrm{d}t^k}=\sum_{k=0}^{m}b_k\frac{\mathrm{d}^k\epsilon}{\mathrm{d}t^k}.$$

在固体材料中, 应力和应变的零阶导数成比例; 在流体中应力和应变的一阶导数成比例. 很自然地可以这样认为 (如 Scott-Blair[43, 44]): 在黏弹性这样的“中间”材料中, 应力可能与应变的“中间”导数成比例:

$$\sigma(t)=E_0\mathrm{D}_t^{\alpha}\epsilon(t)\quad(0<\alpha<1),\tag{1.7.1}$$

其中, α 依赖于材料的性质. 几乎与此同时, Gerasimov[45] 提出了形变基本法则的一个推广, 利用 Caputo 分数阶导数可以写为

$$\sigma(t)=\kappa_{-\infty}\mathrm{D}_t^{\alpha}\epsilon(t)\quad(0<\alpha<1).\tag{1.7.2}$$

利用分数阶导数, 还可以得到如下推广的模型:

推广的 Voigt 模型

$$\sigma(t)=b_0\epsilon(t)+b_1\mathrm{D}^{\alpha}\epsilon(t);$$

推广的 Maxwell 模型

$$\sigma(t)+a_1\mathrm{D}^{\alpha}\sigma(t)=b_0\epsilon(t);$$

推广的 Zener 模型

$$\sigma(t)+a_1\mathrm{D}^{\alpha}\sigma(t)=b_0\epsilon(\mathrm{d}t)+b_1\mathrm{D}^{\beta}\epsilon(t);$$

推广的高阶模型

$$\sum_{k=0}^{n}a_k\mathrm{D}^{\alpha_k}\sigma(t)=\sum_{k=0}^{m}b_k\mathrm{D}^{\beta_k}\epsilon(t).$$

分数阶导数在统计中也有大量的应用. 假设现在需要模拟钢丝的"遗传效应"对钢丝力学性质的影响. 为了说明经典回归模型的一些不足, 我们考虑钢丝力学性质改变的两个主要阶段及其性质.

(1) 阶段一: 在钢丝安装后的一段时间内, 可以观测到其性能的提高.

(2) 阶段二: 性能逐渐减退, 变得越来越糟糕, 直到最后报废.

(3) 性质: 性能提高的阶段要比衰退的阶段短, 一般说来二者是不对称的.

在经典的回归模型中, 线性回归能很好地描述第二阶段, 但不能很好地描述性能提高的阶段; 二阶回归提供了对称的回归曲线, 但与其物理背景却不很吻合. 高阶的多项式回归能够较好地给出在其测量时间区间内的插值, 但却不能很好地预测钢丝性能的变化. 当然在实际的问题中, 还可以利用指数回归模型、Logistic 回归模型等. 这里我们要介绍的是利用分数阶导数所给出的模型.

考虑 n 个实验测量值

$$y_1,y_2,\cdots,y_n,$$

设插值函数 $y(t)$ 满足如下的分数阶积分方程:

$$y(t)=\sum_{0}^{m-1}a_kt^k-a_{m0}\mathrm{D}_t^{-\alpha}y(t)\quad(0<\alpha\leqslant m),$$

其中, $\alpha,a_k(k=0,\cdots,m)$ 为待定参数, m 是不小于 α 的最小整数. 该问题最终将导出如下的分数阶初值问题[46]:

$$\begin{cases}{}_0\mathrm{D}_t^{\alpha}z(t)+a_mz(t)=-a_m\displaystyle\sum_{k=0}^{m-1}a_kt^k,\\ z^{(k)}(0)=0,\quad k=0,\cdots,m-1,\end{cases}\tag{1.7.3}$$

其中

$$z(t)=y(t)-\sum_{0}^{m-1}a_kt^k$$

是未知函数.

还有一些在各个领域中比较重要的分数阶偏微分方程, 下面仅列举目前研究较为活跃的一些.

1. 时空分数阶扩散方程[47]

$$\begin{cases} \dfrac{\partial^\alpha u(x,t)}{\partial t^\alpha} = \mathrm{D}_x^\beta u(x,t), \quad 0 \leqslant x \leqslant L, \quad 0 < t \leqslant T, \\ u(x,0) = f(x), \quad 0 \leqslant x \leqslant L, \\ u(0,t) = u(L,t) = 0, \end{cases}$$

其中, $\mathrm{D}_x^\beta (1 < \beta \leqslant 2)$ 为 Riemann-Liouville 分数阶导数:

$$\mathrm{D}_x^\beta u(x,t) = \begin{cases} \dfrac{1}{\Gamma(2-\beta)} \dfrac{\partial^2}{\partial x^2} \displaystyle\int_0^x \dfrac{u(\xi,t)\mathrm{d}\xi}{(x-\xi)^{\beta-1}}, & 1 < \beta < 2, \\ \dfrac{\partial^2 u(x,t)}{\partial x^2}, & \beta = 2, \end{cases}$$

而 $\partial^\alpha / \partial t^\alpha (0 < \alpha \leqslant 1)$ 则定义为 Caputo 分数阶导数:

$$\frac{\partial^\alpha u(x,t)}{\partial t^\alpha} = \begin{cases} \dfrac{1}{\Gamma(1-\beta)} \displaystyle\int_0^t \dfrac{\partial u(x,\eta)}{\partial \eta} \dfrac{\mathrm{d}\eta}{(t-\eta)^\alpha}, & 0 < \alpha < 1, \\ \dfrac{\partial u(x,t)}{\partial t}, & \alpha = 1. \end{cases}$$

显然, 当 $\alpha = 1, \beta = 2$ 时, 该方程即为经典的扩散方程 (热传导方程)

$$\frac{\partial u(x,t)}{\partial t} = \frac{\partial^2 u(x,t)}{\partial x^2}.$$

当 $\alpha < 1$ 时, 该方程的解不再是 Markov 过程, 而将依赖于之前所有时刻的行为.

2. 分数阶 Navier-Stokes 方程[48]

$$\begin{cases} \partial_t u + (-\Delta)^\beta u + (u \cdot \nabla) u - \nabla p = 0, \quad 在\ \mathbf{R}_+^{1+d}, \\ \nabla \cdot u = 0, \quad 在\ \mathbf{R}_+^{1+d}, \\ u|_{t=0} = u_0, \quad 在\ \mathbf{R}^d, \end{cases}$$

其中, $\beta \in (1/2, 1)$. 当考虑时间分数阶导数时, 还可以得到如下的分数阶 Navier-Stokes 方程[49]:

$$\begin{cases} \dfrac{\partial^\alpha}{\partial t^\alpha} u + (u \cdot \nabla) u = -\dfrac{1}{\rho} \nabla p + \nu \Delta u, \\ \nabla \cdot u = 0, \end{cases}$$

其中, $\partial^\alpha / \partial t^\alpha (0 < \alpha \leqslant 1)$ 定义为 Caputo 分数阶导数.

3. 分数阶 Burger's 方程[50]

$$u_t + (-\Delta)^\alpha u = -a \cdot \nabla (u^r),$$

其中, $a \in \mathbf{R}^d$, $0 < \alpha \leqslant 2$, $r \geqslant 1$.

4. 半线性分数阶耗散方程[51]

$$u_t + (-\Delta)^\alpha u = \pm\nu|u|^b u.$$

5. 分数阶传导–扩散方程[51]

$$u_t + (-\Delta)^\alpha u = a \cdot \nabla(|u|^b u), \quad a \in \mathbf{R}^d/\{0\}.$$

6. 分数阶 MHD 方程[52, 53]

$$\begin{cases} \partial_t u + u \cdot \nabla u - b \cdot \nabla b + \nabla P = -(-\Delta)^\alpha u, \\ \partial_t b + u \cdot \nabla b - b \cdot \nabla u = -(-\Delta)^\beta b, \\ \nabla \cdot u = \nabla \cdot b = 0. \end{cases}$$

第 2 章　分数阶微积分与分数阶方程

这一章介绍分数阶导数的定义及其基本性质, 主要涉及 Riemann-Liouville 分数阶导数、Caputo 分数阶导数和分数阶拉普拉斯算子等. 在分数阶拉普拉斯算子情形下, 介绍了一些拟微分算子、分数阶 Sobolev 空间、交换子估计等偏微分方程常用的理论. 随后, 利用迭代的思想得到了一些分数阶常微分方程的解的存在性定理. 为了读者方便, 在本章末尾给出了几节作为附录, 主要介绍了傅里叶变换、拉普拉斯变换以及 Mittag-Leffler 函数.

2.1　分数阶积分和求导

2.1.1　Riemann-Liouville 分数阶积分

为了引入 R-L 分数阶积分, 先考虑如下的迭代积分:

$$\begin{aligned}
\mathrm{D}^{-1}[f](t) &= \int_0^t f(\tau)\mathrm{d}\tau,\\
\mathrm{D}^{-2}[f](t) &= \int_0^t \mathrm{d}\tau \int_0^\tau f(\tau_1)\mathrm{d}\tau_1,\\
&\cdots\cdots\\
\mathrm{D}^{-n}[f](t) &= \int_0^t \mathrm{d}\tau \int_0^\tau \mathrm{d}\tau_1 \cdots \int_0^{\tau_{n-2}} f(\tau_{n-1})\mathrm{d}\tau_{n-1},\\
&\cdots\cdots
\end{aligned}$$

这些多重迭代积分都可以表示为如下的单重积分:

$$\int_0^t K_n(t,\tau)f(\tau)\mathrm{d}\tau,$$

我们的目的是找到 $K_n(t,\tau)$ 的表达式. 显然 $K_1(t,\tau)=1$. 考虑 $n=2$, 此时交换积分顺序可得

$$\begin{aligned}
\int_0^t \mathrm{d}\tau \int_0^\tau f(\tau_1)\mathrm{d}\tau_1 &= \int_0^t f(\tau)\mathrm{d}\tau \int_\tau^t \mathrm{d}\tau_1\\
&= \int_0^t (t-\tau)f(\tau)\mathrm{d}\tau,
\end{aligned}$$

从而 $K_1(t,\tau)=(t-\tau)$. 当 $n=3$ 时,

$$\int_0^t \mathrm{d}\tau \int_0^\tau \mathrm{d}\tau_1 \int_0^{\tau_1} f(\tau_2)\mathrm{d}\tau_2 = \int_0^t \mathrm{d}\tau \int_0^\tau (\tau-\tau_1)f(\tau_1)\mathrm{d}\tau_1$$

$$
\begin{aligned}
&= \int_0^t f(\tau)\mathrm{d}\tau \int_\tau^t (\tau_1 - \tau)\mathrm{d}\tau_1 \\
&= \int_0^t f(\tau)\frac{(t-\tau)^2}{2}\mathrm{d}\tau,
\end{aligned}
$$

从而 $K_2(t,\tau) = \dfrac{(t-\tau)^2}{2}$. 一般地, 利用归纳法可得 K_n 的一般表达式

$$
K_n(t,\tau) = \frac{(t-\tau)^{n-1}}{(n-1)!}.
$$

利用此表达式, 并注意到 $\Gamma(n) = (n-1)!$, 可以得到

$$
\mathrm{D}^{-n}[f](t) = \frac{1}{\Gamma(n)} \int_0^t (t-\tau)^{n-1} f(\tau)\mathrm{d}\tau. \tag{2.1.1}
$$

设 $f \in C[0,T]$, 则对于任意的 $t \in [0,T]$, 该积分对任意的 $n \geqslant 1$ 作为 Riemann 积分存在. 当然可以将其推广到 $0 < n < 1$ 的情形, 此时该积分作为广义积分存在. 将 n 推广到一般的复变量情形可以得到如下 R-L 积分的定义.

定义 2.1.1 设 f 在 $J^\circ = (0,\infty)$ 上分段连续, 并且在 $J = [0,\infty)$ 的任意有限子区间上可积. 对任意的 $t > 0$ 以及使得 $\mathrm{Re}\,\nu > 0$ 的任意的复变量 ν, 函数 f 的 ν 阶 R-L 分数阶积分定义为

$$
{}_0\mathrm{D}_t^{-\nu} f(t) = \frac{1}{\Gamma(\nu)} \int_0^t (t-\tau)^{\nu-1} f(\tau)\mathrm{d}\tau. \tag{2.1.2}
$$

下面, 将所有使得该定义有意义的函数 f 所构成的函数类记为 $\mathbf{C}$.

例 2.1.1 考虑 $f(t) = t^\mu, \mu > -1$, 显然 $f \in \mathbf{C}$. 此时利用 Beta 函数以及 Gamma 函数的定义:

$$
\begin{aligned}
{}_0\mathrm{D}_t^{-\nu} t^\mu &= \frac{1}{\Gamma(\nu)} \int_0^t (t-\tau)^{\nu-1} \tau^\mu \mathrm{d}\tau \\
&= \frac{B(\nu,\mu+1)}{\Gamma(\nu)} t^{\nu+\mu} = \frac{\Gamma(\mu+1)}{\Gamma(\mu+\nu+1)} t^{\mu+\nu}, \quad \mathrm{Re}\,\nu > 0, \quad t > 0.
\end{aligned}
$$

当 μ 和 ν 为正整数时, 则回到经典的情形, 并且和前文所考虑的多重迭代积分相吻合.

现在给出关于该定义的几点讨论:

(1) 函数类 $\mathbf{C}$ 可以包含这样的函数, 其在端点 $t = 0$ 时的行为和 $t^\mu(-1 < \mu < 0)$ 一致, 也可以包含形如 $f(\tau) = |\tau - a|^\mu$ 的函数, 其中, $\mu > -1, 0 < a < t$.

(2) 将定义 (2.1.2) 中的积分写为 Stieltjes 积分的形式:

$$
{}_0\mathrm{D}_t^{-\nu} f(t) = \frac{1}{\Gamma(\nu+1)} \int_0^t f(\tau)\mathrm{d}g(\xi),
$$

其中, $g(\xi) = -(t-\tau)^\nu$, 是在区间 $[0,t]$ 上单调递增的函数.

如果 f 在 $[0,t]$ 上连续, 则由均值定理可得 ${}_0\mathrm{D}_t^{-\nu} f(t) = \dfrac{1}{\Gamma(\nu+1)} f(\xi) t^\nu$, 其中, $\xi \in [0,t]$, 从而 $\lim\limits_{t\to 0} {}_0\mathrm{D}_t^{-\nu} f(t) = 0$.

如果 f 不连续, 仅属于 **C**, 此时上述极限不一定成立. 事实上, 由例 2.1.1 可知: 如果 $\mu > -1, \nu > 0$, 则

$$\lim_{t\to 0} {}_0\mathrm{D}_t^{-\nu} t^{\mu} = \begin{cases} 0, & \mu+\nu > 0, \\ \Gamma(\mu+1), & \mu+\nu > 0, \\ \infty, & \mu+\nu > 0. \end{cases}$$

(3) R-L 分数阶积分 ${}_0\mathrm{D}_t^{-\nu}$ 的定义中, 其下标可以替换为任意常数 c, 从而得到如下的定义:

$${}_c\mathrm{D}_t^{-\nu} f(t) = \frac{1}{\Gamma(\nu)} \int_c^t (t-\tau)^{\nu-1} f(\tau)\mathrm{d}\tau.$$

下面如不特别说明, 均将 ${}_0\mathrm{D}_t^{-\nu}$ 简写为 $\mathrm{D}^{-\nu}$.

(4) 在一定的假设下,

$$\lim_{\nu\to 0} \mathrm{D}^{-\nu} f(t) = f(t), \tag{2.1.3}$$

从而可以认为

$$\mathrm{D}^0 f(t) = f(t). \tag{2.1.4}$$

现在证明这一结论. 当 f 具有连续的导数时结论是显然的. 此时, 利用分部积分可得

$$\mathrm{D}^{-\nu} f(t) = \frac{1}{\Gamma(\nu+1)} \int_0^t (t-\tau)^{\nu} f'(\tau)\mathrm{d}\tau + \frac{t^{\nu} f(0)}{\Gamma(\nu+1)},$$

从而

$$\lim_{\nu\to 0} \mathrm{D}^{-\nu} f(t) = \int_0^t f'(\tau)\mathrm{d}\tau + f(0) = f(t).$$

当 $f(t)$ 仅在 $t \geqslant 0$ 上连续时, 证明过程要稍微复杂些. 我们要证明:

对任意的 $\varepsilon > 0$, 存在 $\delta > 0$, 使得当 $0 < \nu < \delta$ 时, $|\mathrm{D}^{-\nu} f(t) - f(t)| < \varepsilon$. (2.1.5)

为此, 将 $\mathrm{D}^{-\nu} f(t)$ 写为如下形式:

$$\begin{aligned} \mathrm{D}^{-\nu} f(t) =& \frac{1}{\Gamma(\nu)} \int_0^t (t-\tau)^{\nu-1} (f(\tau) - f(t))\mathrm{d}\tau + \frac{f(t)}{\Gamma(\nu)} \int_0^t (t-\tau)^{\nu-1}\mathrm{d}\tau \\ =& \frac{1}{\Gamma(\nu)} \int_0^{t-\eta} (t-\tau)^{\nu-1} (f(\tau) - f(t))\mathrm{d}\tau \\ &+ \frac{1}{\Gamma(\nu)} \int_{t-\eta}^t (t-\tau)^{\nu-1} (f(\tau) - f(t))\mathrm{d}\tau + \frac{f(t)t^{\nu}}{\Gamma(\nu+1)}. \end{aligned} \tag{2.1.6}$$

由于假设 f 是连续的, 从而对任意的 $\tilde{\varepsilon} > 0$, 存在 $\tilde{\delta} > 0$, 使得当 $|t-\tau| < \tilde{\delta}$ 时, 有 $|f(\tau) - f(t)| < \tilde{\varepsilon}$. 从而式 (2.1.6) 中右端第二项可以估计为

$$|I_2| < \frac{\tilde{\varepsilon}}{\Gamma(\nu)} \int_{t-\tilde{\delta}}^t (t-\tau)^{\nu-1}\mathrm{d}\tau < \frac{\tilde{\varepsilon}\tilde{\delta}^{\nu}}{\Gamma(\nu+1)},$$

这里用到了 Gamma 函数的性质: $\Gamma(\nu+1) = \nu\Gamma(\nu)$. 从而, 当 $\tilde{\varepsilon} \to 0$ 时, $|I_2| \to 0$.

于是, 对式 (2.1.5) 中任意的 $\varepsilon > 0$, 总存在 $0 < \eta < t$, 使得 $|I_2| < \varepsilon/3$ 对任意的 $\nu > 0$ 成立. 固定住这样的 η, 式 (2.1.6) 中右端第一项可以估计为

$$|I_1| \leqslant \frac{M}{\Gamma(\nu)} \int_0^{t-\eta} (t-\tau)^{\nu-1} \mathrm{d}\tau \leqslant \frac{M}{\Gamma(\nu+1)}(\eta^\nu - t^\nu).$$

对固定的 η, 当 $\nu \to 0$ 时, 上式右端趋于零, 即存在 $\delta_1 > 0$, 使得当 $0 < \nu < \delta_1$ 时有

$$|I_1| < \varepsilon/3.$$

对于右端第三项,

$$|I_3| \leqslant \frac{Mt^\nu}{\Gamma(\nu+1)},$$

从而存在 $\delta_2 > 0$, 使得当 $0 < \nu < \delta_2$ 时有

$$|I_3| < \varepsilon/3.$$

综合以上分析可知式 (2.1.5) 成立, 即

$$\limsup_{\nu \to 0} |\mathrm{D}^{-\nu} f(t) - f(t)| = 0,$$

从而式 (2.1.3) 成立, 证毕.

定理 2.1.1 令 f 为在 J 上的连续函数, $\mu, \nu > 0$, 则对任意的 $t > 0$,

$$\mathrm{D}^{-\nu}[\mathrm{D}^{-\mu} f(t)] = \mathrm{D}^{-\mu-\nu} f(t) = \mathrm{D}^{-\mu}[\mathrm{D}^{-\nu} f(t)].$$

证明: 直接利用定义, 并交换积分顺序可得

$$\begin{aligned}\mathrm{D}^{-\nu}[\mathrm{D}^{-\mu} f(t)] =& \frac{1}{\Gamma(\nu)} \int_0^t (t-x)^{\nu-1} \left[\frac{1}{\Gamma(\mu)} \int_0^x (x-y)^{\mu-1} f(y)\mathrm{d}y\right] \mathrm{d}x \\ =& \frac{1}{\Gamma(\nu)\Gamma(\mu)} \int_0^t \int_y^t (t-x)^{\nu-1}(x-y)^{\mu-1} \mathrm{d}x f(y)\mathrm{d}y.\end{aligned}$$

作变量替换 $x = (t-y)\xi + y$, 可得

$$\begin{aligned}\mathrm{D}^{-\nu}[\mathrm{D}^{-\mu} f(t)] =& \frac{1}{\Gamma(\nu)\Gamma(\mu)} \int_0^t \int_0^1 \xi^{\mu-1}(1-\xi)^{\nu-1} \mathrm{d}\xi (t-y)^{\nu+\mu-1} f(y)\mathrm{d}y \\ =& \frac{B(\mu,\nu)}{\Gamma(\nu)\Gamma(\mu)} \int_0^t (t-y)^{\nu+\mu-1} f(y)\mathrm{d}y \\ =& \mathrm{D}^{-\mu-\nu} f(t).\end{aligned}$$

定理的第二个等式同理可得. □

由前文我们知道, 当 $\nu = n \geqslant 0$ 为整数时, $\mathrm{D}^{-n} f(t)$ 表示 f 的迭代 n 重积分. 对任意的实数 $\mu = n + \nu$, 其中 $n \geqslant 0$, 由该定理可知

$$\mathrm{D}^{-\mu} f(t) = \mathrm{D}^{-n}[\mathrm{D}^{-\nu} f(t)] = \mathrm{D}^{-\nu}[\mathrm{D}^{-n} f(t)].$$

此表明: 函数 f 的 $\mu = n + \nu$ 阶 R-L 积分, 等于先对 f 求 n 阶积分再求 ν 阶 R-L 积分或者先求 ν 阶 R-L 阶积分再求 n 阶积分.

现在考察 R-L 分数阶积分的导数以及导数的 R-L 分数阶积分.

定理 2.1.2　令 n 为正整数, $\nu > 0$ 且 $\mathrm{D}^n f$ 在区间 $J = [0, \infty)$ 上连续.

(1) 如果 $\mathrm{D}^n f \in \mathbf{C}$, 则

$$\mathrm{D}^{-\nu-n}[\mathrm{D}^n f(t)] = \mathrm{D}^{-\nu} f(t) - Q_n(t, \nu).$$

(2) 如果 $\mathrm{D}^n f$ 在 J 上连续, 则对 $t > 0$, 有

$$\mathrm{D}^n[\mathrm{D}^{-\nu} f(t)] = \mathrm{D}^{-\nu}[\mathrm{D}^n f(t)] + Q_n(t, \nu - n),$$

其中, $Q_n(t, \nu) = \sum_{k=0}^{n-1} \frac{t^{\nu+k}}{\Gamma(\nu+k+1)} \mathrm{D}^k f(0)$.

证明: 先证明结论 (1). 当 $n = 1$ 时, 令 $\eta > 0, \delta > 0$, 则函数 $(t-\tau)^{\nu-1}$ 和 $f(\tau)$ 均在 $[\delta, t-\eta]$ 上连续可微, 从而利用分部积分公式可得

$$\begin{aligned}\int_\delta^{t-\eta} (t-\tau)^\nu [\mathrm{D} f(\tau)] \mathrm{d}\tau = \nu \int_\delta^{t-\eta} (t-\tau)^{\nu-1} f(\tau) \mathrm{d}\tau \\ + \eta^\nu f(t-\eta) - (t-\delta)^\nu f(\delta).\end{aligned}$$

令 δ, η 分别趋于零, 两边同时除以 $\Gamma(\nu+1)$, 并利用 Gamma 函数的性质 (2.6.1) 便完成结论 (1) 的证明. 对于一般的 n, 反复利用 $n = 1$ 时的结论可知

$$\begin{aligned}\mathrm{D}^{-(\nu+n-1)-1}[\mathrm{D}^n f(t)] =& \mathrm{D}^{-(\nu+n-1)}[\mathrm{D}^{n-1} f(t)] - \frac{\mathrm{D}^{n-1} f(0)}{\Gamma(\nu+n)} t^{\nu+n-1} \\ =& \mathrm{D}^{-\nu+n-2}[\mathrm{D}^{n-2} f(t)] - \frac{\mathrm{D}^{n-2} f(0)}{\Gamma(\nu+n-1)} t^{\nu+n-2} \\ & - \frac{\mathrm{D}^{n-1} f(0)}{\Gamma(\nu+n)} t^{\nu+n-1} \\ =& \cdots\cdots \\ =& \mathrm{D}^{-\nu} f(t) - Q_n(t, \nu),\end{aligned}$$

从而结论 (1) 成立.

接下来证明结论 (2). 此时令 $\tau = t - \xi^{1/\nu}$, 则

$$\mathrm{D}^{-\nu} f(t) = \frac{1}{\Gamma(\nu+1)} \int_0^{t^\nu} f(t - \xi^{1/\nu}) \mathrm{d}\xi,$$

从而对 $t > 0$, 利用积分号下求导法则, 有

$$D[\mathrm{D}^{-\nu} f(t)] = \frac{1}{\Gamma(\nu+1)} \left[\nu t^{\nu-1} f(0) + \int_0^{t^\nu} f'(t - \xi^{1/\nu}) \mathrm{d}\xi \right].$$

从而利用变量替换 $t - \xi^{1/\nu} = \tau$, 可知当 $n = 1$ 时结论 (2) 成立.

利用归纳法可知结论成立. □

推论 2.1.1　在定理 2.1.2 的条件下,

$$\mathrm{D}^{-\nu-n}[\mathrm{D}^n f(t)] = \mathrm{D}^{-\nu} f(t);$$

如果还有 $\mathrm{D}^k f(0)=0,\ k=0,1,\cdots,n-1$, 则

$$\mathrm{D}^n[\mathrm{D}^{-\nu}f(t)]=\mathrm{D}^{-\nu}[\mathrm{D}^n f(t)].$$

此结论表明, 一般情况下, D^n 和 $\mathrm{D}^{-\nu}$ 不可交换, 即交换子 $[\mathrm{D}^n,\mathrm{D}^{-\nu}]\neq 0$.

定理 2.1.3 令 n 为正整数, $\nu>n$ 且 $\mathrm{D}^n f$ 在区间 $J=[0,\infty)$ 上具有连续的导数, 则对任意的 $t\in J$, 有

$$\mathrm{D}^n[\mathrm{D}^{-\nu}f(t)]=\mathrm{D}^{-(\nu-n)}f(t).$$

证明: 由于 $\nu>n$, $\mathrm{D}^{n-1}[\mathrm{D}^{-\nu}f(t)]=\mathrm{D}^{-(\nu-n)-1}f(t)$. 对此求导数可得

$$\mathrm{D}^n[\mathrm{D}^{-\nu}f(t)]=\mathrm{D}[\mathrm{D}^{-(\nu-n)-1}f(t)].$$

利用定理 2.1.2 的结论可得

$$\begin{aligned}\mathrm{D}^n[\mathrm{D}^{-\nu}f(t)]=&\mathrm{D}^{n-1-\nu}[\mathrm{D}f(t)]+\frac{f(0)t^{\nu-n}}{\Gamma(\nu+1-n)}\\=&\mathrm{D}^{-(\nu-n)}f(t).\end{aligned}$$

证毕. □

定理 2.1.4 令 n,m 为正整数, $\nu>0,\mu>0$ 满足 $\nu-\mu=m-n$, 记 $r=\max\{m,n\}$. 设 f 在区间 $J=[0,\infty)$ 上具有 r 阶连续的导数, 则对任意的 $t\in J$, 有

$$\mathrm{D}^{-\nu}[\mathrm{D}^m f(t)]=\mathrm{D}^{-\mu}[\mathrm{D}^n f(t)]+\mathrm{sgn}(n-m)\sum_{k=s}^{r-1}\frac{\mathrm{D}^k f(0)t^{\nu-m+k}}{\Gamma(\nu-m+k+1)},\tag{2.1.7}$$

其中, $s=\min\{m,n\}$, 且对任意的 $t\in J^{\circ}$ 有

$$\mathrm{D}^n[\mathrm{D}^{-\mu}f(t)]=\mathrm{D}^m[\mathrm{D}^{-\nu}f(t)].$$

证明: 如果 $m=n$, 定理是显然的. 现在设 $n>m$, 记 $\sigma=n-m$, 则由定理 2.1.2 可知

$$\mathrm{D}^{-\nu}[\mathrm{D}^m f(t)]=\mathrm{D}^{-\mu-\sigma}[\mathrm{D}^{\sigma+m}f(t)]+\sum_{k=0}^{\sigma-1}\frac{\mathrm{D}^{k+m}f(0)t^{\nu+k}}{\Gamma(\nu+k+1)}.$$

注意到 $\nu+\sigma=\mu$, $\sigma+m=n$, 对和式作相应的变量替换便得到式 (2.1.7) 的证明.

另一方面, 由定理 2.1.3 可知

$$\mathrm{D}^{\sigma}[\mathrm{D}^{-\nu-\sigma}f(t)]=\mathrm{D}^{-\nu}f(t),$$

对该式微分 m 次便得到

$$\mathrm{D}^{m+\sigma}[\mathrm{D}^{-\nu-\sigma}f(t)]=\mathrm{D}^m[\mathrm{D}^{-\nu}f(t)],$$

再次注意到 $m+\sigma=n$, $\nu+\sigma=\mu$, 便完成定理的证明. □

下面考虑 R-L 分数阶积分的 Leibniz 公式. 众所周知, 经典的 Leibniz 公式具有如下形式:

$$\mathrm{D}^n(f(t)g(t))=\sum_{k=0}^{n}C_n^k\mathrm{D}^k f(t)\mathrm{D}^{n-k}g(t),$$

其中, n 为正整数, f,g 为 n 重可微函数. 我们的目的是将此公式推广到一般的 R-L 分数阶积分. 为此, 先考虑下面的例子:

例 2.1.2 设 $\nu>0$, $f\in\mathbf{C}$, 则

$$\mathrm{D}^{-\nu}[t^n f(t)]=\sum_{k=0}^{n}C_{-\nu}^k\mathrm{D}^k t^n\mathrm{D}^{-\nu-k}f(t).$$

事实上, 由分数阶积分的定义,

$$\mathrm{D}^{-\nu}[t^n f(t)]=\frac{1}{\Gamma(\nu)}\int_0^t(t-\tau)^{\nu-1}[\tau^n f(\tau)]\mathrm{d}\tau.$$

将 τ^n 写为

$$\tau^n=[t-(t-\tau)]^n=\sum_{k=0}^{n}(-1)^kC_n^kt^{n-k}(t-\tau)^k,$$

利用推广的二项式系数 (2.6.3) 可以得到

$$\begin{aligned}\mathrm{D}^{-\nu}[t^n f(t)]=&\frac{1}{\Gamma(\nu)}\sum_{k=0}^{n}(-1)^kC_n^kt^{n-k}\int_0^t(t-\tau)^{\nu+k-1}f(\tau)\mathrm{d}\tau\\=&\frac{1}{\Gamma(\nu)}\sum_{k=0}^{n}(-1)^kC_n^k\Gamma(\nu+k)t^{n-k}\mathrm{D}^{-\nu-k}f(t)\\=&\sum_{k=0}^{n}C_{-\nu}^k[\mathrm{D}^kt^n][\mathrm{D}^{-\nu-k}f(t)],\end{aligned}$$

其中, $C_{-\nu}^k=(-1)^k\dfrac{\Gamma(k+\nu)}{k!\Gamma(\nu)}$.

定理 2.1.5 设 f 在 $[0,T]$ 上连续, 对任意的 $t\in[0,T]$, g 在 t 处解析, 则对于任意的 $\nu>0$ 以及 $0<t\leqslant T$ 有

$$\mathrm{D}^{-\nu}[f(t)g(t)]=\sum_{k=0}^{\infty}C_{-\nu}^k[\mathrm{D}^kg(t)][\mathrm{D}^{-\nu-k}f(t)].$$

证明: 由 f,g 的假设条件可知 $fg\in\mathbf{C}$. 从而对任意的 $\nu>0$, 分数阶积分 $\mathrm{D}^{-\nu}[f(t)g(t)]$ 存在. 将 g 展成 Taylor 级数

$$g(\tau)=g(t)+\sum_{k=1}^{\infty}\frac{\mathrm{D}^kg(t)}{k!}(\tau-t)^k,$$

利用 g 的解析性可知: 该级数在 $\tau\in[0,t]$ 上一致收敛. 将此代入 $\mathrm{D}^{-\nu}[f(t)g(t)]$ 的表达式可得

$$\begin{aligned}\mathrm{D}^{-\nu}[f(t)g(t)]=&\frac{1}{\Gamma(\nu)}\int_0^t(t-\tau)^{\nu-1}[f(\tau)g(\tau)]\mathrm{d}\tau\\=&g(t)\mathrm{D}^{-\nu}f(t)+\frac{1}{\Gamma(\nu)}\int_0^t(t-\tau)^{\nu}f(\tau)\left[\sum_{k=1}^{\infty}(-1)^k\frac{\mathrm{D}^kg(t)}{k!}(\tau-t)^{k-1}\right]\mathrm{d}\tau.\end{aligned}$$

由于 f 在 $[0,T]$ 上是连续的且 $\nu>0$, 从而 $(t-\tau)^{\nu}f(\tau)$ 在 $[0,t]$ 上有界的, 交换积分和求导的次序可得

$$\begin{aligned}\mathrm{D}^{-\nu}[f(t)g(t)] =& g(t)\mathrm{D}^{-\nu}f(t)+\sum_{k=1}^{\infty}(-1)^{k}\frac{\Gamma(\nu+k)}{k!\Gamma(\nu)}[\mathrm{D}^{k}g(t)][\mathrm{D}^{-\nu-k}f(t)]\\ =& \sum_{k=0}^{\infty}C_{-\nu}^{k}[\mathrm{D}^{k}g(t)][\mathrm{D}^{-\nu-k}f(t)].\end{aligned}$$

证毕. □

2.1.2 R-L 分数阶导数

有了 R-L 分数阶积分的定义, 能够很自然地定义其分数阶导数.

定义 2.1.2 令 f 属于函数类 $\mathbf{C}$, 且 $\mu>0$. 设 m 是超过 μ 的最小的整数, 即 $m=\mu+\nu$, $\nu\in(0,1]$. f 的 μ 阶导数定义为

$$\mathrm{D}^{\mu}f(t)=\mathrm{D}^{m}[\mathrm{D}^{-\nu}f(t)],\quad \mu>0,\quad t>0,$$

其中, D^{m} 为通常的 m 阶导数.

考虑特例 $\mu=n$. 此时 $m=n,\nu=0$, 由定义可知 [参见式 (2.1.4)]

$$\mathrm{D}^{\mu}f(t)=\mathrm{D}^{m}[\mathrm{D}^{0}f(t)]=\mathrm{D}^{n}f(t)$$

为 $f(t)$ 的通常的 n 阶导数. 即当 $\mu=0,1,2,\cdots$ 为整数时, 分数阶导数退化为通常的导数. 正是由于这样的原因, 在分数阶导数中我们也采用通常求导的符号 D, 而不会引起混淆. 当 $\mu=n$ 是整数时, 定义中的条件 $f\in\mathbf{C}$ 不是 $\mathrm{D}^{n}f(t)$ 存在的必要条件, 例如 $f(t)=t^{-1}$ 不属于函数类 $\mathbf{C}$, 但显然 $\mathrm{D}^{1}f(t)$ 是存在的, 事实上此时 $f(t)$ 的任意整数阶导数均存在.

下面两个例子的目的是为了方便读者将 R-L 分数阶积分和 R-L 分数阶导数作一简单比较.

例 2.1.3 (接例 2.1.1) 考虑 $f(t)=t^{\lambda},\lambda>-1$, 显然 $f\in\mathbf{C}$. 设 $\mu>0$ 且 m 为大于 μ 的最小的整数, 下面计算 $\mathrm{D}^{\mu}[t^{\lambda}]$. 由定义可知

$$\mathrm{D}^{\mu}[t^{\lambda}]=\mathrm{D}^{m}[\mathrm{D}^{-\nu}t^{\lambda}],\quad \nu=m-\mu>0.$$

利用例 2.1.1 的结论可知

$$\mathrm{D}^{-\nu}t^{\lambda}=\frac{\Gamma(\lambda+1)}{\Gamma(\lambda+\nu+1)}t^{\lambda+\nu},\quad t>0.$$

由此可知

$$\mathrm{D}^{\mu}t^{\lambda}=\frac{\Gamma(\lambda+1)}{\Gamma(\lambda+\nu+1)}\mathrm{D}^{m}t^{\lambda+\nu}=\frac{\Gamma(\lambda+1)}{\Gamma(\lambda-\mu+1)}t^{\lambda-\mu},\quad t>0.$$

将此例和例 2.1.1 进行形式上的比较, 可以看出对分数阶求导 μ 次导数可以将例 2.1.1 中求 ν 次积分的参数 ν 替换为 $-\mu$. 即如果 $\mathrm{D}^{-\nu}f$ 表示对 f 求 ν 次积分, 则 f 的 ν 次导数 $\mathrm{D}^{\mu}f$ 则可以表示为 $\mathrm{D}^{\mu}f(t)=[\mathrm{D}^{-\nu}f(t)]|_{\nu=-\mu}$. 但是这样的结论并不是对所有 $f\in\mathbf{C}$ 的函数都成立[9].

例 2.1.4 考虑 $f(t)=\mathrm{e}^t$, 则由定义可知

$$\mathrm{D}^{\nu}\mathrm{e}^t=\mathrm{D}^{\nu}\sum_{k=1}^{\infty}\frac{t^k}{k!}=\sum_{k=1}^{\infty}\frac{t^{k-\nu}}{\Gamma(k-\nu+1)}. \tag{2.1.8}$$

当 $\nu=n$ 为正整数时, 可以得到

$$\mathrm{D}^{n}\mathrm{e}^t=\sum_{k=0}^{\infty}\frac{t^{k-n}}{\Gamma(k-n+1)}=\sum_{j=0}^{\infty}\frac{t^j}{J!}=\mathrm{e}^t. \tag{2.1.9}$$

由分数次积分的定义可知, 当 $\nu=-1$ 时,

$$\mathrm{D}^{-1}\mathrm{e}^t=\int_0^t \mathrm{e}^{\tau}\mathrm{d}\tau=\mathrm{e}^t-1,$$

这和直接替换式 (2.1.8) 中的 ν 为 -1 所得到的结论是一致的: $\mathrm{D}^{-1}\mathrm{e}^t=\mathrm{e}^t-1$. 但是如果直接替换式 (2.1.9) 中的 $n=-1$ 则得到错误的结论: $\mathrm{D}^{-1}\mathrm{e}^t=\mathrm{e}^t$.

在定义了分数阶导数之后, 下面推广定理 2.1.2 的结论.

定理 2.1.6 (1) 假设 f 在 J 上连续, 且如果 $p\geqslant q\geqslant 0$, 还假设 $\mathrm{D}^{p-q}f(t)$ 存在, 则

$$\mathrm{D}^p[\mathrm{D}^{-q}f(t)]=\mathrm{D}^{p-q}f(t). \tag{2.1.10}$$

(2) 如果 $\mathrm{D}^n f$ 在 J 上连续, 且 $0\leqslant k-1\leqslant q<k$, 则对 $t>0$ 有

$$\mathrm{D}^{-p}[\mathrm{D}^q f(t)]=\mathrm{D}^{q-p}f(t)-\sum_{j=1}^{k}\frac{t^{p-j}}{\Gamma(1+p-j)}\mathrm{D}^{q-j}f(0). \tag{2.1.11}$$

证明: 首先证明式 (2.1.10). 当 $p=q=n\geqslant 1$ 为正整数时结论是显然的. 考虑 $k-1\leqslant p<k$, 利用定理 2.1.1 的结论可知

$$\mathrm{D}^{-k}f(t)=\mathrm{D}^{-(k-p)}[\mathrm{D}^{-p}f(t)],$$

则

$$\mathrm{D}^p[\mathrm{D}^{-p}f(t)]=\mathrm{D}^k\{\mathrm{D}^{-(k-p)}[\mathrm{D}^{-p}f(t)]\}=\mathrm{D}^k[\mathrm{D}^{-k}f(t)]=f(t),$$

从而当 $p=q$ 时结论成立. 对于一般的 p,q, 分两种情形讨论:

① $q\geqslant p\geqslant 0$: 此时利用定理 2.1.1 可知

$$\mathrm{D}^p[\mathrm{D}^{-q}f(t)]=\mathrm{D}^p\{\mathrm{D}^{-p}[\mathrm{D}^{-(q-p)}f(t)]\}=\mathrm{D}^{-(q-p)}f(t)=\mathrm{D}^{p-q}f(t);$$

② $p>q\geqslant 0$: 此时记 m,n 为整数, 使得 $0\leqslant m-1\leqslant p<m$, $0\leqslant n-1\leqslant p-q<n$, 显然 $n\leqslant m$. 利用 R-L 分数阶导数的定义以及定理 2.1.1 可知

$$\begin{aligned}\mathrm{D}^p[\mathrm{D}^{-q}f(t)]=&\mathrm{D}^m\{\mathrm{D}^{-(m-p)}[\mathrm{D}^{-q}f(t)]\}\\=&\mathrm{D}^m[\mathrm{D}^{p-q-m}f(t)]=\mathrm{D}^n\mathrm{D}^{m-n}[\mathrm{D}^{p-q-m}f(t)]\\=&\mathrm{D}^n[\mathrm{D}^{p-q-n}f(t)]=\mathrm{D}^{p-q}f(t).\end{aligned}$$

下证式 (2.1.11). 首先证明 $p=q$ 时结论成立.

由分数阶积分的定义,

$$\mathrm{D}^{-p}[\mathrm{D}^{p}f(t)] =\frac{1}{\Gamma(p)}\int_{0}^{t}(t-\tau)^{p-1}\mathrm{D}^{p}f(\tau)\mathrm{d}\tau \tag{2.1.12}$$

$$=\mathrm{D}\left[\frac{1}{\Gamma(p+1)}\int_{0}^{t}(t-\tau)^{p}\mathrm{D}^{p}f(\tau)\mathrm{d}\tau\right], \tag{2.1.13}$$

其中, 利用分部积分以及定理 2.1.1 的结论, $[\cdots]$ 内的积分可以计算为

$$\begin{aligned}
&\frac{1}{\Gamma(p+1)}\int_{0}^{t}(t-\tau)^{p}\mathrm{D}^{p}f(\tau)\mathrm{d}\tau\\
=&\frac{1}{\Gamma(p+1)}\int_{0}^{t}(t-\tau)^{p}\mathrm{D}^{k}[\mathrm{D}^{-(k-p)}f(\tau)]\mathrm{d}\tau\\
=&\frac{1}{\Gamma(p-k+1)}\int_{0}^{t}(t-\tau)^{p-k}\mathrm{D}^{-(k-p)}f(\tau)\mathrm{d}\tau-\sum_{j=1}^{k}\frac{\mathrm{D}^{k-j}[\mathrm{D}^{-(k-p)}f(0)]}{\Gamma(p+2-j)}t^{p-j+1}\\
=&\frac{1}{\Gamma(p-k+1)}\int_{0}^{t}(t-\tau)^{p-k}\mathrm{D}^{-(k-p)}f(\tau)\mathrm{d}\tau-\sum_{j=1}^{k}\frac{\mathrm{D}^{p-j}f(0)}{\Gamma(p+2-j)}t^{p-j+1}\\
=&\mathrm{D}^{-(p-k+1)}[\mathrm{D}^{-(k-p)}f(t)]-\sum_{j=1}^{k}\frac{\mathrm{D}^{p-j}f(0)}{\Gamma(p+2-j)}t^{p-j+1}\\
=&\mathrm{D}^{-1}f(t)-\sum_{j=1}^{k}\frac{\mathrm{D}^{p-j}f(0)}{\Gamma(p+2-j)}t^{p-j+1}.
\end{aligned}$$

由于 $\mathrm{D}^{p}f(t)$ 是可积的, $\mathrm{D}^{p-j}f(t)$ 对任意的 $j=1,2,\cdots,k$ 在 $t=0$ 端点处都是有界的, 从而上式中各项都是存在的. 利用式 (2.1.12) 可得当 $p=q$ 时, 如果 $f(t)$ 的分数阶导数 $\mathrm{D}^{p}f(t)$ 是可积的, 则

$$\mathrm{D}^{-p}[\mathrm{D}^{p}f(t)]=f(t)-\sum_{j=1}^{k}\frac{t^{p-j}[\mathrm{D}^{p-j}f(0)]}{\Gamma(p-j+1)}\quad(k-1\leqslant p<k).$$

当 $p\neq q$ 时, 分两种情形讨论.

① $q\leqslant p$: 此时利用定理 2.1.1 的结论.

② $q\geqslant p$: 此时利用第一部分的结论 (2.1.10).

在这两种情况下, 都可以得到 (利用例 2.1.3 的结果)

$$\begin{aligned}
\mathrm{D}^{-p}[\mathrm{D}^{q}f(t)] =&\mathrm{D}^{q-p}\{\mathrm{D}^{-q}[\mathrm{D}^{q}f(t)]\}\\
=&\mathrm{D}^{q-p}\left\{f(t)-\sum_{j=1}^{k}\frac{[\mathrm{D}^{q-j}f(0)]}{\Gamma(q-j+1)}t^{q-j}\right\}\\
=&\mathrm{D}^{q-p}\left\{f(t)-\sum_{j=1}^{k}\frac{[\mathrm{D}^{q-j}f(0)]}{\Gamma(p-j+1)}t^{p-j}\right\}
\end{aligned}$$

证毕. □

比较这里的结论和定理 2.1.2 中的结论, 可以发现当这里的指标 $q = n, p = \nu + n$ 时, 结论 (2.1.11) 退化为定理 2.1.2 的结论 (1); 当 $q = \nu, p = n$ 时, 结论 (2.1.10) 退化为定理 2.1.2 的结论 (2). (读者可以自行思考为什么?)

比较结论 (2.1.10) 和结论 (2.1.11) 可知, 除非 $\mathrm{D}^{p-j}f(0) = 0, 0 \leqslant k-1 \leqslant p < k$, 一般说来 R-L 分数阶导数 D^p 和 R-L 分数阶积分 D^{-q} 不可交换. 类似于推论 2.1.1, 还可以考虑分数阶导数之间的交换性.

利用分数阶导数的定义可知

$$\mathrm{D}^n[\mathrm{D}^{k-\alpha}f(t)] = \frac{\mathrm{D}^{n+k}}{\Gamma(\alpha)}\int_0^t (t-\tau)^{\alpha-1}f(\tau)\mathrm{d}\tau = \mathrm{D}^{n+k-\alpha}f(t), \quad 0 < \alpha \leqslant 1.$$

记 $p = k - \alpha$, 可得

$$\mathrm{D}^n[\mathrm{D}^p f(t)] = \mathrm{D}^{n+p}f(t). \tag{2.1.14}$$

另一方面, 由 R-L 分数阶积分的定义, 并反复利用分部积分可得

$$\begin{aligned}\mathrm{D}^{-n}[f^{(n)}(t)] =& \frac{1}{(n-1)!}\int_0^t (t-\tau)^{n-1}f^{(n)}(\tau)\mathrm{d}\tau \\ =& f(t) - \sum_{j=0}^{n-1}\frac{f^{(j)}(a)t^j}{\Gamma(j+1)}.\end{aligned}$$

利用定理 2.1.6 的结论 (1) 可知

$$\begin{aligned}\mathrm{D}^p[f^{(n)}(t)] =& \mathrm{D}^{p+n}\{\mathrm{D}^{-n}[f^{(n)}(t)]\} \\ =& \mathrm{D}^{p+n}\left[f(t) - \sum_{j=0}^{n-1}\frac{f^{(j)}(0)t^j}{\Gamma(j+1)}\right] \\ =& \mathrm{D}^{p+n}\left[f(t) - \sum_{j=0}^{n-1}\frac{f^{(j)}(0)t^{j-p-n}}{\Gamma(j+1-n-p)}\right].\end{aligned} \tag{2.1.15}$$

比较式 (2.1.14) 和式 (2.1.15) 可知, 除非 $f^{(k)}(0) = 0,\ k = 0, 1, \cdots, n-1$, D^n 和 D^p 不可交换.

进一步, 还可以考虑 R-L 分数阶导数 D^p 和 D^q 之间的交换性. 此时, 设 $m-1 \leqslant p < m$ 和 $n-1 \leqslant q < n$, 利用分数阶导数的定义以及式 (2.1.11) 可知

$$\begin{aligned}\mathrm{D}^p[\mathrm{D}^q f(t)] =& \mathrm{D}^m\{\mathrm{D}^{-(m-p)}[\mathrm{D}^q f(t)]\} \\ =& \mathrm{D}^m\left[\mathrm{D}^{p+q-m} - \sum_{j=0}^{n}\frac{\mathrm{D}^{q-j}f(0)t^{m-p-j}}{\Gamma(1+m-p-j)}\right] \\ =& \mathrm{D}^{p+q}f(t) - \sum_{j=0}^{n}\frac{\mathrm{D}^{q-j}f(0)t^{-p-j}}{\Gamma(1-p-j)}.\end{aligned} \tag{2.1.16}$$

类似地, 可得

$$\mathrm{D}^q[\mathrm{D}^p f(t)] = \mathrm{D}^{p+q}f(t) - \sum_{j=0}^{m}\frac{\mathrm{D}^{p-j}f(0)t^{-q-j}}{\Gamma(1-q-j)}. \tag{2.1.17}$$

比较式 (2.1.16) 和式 (2.1.17) 可知, 一般说来, R-L 分数阶导数算子 $\mathrm{D}^q, \mathrm{D}^p$ 不可交换, 除非 $p=q$ 或者式 (2.1.16) 以及式 (2.1.17) 中的求和项为零, 此等价于

$$\mathrm{D}^{p-j}f(0)=0\ (j=1,2,\cdots,m),\quad \mathrm{D}^{q-j}f(0)=0\ (j=1,2,\cdots,n).$$

至此我们已经较为详细地讨论了 R-L 分数阶积分算子 D^{-p} 和 R-L 分数阶导数算子 D^q 的交换性. 现在总结如下:

(1) R-L 分数阶积分算子 D^{-p} 和 D^{-q} 可交换, 参见定理 2.1.1.

(2) R-L 分数阶积分算子和导数算子一般说来不可交换, 参见定理 2.1.2 及其推广形式, 定理 2.1.6.

(3) 一般说来 R-L 分数阶导数算子之间不可交换, 参见式 (2.1.16), 式 (2.1.17) 及其讨论.

前面我们已经简单地介绍了分数阶导数的 Leibniz 公式, 下面考虑分数阶导数的 Leibniz 公式. 为此引入函数类 **C** 的子类 $\mathscr{C}$. 如果 $f\in\mathbf{C}$, 且具有任意阶的分数阶导数和分数阶积分, 则称函数 f 属于 $\mathscr{C}$. 令 $\eta(t)$ 在原点的领域内解析, 函数类 $\mathscr{C}$ 可以定义为具有如下形式的函数类:

$$t^\lambda\eta(t),\quad t^\lambda(\ln t)\eta(t),\quad \lambda>-1.$$

如多项式、指数函数、sin 函数、cos 函数等都属于函数类 $\mathscr{C}$.

仅考虑如下的简单情形. 设 $\mu>0$ 且 n 为正整数, 如果 $f\in\mathbf{C}$, 则 $t^nf(t)$ 的分数阶积分存在. 记 m 为大于 μ 的最小整数, 则由分数阶导数的定义可知

$$\mathrm{D}^\mu[t^nf(t)]=\mathrm{D}^m[\mathrm{D}^{-m+\mu}t^nf(t)].$$

由例 2.1.2 可知

$$\mathrm{D}^{-(m-\mu)}[t^nf(t)]=\sum_{k=0}^{n}C_{\nu-m}^{k}(\mathrm{D}^kt^n)[\mathrm{D}^{\mu-m-k}f(t)]. \tag{2.1.18}$$

为此仅需计算式 (2.1.9) 中的 m 阶导数. 可以证明[9]: 如果 $f\in\mathscr{C}$, 则对任意的 $l=0,1,2,\cdots$, 有

$$\mathrm{D}^l[\mathrm{D}^{\mu-m-k}f(t)]=\mathrm{D}^{l+\mu-m-k}f(t).$$

从而, 如果 $f\in\mathscr{C}$,

$$\begin{aligned}\mathrm{D}^\mu[t^nf(t)]&=\sum_{k=0}^{n}C_{\mu-m}^{k}\mathrm{D}^m\left\{[\mathrm{D}^kt^n][\mathrm{D}^{-m+\mu-k}f(t)]\right\}\\&=\sum_{k=0}^{n}C_{\mu-m}^{k}\sum_{j=0}^{m}C_m^j(\mathrm{D}^{j+k}t^n)[\mathrm{D}^{\mu-j-k}f(t)].\end{aligned}$$

记 $r=j+k, s=k$, 从而

$$\mathrm{D}^\mu[t^nf(t)]=\sum_{r=0}^{n}\left(\sum_{s=0}^{r}C_{\mu-m}^{s}C_m^{r-s}\right)(\mathrm{D}^rt^n)[\mathrm{D}^{\mu-r}f(t)].$$

利用公式

$$\sum_{s=0}^{r}C_{\mu-m}^{s}C_m^{r-s}=C_\mu^r,$$

可得

$$\mathrm{D}^{\mu}[t^n f(t)] = \sum_{r=0}^{n} C_{\mu}^{r}(\mathrm{D}^r t^n)[\mathrm{D}^{\mu-r} f(t)], \quad \mu > 0. \tag{2.1.19}$$

例 2.1.5　当 $n=1$ 时, 如果 $f \in \mathscr{C}$, 则可得到公式

$$\mathrm{D}^{\mu}[tf(t)] = t\mathrm{D}^{\mu} f(t) + \mu \mathrm{D}^{\mu-1} f(t), \quad \mu > 0.$$

2.1.3　R-L 分数阶导数的拉普拉斯变换

在分数阶微积分的研究中, 拉普拉斯变换 $\mathscr{L}$ 是一个十分重要的工具, 关于其定义及基本性质, 读者可以参见附录 B. 这一小节的目的便是借助拉普拉斯变换来讨论分数阶积分和导数, 并与通常的积分与求导进行比较.

由拉普拉斯变换的性质可知, 如果 f, g 的拉普拉斯变换分别为 $F(s), G(s)$, 则

$$\mathscr{L}\left[\int_0^t f(t-\tau)g(\tau)\mathrm{d}\tau\right] = F(s)G(s). \tag{2.1.20}$$

此表明拉普拉斯变换将函数的卷积变为对应函数的拉普拉斯变换之积, 这就为利用拉普拉斯变换来研究分数阶积分和导数带来了一定的方便.

如果 $f \in \mathbf{C}$, 其 μ 阶 R-L 积分为

$$\mathrm{D}^{-\mu}[f(t)] = \frac{1}{\Gamma(\mu)}\int_0^t (t-\tau)^{\mu-1} f(\tau)\mathrm{d}\tau, \quad \mu > 0,$$

即可以表示为函数 $t^{\mu-1}$ 和函数 f 的“卷积”. 从而如果 f 为至多指数增长函数, 则

$$\mathscr{L}[\mathrm{D}^{-\mu} f(t)] = \frac{1}{\Gamma(\nu)}\mathscr{L}[t^{\nu-1}]\mathscr{L}[f(t)] = s^{-\mu}F(s), \quad \mu > 0, \tag{2.1.21}$$

其中, $F(s)$ 是 $f(t)$ 的拉普拉斯变换.

例 2.1.6　如下的拉普拉斯变换成立:

$$\begin{aligned}
\mathscr{L}[\mathrm{D}^{-\mu} t^{\nu}] &= \frac{\Gamma(\nu+1)}{s^{\mu+\nu+1}}, \quad \mu > 0, \nu > -1;\\
\mathscr{L}[\mathrm{D}^{-\mu} \mathrm{e}^{at}] &= \frac{1}{s^{\mu}(s-a)}, \quad \mu > 0;\\
\mathscr{L}[\mathrm{D}^{-\mu} \cos at] &= \frac{1}{s^{\mu-1}(s^2+a^2)}, \quad \mu > 0.
\end{aligned}$$

当考虑先求 R-L 分数阶导数再求通常导数之后的拉普拉斯变换与先求通常导数再求 R-L 分数阶导数之后的拉普拉斯变换时, 我们可以得到一些有趣的结论. 设 f 在 J 上连续, $\mathrm{D}f \in \mathbf{C}$ 并且至多指数增长, 利用式 (2.1.21) 以及拉普拉斯变换的性质可得

$$\mathscr{L}\{\mathrm{D}^{-\mu}[\mathrm{D}f(t)]\} = s^{-\mu}\mathscr{L}[\mathrm{D}f(t)] = s^{-\mu}[sF(s) - f(0)], \quad \mu > 0. \tag{2.1.22}$$

利用定理 2.1.2 的结论还可以得到

$$\mathscr{L}\{\mathrm{D}[\mathrm{D}^{-\mu} f(t)]\} = \mathscr{L}\{\mathrm{D}^{-\mu}[\mathrm{D}f(t)]\} + \frac{s(0)}{\Gamma(\mu)}\mathscr{L}\left[t^{\mu-1}\right]$$

$$
\begin{aligned}
&= s^{-\mu}[sF(s)-f(0)]+s^{-\mu}f(0)\\
&= s^{1-\mu}F(s), \qquad \mu>0.
\end{aligned} \tag{2.1.23}
$$

比较式 (2.1.22) 和式 (2.1.23), 可以看出先求 R-L 分数阶导数再求通常的导数与先求通常的导数再求 R-L 分数阶导数的结果是不一样的. 特别地, 当 $\mu\to 0$ 时, 式 (2.1.22) 的右端为 $sF(s)-f(0)$, 而式 (2.1.23) 的右端为 $sF(s)$. 出现这种问题的原因在于

$$\lim_{\mu\to 0}\frac{t^{\mu-1}}{\Gamma(\mu)}=0,$$

而

$$\lim_{\mu\to 0}\mathscr{L}\left[\frac{t^{\mu-1}}{\Gamma(\mu)}\right]=1,$$

即拉普拉斯变换 $\mathscr{L}$ 和极限 lim 不可交换. 式 (2.1.22) 和式 (2.1.23) 的进一步区别可以参见后续章节.

进一步考虑 R-L 分数阶导数的拉普拉斯变换. 为此设 $f\in\mathscr{C}$, 即 f 具有式 (2.1.2) 中的形式

$$f(t)=t^{\lambda}\sum_{n=0}^{\infty}a_n t^n \quad 或 \quad t^{\lambda}(\ln t)\sum_{n=0}^{\infty}a_n t^n, \quad \lambda>-1.$$

为了不引入特殊函数, 这里仅考虑 $f(t)=t^{\lambda}\eta(t)$ 这一简单情形. 此时由定义可得

$$\mathrm{D}^{\mu}f(t)=t^{\lambda-\mu}\sum_{n=0}^{\infty}a_n\frac{\Gamma(n+\lambda+1)}{\lambda(n+\lambda+1-\mu)}t^n.$$

从而如果 f 至多指数增长, 其拉普拉斯变换 $F(s)$ 存在, 并且具有形式

$$F(s)=\frac{1}{s^{\lambda+1}}\sum_{n=0}^{\infty}a_n\Gamma(n+\lambda+1)s^{-n},$$

如果还有 $\lambda-\mu>-1$, 则 $\mathrm{D}^{\mu}f(t)$ 的拉普拉斯变换存在:

$$\mathscr{L}[\mathrm{D}^{\mu}f(t)]=\sum_{n=0}^{\infty}a_n\frac{\Gamma(n+\lambda+1)}{s^{n+\lambda-\mu+1}}.$$

比较这两式可以发现

$$\mathscr{L}[\mathrm{D}^{\mu}f(t)]=s^{\mu}F(s), \quad \mu<\lambda+1.$$

当 $\mu\leqslant 0$ 时, 此时退化为 R-L 分数阶积分情形 [参见式 (2.1.21)].

当 $\mu>0$ 时, 设 m 为不小于 μ 的最小整数, 此时 $\mu-m\leqslant 0$. 如果 $f\in\mathscr{C}$, 由 R-L 分数阶导数的定义可知分数阶导数

$$\mathrm{D}^{\mu}f(t)=\mathrm{D}^{m}[\mathrm{D}^{-(m-\mu)}f(t)]$$

存在. 此时利用拉普拉斯变换的性质有

$$
\begin{aligned}
\mathscr{L}[\mathrm{D}^{\mu}f(t)] &= \mathscr{L}\{\mathrm{D}^{m}[\mathrm{D}^{-(m-\mu)}f(t)]\}\\
&= s^{m}\mathscr{L}[\mathrm{D}^{-(m-\mu)}f(t)]-\sum_{k=0}^{m-1}s^{m-k-1}\mathrm{D}[\mathrm{D}^{-(m-\mu)}f(t)]\big|_{t=0}
\end{aligned}
$$

$$
\begin{aligned}
&= s^m[s^{-(m-\mu)}F(s)] - \sum_{k=0}^{m-1} s^{m-k-1}\mathrm{D}^{k-(m-\mu)}f(0) \\
&= s^\mu F(s) - \sum_{k=0}^{m-1} s^{m-k-1}\mathrm{D}^{k-(m-\mu)}f(0),
\end{aligned}
$$

其中, $m-1<\mu\leqslant m$. 此即为 R-L 分数阶导数的拉普拉斯变换. 比较此式和式 (2.1.21) 可知 R-L 分数阶积分和 R-L 分数阶导数的异同, 特别地, 可以比较这里与整数阶情形的结论. 当 μ 为整数时, 这里的结论退化为整数阶情形的结论.

2.1.4 其他的分数阶导数定义

这一节考虑 R-L 定义的其他分数阶积分与分数阶导数的定义.

1. Caputo 分数阶导数定义

Caputo 导数和 R-L 分数阶积分有很大的联系, 同时也存在着本质的区别[54~57]. f 的 μ 阶 Caputo 导数的定义为

$$
{}^{C}{}_{0}\mathrm{D}_t^\mu f(t) = \frac{1}{\Gamma(\mu-n)}\int_a^t \frac{f^{(n)}(\tau)}{(t-\tau)^{\mu+1-n}}\mathrm{d}\tau \quad (n-1<\mu<n). \tag{2.1.24}
$$

为了和 R-L 分数阶导数区分, 这里将 Caputo 导数记为 ${}^{C}{}_{0}\mathrm{D}_t^\mu$, 在不引起混淆的情况下仍将 R-L 导数记为 D; 另外, 当 $a=0$ 时, 通常也将 μ 阶 Caputo 导数记为 ${}^{C}\mathrm{D}^\mu$. 和 R-L 分数阶导数定义不同的是, 求导的顺序不一致. 在 R-L 分数阶导数定义中是先求分数阶积分然后再求整数阶导数, 而 Caputo 导数定义则是先求整数阶导数, 然后再求分数阶积分.

当 $\mu\to n$ 时, Caputo 导数退化为通常的 n 阶导数. 事实上, 假设 $0\leqslant n-1<\mu<n$, 并假设 f 在 $[0,T]$ 上具有 $n+1$ 阶的有界连续导数, 则由定义并利用分部积分可得

$$
{}^{C}\mathrm{D}^\mu f(t) = \frac{f^{(n)}(0)t^{n-\mu}}{\Gamma(n-\mu+1)} + \int_0^t \frac{(t-\tau)^{n-\mu}f^{(n+1)}(\tau)}{\Gamma(n-\mu+1)}\mathrm{d}\tau.
$$

对上式取极限可知, 当 $\mu\to n$ 时,

$$
\lim_{\mu\to n} {}^{C}\mathrm{D}^\mu f(t) = f^{(n)}(0) + \int_0^t f^{(n+1)}(\tau)\mathrm{d}\tau = f^{(n)}(t), \quad n=1,2,\cdots.
$$

2. 和 R-L 导数的比较

Riemann-Liouville 分数阶导数和 Caputo 导数有着很大的区别[27], 这一区别主要体现在实际的物理模型中. R-L 分数阶导数和 Caputo 导数都利用 R-L 分数阶积分来表示. μ 阶 R-L 分数阶积分为

$$
\mathrm{D}^{-\mu}(f(t)) = \frac{1}{\Gamma(\mu)}\int_0^t \frac{f(\tau)\mathrm{d}\tau}{(t-\tau)^{1-\mu}}, \quad \mu>0.
$$

利用 R-L 积分可以将 R-L 分数阶导数定义为 (为了区分, 这里特别以 RL 和 C 作为左上标)

$$\begin{aligned}{}^{RL}{}_0\mathrm{D}_t^{\nu}f(t) =&\frac{1}{\Gamma(\mu)}\frac{\mathrm{d}^k}{\mathrm{d}t^k}\int_0^t\frac{f(\tau)\mathrm{d}\tau}{(t-\tau)^{1-\mu}}\\ =&\frac{\mathrm{d}^k}{\mathrm{d}t^k}(I^{-\mu}(f(t))),\quad \mu=k-\nu>0.\end{aligned}$$

而利用 R-L 分数阶积分可以将 Caputo 分数阶导数定义为

$$\begin{aligned}{}^{C}{}_0\mathrm{D}_t^{\nu}f(t) =&\frac{1}{\Gamma(\mu)}\int_0^t\frac{f^{(k)}\mathrm{d}\tau}{(t-\tau)^{1-\mu}}\\ =&I^{-\mu}\left(\frac{\mathrm{d}^k}{\mathrm{d}t^k}f(t)\right),\quad \mu=k-\nu>0.\end{aligned}$$

由此可知, R-L 分数阶导数的定义中是先求分数阶积分然后再求整数阶导数; 而 Caputo 导数则正好相反, 是先求整数阶导数再求分数阶积分.

在实际求解微分方程初值问题的过程中, Caputo 导数比 R-L 导数的应用更为广泛而且更具有物理背景. 考虑 R-L 导数的拉普拉斯变换

$$\mathscr{L}\left[{}^{RL}{}_0\mathrm{D}_t^{\nu}f(t)\right](s)=s^{\nu}F(s)-\sum_{n=0}^{k-1}s^n({}^{RL}{}_0\mathrm{D}_t^{\nu-n-1}f(t))\big|_{t=0}.$$

从而在求解的实际过程中, 需要知道 $f(t)$ 的分数阶初值条件 $({}^{RL}{}_0\mathrm{D}_t^{\nu-n-1}f(t))\big|_{t=0}$ $(n=0,\cdots,k-1)$. 但是对于具体的物理系统, 初值条件是系统的可以测量的特殊条件, 而不是分数阶的条件.

考虑 Caputo 分数阶导数, 其拉普拉斯变换为

$$\mathscr{L}\left[{}^{C}{}_0\mathrm{D}_t^{\nu}f(t)\right](s)=s^{\nu}F(s)-\sum_{n=0}^{k-1}s^{\nu-n-1}(\mathrm{D}_t^nf(t))\big|_{t=0}.$$

从而其初值条件是通常的整数阶条件, 具有较强的物理背景. 如果 $f(t)$ 表示质点的位置, 则 $(\mathrm{D}_t^0f(t))\big|_{t=0}$ 表示质点的初始位置, 而一阶导数 $(\mathrm{D}_t^1f(t))\big|_{t=0}$ 则表示质点的初始速度.

3. Weyl 分数阶导数的定义

近年来, Weyl 分数阶积分也应用得较为广泛[58]. f 的 μ 阶 Weyl 积分定义为

$${}_tW_{\infty}^{-\mu}f(t)=\frac{1}{\Gamma(\mu)}\int_t^{\infty}(\tau-t)^{\mu-1}f(\tau)\mathrm{d}\tau,\quad \mathrm{Re}\,\mu>0,t>0. \tag{2.1.25}$$

经常也将 ${}_tW_{\infty}^{-\mu}$ 简写为 $W^{-\mu}$. 以下为了讨论的方便, 这里假设函数 f 在无穷远处是速降的. 作变量替换 $\tau=t+\xi$, 可得

$$W^{-\nu}f(t)=\frac{1}{\Gamma(\nu)}\int_0^{\infty}\xi^{\nu-1}f(t+\xi)\mathrm{d}\xi,$$

从而

$$\begin{aligned}\mathrm{D}[W^{-\nu}f(t)] =&\mathrm{D}\left[\frac{1}{\Gamma(\nu)}\int_0^{\infty}\xi^{\nu-1}f(t+\xi)\mathrm{d}\xi\right]\\ =&\frac{1}{\Gamma(\nu)}\int_0^{\infty}\xi^{\nu-1}\frac{\partial}{\partial t}f(t+\xi)\mathrm{d}\xi\end{aligned}$$

$$=\frac{1}{\Gamma(\nu)}\int_0^{\infty}\xi^{\nu-1}\mathrm{D}f(t+\xi)\mathrm{d}\xi=W^{-\nu}[\mathrm{D}f(t)].$$

类似地, 对一般的正整数 n, 可以得到

$$\mathrm{D}^n[W^{-\nu}f(t)]=W^{-\nu}[\mathrm{D}^n f(t)]. \tag{2.1.26}$$

更一般地, 还可以考虑 Weyl 分数阶积分之间的复合. 如果 f 是速降的, 则 $W^{-\mu}f(t)$ 也是速降的, 从而对任意的 $\nu>0$, 有

$$\begin{aligned}W^{-\nu}\left[W^{-\mu}f(t)\right]=&\frac{1}{\Gamma(\mu)}W^{-\nu}\left[\int_t^{\infty}(\tau-t)^{\mu-1}f(\tau)\mathrm{d}\tau\right]\\=&\frac{1}{\Gamma(\mu)\Gamma(\nu)}\int_t^{\infty}(\xi-t)^{\nu-1}\mathrm{d}\xi\left[\int_{\xi}^{\infty}(\tau-\xi)^{\mu-1}f(\tau)\mathrm{d}\tau\right].\end{aligned}$$

交换积分顺序, 并利用 Beta 函数的定义可得

$$W^{-\nu}\left[W^{-\mu}f(t)\right]=\frac{B(\mu,\nu)}{\Gamma(\mu)\Gamma(\nu)}\int_t^{\infty}(\tau-t)^{\mu+\nu-1}f(\tau)\mathrm{d}\tau.$$

由此得到 Weyl 分数阶积分有如下性质:

$$W^{-\nu}\left[W^{-\mu}f(t)\right]=W^{-(\mu+\nu)}f(t)\ (\text{指数性质}).$$

形式上, 该公式还可以简写为

$$W^{-\nu}W^{-\mu}=W^{-(\mu+\nu)}. \tag{2.1.27}$$

利用式 (2.1.27) 还可以给 W^0 以恰当的定义. 注意到在 Weyl 积分的定义中, 即使假设 f 是速降函数, 当 $\mu=0$ 时, 表达式 (2.1.25) 一般说来也是不收敛的. 当 $\mu>0$ 时, $W^{-\mu}$ 是良定的, 且由式 (2.1.27) 可知

$$W^0W^{-\mu}=W^{-\mu},$$

从而定义如下关系式:

$$\text{对任意的}\mu>0,\quad W^0=I(\text{恒等算子}). \tag{2.1.28}$$

和 R-L 分数阶导数的定义类似, 利用 Weyl 分数阶积分可以定义 Weyl 分数阶导数. 令 $E=-\mathrm{D}$, 则式 (2.1.26) 可以表示为

$$E^nW^{-\nu}=W^{-\nu}E^n. \tag{2.1.29}$$

对于速降函数 f, 利用分部积分可得

$$\begin{aligned}W^{-\mu}f(t)=&\frac{1}{\Gamma(\mu)}\int_t^{\infty}(\tau-t)^{\mu-1}f(\tau)\mathrm{d}\tau=W^{-(\mu+n)}[E^nf(t)]\\=&E^n[W^{-(\mu+n)}f(t)].\end{aligned}$$

对此式两端同时作用 E^m 算子可得

$$E^m[W^{-\mu}f(t)]=E^{m+n}[W^{-(\mu+n)}f(t)]. \tag{2.1.30}$$

定义 2.1.3 令 $\mu>0$, $n=[\mu]+1$ 为大于 μ 的最小的整数. 记 $\nu=n-\mu$, 假设对函数 f, 其 $-\nu$ 阶 Weyl 积分 $W^{-\nu}f(t)$ 存在且具有 n 阶连续导数, 则 f 的 μ 阶 Weyl 导数定义为

$$W^{\mu}f(t)=E^{n}[W^{-\nu}f(t)]=E^{n}[W^{-(n-\mu)}f(t)]. \tag{2.1.31}$$

如果 f 为速降函数, 则对任意的 $\mu>0$, 其 μ 阶 Weyl 导数存在, 且仍然属于速降函数类. 类似于 R-L 导数以及 Caputo 导数, 当 $\mu=n$ 为非负整数时, W^{n} 就退化为通常的 n 阶导数. 事实上, 此时利用定义 (2.1.31) 可得

$$W^{n}f(t)=E^{n+1}[W^{-1}f(t)]=E^{n+1}\int_{t}^{\infty}f(\tau)\mathrm{d}\tau=E^{n}f(t). \tag{2.1.32}$$

利用式 (2.1.30), 交换 m,n 的次序可得

$$E^{n}[W^{-\nu}f(t)]=E^{n+m}[W^{-(m+\nu)}f(t)],$$

令 $q=m+n$, 由此定义则可得到

$$W^{\mu}f(t)=E^{q}[W^{-(q-\nu)}f(t)]. \tag{2.1.33}$$

注意到 q 为任意大于 μ 的整数, 此式可以看作是定义 (2.1.31) 的推广.

例 2.1.7 (1) 当 $\mu>0,a>0$ 时, 利用 Weyl 积分的定义可知

$$W^{-\mu}\mathrm{e}^{-at}=a^{-\mu}\mathrm{e}^{-at}.$$

令 $n=[\mu]+1$ 为大于 μ 的最小的整数, $\nu=n-\mu$, 利用 Weyl 分数阶导数的定义可得

$$\begin{aligned}W^{\mu}\mathrm{e}^{-at}=&E^{n}[W^{-\nu}\mathrm{e}^{-at}]=E^{n}[a^{-\nu}\mathrm{e}^{-at}]\\=&a^{-\nu}[a^{n}\mathrm{e}^{-at}]=a^{\mu}\mathrm{e}^{-at}.\end{aligned}$$

(2) 当 $\lambda>\nu>0$ 时,

$$W^{-\nu}t^{-\lambda}=\frac{\Gamma(\lambda-\nu)}{\Gamma(\lambda)}t^{\nu-\lambda},\quad t>0. \tag{2.1.34}$$

如果 $t^{-\lambda}$ 的 μ 阶 Weyl 导数存在, 则

$$W^{\mu}t^{-\lambda}=E^{n}[W^{-(n-\mu)}t^{-\lambda}].$$

利用分数阶积分 (2.1.34) 可知当 $0<n-\mu<\lambda$ 时, $t^{-\lambda}$ 的 μ 阶分数阶导数存在, 且

$$W^{\mu}t^{-\lambda}=\frac{\Gamma(\lambda+\mu)}{\Gamma(\lambda)}t^{-\mu-\lambda}.$$

命题 2.1.1 对任意的 μ, 成立

$$W^{-\mu}W^{\mu}=I=W^{\mu}W^{-\mu}.$$

证明： 首先假设 $\mu=n$ 为正整数. 此时, 利用 n 次分部积分可得

$$W^{-n}[E^n f(t)]=\frac{1}{\Gamma(n)}\int_t^{\infty}(\tau-t)^{n-1}E^n f(\tau)\mathrm{d}\tau=f(t).$$

利用式 (2.1.32) 可知当 $\mu=n$ 为整数时,

$$W^{-n}W^n=I=W^nW^{-n}. \tag{2.1.35}$$

更一般地, 如果 μ 为整数, 记 $n=[\mu]+1$ 为大于 μ 的最小的正整数. 利用分数阶 Weyl 导数推广的定义 (2.1.33) 以及式 (2.1.27) 可知

$$\begin{aligned}W^{\mu}\left[W^{-\mu}f(t)\right]=&E^n\left\{W^{-(n-\mu)}\left[W^{-\mu}f(t)\right]\right\}\\=&E^n\left[W^{-n}f(t)\right]\\=&f(t)\quad[\text{注意到式 (2.1.32)}].\end{aligned}$$

同理还可以得到

$$\begin{aligned}W^{-\mu}\left[W^{\mu}f(t)\right]=&W^{-\mu}\left[E^nW^{-(n-\mu)}f(t)\right] &&[\text{利用式 (2.1.31)}]\\=&E^n\left[W^{-\mu}W^{-(n-\mu)}f(t)\right] &&[\text{利用式 (2.1.29)}]\\=&E^n\left[W^{-n}f(t)\right] &&[\text{利用式 (2.1.27)}]\\=&f(t) &&[\text{利用式 (2.1.35)}].\end{aligned}$$

由此可知命题 2.1.1 成立. □

类似于式 (2.1.27), 可以类似地证明 Weyl 分数阶导数的指数性质 (Law of Exponents).

命题 2.1.2 令 $\mu>0,\nu>0$ 为正数, 则 Weyl 分数阶导数满足如下的指数关系：

$$W^{\mu}W^{\nu}=W^{\mu+\nu}.$$

特别地, 对任意的 $W^0=I$(恒等算子).

证明： 令 $m=[\mu]+1$ 为大于 μ 的最小的整数, $n=[\nu]+1$ 为大于 ν 的最小的整数. 利用定义可得

$$W^{\nu}W^{\mu}=E^nW^{-s}[E^mW^{-r}],$$

其中, $r=m-\mu>0$, $s=n-\nu>0$. 利用式 (2.1.29) 可得

$$\begin{aligned}W^{\nu}W^{\mu}=&W^{-s}E^n[W^{-r}E^m]\\=&W^{-s}[(W^{-r}E^n)E^m] &&[\text{利用式 (2.1.29)}]\\=&W^{-s}(W^{-r}E^{m+n})\\=&W^{-(r+s)}(E^{m+n}) &&[\text{利用式 (2.1.27)}].\end{aligned}$$

再次利用式 (2.1.29) 以及 Weyl 导数的定义, 可以进一步得到

$$W^{\nu}W^{\mu}=E^{m+n}W^{-(r+s)}=E^{m+n}W^{-[(m+n)-(\mu+\nu)]}=W^{\mu+\nu},$$

从而完成命题的证明.

特别地, 令 $\nu=0$, 可知 W^0 对任意的 $\mu>0$ 是恒等算子. □

进一步, 还可以考虑 Weyl 分数阶积分的 Leibniz 公式. 令 $\mu>0$, 利用定义 (2.1.25) 可知

$$\begin{aligned}W^{-\mu}[tf(t)]=&\frac{1}{\Gamma(\mu)}\int_t^{\infty}(\tau-t)^{\mu-1}[\tau f(\tau)]\mathrm{d}\tau\\=&\frac{1}{\Gamma(\mu)}\int_t^{\infty}(\tau-t)^{\mu-1}[(\tau-t)+t]f(\tau)\mathrm{d}\tau\\=&\mu W^{-\mu-1}f(t)+tW^{-\mu}f(t).\end{aligned}$$

注意到

$$\tau^n=[(\tau-t)+t]^n=\sum_{k=1}^{n}C_n^k(\tau-t)^kt^{n-k},$$

类似地,

$$\begin{aligned}W^{-\mu}[t^nf(t)]=&\frac{1}{\Gamma(\mu)}\sum_{k=0}^{n}C_n^kt^{n-k}\Gamma(\mu+k)W^{-\mu-k}f(t)\\=&\sum_{k=0}^{n}\frac{\Gamma(\mu+k)}{\Gamma(\mu)k!}[\mathrm{D}^kt^n][W^{-\mu-k}f(t)].\end{aligned}$$

利用推广的二项式公式, 此式还可以写为如下更熟悉的形式:

$$W^{-\mu}[t^nf(t)]=\sum_{k=0}^{n}C_{-\mu}^k[E^kt^n][W^{-\mu-k}f(t)]. \tag{2.1.36}$$

更一般地, 类似于定理 2.1.5 还可以得到:

定理 2.1.7 设 f,g 在为速降函数, 且 g 为整函数, 则对任意的 $\mu>0$,

$$W^{-\mu}[f(t)g(t)]=\sum_{k=0}^{\infty}C_{-\nu}^k[E^kg(t)][W^{-\nu-k}f(t)].$$

证明: 由于假设 g 为整函数, 从而将其展成 Taylor 级数

$$g(\tau)=\sum_{k=0}^{\infty}\frac{\mathrm{D}^kg(t)}{k!}(\tau-t)^k,$$

利用式 (2.1.36) 可知结论成立, 从而

$$\begin{aligned}W^{-\mu}[f(t)g(t)]=&\frac{1}{\Gamma(\mu)}\sum_{k=0}^{\infty}\frac{\mathrm{D}^kg(t)}{k!}\int_t^{\infty}(\tau-t)^{\mu+k-1}f(\tau)\mathrm{d}\tau\\=&\sum_{k=0}^{\infty}C_{-\nu}^k[E^kg(t)][W^{-\nu-k}f(t)].\end{aligned}$$

证毕. □

2.2　分数阶拉普拉斯算子

2.2.1　定义与背景

由第 1 章的介绍可以看出, 在许多实际的物理模型中都出现了分数阶拉普拉斯算子 $-(-\Delta)^{\alpha/2}$, 如 Lévy 飞行、反常扩散等. 事实上, 为了描述这些情形, 人们提出了在分数阶动力系统的框架下各种推广的布朗运动的可能性. 上述的 Lévy 飞行便是其中的一种超扩散模型, 即扩散速度是超线性的, 并且得到了如下的分数阶扩散方程:

$$\frac{\partial u(t,x)}{\partial t}=\frac{\partial^\alpha u(t,x)}{\partial |x|^\alpha},$$

其中, u 是描述状态的某个物理量, 而分数阶 Riesz-Feller 导数定义为如下的奇异积分:

$$\frac{\partial^\alpha f(x)}{\partial |x|^\alpha}=-\frac{1}{2\cos[(m-\alpha)\pi/2]}[\mathrm{D}_+^\alpha-\mathrm{D}_-^\alpha]f(x),$$

其中

$$\mathrm{D}_+^\alpha=\frac{1}{\Gamma(\alpha)}\int_a^x (x-y)^{m-\alpha-1}f^{(m)}(y)\mathrm{d}y,$$

$$\mathrm{D}_-^\alpha=\frac{1}{\Gamma(\alpha)}\int_x^b (y-x)^{m-\alpha-1}f^{(m)}(y)\mathrm{d}y,$$

$\alpha\in(m-1,m)$, m 为整数且 $x\in[a,b]$.

在 $\mathbf{R}^d$ 情形下, 利用傅里叶变换, 导数 $\dfrac{\partial^\alpha}{\partial |x|^\alpha}$ 可以定义为如下的简单形式:

$$\frac{\partial^\alpha \mathrm{e}^{\mathrm{i}\xi x}}{\partial |x|^\alpha}=-|\xi|^\alpha \mathrm{e}^{\mathrm{i}\xi x}.$$

可以看出, 当 $\dfrac{\partial^\alpha}{\partial |x|^\alpha}$ 作用在函数 $\mathrm{e}^{\mathrm{i}\xi x}$ 上时, 相当于一个乘子的作用. 而在文献 [59] 中, 作者将该导数直接定义为

$$\frac{\partial^\alpha}{\partial |x|^\alpha}:=-(-\Delta)^{\alpha/2}, \tag{2.2.1}$$

其中, $(-\Delta)$ 为正定的算子, 其乘子为 $|\xi|^2$, 因此 $-(-\Delta)^{\alpha/2}$ 也称为分数阶拉普拉斯算子, 可定义为

$$\mathcal{F}((-\Delta)^{\alpha/2}f)=|\xi|^\alpha\hat{f}(\xi). \tag{2.2.2}$$

作为一个直观的理解, 我们还可以利用傅里叶变换的性质作一个简单的讨论. 由傅里叶变换的性质出发可得

$$\widehat{\Delta f}(\xi)=-|\xi|^2\hat{f}(\xi),$$

从而定义式 (2.2.1) 是显然的. 同时还可以看出, 这里的分数阶拉普拉斯算子实际上是一个非常简单的拟微分算子 (PsDO), 下一节我们将对 PsDO 作一个简单的介绍.

在周期区域 Ω 情形下, 分数阶拉普拉斯算子可以类似地定义. 此时 Ω 上的缓增分布的傅里叶变换定义为

$$\hat{f}(k)=\int_{\Omega} f(x)\mathrm{e}^{-\mathrm{i}k\cdot x}\mathrm{d}x.$$

显然,

$$\widehat{(-\Delta)^{\frac{1}{2}}f}(k)=|k|\hat{f}(k).$$

更一般地, 对任意的 $\alpha\in\mathbf{R}$, $(-\Delta)^{\frac{\alpha}{2}}f$ 可以定义为

$$\widehat{(-\Delta)^{\frac{\alpha}{2}}f}(k)=|k|^{\alpha}\hat{f}(k). \tag{2.2.3}$$

利用傅里叶逆变换, $(-\Delta)^{\frac{\alpha}{2}}f$ 可以表示为

$$(-\Delta)^{\frac{\alpha}{2}}f=\frac{1}{(2\pi)^d}\sum_{k\in\mathbf{Z}^d}|k|^{\alpha}\hat{f}(k)\mathrm{e}^{\mathrm{i}k\cdot x}.$$

还可以从随机过程的角度来看待分数阶拉普拉斯算子. 二阶椭圆算子和扩散过程在偏微分方程和概率论中扮演着重要的角色. 事实上, 这二者之间本身也存在着紧密的联系. 对于定义在 $\mathbf{R}^d$ 上的很大的一类二阶椭圆算子 $\mathcal{L}$, 都存在一个 $\mathbf{R}^d$ 上的扩散过程 X, 使得 $\mathcal{L}$ 是过程 X 的无穷小生成元, 反之也成立. 方程 $\partial_t=\mathcal{L}$ 的基本解 $p(t,x,y)$ 则是过程 X 的转移概率[60~63].

考虑 $\mathbf{R}^d$ 上旋转不变的 α 稳态过程 $X=\{X_t:t\geqslant 0,\mathbb{P}_x,x\in\mathbf{R}^d\}$. 此时, X 为 Lévy 过程, 且

$$\mathbb{E}_x\left[\mathrm{e}^{\mathrm{i}\xi\cdot(X_t-X_0)}\right]=\mathrm{e}^{-t|\xi|^{\alpha}},\quad \forall x\in\mathbf{R}^d,\xi\in\mathbf{R}^d,$$

其中, $\langle x,y\rangle$ 代表 $\mathbf{R}^d$ 中的内积. 对此过程, 其生成元是 $-(-\Delta)^{\alpha/2}$, 其对 u 的作用可以表示为

$$-(-\Delta)^{\alpha/2}u(x)=c\lim_{\varepsilon\downarrow 0}\int_{|y-x|>\varepsilon}\frac{u(y)-u(x)}{|x-y|^{d+\alpha}}\mathrm{d}y,$$

其中, $c=c(d,\alpha)$ 为仅依赖于 d 和 α 的常数. 从另一个角度来看, 此时, $(-\Delta)^{\alpha/2}$ 生成一个 Markov 过程 X_t, 为对称稳态过程, 读者可以参见文献 [64] 和 [65]. 此时过程的转移概率密度由下式给出

$$P_t^{\alpha}=\frac{1}{(2\pi)^d}\int_{\mathbf{R}^d}\mathrm{e}^{-\mathrm{i}x\cdot\xi-t|\xi|^{\alpha}}\mathrm{d}\xi,$$

这意味着

$$\mathrm{e}^{-t(-\Delta)^{\alpha/2}}f(x)=\int_{\mathbf{R}^d}P_t^{\alpha}(x-y)f(y)\mathrm{d}y.$$

记 $P_t(x,y)=\dfrac{1}{(\pi t)^{d/2}}\mathrm{e}^{-|x-y|^2/t}$, 用

$$P_tf(x)=\frac{1}{(\pi t)^{d/2}}\int_{\mathbf{R}^d}\mathrm{e}^{-|x-y|^2/t}f(y)\mathrm{d}y$$

表示其对函数 f 的作用. 容易看出当 $f(x)=\mathrm{e}^{\mathrm{i}px}$ 时, $P_tf(x)=\mathrm{e}^{\mathrm{i}px-tp^2}$.

下面考虑分数阶拉普拉斯算子的逆算子. 令 g 为可测函数, 如果

$$\int_0^\infty \left\{\int_{\mathbf{R}^d} P_t(x,y)|g(y)|\mathrm{d}y\right\} t^{\alpha/2-1}\mathrm{d}t < \infty,$$

则称 $g \in \mathcal{D}(\Delta_{\alpha/2}^{-1})$, 并定义

$$\Delta_{\alpha/2}^{-1}g(x) = \frac{1}{\Gamma(\alpha/2)}\int_0^\infty \left\{\int_{\mathbf{R}^d} P_t(x,y)g(y)\mathrm{d}y\right\} t^{\alpha/2-1}\mathrm{d}t.$$

定义 2.2.1　令 f 为可测函数, 如果 $g \in \mathcal{D}(\Delta_{\alpha/2}^{-1})$ 使得 $\Delta_{\alpha/2}^{-1}g = f$, 则称 f 属于 $\Delta_{\alpha/2}$ 的定义域, 记为 $f \in \mathcal{D}(\Delta_{\alpha/2})$. 此时 g 称为 f 的 α 阶分数次导数, 且

$$g = \Delta_{\alpha/2}f.$$

假设 f 的傅里叶变换 $\hat{f}(\xi)$ 存在, 则

$$\mathcal{F}(\Delta_{\alpha/2}^{-1}g)(\xi) = |\xi|^\alpha \hat{g}(\xi). \tag{2.2.4}$$

命题 2.2.1　令 $g_1, g_2 \in \mathcal{D}(\Delta_{\alpha/2}^{-1})$ 且 $g_1, g_2 \in L^1(\mathbf{R}^d)$, 如果 $\Delta_{\alpha/2}^{-1}g_1 = \Delta_{\alpha/2}^{-1}g_2$, 则 $g_1 = g_2$.

证明: 令 $g = g_1 - g_2$, 则 $g \in L^1(\mathbf{R}^d)$. 由此, g 的傅里叶变换 $\hat{g}(\xi)$ 存在且 $\Delta_{\alpha/2}^{-1}g(x) = 0$. 应用傅里叶变换可得 $\mathcal{F}(\Delta_{\alpha/2}^{-1}g)(\xi) = 0$, 从而利用式 (2.2.1) 可知 $|\xi|^{-\alpha}\hat{g}(\xi) = 0$. 由此可得 $\hat{g}(\xi) = 0$, 故 $g = 0$ a.e. □

命题 2.2.2　如果 $f \in \mathcal{S}(\mathbf{R}^d)$, 则 $f \in \mathcal{D}(\Delta_{\alpha/2})$ 且 $\Delta_{\alpha/2}f$ 和式 (2.2.2) 中的定义 $(-\Delta)^{\alpha/2}f$ 等价, 即对任意的 $f \in \mathcal{S}$, 成立 $\Delta_{\alpha/2}f = (-\Delta)^{\alpha/2}f$.

证明:　容易验证 $\Delta_{\alpha/2}$ 存在, 并记 $g = \Delta_{\alpha/2}f$. 利用傅里叶变换可知

$$\hat{f}(\xi) = \mathcal{F}(\Delta_{\alpha/2}^{-1}g)(\xi) = |\xi|^\alpha \hat{g}(\xi).$$

从而

$$\mathcal{F}(\Delta_{\alpha/2}f)(\xi) = \hat{g}(\xi) = |\xi|^\alpha \hat{f}(\xi).$$

和式 (2.2.2) 比较可知命题成立. □

值得注意的是, 分数阶拉普拉斯算子和分数阶导数这二者是有紧密联系但又有区别的数学概念. 它们都是通过奇异积分来定义的, 但是分数阶拉普拉斯算子和通常的拉普拉斯算子一样, 为正定的算子, 而后者则不是[66].

还可以从 Riesz 位势的角度来考查分数阶拉普拉斯算子. d 维空间中的 α 阶 Riesz 位势算子 $\mathcal{I}_d^\alpha$ 定义为[67, 68]

$$(\mathcal{I}_d^\alpha f)(x) = \frac{1}{\gamma(\alpha)}\int_\Omega |x-y|^{-d+\alpha}f(y)\mathrm{d}y, \quad \alpha \in (0,d),$$

其中, $\gamma(\alpha) = \pi^{d/2}2^\alpha\Gamma\left(\frac{\alpha}{2}\right)/\Gamma\left(\frac{d}{2}-\frac{\alpha}{2}\right)$. 形式地, $\mathcal{I}_d^\alpha f(x) = (-\Delta)^{-\alpha/2}f$, 可以作为拉普拉斯算子的负次幂的定义. 考虑时空傅里叶变换

$$\Phi(\xi,\eta) = \int_{-\infty}^\infty \int_{\mathbf{R}^d} \phi(x,t)\mathrm{e}^{-\mathrm{i}(x\cdot\xi-\eta t)}\mathrm{d}x\mathrm{d}t,$$

由此可以考虑分数阶算子 $(-\Delta)_*^{\alpha/2}$ 的如下定义：

$$F_-\{(-\Delta)_*^{\alpha/2}\varphi\} = |\xi|^\alpha\Phi, \quad 0<\alpha<2,$$
$$(-\Delta)_*^{\alpha/2}\varphi = \mathcal{F}^{-1}\{|\xi|^\alpha\Phi\} = \frac{1}{(2\pi)^d}\int_{\mathbf{R}^d}|\xi|^\alpha\Phi\mathrm{e}^{\mathrm{i}kx}\mathrm{d}k.$$

如此定义的分数阶算子也称为 Riesz 分数阶导数. 受此启发, 当考虑 d 维空间中的一般区域时, 和分数阶导数相一致, $(-\Delta)^{\alpha/2}$ 可以形式地定义为

$$(-\Delta)_*^{\alpha/2}\varphi(x) = -\Delta[\mathcal{I}_d^{2-\alpha}\varphi(x)]. \tag{2.2.5}$$

下面写出 $(-\Delta)_*^{\alpha/2}$ 的显式表达式. 众所周知, 在球对称情形下,

$$\Delta\varphi(x) = \frac{\mathrm{d}^2\varphi}{\mathrm{d}r^2} + \frac{d-1}{r}\frac{\mathrm{d}\varphi}{\mathrm{d}r},$$

其中, $r=|x-\xi|$. 此时, 式 (2.2.5) 可以写为

$$\begin{aligned}(-\Delta)_*^{\alpha/2}\varphi(x) &= -\frac{\Gamma((d-2+\alpha)/2)}{\pi^{d/2}2^{2-\alpha}\Gamma((2-\alpha)/2)}\Delta\int_\Omega\frac{\varphi(y)}{|x-y|^{d-2+\alpha}}\mathrm{d}y\\ &= -\frac{(d-2+\alpha)\alpha\Gamma((d-2+\alpha)/2)}{\pi^{d/2}2^{2-\alpha}\Gamma((2-\alpha)/2)}\int_\Omega\frac{\varphi(y)}{|x-y|^{d+\alpha}}\mathrm{d}y.\end{aligned} \tag{2.2.6}$$

在式 (2.2.6) 的定义中存在很强的奇性, 即 $d+\alpha>d$. 所以我们转向另一种可能性的考虑：

$$\begin{aligned}(-\Delta)^{\alpha/2}\varphi(x) :&= -\mathcal{I}_d^{2-\alpha}[\Delta\varphi(x)]\\ &= -\frac{\Gamma((d-2+\alpha)/2)}{\pi^{d/2}2^{2-\alpha}\Gamma((2-\alpha)/2)}\int_\Omega\frac{\Delta\varphi(y)}{|x-y|^{d-2+\alpha}}\mathrm{d}y.\end{aligned} \tag{2.2.7}$$

此时定义的分数次算子的奇异性比式 (2.2.6) 来得弱. 利用 Green 公式可以将二者有机地联系起来. 利用 Green 第二公式, 得

$$\int_\Omega v\Delta\varphi\mathrm{d}\xi = \int_\Omega\varphi\Delta v\mathrm{d}\xi - \int_{\partial\Omega}\left(\varphi\frac{\partial v}{\partial n} - v\frac{\partial\varphi}{\partial n}\right)\mathrm{d}S_\xi. \tag{2.2.8}$$

令 $v=1/|x-\xi|^{d-2+s}$, 且 φ 满足 $\varphi(x)\big|_{x\in\partial\Omega}=D(x)$, $\left.\dfrac{\partial\varphi}{\partial n}\right|_{x\in\partial\Omega}=N(x)$, 可知

$$\begin{aligned}(-\Delta)^{\alpha/2}\varphi(x) =& -\frac{(d-2+\alpha)\alpha\Gamma((d-2+\alpha)/2)}{\pi^{d/2}2^{2-\alpha}\Gamma((2-\alpha)/2)}\int_\Omega\frac{\varphi(y)}{|x-y|^{d+\alpha}}\mathrm{d}y\\ &+h\int_{\partial\Omega}\left[\varphi(\xi)\frac{\partial}{\partial n}\left(\frac{1}{|x-\xi|^{d+\alpha-2}}\right) - \frac{1}{|x-\xi|^{d+\alpha-2}}\frac{\partial\varphi(\xi)}{\partial n}\right]\mathrm{d}S_\xi\\ =&(-\Delta)_*^{\alpha/2}\varphi(x) + h\int_{\partial\Omega}\left[D(\xi)\frac{\partial}{\partial n}\left(\frac{1}{|x-\xi|^{d+\alpha-2}}\right) - \frac{N(\xi)}{|x-\xi|^{d+\alpha-2}}\right]\mathrm{d}S_\xi,\end{aligned}$$

其中, $h=\dfrac{\Gamma((d-2+\alpha)/2)}{\pi^{d/2}2^{2-\alpha}\Gamma((2-\alpha)/2)}$. 从而可以看出, 此处 $(-\Delta)_*^{\alpha/2}$ 和 $(-\Delta)^{\alpha/2}$ 的定义之间的区别类似于 Riemann-Liouville 导数和 Caputo 导数之间的区别.

2.2.2 分数阶拉普拉斯算子的性质

下面我们考虑分数阶拉普拉斯算子的一些性质, 它们在分数阶拉普拉斯算子偏微分方程中常常是有用的. 考虑式 (2.2.2) 和式 (2.2.3) 中定义的分数阶拉普拉斯算子. 记 $\Lambda=(-\Delta)^{\frac{1}{2}}$. 如下的讨论建立在 $\mathbf{R}^2$ 或者 $\mathbf{T}^d$ 上, 然而可以推广到一般的 $\mathbf{R}^d$ 情形.

命题 2.2.3 令 $0<\alpha<2, x\in\mathbf{R}^2$, 且 $\theta\in\mathcal{S}$ 为 Schwartz 速降函数类, 则

$$\Lambda^\alpha\theta(x)=C_\alpha P.V.\int_{\mathbf{R}^2}\frac{\theta(x)-\theta(y)}{|x-y|^{2+\alpha}}\mathrm{d}y, \tag{2.2.9}$$

其中, $C_\alpha>0$ 为常数.

证明: 由 Riesz 位势的定义, Λ^α 可以表示为

$$\begin{aligned}\Lambda^\alpha\theta(x)=&\Lambda^{\alpha-2}(-\Delta\theta)=c_\alpha\int_{\mathbf{R}^2}\frac{-\Delta\theta(y)}{|x-y|^\alpha}\mathrm{d}y\\=&c_\alpha\int_{\mathbf{R}^2}\frac{\Delta_y[\theta(x)-\theta(y)]}{|x-y|^\alpha}\mathrm{d}y\\=&\lim_{\varepsilon\to0}c_\alpha\int_{|x-y|\geqslant\varepsilon}\frac{\Delta_y[\theta(x)-\theta(y)]}{|x-y|^\alpha}\mathrm{d}y\\=:&\lim_{\varepsilon\to0}c_\alpha\Lambda_\varepsilon^\alpha\theta,\end{aligned}$$

其中, $c_\alpha=\dfrac{\Gamma\left(\dfrac{\alpha}{2}\right)}{\pi2^{2-\alpha}\Gamma\left(1-\dfrac{\alpha}{2}\right)}$. 利用 Green 公式式 (2.2.8) 可以得到

$$\begin{aligned}\Lambda_\varepsilon^\alpha\theta(x)=&\tilde{c}_\alpha\int_{|x-y|\geqslant\varepsilon}\frac{[\theta(x)-\theta(y)]}{|x-y|^{2+\alpha}}\mathrm{d}y\\&+\int_{|x-y|=\varepsilon}[\theta(x)-\theta(y)]\frac{\partial\frac{1}{|x-y|^\alpha}}{\partial n}\mathrm{d}S_y-\int_{|x-y|=\varepsilon}\frac{1}{|x-y|^\alpha}\frac{\partial[\theta(x)-\theta(y)]}{\partial n}\mathrm{d}S_y\\=&I_1+I_2+I_3,\end{aligned}$$

其中, $\tilde{c}_\alpha>0$ 为常数且 n 为单位外法向量. 同时,

$$I_2=\frac{1}{\varepsilon^{\alpha+1}}\int_{|x-y|=\varepsilon}[\theta(x)-\theta(y)]\mathrm{d}S_y=O(\varepsilon^{2-\alpha})\to0;$$

$$I_2=\frac{1}{\varepsilon^{\alpha}}\int_{|x-y|=\varepsilon}\frac{\partial[\theta(x)-\theta(y)]}{\partial n}\mathrm{d}S_y=O(\varepsilon^{2-\alpha})\to0.$$

从而可知命题成立. □

命题 2.2.4 令 $0<\alpha<2,\ x\in\mathbf{T}^2,\ \theta\in\mathcal{S}$ 为 Schwartz 函数, 则

$$\Lambda^\alpha\theta(x)=C_\alpha P.V.\sum_{k\in\mathbf{Z}^2}P.V.\int_{\mathbf{T}^2}\frac{\theta(x)-\theta(y)}{|x-y-k|^{2+\alpha}}\mathrm{d}y, \tag{2.2.10}$$

其中, $C_\alpha>0$ 为常数.

证明: 由定义,

$$\Lambda^\alpha\theta(x)=\sum_{|k|>0}|k|^\alpha\hat{\theta}(k)\mathrm{e}^{\mathrm{i}k\cdot x}=-\sum_{|k|>0}|k|^\alpha\widehat{\Delta\theta}(k)\mathrm{e}^{\mathrm{i}k\cdot x}.$$

令 $\chi \in C^\infty$ 为截断函数,

$$\chi(x) = \begin{cases} 0, & \text{当 } |x| \leqslant 1, \\ 1, & \text{当 } |x| \geqslant 2, \end{cases}$$

以及 $\varphi_\varepsilon(x) = \varepsilon^{-2}\varphi\left(\frac{x}{\varepsilon}\right)$ 为标准的恒等逼近,

$$0 \leqslant \varphi \leqslant C^\infty, \quad \operatorname{supp} \varphi \subset B_1 \text{ 且 } \int \varphi = 1.$$

令 $\Phi_\varepsilon(x) = (|x|^{\alpha-2})_\varepsilon * \varphi_\varepsilon(x)$, 其中, $(|x|^{\alpha-2})_\varepsilon = \left[|x|^{\alpha-2} * \chi\left(\frac{|x|}{\varepsilon}\right)\right]$, 则

$$\begin{aligned}\Lambda^\alpha\theta(x) &= -\lim_{\varepsilon\to0}\sum \Phi_\varepsilon(k)\widehat{\Delta\theta}(k)\mathrm{e}^{\mathrm{i}k\cdot x} \\ &= -\lim_{\varepsilon\to0}\left(\sum \Phi_\varepsilon(k)\mathrm{e}^{\mathrm{i}k\cdot x}\right) * \left(\sum \widehat{\Delta\theta}(k)\mathrm{e}^{\mathrm{i}k\cdot x}\right).\end{aligned}$$

利用 Poisson 和可得

$$\begin{aligned}\Lambda^\alpha\theta(x) &= -\lim_{\varepsilon\to0}\left(\sum \widehat{\Phi}_\varepsilon(x-k)\right) * \Delta\theta(x) \\ &= \lim_{\varepsilon\to0}\sum\int_{\mathbf{T}^2}\widehat{\Phi}_\varepsilon(x-y-k)\Delta(\theta(x)-\theta(y))\mathrm{d}y \\ &= \lim_{\varepsilon\to0}\sum\int_{\mathbf{T}^2}\Delta(\widehat{\Phi}_\varepsilon)(x-y-k)[\theta(x)-\theta(y)]\mathrm{d}y. \end{aligned} \tag{2.2.11}$$

注意到如下事实:

$$\begin{aligned}&\widehat{\Phi_\varepsilon}(\eta) = (\widehat{|x|^{\alpha-2}})_\varepsilon(\eta)\cdot\widehat{\varphi_\varepsilon}(\eta) = (\widehat{|x|^{\alpha-2}})_\varepsilon(\eta)\cdot\widehat{\varphi}(\varepsilon\eta), \\ &\Delta\widehat{\Phi}_\varepsilon(\eta) = \Delta((\widehat{|x|^{\alpha-2}})_\varepsilon)(\eta)\cdot\widehat{\varphi}(\varepsilon\eta) + O(\varepsilon), \\ &(\widehat{|x|^{\alpha-2}})_\varepsilon(\eta) = \frac{c_\alpha}{|\eta|^\alpha} - \int \mathrm{e}^{-\mathrm{i}\eta\cdot x}|x|^{\alpha-2}\left[1-\chi\left(\frac{|x|}{\varepsilon}\right)\right]\mathrm{d}x, \\ &\Delta((\widehat{|x|^{\alpha-2}})_\varepsilon)(\eta) = \frac{\tilde{c}_\alpha}{|\eta|^{\alpha+2}} - \int \mathrm{e}^{-\mathrm{i}\eta\cdot x}|x|^{\alpha}\left[1-\chi\left(\frac{|x|}{\varepsilon}\right)\right]\mathrm{d}x,\end{aligned}$$

从而可以得到存在 $\delta > 0$, 使得

$$\sum_k \Delta(\widehat{\Phi}_\varepsilon)(y-k) = \tilde{c}_\alpha\sum_k\frac{1}{|y-k|^{\alpha+2}} + O\left(\sum_k\frac{1}{|y-k|^{2+\delta}}O(\varepsilon^\delta)\right).$$

将此式代入式 (2.2.11) 可知结论成立. □

如下的正定性结果在 PDE 的研究中常常是有用的, 其结果首先由 Antonio Córdoba 和 Diego Córdoba 得到[69], 然后由 Ju[70] 推广到一般情形, 还可以参见文献 [71].

首先考虑拉普拉斯算子 $\Delta = (\partial_{x_1}^2 + \cdots + \partial_{x_2}^2)$, 利用链式法则可以知道:

$$\Delta(\theta^2) - 2\theta\Delta\theta = 2|\nabla\theta|^2 \geqslant 0, \tag{2.2.12}$$

或者写为如下形式:

$$2\theta(-\Delta)\theta \geqslant (-\Delta)(\theta^2(x)).$$

这样的点态正定形式在 PDE 的先验估计中是非常有用的, 常常是不可或缺的. Córdoba-Córdoba 以及 Ju 的结果正是为了将式 (2.2.12) 推广到分数次拉普拉斯算子.

引理 2.2.1　令 $0<\alpha<2$, $x\in\mathbf{R}^2$ 且 $\theta\in\mathcal{S}$ 为 Schwartz 速降函数, 则如下的点态估计成立:

$$2\theta\Lambda^\alpha\theta(x)\geqslant\Lambda^\alpha(\theta^2)(x). \tag{2.2.13}$$

证明:　由命题 2.2.3 的结果可知:

$$\begin{aligned}2\theta\Lambda^\alpha\theta(x)=&2C_\alpha P.V.\int\frac{[\theta^2(x)-\theta(y)\theta(x)]}{|x-y|^{\alpha+2}}\mathrm{d}y\\=&C_\alpha P.V.\int\frac{[\theta(x)-\theta(y)]^2}{|x-y|^{\alpha+2}}\mathrm{d}y+C_\alpha P.V.\int\frac{[\theta^2(x)-\theta^2(y)]}{|x-y|^{\alpha+2}}\mathrm{d}y\\\geqslant&\Lambda^\alpha(\theta^2)(x).\end{aligned}$$

证毕.　□

类似地可以说明在周期情形下, 不等式 (2.2.13) 也成立.

命题 2.2.5　令 $0<\alpha<2$, $x\in\mathbf{R}^2$ 或 $\mathbf{T}^2$, 且 $\theta,\Lambda^\alpha\theta\in L^p$, 其中, $p=2^n$, 则如下的积分估计式成立:

$$\int|\theta|^{p-2}\theta\Lambda^\alpha\theta\mathrm{d}x\geqslant\frac{1}{p}\int|\Lambda^{\frac{\alpha}{2}}(\theta^{\frac{p}{2}})|^2\mathrm{d}x. \tag{2.2.14}$$

证明:　$\alpha=0$ 以及 $\alpha=2$ 的情形是显然的. 当 $0<\alpha<2$ 时, 反复利用不等式 (2.2.13) 可得

$$\begin{aligned}\int|\theta|^{p-2}\theta\Lambda^\alpha\theta\mathrm{d}x\geqslant&\frac{1}{2}\int|\theta|^{p-2}\Lambda^\alpha\theta^2\mathrm{d}x=\frac{1}{2}\int|\theta|^{p-4}\theta^2\Lambda^\alpha\theta^2\mathrm{d}x\\\geqslant&\frac{1}{4}\int|\theta|^{p-4}\Lambda^\alpha\theta^4\mathrm{d}x\geqslant\cdots\geqslant\frac{1}{2^{n-1}}\int|\theta|^{2^{n-1}}\Lambda^\alpha\theta^{2^{n-1}}\mathrm{d}x.\end{aligned}$$

利用 Parseval 恒等式可知结论成立.　□

该定理的条件 $p=2^n$ 的限制是比较强的, 从而在很多情形下定理都不能得到很好的应用. 下面的定理 2.2.1 将 p 推广到任意的 $p\geqslant 2$, 从而弥补了这一不足. 为此先证明如下引理, 它可以作为引理 2.2.1 的推广.

引理 2.2.2　假设 $\alpha\in[0,2]$, $\beta+1\geqslant 0$, $\theta\in\mathcal{S}$ 为速降函数, 则如下的点态估计成立:

$$|\theta(x)|^\beta\theta(x)\Lambda^\alpha\theta(x)\geqslant\frac{1}{\beta+2}\Lambda^\alpha|\theta(x)|^{\beta+2}. \tag{2.2.15}$$

证明:　仅考虑 $\alpha\in(0,2)$ 的情形. 类似于引理 2.2.1 的证明, 采用 Riesz 位势表示可得

$$\Lambda^\alpha\theta(x)=C_\alpha P.V.\int\frac{\theta(x)-\theta(y)}{|x-y|^{2+\alpha}}\mathrm{d}y.$$

从而

$$|\theta(x)|^\beta\theta(x)\Lambda^\alpha\theta(x)=C_\alpha P.V.\int\frac{|\theta(x)|^{\beta+2}-|\theta(y)|^\beta\theta(x)\theta(y)}{|x-y|^{2+\alpha}}\mathrm{d}y. \tag{2.2.16}$$

利用 Young 不等式, 当 $\beta+1>0$ 时,

$$|\theta(y)|^\beta\theta(x)\theta(y)\leqslant|\theta(x)|^{\beta+1}|\theta(y)|\leqslant\frac{\beta+1}{\beta+2}|\theta(x)|^{\beta+2}+\frac{1}{\beta}|\theta(y)|^{\beta+2},$$

从而

$$\begin{aligned}|\theta(x)|^{\beta}\theta(x)\Lambda^{\alpha}\theta(x) \geqslant & C_{\alpha}\frac{1}{\beta+2}P.V.\int\frac{|\theta(x)|^{\beta+2}-|\theta(y)|^{\beta+2}}{|x-y|^{2+\alpha}}\mathrm{d}y\\ =&\frac{1}{\beta+2}\Lambda^{\alpha}|\theta(x)|^{\beta+2}.\end{aligned}$$

当 $\beta+1=0$ 时, 直接对式 (2.2.16) 估计可知结论仍然成立. □

注 2.2.1 类似地, 当 $\alpha\in[0,2]$, $\beta,\gamma>0$ 时, 如果 $\theta\in\mathcal{S}(\Omega)(\Omega=\mathbf{R}^2,\mathbf{T}^2)$, 且 $\theta\geqslant 0$, 则如下的点态估计成立

$$\theta^{\beta}(x)\Lambda^{\alpha}\theta^{\gamma}(x)\geqslant\frac{\gamma}{\beta+\gamma}\Lambda^{\alpha}\theta^{\beta+\gamma}(x). \tag{2.2.17}$$

定理 2.2.1 令 $\alpha\in[0,2]$, $\Omega=\mathbf{R}^2$ 或 $\mathbf{T}^2$, 设 $\theta,\Lambda^{\alpha}\theta\in L^p(\Omega)$, 则对任意的 $p\geqslant 2$ 成立

$$\int|\theta|^{p-2}\theta\Lambda^{\alpha}\theta\mathrm{d}x\geqslant\frac{2}{p}\int\left(\Lambda^{\frac{\alpha}{2}}|\theta|^{\frac{p}{2}}\right)^2\mathrm{d}x.$$

证明: 在 $\alpha=0$ 或者 $\alpha=2$, 以及 $p=2$ 的情形下是显然的. 设 $p>2$ 且 $\alpha\in(0,2)$, 并假设 $\theta\in\mathcal{S}(\Omega)$. 令 $\beta=\dfrac{p}{2}-1$, 则 $\beta+1>0$, 利用引理 2.2.2 可得

$$\begin{aligned}\int|\theta(x)|^{p-2}\theta(x)\Lambda^{\alpha}\theta(x)\mathrm{d}x=&\int|\theta(x)|^{\frac{p}{2}}|\theta(x)|^{\beta}\theta(x)\Lambda^{\alpha}\theta(x)\mathrm{d}x\\ \geqslant&\int\frac{2}{p}|\theta(x)|^{\frac{p}{2}}\Lambda^{\alpha}|\theta(x)|^{\frac{p}{2}}\mathrm{d}x\\ =&\frac{2}{p}\int\left(\Lambda^{\frac{\alpha}{2}}|\theta|^{\frac{p}{2}}\right)^2\mathrm{d}x.\end{aligned}$$

证毕. □

还可以将这里的估计推广到复值函数情形, 这一推广在复偏微分方程中是有用的, 如 Ginzburg-Landau 方程和 Schrödinger 方程.

命题 2.2.6 令 $\alpha\in[0,2]$, $\theta\in\mathcal{S}(\Omega)$, 其中, Ω 为 $\mathbf{T}^d$ 或 $\mathbf{R}^d$, 则如下的点态估计成立:

$$\theta^*(x)\Lambda^{\alpha}\theta(x)+\theta(x)\Lambda^{\alpha}\theta^*(x)\geqslant\Lambda^{\alpha}|\theta|^2(x).$$

证明: 仅考虑 $\alpha\in(0,2)$, 此时由定义可知:

$$\Lambda^{\alpha}\theta(x)=C_{\alpha}\ P.V.\int_{\mathbf{R}^d}\frac{\theta(x)-\theta(y)}{|x-y|^{d+\alpha}}\mathrm{d}y, \tag{2.2.18}$$

从而

$$\begin{aligned}&\theta^*(x)\Lambda^{\alpha}\theta(x)+\theta(x)\Lambda^{\alpha}\theta^*(x)\\ =&C_{\alpha}\ P.V.\int_{\mathbf{R}^d}\frac{(\theta(x)-\theta(y))\theta^*(x)+(\theta^*(x)-\theta^*(y))\theta(x)}{|x-y|^{d+\alpha}}\mathrm{d}y\\ \geqslant&C_{\alpha}\ P.V.\int_{\mathbf{R}^d}\frac{|\theta(x)|^2-|\theta(y)|^2}{|x-y|^{d+\alpha}}\mathrm{d}y\\ =&\Lambda^{\alpha}|\theta|^2(x).\end{aligned}$$

另外, $\alpha=0,2$ 的情形是显然的. □

命题 2.2.7 设 $\alpha \in [0,2]$, $\beta+1 \geqslant 0$ 以及 $\theta \in \mathcal{S}(\Omega)$, 其中, Ω 为 $\mathbf{T}^d$ 或 $\mathbf{R}^d$, 则如下的点态估计成立:

$$|\theta(x)|^\beta(\theta^*(x)\Lambda^\alpha\theta(x)+\theta(x)\Lambda^\alpha\theta^*(x)) \geqslant \frac{2}{\beta+2}\Lambda^\alpha|\theta(x)|^{\beta+2}.$$

证明: 利用式 (2.2.18) 并利用如下的 Young 不等式,

$$|\theta(x)|^\beta\theta^*(x)\theta(y) \leqslant \frac{\beta+1}{\beta+2}|\theta(x)|^{\beta+2}+\frac{1}{\beta+2}|\theta(y)|^{\beta+2},$$

可得

$$\begin{aligned}
&|\theta(x)|^\beta(\theta^*(x)\Lambda^\alpha\theta(x)+\theta(x)\Lambda^\alpha\theta^*(x))\\
=&C_\alpha\ P.V.\int_{\mathbf{R}^d}\frac{2|\theta(x)|^{\beta+2}-|\theta(x)|^\beta(\theta^*(x)\theta(y)+\theta(x)\theta^*(y))}{|x-y|^{d+\alpha}}\mathrm{d}y\\
\geqslant&\frac{2}{\beta+2}C_\alpha\ P.V.\int_{\mathbf{R}^d}\frac{|\theta(x)|^{\beta+2}-|\theta(y)|^{\beta+2}}{|x-y|^{d+\alpha}}\mathrm{d}y\\
=&\frac{2}{\beta+2}\Lambda^\alpha|\theta|^{\beta+2}(x).
\end{aligned}$$

当 $\alpha=0,2$ 或 $\beta=0$ 时结论是显然的. □

引理 2.2.3 设 $\alpha \in [0,2], p \geqslant 2, \theta, \Lambda^\alpha\theta \in L^p(\Omega)$, 其中, Ω 为 $\mathbf{T}^d$ 或者 $\mathbf{R}^d$, 则

$$\int|\theta|^{p-2}(\theta^*\Lambda^\alpha\theta+\theta\Lambda^\alpha\theta^*)\mathrm{d}x \geqslant \frac{4}{p}\int(\Lambda^{\frac{\alpha}{2}}|\theta|^{\frac{p}{2}})^2\mathrm{d}x.$$

证明: 考虑 $\theta \in \mathcal{S}(\Omega)$. 当 $p>2$ 且 $\alpha \in (0,2)$ 时,

$$\begin{aligned}
\int|\theta(x)|^{p-2}(\theta^*\Lambda^\alpha\theta+\theta\Lambda^\alpha\theta^*)\mathrm{d}x=&\int|\theta(x)|^{\frac{p}{2}}|\theta(x)|^{\frac{p}{2}-2}(\theta^*\Lambda^\alpha\theta+\theta\Lambda^\alpha\theta^*)\mathrm{d}x\\
\geqslant&\frac{4}{p}\int|\theta(x)|^{\frac{p}{2}}\Lambda^\alpha|\theta|^{\frac{p}{2}}(x)\mathrm{d}x\\
=&\frac{4}{p}\int(|\Lambda^{\frac{\alpha}{2}}|\theta|^{\frac{p}{2}})^2\mathrm{d}x.
\end{aligned}$$

在 $s=0,2$ 或者 $p=2$ 的情形下是显然的. □

2.2.3 拟微分算子

拟微分算子的研究始于 20 世纪 60 年代 Kohn 和 Nirenberg 的研究[72]. 在此之前, 有关拟微分算子的工作主要体现在奇异积分和傅里叶分析中; 在此之后, 拟微分算子的研究得到了大量的推广, 其中 Hörmander 的工作是比较引人注目的. 目前, 拟微分算子理论为变系数偏微分方程的研究以及奇性集的分布研究提供了有力的工具, 在偏微分方程领域日益显示出其重要性. 这一小节简单地介绍拟微分算子的概念及其常见的性质, 进一步的结论读者可以参阅其他专著, 见文献 [73]~[79].

函数 $a \in C^\infty$ 称为缓增函数, 如果

$$\forall\alpha \in (\mathbf{N})^d, \exists M_\alpha \in \mathbf{N}, \exists C_\alpha > 0, s.t. |\partial^\alpha a(x)| \leqslant C_\alpha(1+|x|)_\alpha^M, \forall x \in \mathbf{R}^d.$$

对于一个缓增函数 $a(\xi)$, 用 $a(D)$ 表示在 $\mathcal{S}'(\mathbf{R}^d)$ 上定义的算子

$$\widehat{(a(D)u)}(\xi) = a(\xi)\hat{u}(\xi),$$

称 $a(\xi)$ 为算子 $a(D)$ 的象征. 利用傅里叶变换, 对于 $u \in \mathcal{S}$, 有

$$(a(D)u)(x) = \frac{1}{(2\pi)^d}\int \mathrm{e}^{\mathrm{i}x\cdot\xi}a(\xi)\hat{u}(\xi)\mathrm{d}\xi.$$

比较 $u(x)$ 的傅里叶逆变换表达式:

$$u(x) = \frac{1}{(2\pi)^d}\int \mathrm{e}^{\mathrm{i}x\cdot\xi}\hat{u}(\xi)\mathrm{d}\xi$$

可知, 对 u 在频率 ξ 处的分量 $\hat{u}(\xi)\mathrm{e}^{\mathrm{i}x\cdot\xi}$ 而言, $a(D)$ 的作用是对复振幅 $\hat{u}(\xi)$ 乘以系数 $a(\xi)$.

更一般地, 我们可以将 $a(\xi)$ 推广为依赖于 x 的函数 $a(x,\xi)$, 从而给出拟微分算子的形式定义.

定义 2.2.2 拟微分算子定义为映射 $u \mapsto T_a u$, 它由下式给出:

$$(T_a u)(x) = a(x,D)u(x) = \frac{1}{(2\pi)^d}\int_{\mathbf{R}^d} \mathrm{e}^{\mathrm{i}x\cdot\xi}a(x,\xi)\hat{u}(\xi)\mathrm{d}\xi, \tag{2.2.19}$$

其中

$$\hat{u}(\xi) = \int_{\mathbf{R}^d} u(x)\mathrm{e}^{-\mathrm{i}x\cdot\xi}\mathrm{d}x$$

为 u 的傅里叶变换, $a(x,\xi)$ 称为算子 $a(x,D)$ 的符号 (Symbol).

在上式定义中, 通常需要对 $a(x,\xi)$ 附加一定的条件, 这便导出如下的定义:

定义 2.2.3 令 $m \in \mathbf{R}$, 记 $S^m = S^m(\mathbf{R}^d \times \mathbf{R}^d)$ 为满足下述条件的函数 $a \in C^\infty(\mathbf{R}^n \times \mathbf{R}^n)$ 的全体

$$|\partial_x^\alpha \partial_\xi^\beta a(x,\xi)| \leqslant C_{\alpha,\beta}(1+|\xi|)^{m-|\beta|}, \quad \forall\alpha, \forall\beta, \tag{2.2.20}$$

同时记 $S^{-\infty} = \bigcap_m S^m$. S^m 中的一个元素 a 称为一个 m 阶象征.

注 2.2.2 还可以定义更广泛的象征类 $S^m_{\rho,\delta}$. 设 $\rho,\delta \in [0,1], m \in \mathbf{R}^d$, $S^m_{\rho,\delta}$ 定义为满足如下条件的 C^∞ 函数的集合:

$$|\partial_x^\alpha \partial_\xi^\beta a(x,\xi)| \leqslant C_{\alpha,\beta}\langle\xi\rangle^{m-\rho|\beta|+\delta\alpha}, \quad \forall\alpha, \forall\beta,$$

其中, $\langle\xi\rangle = (1+|\xi|^2)^{1/2}$.

例 2.2.1 (1) 拉普拉斯算子 $\Delta = \partial_1^2 + \cdots + \partial_d^2$ 对应的象征是 $a(\xi) = -|\xi|^2$.

(2) 分数阶拉普拉斯算子 $(-\Delta)^{\alpha/2}$ 对应的象征是 $a(\xi) = |\xi|^\alpha$.

(3) 偏微分算子 $L = \sum\limits_{|\alpha|\leqslant m} a_\alpha(x)\partial_x^\alpha$ [其中 $a_\alpha \in C^\infty(\mathbf{R}^d)$]对应的象征是 $a(x,\xi) = \sum\limits_{|\alpha|\leqslant m} a_\alpha(x)(\mathrm{i}\xi)^\alpha$, 此时通常也称 a 是一个微分象征.

(4) 若 $\varphi \in \mathcal{S}$, 则函数 $\varphi(\xi)$ 是一个 $-\infty$ 阶的象征.

(5) 函数 $a(x,\xi) = \mathrm{e}^{\mathrm{i}x\cdot\xi}$ 不是一个象征.

由此可见, 微分算子 L 对应的象征就是 L 的特征多项式. 特别地, 如果 $a(x,\xi)$ 不依赖于 x, 即 $a(x,\xi)=a_1(\xi)$, 则 $a(x,D)=a(D)$ 是一个乘子算子 (Multiplier Operator):

$$\widehat{a(D)u}(\xi)=a_1(\xi)\hat{u}(\xi);$$

如果 $a(x,\xi)=a_2(x)$ 不依赖于 ξ, 则 $a(x,D)$ 退化为一个乘积算子 (Multiplication Operator), 此时

$$(a_2(x,D)u)(x)=a_2(x)u(x).$$

给定一个象征 $a\in S^m$, 不难说明算子 T_a 将 $\mathcal{S}$ 映到自身. 首先, 如果 $u\in\mathcal{S}$, 则积分 (2.2.19) 是绝对收敛的, 且 T_au 是无穷可微的. 事实上, T_au 还是速降的. 注意到

$$(I-\Delta_\xi)\mathrm{e}^{\mathrm{i}x\cdot\xi}=(1+|x|^2)\mathrm{e}^{\mathrm{i}x\cdot\xi},$$

定义不变导数算子

$$L_\xi=(1+|x|^2)^{-1}(I-\Delta_\xi),$$

则 $(L_\xi)^N\mathrm{e}^{\mathrm{i}x\cdot\xi}=\mathrm{e}^{\mathrm{i}x\cdot\xi}$. 将此代入到式 (2.2.19), 并利用分部积分可知

$$(T_au)(x)=\frac{1}{(2\pi)^d}\int(L_\xi)^N[a(x,\xi)\hat{u}(\xi)]\mathrm{e}^{\mathrm{i}x\cdot\xi}\mathrm{d}\xi.$$

故 T_au 是速降的. 由此可以说明 T_a 映 $\mathcal{S}$ 到自身, 且该映射是连续的. 还可以说明, 如果 $\{a_k\}$ 一致地满足不等式 (2.2.20) 且在 S^m 中点态收敛到象征 $a\in S^m$, 则 $T_{a_k}(u)\to T_a(u)$ 在 $\mathcal{S}$ 中收敛, 其中, $u\in\mathcal{S}$. 我们还希望将 T_a 延拓到更广泛的函数类 $\mathcal{S}'$ 中去.

定义 (2.2.19) 可以写为如下的双重积分形式:

$$(T_au)(x)=\frac{1}{(2\pi)^d}\iint a(x,\xi)\mathrm{e}^{\mathrm{i}\xi\cdot(x-y)}u(y)\mathrm{d}y\mathrm{d}\xi. \tag{2.2.21}$$

然而, 即使 $f\in\mathcal{S}$, 此积分也不一定绝对收敛. 为了避免这样的情况, 可以采用具有紧支集的象征来逼近一般的象征. 固定 $\gamma\in C_c^\infty(\mathbf{R}^d\times\mathbf{R}^d)$, 且 $\gamma(0,0)=1$. 令 $a_\varepsilon(x,\xi)=a(x,\xi)\gamma(\varepsilon x,\varepsilon\xi)$, 则如果 $a\in S^m$, 则 $a_\varepsilon\in S^m$, 且对 $0<\varepsilon\leqslant 1$ 一致地满足不等式 (2.2.20). 另一方面, 由 T_au 的定义可知, 对任意的 $u\in\mathcal{S}$, $T_{a_\varepsilon}(u)\to T_a(u)(\varepsilon\to 0)$ 在 $\mathcal{S}$ 中收敛, 并记为 $T_{a_\varepsilon}\to T_a$. 在这种情况下, 由于对具有紧支集的象征 a, 积分 (2.2.21) 绝对收敛, 且

$$(T_au)(x)=\lim_{\varepsilon\to 0}\frac{1}{(2\pi)^d}\iint a_\varepsilon(x,\xi)\mathrm{e}^{\mathrm{i}\xi\cdot(x-y)}u(y)\mathrm{d}y\mathrm{d}\xi.$$

下面考虑拟微分算子的积分表示, 这里的目的是导出拟微分算子的核函数. 首先假设 $a\in S^{-\infty}$, 对 $u\in\mathcal{S}$ 有

$$\begin{aligned}(T_au)(x)=&\frac{1}{(2\pi)^d}\iint a(x,\xi)\mathrm{e}^{\mathrm{i}\xi\cdot(x-y)}u(y)\mathrm{d}y\mathrm{d}\xi\\=&\frac{1}{(2\pi)^d}\int u(y)\mathrm{d}y\int\mathrm{e}^{\mathrm{i}\xi\cdot(x-y)}a(x,\xi)\mathrm{d}\xi,\end{aligned}$$

算子 T_a 的核函数 K 于是由如下的震荡积分给出:

$$K(x,y)=\frac{1}{(2\pi)^d}\int \mathrm{e}^{\mathrm{i}\xi\cdot(x-y)}a(x,\xi)\mathrm{d}\xi=(\mathcal{F}_\xi^{-1}a)(x-y),$$

其中, $\mathcal{F}_\xi^{-1}a$ 表示 a 关于变量 ξ 的傅里叶逆变换. $K(x,y)$ 称为算子 $T_a=a(x,D)$ 的 Schwartz 核.

命题 2.2.8 $K(x,y)$ 在对角线 $\Delta=\{(x,y)\in\mathbf{R}^d\times\mathbf{R}^d: x=y\}$ 之外是光滑的, 且

$$|K(x,y)|\leqslant A_N|x-y|^{-N},\quad \forall|x-y|\geqslant 1,\forall N>0. \tag{2.2.22}$$

证明: 对任意的 $\alpha\geqslant 0$,

$$(x-y)^\alpha K(x,y)=\frac{1}{(2\pi)^d}\int \mathrm{e}^{\mathrm{i}\xi\cdot(x-y)}\mathrm{D}_\xi^\alpha a(x,\xi)\mathrm{d}\xi,$$

其中, $\mathrm{D}^\alpha=\mathrm{D}_1^{\alpha_1}\cdots\mathrm{D}_d^{\alpha_d}$, $\mathrm{D}_j=-\mathrm{i}\partial_{x_j}$. 由 S^m 象征类的定义可知: 当 $|\alpha|>m+d$ 时, 该积分是绝对收敛的, 从而 $(x-y)^\alpha K$ 是连续的. 类似地, 对上式进行 j 阶导数运算, 可以说明只要 $|\alpha|\geqslant m+j+d$, 则积分绝对收敛, 且 $(x-y)^\alpha K\in C^j(\mathbf{R}^d\times\mathbf{R}^d)$. 同时还可以说明, 存在常数 $A_\alpha>0$ 使得 $|x-y|^\alpha|K(x-y)|\leqslant A_\alpha$, 其中 $|\alpha|>m+d$. 特别地, 不等式 (2.2.22) 成立. □

对一个由 $\mathcal{S}$ 到自身的算子 A, 可以定义一个由 $\mathcal{S}$ 到自身的算子 A^* 使得

$$\langle Au,v\rangle=\langle u,A^*v\rangle,\quad \forall u,v\in\mathcal{S}.$$

利用稠密性可知, 如果 A^* 存在, 则它是唯一的, 且将这样的 A^* 称为 A 的共轭算子. 在式 (2.2.19) 定义的拟微分算子情形下, T_a 的对偶算子定义为算子 T_a^*, 使得

$$\langle T_au,v\rangle=\langle u,T_a^*v\rangle,\quad \forall u,v\in\mathcal{S}. \tag{2.2.23}$$

注意到 $\langle u,v\rangle=\int u(x)\overline{v(x)}\mathrm{d}x$, 由简单的计算可知

$$(T_a^*v)(y)=\lim_{\varepsilon\to 0}\frac{1}{(2\pi)^d}\iint\overline{a_\varepsilon(x,\xi)}\mathrm{e}^{\mathrm{i}(y-x)\cdot\xi}v(x)\mathrm{d}x\mathrm{d}\xi.$$

利用不变导数, 不难验证 T_a^* 将 $\mathcal{S}$ 映到自身. 从而利用对偶性 (2.2.23) 可以将 T_a 延拓为映 $\mathcal{S}'$ 到自身 $\mathcal{S}'$ 的一个连续映射.

算子的有界性估计是 PDE 理论的核心问题, 许多重要的结果最终都归结到算子在某种范数下的有界性.

定理 2.2.2 设 $a\in S^0$, 则由 a 定义的拟微分算子 $T_a=a(x,D)$ 满足

$$\|T_a(u)\|_{L^2}\leqslant A\|u\|_{L^2},\quad \forall u\in\mathcal{S}. \tag{2.2.24}$$

从而 T_a 可以延拓为 L^2 到自身的一个有界算子.

证明: 此定理的证明分为三步. 首先假设 $a(x,\xi)$ 在 x 方向上具有紧支集. 利用分部积分可知

$$(\mathrm{i}\lambda)^\alpha\hat{a}(\lambda,\xi)=\int_{\mathbf{R}^d}[\partial_x^\alpha a(x,\xi)]\mathrm{e}^{-\mathrm{i}x\cdot\lambda}\mathrm{d}x,$$

且 $|(\mathrm{i}\lambda)^\alpha \hat{a}(\lambda,\xi)| \leqslant C_\alpha$ 对 ξ 一致地成立, 从而对任意的 $N \geqslant 0$,

$$\sup_\xi |\hat{a}(\lambda,\xi)| \leqslant A_N(1+|\lambda|)^{-N}. \tag{2.2.25}$$

另一方面,

$$\begin{aligned}(T_a u)(x) &= (2\pi)^{-d}\int a(x,\xi)\mathrm{e}^{\mathrm{i}x\cdot\xi}\hat{u}(\xi)\mathrm{d}\xi\\ &= (2\pi)^{-2d}\iint \hat{a}(\lambda,\xi)\mathrm{e}^{\mathrm{i}\lambda\cdot x}\mathrm{e}^{\mathrm{i}x\cdot\xi}\hat{u}(\xi)\mathrm{d}\lambda\mathrm{d}\xi\\ &= \int (T^\lambda u)(x)\mathrm{d}\lambda,\end{aligned}$$

其中, $(T^\lambda u)(x) = (2\pi)^{-d}\mathrm{e}^{\mathrm{i}\lambda\cdot x}(T_{\hat{a}(\lambda,\xi)}u)(x)$. 对固定的 λ, $T_{\hat{a}(\lambda,\xi)}$ 为乘子算子. 利用 Plancherel 定理可知

$$\|T_{\hat{a}(\lambda,\xi)}u\|_{L^2} \leqslant \sup_\xi |\hat{a}(\lambda,\xi)|\cdot\|\hat{u}\|_{L^2} = (2\pi)^d \sup_\xi |\hat{a}(\lambda,\xi)|\cdot\|u\|_{L^2}.$$

利用不等式 (2.2.25) 可知 $\|T^\lambda\| \leqslant (2\pi)^d A_N(1+|\lambda|)^{-N}$. 又由于 $T_a = \int T^\lambda \mathrm{d}\lambda$, 令 $N > d$ 可得

$$\|T_a\| \leqslant A_N \int (1+|\lambda|)^{-N}\mathrm{d}\lambda < \infty.$$

其次证明如下的辅助结论: 对任意的 $x_0 \in \mathbf{R}^d$,

$$\int_{|x-x_0|\leqslant 1} |(T_a u)(x)|^2 \mathrm{d}x \leqslant A_N \int_{\mathbf{R}^d} \frac{|u(x)|^2}{(1+|x-x_0|)^N}\mathrm{d}x, \quad \forall N \geqslant 0. \tag{2.2.26}$$

考虑 $x_0 = 0$, 记 $B(r) = B(0,r)$ 为以原点为心, r 为半径的 $\mathbf{R}^d$ 中的球. 将 $u = u_1 + u_2$ 分为两部分, 使得 $\mathrm{supp}(u_1) \subset B(3)$, $\mathrm{supp}(u_2) \subset B(2)^c$, 其中, u_1, u_2 为光滑函数, 且 $|u_1|, |u_2| \leqslant |u|$. 固定 $\eta \in C_c^\infty$ 使得在 $B(1)$ 中有 $\eta \equiv 1$, 则在 $B(1)$ 中 $\eta T_a(u_1) = T_{\eta a}(u_1)$, 且 $\eta(x)a(x,\xi)$ 在 x 方向上具有紧支集. 利用第一段的结果可知

$$\int_{B(1)} |T_a u_1|^2 \leqslant \int_{\mathbf{R}^d} |T_{\eta a}u_1|^2 \leqslant A\int_{\mathbf{R}^d} |u_1|^2 \leqslant A\int_{B(3)} |u|^2. \tag{2.2.27}$$

对于 u_2, 利用 Schwartz 核表示得

$$(T_a u_2)(x) = \int_{B(2)^c} K(x,y)u_2(y)\mathrm{d}y.$$

当 $x \in B(1)$ 时, 由于 $y \in B(2)^c$, 从而 $|x-y| \geqslant 1$, 且存在常数使得 $|x-y| \geqslant c(1+|y|)$, 利用命题 2.2.8 的结果可知

$$\begin{aligned}|(T_a u_2)(x)| &\leqslant A\int_{B(2)^c} |u(y)||x-y|^{-N}\mathrm{d}y\\ &\leqslant A_N \int |u(y)|(1+|y|)^{-N}\mathrm{d}y.\end{aligned}$$

取 $N > n$, 利用 Schwartz 不等式可知

$$\int_{B(1)} |(T_a u_2)(x)|^2 \mathrm{d}x \leqslant A \int \frac{|u(x)|^2}{(1+|x|)^N} \mathrm{d}x. \tag{2.2.28}$$

结合不等式 (2.2.27) 和不等式 (2.2.28) 可知, 当 $x_0 = 0$ 时, 不等式 (2.2.26) 成立.

当 x_0 时, 令 τ_h 表示平移算子, 使得 $(\tau_h u)(x) = u(x-h)$, 其中, $h \in \mathbf{R}^d$. 则容易证明 $\tau_h T_a \tau_{-h} = T_{a_h}$, 其中, $a_h(x,\xi) = a(x-h,\xi)$. 由于 a_h 和 a 满足同样的估计 (2.2.20), 且估计不依赖于 h, 式 (2.2.26) 对 a_h 也成立, 且估计不依赖于 h. 令 $h = x_0$, 则得到不等式 (2.2.26) 的结论, 且系数 A_N 不依赖于 x_0.

最后证明当 a 关于 x 不具有紧支性质时, 结论 (2.2.24) 也成立. 事实上, 对不等式 (2.2.26) 关于 x_0 在 $\mathbf{R}^d$ 上积分, 并交换积分顺序, 可得

$$|B(1)| \int |(T_a u)(x)|^2 \mathrm{d}x \leqslant A_N \iint \frac{|u(x)|^2}{(1+|x-x_0|)^{-N}} \mathrm{d}x\mathrm{d}x_0 \leqslant A\|u\|_{L^2}^2,$$

即

$$\|T_a u\|_{L^2} \leqslant A\|u\|_{L^2},$$

定理 2.2.2 成立. □

定理 2.2.3 若 $a_1 \in S^{m_1}, a_2 \in S^{m_2}$, 则存在象征 $b \in S^{m_1+m_2}$ 使得 $T_b = T_{a_1} \circ T_{a_2}$, 且 $b \sim \sum\limits_{\alpha} \dfrac{1}{\alpha!} \partial_\xi a_1 \partial_x^\alpha a_2$.

注 2.2.3 这里略去证明, 经过简单的计算可知 b 由下式给出[79]:

$$b(x,\xi) = (2\pi)^{-d} \int \mathrm{e}^{-\mathrm{i}(x-y)(\xi-\eta)} a_1(x,\eta) a_2(y,\xi) \mathrm{d}y\mathrm{d}\eta.$$

利用 S^0 拟微分算子的 L^2 有界性很容易说明:

推论 2.2.1 设 $a \in S^m$, 则由 a 定义的拟微分算子 $T_a = a(x,D) : H^s(\mathbf{R}^d) \to H^{s-m}(\mathbf{R}^d)$ 为有界线性算子.

证明: 利用定义可知 $\mathcal{J}^m = (I-\Delta)^{-m/2}$ 对应的象征为 $\langle\xi\rangle^{-m} \in S^{-m}$, 且 $\mathcal{J}^{-m} : H^s(\mathbf{R}^d) \to H^{s-m}(\mathbf{R}^d)$ 为有界线性算子. 利用符号演算可知存在 $b \in S^0$ 使得 $T_b = T_a \circ \mathcal{J}^m : H^{s-m} \to H^{s-m}$ 为有界线性算子. 从而 $T_a = T_b \circ \mathcal{J}^{-m} : H^s \to H^{s-m}$ 为有界线性算子. □

利用奇异积分理论还可以证明如下结论, 其证明可以在参考文献 [77], [79] 中找到.

定理 2.2.4 设 $a \in S^0$, 则 T_a 可以延拓为 $L^p(1<p<\infty)$ 到自身的一个有界线性算子; 类似地, 如果 $a \in S^m$, 则 $T_a : W^{s,p} \to W^{s-m,p}$ 为有界线性算子.

定理 2.2.5 令 $\sigma \in C^\infty(\mathbf{R}^d \times \mathbf{R}^d - (0,0))$ 满足

$$|\partial_\xi^\alpha \partial_\eta^\beta \sigma(\xi,\eta)| \leqslant C_{\alpha,\beta}(|\xi|+|\eta|)^{-(|\alpha|-|\beta|)}, \quad \forall (\xi,\eta) \neq (0,0), \alpha,\beta \in (\mathbf{Z}^+)^d. \tag{2.2.29}$$

令 $\sigma(D)$ 表示如下的双线性算子:

$$\sigma(D)(a,h)(x) = \iint \mathrm{e}^{\mathrm{i}\langle x,\xi+\eta\rangle} \sigma(\xi,\eta) \hat{a}(\xi) \hat{h}(\eta) \mathrm{d}\xi\mathrm{d}\eta,$$

则

$$\|\sigma(D)(a,h)\|_2 \leqslant C\|a\|_\infty \|h\|_2.$$

注 2.2.4 本定理的证明读者可以参见文献 [80] 第 154 页, 此定理的结果还可以推广到 $L^p(1<p<\infty)$ 的情形, 参见文献 [81] 第 382 页. 事实上, 他们证明了当 $a(\cdot)$ 固定时, 线性算子 $T(\cdot)=\sigma(\mathrm{D})(a,\cdot)$ 为 Calderón-Zygmund 算子, 参见文献 [82], 且其范数可以估计为 $C\|a\|_\infty$. 事实上, 该定理中仅需假设不等式 (2.2.29) 对 $|\alpha|,|\beta|\leqslant k$ 成立, 其中, k 为仅依赖于 m,q. 不失一般性, 可以假设 $k\geqslant m$.

2.2.4 Riesz 位势与 Bessel 位势

除了 Riesz 位势外, Bessel 位势在偏微分方程的研究中也常常用到. 为了完整起见, 下面对 $\mathbf{R}^d$ 情形的 Riesz 位势和 Bessel 位势作一些简单的介绍, 进一步的讨论可以参见 Stein 的著作[83] 以及苗长兴的著作[84]. 记 $\mathcal{I}_d=(-\Delta)^{-\frac{1}{2}}$ 以及 $\mathcal{J}_d=(I-\Delta)^{-\frac{1}{2}}$.

定义 2.2.4 f 的 Riesz 位势定义为

$$\mathcal{I}_d^\alpha f=(-\Delta)^{-\frac{\alpha}{2}}f(x)=\frac{1}{\gamma(\alpha)}\int_{\mathbf{R}^d}|x-y|^{-d+\alpha}f(y)\mathrm{d}y,\quad n>\alpha>0, \tag{2.2.30}$$

其中

$$\gamma(\alpha)=\pi^{d/2}2^\alpha\Gamma\left(\frac{\alpha}{2}\right)/\Gamma\left(\frac{d}{2}-\frac{\alpha}{2}\right).$$

f 的 Bessel 位势定义为

$$\mathcal{J}_d^\alpha f=(I-\Delta)^{-\frac{\alpha}{2}}f(x)=G_\alpha*f=\int_{\mathbf{R}^d}G_\alpha(x-y)f(y)\mathrm{d}y,\quad \alpha>0,$$

其中

$$G_\alpha(x)=\frac{1}{(4\pi)^{\alpha/2}}\frac{1}{\Gamma(\alpha/2)}\int_0^\infty \mathrm{e}^{-\pi|x|^2/\delta}\mathrm{e}^{-\delta/(4\pi)}\delta^{\frac{-d+\alpha}{2}}\frac{\mathrm{d}\delta}{\delta}.$$

定理 2.2.6 令 $0<\alpha<d$, 则

(1) 对任意的 $\varphi\in\mathcal{S}(\mathbf{R}^d)$, 有

$$\int_{\mathbf{R}^d}|x|^{-d+\alpha}\overline{\varphi(x)}\mathrm{d}x=\int_{\mathbf{R}^d}\gamma(\alpha)(2\pi|x|)^{-\alpha}\bar{\hat{\varphi}}(x)\mathrm{d}x,$$

即在 $\mathcal{S}'$ 的意义下, $\mathcal{F}(|x|^{-d+\alpha})=\gamma(\alpha)(2\pi)^{-\alpha}|x|^{-\alpha}$.

(2) 对任意的 $f,g\in\mathcal{S}(\mathbf{R}^d)$, 有

$$\int_{\mathbf{R}^d}\mathcal{I}_d^\alpha(f)\bar{g}(x)\mathrm{d}x=\int_{\mathbf{R}^d}(2\pi|x|)^{-\alpha}\hat{f}(x)\bar{\hat{g}}(x)\mathrm{d}x,$$

即在 $\mathcal{S}'$ 的意义下, $\widehat{\mathcal{I}_d^\alpha f}(x)=(2\pi)^{-\alpha}|x|^{-\alpha}\hat{f}(x)$.

注 2.2.5 由该定理可以得到如下的重要推论:

① $\mathcal{I}_d^\alpha(\mathcal{I}_d^\beta f)=\mathcal{I}_d^{\alpha+\beta}f,\quad \forall f\in\mathcal{S},\alpha>0,\beta>0,\alpha+\beta<d$.

② $\Delta(\mathcal{I}_d^\alpha f)=\mathcal{I}_d^\alpha(\Delta f)=-\mathcal{I}_d^{\alpha-2}(f),\quad \forall f\in\mathcal{S},d>3,2\leqslant\alpha\leqslant d$.

定理 2.2.7 令 $0<\alpha<d$, $1\leqslant p\leqslant q<\infty$, $1/q=1/p-\alpha/d$, 则

(1) 如果 $f\in L^p(\mathbf{R}^d)$, 则由式 (2.2.30) 定义的积分对几乎处处的 $x\in\mathbf{R}^d$ 是绝对收敛的.

(2) 如果 $1<p$, 则

$$\|\mathcal{I}_d^\alpha(f)\|_q\leqslant C_{p,q}\|f\|_p. \tag{2.2.31}$$

(3) 如果 $f \in L^1(\mathbf{R}^d)$, 则 $m\{x : |\mathcal{I}^{\alpha_d}| > \lambda\} \leqslant \left(\dfrac{C\|f\|_1}{\lambda}\right)^q$ 对任意的 $\lambda > 0$ 成立, 即 $\mathcal{I}_d^\alpha$ 是弱 $(1, q)$ 型算子.

注 2.2.6 ① 条件 $1/q = 1/p - \alpha/d$ 可以由伸缩性质得到, 类似的处理方法参见附录 A 中不等式 (2.4.5). 事实上, 如果不等式 (2.2.31) 对 f 成立, 则该式对 $g(x) = f(x/\delta)$ 也成立, 且有

$$\|\mathcal{I}_d^\alpha(g)\|_q \leqslant C_{p,q}\|g\|_p. \tag{2.2.32}$$

但此时

$$\|g\|_p = \delta^{\frac{d}{p}}\|f\|_p, \quad \|\mathcal{I}_d^\alpha(g)\|_q = \delta^{\alpha+\frac{d}{q}}\|\mathcal{I}_d^\alpha(f)\|_q,$$

从而不等式 (2.2.32) 成立的必要条件是 $1/q = 1/p - \alpha/d$.

② 不等式 (2.2.31) 也称为 Hardy-Littlewood-Sobolev(HLS) 不等式[77].

2.2.5 分数阶 Sobolev 空间

令 $\Omega \subset \mathbf{R}^d$ 为 $\mathbf{R}^d$ 中的区域, 定义其上的 Sobolev 范数 $\|\cdot\|_{m,p}$ 如下:

$$\|u\|_{m,p} := \left(\sum_{0\leqslant|\alpha|\leqslant m}\|\mathrm{D}^\alpha u\|_p^p\right)^{1/p}, \quad 1 \leqslant p < \infty;$$

$$\|u\|_{m,\infty} := \max_{0\leqslant|\alpha|\leqslant m}\|\mathrm{D}^\alpha u\|_\infty,$$

其中, m 为正整数, $\|u\|_p$ 为 u 的 L^p 范数, 且 u 使得上式右端有意义. 对任意的正整数 m 以及 $1 \leqslant p \leqslant \infty$, 给定 $u \in L^2(\mathbf{R}^d)$, 以及任意的正整数 m 和 $1 \leqslant p \leqslant \infty$,

$$W^{m,p}(\Omega) = \{u \in L^p(\Omega) :\ \mathrm{D}^\alpha u \in L^p(\Omega), \forall 0 \leqslant |\alpha| \leqslant m\}, \tag{2.2.33}$$

其中, D 表示弱导数. 空间 $W^{m,p}$ 显然是线性的, 且在范数 $\|\cdot\|_{m,p}$ 下是 Banach 空间.

当 $p = 2$ 时的情形是特殊的, 因为此时空间 $W^{m,p}$ 在内积

$$(u, v)_m = \sum_{0\leqslant|\alpha|\leqslant m}(\mathrm{D}^\alpha u, \mathrm{D}^\alpha v)$$

下是一个可分的 Hilbert 空间, 其中, $(u, v) := \displaystyle\int_\Omega u(x)\overline{v(x)}\mathrm{d}x$ 为 $L^2(\Omega)$ 上的内积.

另一种引入 Sobolev 空间的办法是考虑光滑函数类在某种范数下的完备化. 对任意的正整数 m 以及 $1 \leqslant p \leqslant \infty$, 定义空间

$$H^{m,p} = \{u \in C^\infty(\Omega) : \|u\|_{m,p} < \infty\}.$$

关于范数 $\|\cdot\|_{m,p}$ 的完备化.

然而可以证明当 $1 \leqslant p < \infty$ 时, $H^{m,p} = W^{m,p}$, 此结论是属于 Meyers 和 Serrin[85] 的. 此也表明 $C^\infty(\Omega)$ 函数在 $W^{m,p}(\Omega)$ 中是稠密的. 特别地, 当 $\Omega = \mathbf{R}^d$ 时, $C_c^\infty(\mathbf{R}^d)$ 还在 $W^{m,p}(\mathbf{R}^d)$ 中稠密, 如此一来, 检验函数本身就可以用来逼近 Sobolev 空间 $W^{m,p}(\mathbf{R}^d)$ 中的函数了.

但是值得注意的是, 此结论不能推广到 $p=\infty$ 时的情形. 一个简单的例子在参考文献 [86] 中给出. 考虑 $\Omega=\{x\in\mathbf{R}:-1<x<1\}$, $u(x)=|x|$. 此时当 $x\neq 0$ 时, $u'(x)=x/|x|$, 从而 $u\in W^{1,\infty}$. 但是这样的函数却不可能属于 $H^{1,\infty}$, 事实上, 对任意的 $0<\varepsilon<\dfrac{1}{2}$, 不存在 $\phi\in C^\infty$ 使得 $\|\phi'-u'\|_\infty<\varepsilon$. 产生该问题的根本原因在于 L^∞ 不是可分的空间. 当 $d=1, 1\leqslant p\leqslant\infty$ 时, 以及一般的空间维数 d, $p=\infty$ 时的刻画可以参见 Stein 的著作, 见文献 [83] 中 §6.1~§6.2.

Sobolev 空间具有如下的嵌入定理, 它在偏微分方程的研究中有着重要的地位, 这里叙述如下, 其证明可以在文献 [83], [86] 中找到, 并可以在文献 [86], [87] 中找到更多的嵌入定理以及嵌入不等式.

定理 2.2.8　令 m 为正整数, 且 $1/q=1/p-m/d$, 则

(1) 如果 $q<\infty$, 则 $W^{m,p}(\mathbf{R}^d)\hookrightarrow L^q(\mathbf{R}^d)$, 且嵌入是连续的.

(2) 如果 $q=\infty$, 则 $W^{m,p}$ 函数在 $\mathbf{R}^d$ 上任意一紧致集上的限制都属于 $L^r(\mathbf{R}^d)(\forall r<\infty)$.

(3) 如果 $p>\dfrac{d}{k}$, 则在修改一个零测集上的值之后, $f\in W^{m,p}(\mathbf{R}^d)$ 为连续函数.

为了和分数阶情形类比, 进一步考虑 $H^1(\mathbf{R}^d)=W^{1,2}(\mathbf{R}^d)$ 的傅里叶刻画. 记 $f\in L^2(\mathbf{R}^d)$ 的傅里叶变换为 $\hat{f}$, 则 $f\in H^1(\mathbf{R}^d)$ 当且仅当函数 $|\xi|\hat{f}(\xi)\in L^2(\mathbf{R}^d)$. 若此式成立, 则 $\widehat{\boldsymbol{\nabla} f}(\xi)=\mathrm{i}\xi\hat{f}(\xi)$, 且

$$\|f\|^2_{H^1(\mathbf{R}^d)}\sim\int_{\mathbf{R}^d}(1+|\xi|^2)|\hat{f}(\xi)|^2\mathrm{d}\xi. \tag{2.2.34}$$

事实上, 如果 $f\in H^1$(为了方便, 这里略去了 $\mathbf{R}^d$), 则由 C_c^∞ 在 H^1 中的稠密性可知, 存在一列 C_c^∞ 函数 $\{f_k\}_{k=1}^\infty$, 使得 f_k 以 H^1 范数收敛到 f. 对 f_k 应用分部积分可得 $\widehat{\boldsymbol{\nabla} f_k}(\xi)=\mathrm{i}\xi\hat{f}_k(\xi)$. 由 Plancherel 定理可知, $\hat{f}_k$ 和 $\widehat{\boldsymbol{\nabla} f_k}$ 在 L^2 中分别收敛到 $\hat{f}$ 和 $\widehat{\boldsymbol{\nabla} f}$. 通过选取子列, 可以使得上述收敛是点态的, 因此 $\xi\hat{f}_k(\xi)$ 几乎处处收敛到 $\xi\hat{f}(\xi)$, 同样 $\mathrm{i}\xi\hat{f}_k(\xi)$ 几乎处处收敛到 $\widehat{\boldsymbol{\nabla} f}(\xi)$, 从而 $\widehat{\boldsymbol{\nabla} f}(\xi)=\mathrm{i}\xi\hat{f}(\xi)$. 利用 Plancherel 定理, 式 (2.2.34) 显然成立.

由此可知, 傅里叶变换能够很好地刻画整数阶 Sobolev 空间. 即 $f\in H^m(\mathbf{R}^d)$ 当且仅当 $(1+|\cdot|^2)^{\frac{m}{2}}\hat{f}(\cdot)\in L^2(\mathbf{R}^d)$, 且如下两范数等价:

$$\left[\sum_{|\alpha|\leqslant m}\|\partial^\alpha f\|_2^2\right]^{1/2}\sim\left[\int(1+|\xi|^2)^m|\hat{f}(\xi)|^2\mathrm{d}\xi\right]^{1/2}.$$

从另一个角度来看, $H^m(\mathbf{R}^d)$ 其实就是 $\mathbf{R}^d$ 上的 $L^2(\mathbf{R}^d)$, 但是其测度不同于普通的 Lebesgue 测度而已. 利用傅里叶变换可以很容易地定义分数阶 Sobolev 空间 (当 $p=2$ 时). 此时, s 阶的 Sobolev 空间定义为

$$H^s=H^s(\mathbf{R}^d)=\{f\in\mathcal{S}'(\mathbf{R}^d):\hat{f}\ \text{为一函数且}\ \|f\|^2_{H^s}<\infty\}, \tag{2.2.35}$$

其中

$$\|f\|^2_{H^s}:=\int_{\mathbf{R}^d}(1+|\xi|^2)^s|\hat{f}(\xi)|^2\mathrm{d}\xi<\infty.$$

当 $s=0$ 时, 易知 $H^0=L^2$. 易验证如此定义的 H^s 为 Banach 空间, 且在内积

$$\langle f,g\rangle=\int\hat{f}(\xi)\overline{\hat{g}(\xi)}(1+|\xi|^2)^s\mathrm{d}\xi$$

下构成一 Hilbert 空间.

但是当 $p \neq 2$ 时, 即当 $1 < p < 2$ 或者 $2 < p < \infty$ 时, $W^{s,p}$ 空间的定义要复杂得多. 当 Ω 为 $\mathbf{R}^d$ 上的区域时, 可以利用复插值来定义分数阶 Sobolev 空间. 令 $s > 0$, $m = [s]+1$ 为大于 s 的最小整数, 定义 $W^{s,p}(\Omega)$ 为

$$W^{s,p}(\Omega) = [L^p(\Omega), W^{m,p}(\Omega)]_{s/m}.$$

此时有如下的刻画. 记 $s = [s] + \lambda, 0 < \lambda < 1$, 分数阶 Sobolev 空间定义为集合

$$\left\{u \in C^\infty(\Omega) : \frac{|\partial^\alpha(u(x) - u(y))|}{|x-y|^{\frac{d}{p}+\lambda}} \in L^p(\Omega \times \Omega), \quad \forall \alpha \in (\mathbf{Z} \cup \{0\})^n, |\alpha| = [s]\right\}$$

在范数

$$\|u\|_{W^{s,p}(\Omega)} = \|u\|_{W^{[s,p]}(\Omega)} + \left(\sum_{|\alpha|=[s]} \int_{\Omega\times\Omega} \frac{|\partial^\alpha(u(x)-u(y))|^p}{|x-y|^{d+p\lambda}} \mathrm{d}x\mathrm{d}y\right)^{1/p}$$

下的完备化空间. 当 $s = m$ 为正整数时, 如此定义的 $W^{s,p}(\Omega)$ 和式 (2.2.33) 定义的整数阶 Sobolev 空间 $W^{m,p}$ 等同.

当 $\Omega = \mathbf{R}^d$ 为全空间时, 还可以利用傅里叶变换定义分数阶 Sobolev 空间. 此时, 利用奇异积分算子理论, 可以说明 $f \in W^{m,p}(\mathbf{R}^d)$ 当且仅当函数 $(1+|\cdot|^2)^{\frac{m}{2}}\hat{f}(\cdot)$ 为某个 $L^p(\mathbf{R}^d)$ 函数的傅里叶变换. 这样可以利用傅里叶变换定义分数阶 Sobolev 空间 $W^{s,p}$ 如下:

$$W^{s,p} := \{f \in \mathcal{S}' : \text{存在 } g \in L^p(\mathbf{R}^d), \text{ 使得}(1+|\cdot|^2)^{s/2}\hat{f}(\cdot) = \hat{g}(\cdot)\},$$

其上的范数定义为

$$\|f\|_{W^{s,p}} = \|(I-\Delta)^{s/2} f\|_{L^p}.$$

如此定义的空间也称为 Bessel 位势空间. 当 $s = m$ 为正整数时, 该定义退化为通常的 Sobolev 空间. 当 $p = 2$ 时则退化为式 (2.2.35) 中定义的分数次 Sobolev 空间.

如此定义的范数 $\|\cdot\|_{s,p}$ 是良定的, 为此仅需说明, 如果 $\mathcal{J}_d^s(g_1) = \mathcal{J}_d^s(g_2)$, 则 $g_1 = g_2$. 事实上, 对于任意的 $\varphi \in \mathcal{S}$, 利用 Fubini 定理可知

$$\int \mathcal{J}_d^s(g)\varphi(x)\mathrm{d}x = \iint G_s(x-y)g(y)\varphi(x)\mathrm{d}x\mathrm{d}y = \int g\mathcal{J}_d^s(\varphi)\mathrm{d}x.$$

另一方面, 映射 $\mathcal{J}_d^s : \mathcal{S} \to \mathcal{S}$ 是满射. 给定 $\psi \in \mathcal{S}$, 令 $\hat{\varphi}(\xi) = \hat{\psi}(\xi)(1+|\xi|^2)^{-s/2}$, 则 $\hat{\varphi} \in \mathcal{S}$, 从而 $\varphi \in \mathcal{S}$. 注意到 $\hat{\psi}(\xi) = (1+|\xi|^2)^{s/2}\hat{\varphi}(\xi)$, 从而 $\psi = \mathcal{J}_d^s(\varphi)$. 最后, 由 $\mathcal{J}_d^s(g_1) = \mathcal{J}_d^s(g_2)$ 可知 $\int (g_1 - g_2)\mathcal{J}_d^s(\varphi) = 0$, 由满射性质可知 $g_1 = g_2$.

如此定义的空间 $W^{s,p}$ 是完备的赋范线性空间, 即 Banach 空间. 事实上, 设 f_n 为 $W^{s,p}$ 中的 Cauchy 列, 则存在 $g_n \in L^p$ 使得 $f_n = \mathcal{J}_d^s g_n$. 由定义可知 g_n 为 L^p 中的 Cauchy 列, 从而存在 $g \in L^p$ 使得 $g_n \to g$, 且

$$\|f_n - \mathcal{J}^s g\|_{s,p} = \|\mathcal{J}^{-s} f_n - g\|_p \to 0 \quad (n \to \infty).$$

令 $f=\mathcal{J}^s g$, 显然 $f\in W^{s,p}$, 从而 $W^{s,p}$ 是完备的.

如下的嵌入关系是显然的, 利用傅里叶乘子理论不难得到

$$W^{\alpha,p}\hookrightarrow W^{\beta,p},\quad \text{且 } \|f\|_{\beta,p}\leqslant \|f\|_{\alpha,p},\quad \text{如果 } 0\leqslant\beta\leqslant\alpha.$$

与此同时, 当 $\beta\geqslant\alpha\geqslant 0$ 时, $\mathcal{J}_d^{\beta-\alpha}$ 是 $W^{\alpha,p}$ 到 $W^{\beta,p}$ 的一个同构.

上述定义的本质是利用非齐次算子 $(I-\Delta)$, 类似地, 当考虑 Riesz 位势算子时则得到齐次的分数阶 Sobolev 空间 $\dot{W}^{s,p}$ 的定义. 当 $p=2$ 时, 对于 $\mathbf{R}^d$ 上的缓增分布 f, 以及任意的 $s\in\mathbf{R}$, 定义范数 $\|\cdot\dot{\|}_{s,2}:=\|\cdot\|_{\dot{W}^{s,2}}$ 为

$$\|f\|_{\dot{W}^{s,2}}=\|\Lambda^s f\|_{L^2}=\left(\int_{\mathbf{R}^d}|\xi|^{2s}|\hat{f}(\xi)|^2\mathrm{d}\xi\right)^{1/2},$$

而分数阶 Sobolev 空间定义为

$$\dot{W}^{s,2}=\{f\in\mathcal{S}':\|f\|_{\dot{W}^{s,2}}<\infty\}.$$

通常也记 $\dot{H}^s=\dot{W}^{s,2}$. 当 $1\leqslant p\leqslant\infty$ 时, 以及 $s\in\mathbf{R}$, 空间 $\dot{W}^{s,p}$ 定义为 L^p 的子空间

$$\dot{W}^{s,p}:=\{f\in\mathcal{S}':\text{存在}g\in L^p(\mathbf{R}^d)\text{使得}|\cdot|^s\hat{f}(\cdot)=\hat{g}(\cdot)\},$$

即 $\dot{W}^{s,p}$ 为所有形如 $f=\mathcal{I}_d^s g(g\in L^p(\mathbf{R}^d))$ 函数所构成的集合, 其上的半范数 $\|\cdot\dot{\|}_{s,p}:=\|\cdot\|_{\dot{W}^{s,p}}$ 定义为

$$\|f\dot{\|}_{s,p}=\|\Lambda^s f\|_p.$$

空间 $\dot{W}^{s,p}$ 在半范数 $\|\cdot\dot{\|}_{s,p}$ 下构成一个赋半范的线性空间, 且 $\|f\dot{\|}_{s,p}=0$ 当且仅当 f 为多项式.

注 2.2.7 使用伸缩性质可知, 如果 $g(x)=f(x/\delta)$, 则

$$\|g\|_{\dot{W}^{s,p}}=\delta^{\frac{s}{p}-d}\|f\|_{\dot{W}^{s,p}}.$$

从而容易理解为什么 $\dot{W}^{s,p}$ 称为齐次空间.

特别地, 可以将上述定义的分数阶 Sobolev 空间总结如下. 当 $\Omega=\mathbf{R}^d$ 时, 利用 Bessel 位势 $\mathcal{J}_d^s=(I-\Delta)^{-s/2}$ 以及 Riesz 位势 $\mathcal{I}_d^s=(-\Delta)^{-s/2}$, 非齐次与齐次的分数阶 Sobolev 空间定义为

$$W^{s,p}=\mathcal{J}_d^s(L^p(\mathbf{R}^d)),\quad \dot{W}^{s,p}=\mathcal{I}_d^s(L^p(\mathbf{R}^d)),\quad s\in\mathbf{R}.$$

这里定义的空间 $W^{s,p}$ 以及 $\dot{W}^{s,p}$ 通常也称为 Bessel 位势空间与 Riesz 位势空间. 当 $s=m$ 为整数时, 退化为通常的整数阶 Sobolev 空间.

引理 2.2.4 令 $1<p<\infty, s\geqslant 0$, 则 $f\in W^{s,p}(\mathbf{R}^d)$ 当且仅当 $f\in L^p(\mathbf{R}^d)$ 且 $\mathcal{I}_d^{-s}f\in L^p(\mathbf{R}^d)$. 其范数 $\|\cdot\|_{s,p}$ 和 $\|f\|_p+\|f\dot{\|}_{s,p}$ 是等价的.

证明: 利用不等式 $1+|\xi|^{2s}\leqslant(1+|\xi|^2)^s$ 可知不等式 $\|f\|_p+\|f\dot{\|}_{s,p}\leqslant c\|f\|_{s,p}$ 是显然成立的. 反之, 对 $(1+|\xi|^2)^{s/2}/(1+|\xi|^s)$ 利用 Mihlin 乘子定理[88] 可知反向不等式成立. 从而结论成立. □

注 2.2.8 由此可知当 $s \geqslant 0, 1 < p < \infty$ 时, $W^{s,p} = L^p \cap \dot{W}^{s,p}$, 参见文献 [88].

下面将 Sobolev 空间的插值理论和嵌入定理推广到分数阶情形, 其证明以及进一步的结论可参阅文献 [79,86~88].

引理 2.2.5 设 $s \in \mathbf{R}$, $\theta \in (0,1)$ 以及 $p \in (1,\infty)$, 则

$$[L^p(\mathbf{R}^d), W^{s,p}(\mathbf{R}^d)]_\theta = W^{\theta s,p}(\mathbf{R}^d).$$

更一般地, 对 $s_1, s_2 \in \mathbf{R}$, $\theta \in (0,1)$ 以及 $p \in (1,\infty)$ 有

$$[W^{s_1,p}(\mathbf{R}^d), W^{s_2,p}(\mathbf{R}^d)]_\theta = W^{(1-\theta)s_1+\theta s_2,p}(\mathbf{R}^d).$$

定理 2.2.9 设 $1 < p < \infty$, $-\infty < s < \infty$, 则

(1) $W^{s,p}$ 为 Banach 空间.

(2) $\mathcal{S} \subset W^{s,p} \subset \mathcal{S}'$.

(3) $W^{s+\varepsilon,p} \hookrightarrow W^{s,p} (\varepsilon > 0)$.

(4) $W^{s,p}(\mathbf{R}^d) \hookrightarrow L^{\frac{dp}{d-sp}}(\mathbf{R}^d)$, $s < d/p$.

(5) $W^{s,p}(\mathbf{R}^d) \hookrightarrow C(\mathbf{R}^d) \hookrightarrow L^\infty(\mathbf{R}^d)$, $s > d/p$.

作为本节的结束, 这里简单讨论一下 $H^{1/2}$ 空间与算子 $\Lambda = (-\Delta)^{1/2}$ 之间的联系. 为此, 进一步考虑算子 $\Lambda = (-\Delta)^{1/2}$ 的定义域. 如果 T 是一分布, 则在弱导数的意义下它具有任意阶导数, 从而对于分布 T 来说, 讨论 ΔT 是有意义的. 但是要使得 ΛT 有意义, 仅仅要求 T 是一分布是不够的.

为了说明这一点, 先回忆和分布相关的一些概念. 令 $C_c^\infty(\mathbf{R}^d)$ 表示在 $\mathbf{R}^d$ 上具有紧支集的无穷次可微的所有复值函数所构成的空间, 而检验函数空间 $\mathcal{D}(\mathbf{R}^d)$ 则是由所有 $C_c^\infty(\mathbf{R}^d)$ 的函数所构成, 并且赋以如下的收敛性: 序列 $\phi_k \in C_c^\infty$ 在 $\mathcal{D}$ 中收敛于函数 $\phi \in C_c^\infty$ 当且仅当存在一个取定的紧集 $K \subset \mathbf{R}^d$, 使得对任意的 k, $\phi_k - \phi$ 的支集包含在 K 中, 且对任意选择的非负整数 $\alpha_1, \ldots, \alpha_d$, 当 $k \to \infty$ 时,

$$\mathrm{D}^\alpha \phi_k \to \mathrm{D}^\alpha \phi$$

在 K 上一致成立. 一个分布 T 是 $\mathcal{D}$ 上的连续线性泛函, 即 $T : \mathcal{D} \to \mathbf{C}$ 且 T 是线性连续的. 这里的连续性指的是, 如果 $\phi_k \in \mathcal{D}$, 且在 $\mathcal{D}$ 中按照上述的收敛性有 $\phi_k \to \phi$, 则 $T(\phi_k) \to T(\phi)$. 所有的分布构成线性空间, 记为 $\mathcal{D}'(\mathbf{R}^d)$. 若 $T_j \in \mathcal{D}'$ 为一列分布, 称 $T_j \to T \in \mathcal{D}'$ 指对任意的 $\phi \in \mathcal{D}$ 都有 $T_j(\phi) \to T(\phi)$.

两个分布乘积的意义是不明确的, 但分布是可以和 C^∞ 函数作乘积甚至卷积的. 考虑 $T \in \mathcal{D}'$ 以及 $\psi \in \mathcal{D}$, 则它们的乘积 ψT 定义为如下分布:

$$\psi T(\phi) := T(\psi\phi).$$

如此定义的 ψT 为一分布. 事实上, 如果 $\phi \in C_c^\infty$, 则 $\psi\phi \in C_c^\infty$. 此外, 如果 $\phi_k \to \phi$ 在 $\mathcal{D}$ 中收敛, 则 $\psi\phi_k \to \psi\phi$ 在 $\mathcal{D}$ 中收敛. 与此同时, 分布 T 于 C_c^∞ 函数 j 的卷积定义为如下分布:

$$(j * T)(\phi) := T(j_{\mathbf{R}} * \phi) = T\left(\int_{\mathbf{R}^d} j(y)\phi(\cdot + y)\mathrm{d}y\right), \quad \forall \phi \in \mathcal{D},$$

其中, $j_{\mathbf{R}}(x)=j(-x)$. 这里 j 必须具有紧支集, 否则 $j_{\mathbf{R}}*\phi$ 不具有紧支集从而不能定义分布.

现在回到 ΛT 的讨论. 按照定义, 对于 $\phi\in\mathcal{D}(\mathbf{R}^d)$, ΛT 由下式给出:

$$(\Lambda T)(\phi):=T(\Lambda\phi). \tag{2.2.36}$$

然而由于 Λ 是非局部算子, 一般说来 $\Lambda\phi$ 不是紧支集函数, 这样式 (2.2.36) 定义的就不是一分布. 但是假如 T 为适当的函数 (指由函数导致的分布), 则式 (2.2.36) 定义的可以成为一分布. 事实上, 只要 $f\in H^{1/2}(\mathbf{R}^d)$, 则 Λf 是分布, 即映射

$$\phi\mapsto\Lambda f(\phi):=\int_{\mathbf{R}^d}|\xi|\hat{f}(\xi)\hat{\phi}(-\xi)\mathrm{d}\xi$$

有意义, 此时按定义可得 $|\xi|\hat{f}\in L^2(\mathbf{R}^d)$, 且该映射在 $\mathcal{D}$ 上是连续的. 这仅需要按照连续的定义, 考虑在 $\mathcal{D}$ 上的收敛列 $\phi_k\to\phi$, 由 Schwartz 不等式以及 Plancherel 定理:

$$\begin{aligned}|\Lambda f(\phi_k-\phi)|\leqslant&c\|\hat{f}\|_2\left(\int_{\mathbf{R}^d}|\xi|^2|\hat{\phi}_k(\xi)-\hat{\phi}(\xi)|^2\mathrm{d}\xi\right)^{1/2}\\=&c\|f\|_2\|\boldsymbol{\nabla}(\phi_k-\phi)\|_2,\end{aligned}$$

从而当 $k\to\infty$ 时, $\|\boldsymbol{\nabla}(\phi_k-\phi)\|_2\to0$, 且 $\Lambda f(\phi_k-\phi)\to0$. 故 $\Lambda f\in\mathcal{D}'(\mathbf{R}^d)$ 为一分布.

有关 Sobolev 空间, 或者更一般的函数空间的讨论读者可以参考这方面的专著, 如参考文献 [86]~[90]. 首先考虑整数阶 Sobolev 空间的定义.

2.2.6 交换子估计

先考虑整数阶情形的一些交换子估计. 为此, 先考虑如下的引理.

引理 2.2.6 如果 $|\beta|+|\gamma|=k$, 则对任意的 $f,g\in C_0(\mathbf{R}^d)\cap H^p(\mathbf{R}^d)$ 成立

$$\|(\mathrm{D}^\beta f)(\mathrm{D}^\gamma g)\|_{L^2}\leqslant C\|f\|_{L^\infty}\|g\|_{H^k}+C\|f\|_{H^k}\|g\|_{L^\infty}.$$

证明: 令 $|\beta|=l,|\gamma|=m$, 则 $l+m=k$, 从而利用插值估计, 如果 $l<k$, 则

$$\|\mathrm{D}^lu\|_{L^{2k/l}}\leqslant C\|u\|_{L^\infty}^{1-l/k}\|\mathrm{D}^k\|_{L^2}^{l/k}, \tag{2.2.37}$$

从而利用 Hölder 不等式可知

$$\begin{aligned}\|(\mathrm{D}^\beta f)(\mathrm{D}^\gamma g)\|_{L^2}\leqslant&\|\mathrm{D}^\beta f\|_{L^{2k/l}}\|\mathrm{D}^\gamma g\|_{L^{2k/m}}\\\leqslant&C\|f\|_{L^\infty}^{1-l/k}\|f\|_{H^k}^{l/k}\|g\|_{L^\infty}^{1-m/k}\|g\|_{H^k}^{m/k}.\end{aligned}$$

注意到 $1-l/k=m/k$, 并利用 Young 不等式可知结论成立. □

定理 2.2.10 如下估计成立:

$$\|fg\|_{H^k}\leqslant C\|f\|_{L^\infty}\|g\|_{H^k}+C\|f\|_{H^k}\|g\|_{L^\infty},$$

且对任意的 $|\alpha|\leqslant k$,

$$\|\mathrm{D}^\alpha(fg)-f\mathrm{D}^\alpha g\|_{L^2}\leqslant C\|\boldsymbol{\nabla}f\|_{H^{k-1}}\|g\|_{L^\infty}+C\|\boldsymbol{\nabla}f\|_{L^\infty}\|g\|_{H^{k-1}}.$$

证明： 利用引理 2.2.6 的结论, 第一式是显然的. 下证第二式, 为此利用 Leibniz 公式,

$$\mathrm{D}^{\alpha}(fg)=\sum_{\beta+\gamma=\alpha}C_{\alpha}^{\beta}(\mathrm{D}^{\beta}f)(\mathrm{D}^{\gamma}g).$$

从而如果 $\alpha=k$ 时,

$$\begin{aligned}\mathrm{D}^{\alpha}(fg)-f\mathrm{D}^{\alpha}g&=\sum_{\beta+\gamma=\alpha,\beta>0}C_{\alpha}^{\beta}(\mathrm{D}^{\beta}f)(\mathrm{D}^{\gamma}g)\\&=\sum_{|\beta|+|\gamma|=k-1}C_{j\beta\gamma}(\mathrm{D}^{\beta}\mathrm{D}_jf)(\mathrm{D}^{\gamma}g),\end{aligned}$$

其中, $C_{j\beta\gamma}$ 为仅依赖于 j,β,γ 的常数. 令 $u=\mathrm{D}_jf$, 利用引理 2.2.6 的结论可知结论成立. □

为了读者的方便, 下面给出复合函数的一些估计.

引理 2.2.7 如果 $|\beta_1|+\cdots+|\beta_\mu|=k$, 则

$$\|\mathrm{D}^{\beta_1}f_1\cdots\mathrm{D}^{\beta_\mu}f_\mu\|_{L^2}\leqslant C\sum_{\nu}\left(\|f_1\|_{L^\infty}\cdots\widehat{\|f_\nu\|}_{L^\infty}\cdots\|f_\mu\|_{L^\infty}\right)\|f\|_{H^k},$$

其中, $f=(f_1,\cdots,f_\mu)$, 且 $\widehat{\ }$ 表示在表达式中去掉这一项.

证明： 利用广义的 Hölder 不等式可得

$$\|\mathrm{D}^{\beta_1}f_1\cdots\mathrm{D}^{\beta_\mu}f_\mu\|_{L^2}\leqslant\|\mathrm{D}^{\beta_1}f_1\|_{L^{2k/|\beta_1|}}\cdots\|\mathrm{D}^{\beta_\mu}f_\mu\|_{L^{2k/|\beta_\mu|}},$$

利用插值不等式 (2.2.37) 可知

$$\|\mathrm{D}^{\beta_1}f_1\cdots\mathrm{D}^{\beta_\mu}f_\mu\|_{L^2}\leqslant C\|f_1\|_{L^\infty}^{1-|\beta_1|/k}\|f_1\|_{H^k}^{|\beta_1|/k}\cdots\|f_\mu\|_{L^\infty}^{1-|\beta_\mu|/k}\|f_\mu\|_{H^k}^{|\beta_\mu|/k},$$

注意到 $|\beta_1|+\cdots+|\beta_\mu|=k$, 应用 Young 不等式可知

$$\|f_1\|_{H^k}^{|\beta_1|/k}\cdots\|f_\mu\|_{H^k}^{|\beta_\mu|/k}\leqslant\|f_1\|_{H^k}+\cdots+\|f_\mu\|_{H^k},$$

以及 (反复应用 Young 不等式)

$$\|f_1\|_{L^\infty}^{1-|\beta_1|/k}\cdots\|f_\mu\|_{L^\infty}^{1-|\beta_\mu|/k}\leqslant C\sum_{\nu}\left(\|f_1\|_{L^\infty}\cdots\widehat{\|f_\nu\|}_{L^\infty}\cdots\|f_\mu\|_{L^\infty}\right),$$

可知引理 2.2.7 成立. □

命题 2.2.9 令 F 为光滑函数, 且 $F(0)=0$. 则对任意的 $u\in H^k\cap L^\infty$ 成立

$$\|F(u)\|_{H^k}\leqslant C_k(\|u\|_{L^\infty})(1+\|u\|_{H^k}).$$

证明： 应用链式法则

$$\mathrm{D}^{\alpha}F(u)=\sum_{\beta_1+\cdots+\beta_\mu=\alpha}C_{\beta}\mathrm{D}^{\beta_1}u\cdots\mathrm{D}^{\beta_\mu}F^{s}(u),$$

因此,

$$\|\mathrm{D}^k F(u)\|_{L^2} \leqslant C_k(\|u\|_{L^\infty}) \sum \|\mathrm{D}^{\beta_1} u \cdots \mathrm{D}^{\beta_\mu} u\|,$$

利用引理 2.2.7 可知命题成立. □

这一小节的后半部分将上述交换子估计推广到一般的分数阶情形, 其结果在分数阶偏微分方程的研究中是有用的.

定理 2.2.11　如果 $s>0$, $1<p<\infty$, 则

$$\|\mathcal{J}^s(fg) - f(\mathcal{J}^s g)\|_p \leqslant c(\|\nabla f\|_\infty \|\mathcal{J}^{s-1} g\|_p + \|\mathcal{J}^s f\|_p \|g\|_\infty). \tag{2.2.38}$$

证明:　定义取值于 $\mathbf{R}$ 的 C^∞ 函数 Φ_j, 使得

$$0 \leqslant \Phi_j \leqslant 1, \quad j=1,2,3, \quad \Phi_1+\Phi_2+\Phi_3=1,$$

且使得

$$\mathrm{supp}\Phi_1 \subset \left[-\frac{1}{3}, \frac{1}{3}\right],\ \mathrm{supp}\Phi_2 \subset \left[\frac{1}{4}, 4\right],\ \mathrm{supp}\Phi_3 \subset [3,\infty).$$

则利用 $\mathcal{J}^s$ 算子的定义, 得到

$$\begin{aligned}
&[\mathcal{J}^s(fg) - f(\mathcal{J}^s g)](x)\\
=&c\iint \mathrm{e}^{\mathrm{i}\langle x,\xi+\eta\rangle}\left[(1+|\xi+\eta|^2)^{\frac{s}{2}} - (1+|\eta|^2)^{\frac{s}{2}}\right]\hat{f}(\xi)\hat{g}(\eta)\mathrm{d}\xi\mathrm{d}\eta\\
=&c\sum_{j=1}^{3}\sigma_j(\mathrm{D})(f,g)(x),
\end{aligned}$$

其中

$$\sigma_j(\xi,\eta) = \left[(1+|\xi+\eta|^2)^{\frac{s}{2}} - (1+|\eta|^2)^{\frac{s}{2}}\right]\Phi_j(|\xi|/|\eta|).$$

首先考虑 $\sigma_1(\mathrm{D})(f,g)$. 将此改写为

$$\begin{aligned}
\sigma_1(\xi,\eta) =&(1+|\eta|^2)^{\frac{s}{2}}\left\{[1+(1+|\eta|^2)^{-1}\langle\xi,\xi+2\eta\rangle]^{\frac{s}{2}} - 1\right\}\Phi_1(|\xi|/|\eta|)\\
=&c_1(1+|\eta|^2)^{\frac{s}{2}-1}\langle\xi,\xi+2\eta\rangle\Phi_1\\
&+c_2(1+|\eta|^2)^{\frac{s}{2}-2}\langle\xi,\xi+2\eta\rangle\Phi_1+\cdots\\
&+c_r(1+|\eta|^2)^{\frac{s}{2}-r}\langle\xi,\xi+2\eta\rangle\Phi_1+\cdots.
\end{aligned} \tag{2.2.39}$$

将式 (2.2.39) 乘以 $\hat{(}\xi)\hat{g}(\eta)$, 则式中的第 r 项可以写为

$$\langle\sigma_{1,r}(\xi,\eta), \widehat{(\nabla f)}(\xi)\rangle\widehat{(\mathcal{J}^{s-1})}(\eta),$$

其中

$$\sigma_{1,r}(\xi,\eta) = c_r(1+|\eta|^2)^{-r+\frac{1}{2}}\langle\xi,\xi+2\eta\rangle^{r-1}(\xi+2\eta)\Phi_1 \in \mathbf{R}^d,$$

容易看出, $\sigma_{1,r}$ 满足定理 2.2.5 中的条件 (2.2.29). 又如果 $\Phi\neq 0$, 则要求 $|\xi|\leqslant|\eta|/3$, 从而级数 (2.2.39) 收敛, 于是利用定理 2.2.5 的结果可得

$$\|\sigma_1(\mathrm{D})(f,g)\|_p \leqslant c\|\nabla f\|_\infty\|\mathcal{J}^{s-1}g\|_p. \tag{2.2.40}$$

其次考虑 $\sigma_3(\mathrm{D})(f,g)$. 记 $\sigma_3=\sigma_{3,1}-\sigma_{3,2}$, 其中

$$\sigma_{3,1}(\xi,\eta)=[(1+|\xi+\eta|^2)^{s/2}-1]\Phi_3,$$

$$\sigma_{3,1}(\xi,\eta)=[(1+|\eta|^2)^{s/2}-1]\Phi_3.$$

则

$$\sigma_{3,1}(\xi,\eta)\hat{f}(\xi)\hat{g}(\eta)=(1+|\xi|^2)^{-s/2}[(1+|\xi+\eta|^2)^{s/2}-1]\widehat{(\mathcal{J}^s f)}(\xi)\hat{g}(\eta)\Phi_3.$$

注意到仅当 $|\xi|\geqslant 3|\eta|$ 时 $\Phi_3\neq 0$, $\sigma_{3,1}$ 满足定理 2.2.5 的条件 (2.2.29), 于是

$$\|\sigma_{3,1}(\mathrm{D})(f,g)\|_p\leqslant c\|\mathcal{J}^s f\|_p\|g\|_\infty. \tag{2.2.41}$$

定义算子 G 使得

$$\widehat{(Gh)}(\eta)=\eta|\eta|^{-2}(1+|\eta|^2)^{\frac{1}{2}-\frac{s}{2}}[(1+|\eta|^2)^{\frac{s}{2}}-1]\hat{h}(\eta),$$

利用 Mihlin 乘子定理可知 G 是 L^p 上的有界算子[88]. 此时 $\sigma_{3,2}$ 可以表示为

$$\sigma_{3,2}(\xi,\eta)\hat{f}(\xi)\hat{g}(\eta)=|\xi|^2\langle\xi,\widehat{(\boldsymbol{\nabla} f)}(\xi)\rangle\langle\eta,\widehat{(G\mathcal{J}^{s-1}g)}(\eta)\rangle\Phi_3,$$

注意到 $|\xi|^2\xi_j\eta_k\Phi_3$ 满足条件 (2.2.29), 从而

$$\|\sigma_{3,2}(\mathrm{D})(f,g)\|_p\leqslant c\|\boldsymbol{\nabla} f\|_\infty\|\mathcal{J}^{s-1}g\|_p. \tag{2.2.42}$$

最后估计 $\sigma_2(\mathrm{D})(f,g)$. 此时由于 $\xi+\eta$ 可能在积分区域上为零, $1+|\xi+\eta|$ 的任意负次幂都不可能满足条件 (2.2.29), 从而此时的估计比前两者要复杂一些. 将 σ_2 分为两部分:

$$\sigma_2=\sigma_{2,1}-\sigma_{2,2},$$

其中

$$\sigma_{2,1}(\xi,\eta)=(1+|\xi+\eta|^2)^{\frac{s}{2}}\Phi_2,\quad \sigma_{2,2}(\xi,\eta)=(1+|\eta|^2)^{\frac{s}{2}}\Phi_2.$$

先处理 $\sigma_{2,2}$, 由于

$$\sigma_{2,2}(\xi,\eta)\hat{f}(\xi)\hat{g}(\eta)=(1+|\eta|^2)^{s/2}(1+|\xi|^2)^{-s/2}\widehat{(\mathcal{J}^s f)}(\xi)\hat{g}(\eta)\Phi_2,$$

且满足定理 2.2.5 中的假设, 从而

$$\|\sigma_{2,2}(\mathrm{D})(f,g)\|_p\leqslant c\|\mathcal{J}^s f\|_p\|g\|_\infty. \tag{2.2.43}$$

对 $\sigma_{2,1}$,

$$\sigma_{2,1}(\xi,\eta)\hat{f}(\xi)\hat{g}(\eta)=(1+|\xi+\eta|^2)^{s/2}(1+|\xi|^2)^{-s/2}\widehat{(\mathcal{J}^s f)}(\xi)\hat{g}(\eta)\Phi_2.$$

记 $\tilde{\sigma}_{2,1}(\xi,\eta)=(1+|\xi+\eta|^2)^{s/2}(1+|\xi|^2)^{-s/2}\Phi_2$, 从而 $|\tilde{\sigma}_{2,1}|\leqslant C$. 进一步当 $s>2$ 时, 由 Φ_2 的定义, 可得

$$|\partial_\eta\tilde{\sigma}_{2,1}(\xi,\eta)|\leqslant\frac{(1+|\xi+\eta|^2)^{s/2-1}|\eta|}{(1+|\xi|^2)^{s/2-1}(1+|\xi|^2)}\leqslant\frac{c|\eta|}{1+|\xi|^2}.$$

以及 $|\eta|^2\leqslant c|\xi|^2$, 从而

$$|\partial_\eta\tilde{\sigma}_{2,1}(\xi,\eta)|\leqslant\frac{c|\eta|}{1+|\xi|^2}\leqslant\frac{c}{|\xi|+|\eta|}, \tag{2.2.44}$$

满足定理 2.2.5 中的条件. 事实上, 只要 s 足够大, 使得表达式 (2.2.44) 中不出现 $1+|\xi+\eta|^2$ 的负次幂, 上述论述就是可行的, 从而利用定理 2.2.5 的注记可知：当 s 足够大, 使得 $s \geqslant k(m,p)$ 时, 估计式 (2.2.43) 仍然成立.

当 s 不是足够大时, 上述讨论是行不通的. 为了克服这样的困难, 需要将 $\sigma_{2,1}(\xi,\eta) \equiv \sigma_{2,1}^s(\xi,\eta)$ 延拓到复值情形 $0 \leqslant \mathrm{Re}\, s \leqslant k$, 从而可以利用复插值理论. 当 $s = k + \mathrm{i}t, t \in \mathbf{R}$ 时, 上述注记仍然可行, 从而

$$\|\sigma_{2,1}^{k+\mathrm{i}t}(\mathrm{D})(f,g)\|_p \leqslant C(t)\|\mathcal{J}^s f\|_p\|g\|_\infty, \tag{2.2.45}$$

其中, $C(t)$ 依赖于 t, 且由于在条件 (2.2.29) 中 $|\alpha|,|\beta| \leqslant k$, 可知 $C(t) = O(t^k)$. 为了利用复插值理论, 需要得到 $s = \mathrm{i}t$ 时的估计. 为此, 注意到

$$\mathcal{J}^s(fg) = \sum_{j=1}^{3} \sigma_{j,1}^s(\mathrm{D})(f,g), \tag{2.2.46}$$

其中, $\sigma_{j,1}^s = (1+|\xi+\eta|^2)^{s/2}\Phi_j$. 当 $j = 1,3$ 时, 利用 Φ_1, Φ_3 的定义, 定理的条件 (2.2.29) 是任意验证的, 从而

$$\|\sigma_{j,1}^{\mathrm{i}t}(\mathrm{D})(f,g)\|_p \leqslant C(t)\|f\|_p\|g\|_\infty, \quad j = 1,3. \tag{2.2.47}$$

另外, 由 Mihlin 乘子定理可知

$$\|\mathcal{J}^{\mathrm{i}t}(fg)\|_p \leqslant C(t)\|fg\|_p \leqslant C(t)\|f\|_p\|g\|_\infty, \tag{2.2.48}$$

其中, $C(t) = O(t^k)$. 利用式 (2.2.46)~ 式 (2.2.48) 可知

$$\|\sigma_{2,1}^{\mathrm{i}t}(\mathrm{D})(f,g)\|_p \leqslant C(t)\|f\|_p\|g\|_\infty. \tag{2.2.49}$$

在式 (2.2.45) 和式 (2.2.49) 之间利用复插值理论可知估计对任意的 $s(0 \leqslant s \leqslant k)$ 成立. 又由于已经证明当 $s \geqslant k$ 时, 结论是成立的, 从而

$$\|\sigma_{2,1}(\mathrm{D})(f,g)\|_p \leqslant c\|\mathcal{J}^s f\|_p\|g\|_\infty. \tag{2.2.50}$$

至此, 结合估计式 (2.2.40)~ 式 (2.2.43) 和式 (2.2.50) 可知定理成立. □

定理 2.2.12　当 $s > 0$, $1 < p < \infty$ 时, $L_s^p \cap L^\infty$ 为代数, 特别地,

$$\|fg\|_{s,p} \leqslant c(\|f\|_\infty\|g\|_p + \|f\|_p\|g\|_\infty). \tag{2.2.51}$$

证明： 此定理可以类似于上一定理证明, 此处略去. □

注 2.2.9　当 s 为正整数时, 估计不等式 (2.2.38) 和不等式 (2.2.51) 的结论是众所周知的. 可以利用 Leibniz 法则和 Gagliardo-Nirenberg 不等式证明. 当 $\dfrac{d}{p} < s < 1$ 时的证明可以参见 Strichartz 的文章[91].

定理 2.2.13　令 $s > 0, p \in (1,\infty)$. 如果 $f, g \in \mathcal{S}$, 则

$$\|\mathcal{J}^s(fg) - f(\mathcal{J}^s g)\|_p \leqslant C(\|\boldsymbol{\nabla} f\|_{p_1}\|\|g\|_{s-1,p_2} + \|f\|_{s,p_3}\|g\|_{p_4}), \tag{2.2.52}$$

以及如下的乘积估计成立:

$$\|\mathcal{J}^s(fg)\|_p \leqslant C(\|f\|_{p_1}\|g\|_{s,p_2} + \|f\|_{s,p_3}\|g\|_{p_4}), \tag{2.2.53}$$

其中, $p_2, p_3 \in (1, +\infty)$ 满足

$$\frac{1}{p} = \frac{1}{p_1} + \frac{1}{p_2} = \frac{1}{p_3} + \frac{1}{p_4}.$$

利用定理 2.2.12 的证明方法, 并结合定理 2.2.5 的结论可以证明该定理. 当 $p_1 = p_4 = \infty$ 时, 此定理的结论退化为定理 2.2.11 和定理 2.2.12 的结论. 当考虑齐次算子 Λ 时, 有类似的估计成立. 对应的齐次范数记为 $\|\cdot\dot{\|}_{s,p} = \|\cdot\|_{\dot{H}^{s,p}}$.

定理 2.2.14 令 $s > 0, p \in (1, \infty)$. 如果 $f, g \in \mathcal{S}$, 则

$$\|\Lambda^s(fg) - f(\Lambda^s g)\|_p \leqslant C(\|\nabla f\|_{L^{p_1}}\|g\dot{\|}_{s-1,p_2} + \|f\dot{\|}_{s,p_3}\|g\|_{L^{p_4}}), \tag{2.2.54}$$

以及如下的乘积估计成立:

$$\|\Lambda^s(fg)\|_{L^p} \leqslant C(\|f\|_{L^{p_1}}\|g\dot{\|}_{s,p_2} + \|f\dot{\|}_{s,p_3}\|g\|_{L^{p_4}}),$$

其中, $p_2, p_3 \in (1, +\infty)$ 满足

$$\frac{1}{p} = \frac{1}{p_1} + \frac{1}{p_2} = \frac{1}{p_3} + \frac{1}{p_4}.$$

证明: 为了证明齐次结论的结果, 仅需对 $f_\varepsilon(x) = f(x/\varepsilon)$ 以及 $g_\varepsilon = g(x/\varepsilon)$ 应用定理 2.2.13 的齐次性结果, 然后令 $\varepsilon \to 0$ 即可. □

定理 2.2.15 令 $s_j < d/p (j = 1, 2)$, $s_1 + s_2 = s + \dfrac{d}{p}$, $0 < s \leqslant \min\{s_1, s_2\}$, 则

$$\|fg\|_{s,p} \leqslant c\|f\|_{s_1,p}\|g\|_{s_2,p}.$$

类似地, 在齐次情形下, 如下估计成立:

$$\|fg\dot{\|}_{s,p} \leqslant c\|f\dot{\|}_{s_1,p}\|g\dot{\|}_{s_2,p}.$$

证明: 令 $\dfrac{d}{p_2} = s_1 = \dfrac{d}{p} - s_2 + s$, $\dfrac{d}{p_2} = \dfrac{d}{p} - s_1$, 则 $\dfrac{1}{p_1} + \dfrac{1}{p_2} = \dfrac{1}{p}$. 利用 Sobolev 嵌入定理可知

$$\|g\|_{s,p_2} \leqslant c\|g\|_{s_2,p}, \quad \|f\|_{p_2} \leqslant c\|f\|_{s_1,p}.$$

交换 f, g 的位置, 并利用式 (2.2.53) 的结论可知该定理成立. 利用定理 2.2.14 的方法可知齐次情形也成立. □

定理 2.2.16 令 $q > 1, p \in [q, +\infty)$, 且

$$\frac{1}{p} + \frac{\sigma}{\mathrm{d}} = \frac{1}{q},$$

则存在常数 $C > 0$ 使得 $\forall\, f \in \mathcal{S}'$, 使得 $\hat{f}$ 为一函数, 有

$$\|f\|_{L^p} \leqslant C\|\Lambda^\sigma f\|_{L^q}.$$

证明: 当 $q = 2$ 时, 其证明在文献 [92] 中给出. 此时由于 $\hat{f}$ 是函数, 从而 $\hat{f}(\xi) = |\xi|^{-\sigma}|\xi|^\sigma \hat{f}(\xi)$. 利用傅里叶逆变换可知 $f = \mathcal{I}_d^\sigma(\Lambda^\sigma f)$, 其中, $\mathcal{I}_d^\sigma$ 为 Riesz 位势算子. 再利用 Riesz 位势算子 $\mathcal{I}_d^\sigma$ 的有界性 (定理 2.2.7) 可知定理成立. □

2.3 解的存在唯一性

2.3.1 序列分数阶导数

这一节考虑一些分数阶微分方程解的存在性唯一性定理. 为此先介绍序列分数阶导数. 在普通导数中, 高阶导数是由低阶导数复合而成的, 如 $\dfrac{\mathrm{d}^n f(t)}{\mathrm{d}t^n} = \dfrac{\mathrm{d}}{\mathrm{d}t}\cdots\dfrac{\mathrm{d}}{\mathrm{d}t}f(t)$, 即函数 $f(t)$ 的 n 阶导数表示为一阶导数 $\dfrac{\mathrm{d}}{\mathrm{d}t}$ 的复合. 类似地, 在分数阶导数情形, 可以定义如下的高阶导数:

$$\mathrm{D}^{n\alpha} f(t) = \mathrm{D}^{\alpha}\cdots\mathrm{D}^{\alpha} f(t),$$

其中, D^{α} 表示 α 阶 R-L 分数阶导数, 如此定义的高阶导数称为 Miller-Ross 序列分数阶导数, 它是由一列低阶导数复合而成的. 进一步, 还可以定义更一般的高阶导数:

$$\mathrm{D}^{\alpha} f(t) = \mathrm{D}^{\alpha_1}\mathrm{D}^{\alpha_2}\cdots\mathrm{D}^{\alpha_n} f(t), \quad \alpha_1+\cdots+\alpha_n=\alpha. \tag{2.3.1}$$

并仍将此定义的导数称为序列分数阶导数. 对应于不同的序列选择, 式 (2.3.1) 中定义的导数可以表示 R-L 导数或者 Caputo 导数. 事实上, 选择适当的序列使得

$${}_0\mathrm{D}_t^p f(t) = \frac{\mathrm{d}}{\mathrm{d}t}\cdots\frac{\mathrm{d}}{\mathrm{d}t}{}_0\mathrm{D}_t^{-(n-p)} f(t), \quad n-1 \leqslant p < n,$$

${}_0\mathrm{D}_t^p f(t)$ 则表示 R-L 分数阶导数; 反之, 如选择序列使得

$${}^C_0\mathrm{D}_t^p = {}_0\mathrm{D}_t^{-(n-p)}\frac{\mathrm{d}}{\mathrm{d}t}\cdots\frac{\mathrm{d}}{\mathrm{d}t}f(t), \quad n-1 < p \leqslant n,$$

则该序列分数阶导数表示 Caputo 分数阶导数. 正是由于所选择序列的不同, 这两类导数的性质是不一样的, 正如在 2.2 节中指出的, 其不同点主要体现在所对应的微分方程初值的选择上.

考虑 M-R 分数阶导数的拉普拉斯变换, 记

$$\begin{aligned}
{}_0\mathcal{D}_t^{\sigma_m} &= {}_0\mathrm{D}_t^{\alpha_m}{}_0\mathrm{D}_t^{\alpha_{m-1}}\cdots{}_0\mathrm{D}_t^{\alpha_1},\\
{}_0\mathcal{D}_t^{\sigma_m-1} &= {}_0\mathrm{D}_t^{\alpha_m-1}{}_0\mathrm{D}_t^{\alpha_{m-1}}\cdots{}_0\mathrm{D}_t^{\alpha_1},\\
\sigma_m &= \sum_{j=1}^{m}\alpha_j, \quad 0<\alpha\leqslant 1, j=1,2,\cdots,m.
\end{aligned}$$

利用拉普拉斯变换,

$$\begin{aligned}
\mathscr{L}[{}_0\mathcal{D}_t^{\sigma_m} f(t)] &= s^{\sigma_m}F(s) - \sum_{k=0}^{m-1} s^{\sigma_m-\sigma_{m-k}}[{}_0\mathcal{D}_t^{\sigma_{m-k}-f} f(t)]\big|_{t=0},\\
{}_0\mathcal{D}_t^{\sigma_{m-k}-1} &= {}_0\mathrm{D}_t^{\alpha_{m-k}-1}{}_0\mathrm{D}_t^{\alpha_{m-k-1}}\cdots{}_0\mathrm{D}_t^{\alpha_1}, \quad k=0,1,\cdots,m-1.
\end{aligned} \tag{2.3.2}$$

为了说明式 (2.3.2) 成立, 考虑 R-L 分数阶导数的拉普拉斯变换. 当 $0<\alpha\leqslant 1$ 时,

$$\mathscr{L}[{}_0\mathcal{D}_t^{\alpha} f(t)] = s^{\alpha}F(s) - [{}_0\mathcal{D}_t^{\alpha-1} f(t)]\big|_{t=0},$$

反复利用此式 m 次, 可得

$$\begin{aligned}
\mathscr{L}[{}_0\mathcal{D}_t^{\sigma_m} f(t)] =& \mathscr{L}[{}_0\mathrm{D}_t^{\alpha_m}{}_0\mathcal{D}_t^{\sigma_{m-1}} f(t)] \\
=& s^{\alpha_m}\mathscr{L}[{}_0\mathcal{D}_t^{\sigma_{m-1}} f(t)](s) - [{}_0\mathrm{D}_t^{\alpha_m-1}{}_0\mathcal{D}_t^{\sigma_{m-1}} f(t)]\ \big|_{t=0} \\
=& s^{\alpha_m}\mathscr{L}[{}_0\mathcal{D}_t^{\sigma_{m-1}} f(t)](s) - [{}_0\mathcal{D}_t^{\sigma_m-1} f(t)]\ \big|_{t=0} \\
=& s^{\alpha_m+\alpha_{m-1}}\mathscr{L}[{}_0\mathcal{D}_t^{\sigma_{m-2}} f(t)](s) - s^{\alpha_m}[{}_0\mathcal{D}_t^{\sigma_{m-1}-1} f(t)]\ \big|_{t=0} \\
& - [{}_0\mathcal{D}_t^{\sigma_m-1} f(t)]\ \big|_{t=0} \\
=& \cdots\cdots \\
=& s^{\sigma_m}F(s) - \sum_{k=0}^{m-1} s^{\sigma_m-\sigma_{m-k}}[{}_0\mathcal{D}_t^{\sigma_{m-k}-1} f(t)]\ \big|_{t=0}.
\end{aligned}$$

2.3.2 线性分数阶微分方程

首先考虑如下的初值问题:

$$\begin{cases}
{}_0\mathcal{D}_t^{\sigma_n} y(t) + \displaystyle\sum_{j=1}^{n-1} p_j(t){}_0\mathcal{D}_t^{\sigma_{n-j}} y(t) + p_n(t)y(t) = f(t), & 0 < t < T < \infty, \\
\left[{}_0\mathcal{D}_t^{\sigma_k-1} y(t)\right]|_{t=0} = b_k, & k = 1, \cdots, n,
\end{cases} \tag{2.3.3}$$

其中, 序列分数阶导数由下式给出:

$$\begin{aligned}
{}_0\mathcal{D}_t^{\sigma_k} &= {}_0\mathrm{D}_t^{\alpha_k}{}_0\mathrm{D}_t^{\alpha_{k-1}}\cdots{}_0\mathrm{D}_t^{\alpha_1}, \\
{}_0\mathcal{D}_t^{\sigma_k-1} &= {}_0\mathrm{D}_t^{\alpha_k-1}{}_0\mathrm{D}_t^{\alpha_{k-1}}\cdots{}_0\mathrm{D}_t^{\alpha_1}, \\
\sigma_k &= \sum_{j=1}^{k}\alpha_j, \quad k = 1, 2, \cdots, n, \\
0 &< \alpha_j \leqslant 1, \quad j = 1, 2, \cdots, n,
\end{aligned} \tag{2.3.4}$$

且 $f \in L^1(0,T)$, 即 $\displaystyle\int_0^T |f(t)|\mathrm{d}t < \infty$.

定理 2.3.1 如果 $f(t) \in L^1(0,T)$, 且对所有的 $j = 1, \cdots, n$, $p_j(t) \in \mathrm{C}[0,T]$ 为连续函数, 则初值问题存在唯一解 $y(t) \in L^1(0,T)$.

该定理的证明分为两个部分, 首先证明当 $p_k(t) = 0 (k = 1, \cdots, n)$ 时结论成立.

定理 2.3.2 如果 $f(t) \in L^1(0,T)$, 且 $p_k(t) = 0 (k = 1, \cdots, n)$ 时, 初值问题存在唯一解 $y(t) \in L^1(0,T)$.

证明: 应用拉普拉斯变换式 (2.3.2),

$$s^{\sigma_m}Y(s) - \sum_{k=0}^{n-1} s^{\sigma_n-\sigma_{n-k}}[{}_0\mathcal{D}_t^{\sigma_{n-k}-1} y(t)]\ \big|_{t=0} = F(s),$$

其中, $Y(s)$ 和 $F(s)$ 分别为 $y(s)$ 和 $f(s)$ 的拉普拉斯变换. 利用初值条件 (2.3.3),

$$Y(s) = s^{-\sigma_n}F(s) + \sum_{k=0}^{n-1} b_{n-k}s^{-\sigma_{n-k}}.$$

利用拉普拉斯逆变换可得

$$\begin{aligned}y(t)=&\frac{1}{\Gamma(\sigma_n)}\int_0^t(t-\tau)^{\sigma_n-1}f(\tau)\mathrm{d}\tau+\sum_{k=0}^{n-1}\frac{b_{n-k}}{\Gamma(\sigma_{n-k})}t^{\sigma_{n-k}-1}\\=&\frac{1}{\Gamma(\sigma_n)}\int_0^t(t-\tau)^{\sigma_n-1}f(\tau)\mathrm{d}\tau+\sum_{i=1}^{n}\frac{b_i}{\Gamma(\sigma_i)}t^{\sigma_i-1}.\end{aligned}\tag{2.3.5}$$

利用序列导数的定义以及多项式函数的 R-L 导数表达式 (例 2.1.3), 并注意到当 $m=0,1,2,\cdots$ 时, $1/\Gamma(-m)=0$, 可以得到

$${}_0\mathcal{D}_t^{\sigma_k}\left(\frac{t^{\sigma_i-1}}{\Gamma(\sigma_i)}\right)=\begin{cases}\dfrac{t^{\sigma_i-\sigma_k-1}}{\Gamma(\sigma_i-\sigma_k)}, & k<i,\\ 0, & k\geqslant i,\end{cases}\tag{2.3.6}$$

$${}_0\mathcal{D}_t^{\sigma_k-1}\left(\frac{t^{\sigma_i-1}}{\Gamma(\sigma_i)}\right)=\begin{cases}\dfrac{t^{\sigma_i-\sigma_k}}{\Gamma(1+\sigma_i-\sigma_k)}, & k<i,\\ 1, & k=i,\\ 0, & k>i,\end{cases}\tag{2.3.7}$$

其中 $k=1,2,\cdots,n;i=1,2,\cdots,n$. 从而可知由式 (2.3.5) 定义的 $y\in L^1(0,T)$, 且满足方程及其初值条件.

下证唯一性. 设存在两个解 $y_1(t)$ 和 $y_2(t)$, 则由方程的线性性可知, $z(t)=y_1(t)-y_2(t)$ 满足方程 ${}_0\mathcal{D}_t^{\sigma_n}z(t)=0$ 且满足零初值条件. 利用拉普拉斯变换可知 $z(t)$ 的拉普拉斯变换 $Z(s)=0$, 且 $z(t)=0$ 在区间 $(0,T)$ 上几乎处处成立, 从而方程的解在 $L^1(0,T)$ 中是唯一的. □

定理 2.3.1 的证明: 该定理的证明主要基于上一定理的证明. 假设方程 (2.3.3) 有解 $y(t)$, 且记

$${}_0\mathcal{D}_t^{\sigma_n}y(t)=\varphi(t).$$

利用定理 2.3.2 的结论,

$$y(t)=\frac{1}{\Gamma(\sigma_n)}\int_0^t(t-\tau)^{\sigma_n-1}\varphi(\tau)\mathrm{d}\tau+\sum_{i=1}^{n}\frac{b_i}{\Gamma(\sigma_i)}t^{\sigma_i-1}.\tag{2.3.8}$$

将式 (2.3.8) 代入方程 (2.3.3), 并利用条件 (2.3.6) 可得关于 φ 的 Volterra 第二型积分方程

$$\varphi(t)+\int_0^t K(t,\tau)\varphi(\tau)\mathrm{d}\tau=g(t),\tag{2.3.9}$$

其中

$$K(t,\tau)=p_n(t)\frac{(t-\tau)^{\sigma_n-1}}{\Gamma(\sigma_n)}+\sum_{k=1}^{n-1}p_{n-k}(t)\frac{(t-\tau)^{\sigma_n-\sigma_k-1}}{\Gamma(\sigma_n-\sigma_k)},$$

$$g(t)=f(t)-p_n(t)\sum_{i=1}^{n}b_i\frac{t^{\sigma_i-1}}{\Gamma(\sigma_i)}-\sum_{k=1}^{n-1}p_{n-k}(t)\sum_{i=k+1}^{n}b_i\frac{t^{\sigma_i-\sigma_k-1}}{\Gamma(\sigma_i-\sigma_k)}.$$

由于函数 $p_j(t)(j=1,2,\cdots,n)$ 在 $[0,T]$ 上是连续的, 核函数 $K(t,\tau)$ 可以写为如下的形式:

$$K(t,\tau)=\frac{K^*(t,\tau)}{(t-\tau)^{1-\mu}},$$

其中, $K^*(t,\tau)$ 在 $0\leqslant t,\tau\leqslant T$ 上连续且 $\mu=\min\{\sigma_n,\sigma_n-\sigma_{n-1},\cdots,\sigma_n-\sigma_1\}=\min\{\sigma_n,\alpha_n\}$. 类似地, $g(t)$ 可以写为 $g(t)=g^*(t)/t^{1-\nu}$, 其中, $g^*(t)$ 在 $[0,T]$ 上连续, 且 $\nu=\min\{\alpha_1,\alpha_2,\cdots,\alpha_n\}$. 显然 $0<\mu,\nu\leqslant 1$. 从而可知式 (2.3.9) 具有唯一解 $\varphi\in L^1(0,T)$. 再利用定理 2.3.2 的结论, 由式 (2.3.8) 定义的解 $y\in L^1(0,T)$ 是方程 (2.3.3) 的唯一解. 证毕. □

2.3.3 一般的分数阶常微分方程

这一小节考虑如下的具有一般形式的分数阶微分方程:

$$\begin{cases}{}_0\mathcal{D}_t^{\sigma_n}y(t)=f(t,y), & 0<t<T<\infty,\\ \left[{}_0\mathcal{D}_t^{\sigma_k-1}y(t)\right]|_{t=0}=b_k, & k=1,\cdots,n,\end{cases}\tag{2.3.10}$$

其中, 指标满足式 (2.3.4) 中的关系式. 假设 $f(t,y)$ 定义在平面 (t,y) 的区域 G 中, 且定义区域 $R(h,K)\subset G$ 使得

$$0<t<h,\qquad \left|t^{1-\sigma_1}y(t)-\sum_{i=1}^{n}b_i\frac{t^{\sigma_i-\sigma_1}}{\Gamma(\sigma_i)}\right|\leqslant K,$$

其中, h,K 为常数.

定理 2.3.3 令 $f(t,y)$ 为定义在区域 G 上的实值连续函数, 关于第二个变量满足 Lipshitz 条件, 即

$$|f(t,y_1)-f(t,y_2)|\leqslant L|y_1-y_2|,$$

使得

$$|f(t,y)|\leqslant M<\infty,\quad \forall(t,y)\in G.$$

假设 $K\geqslant\dfrac{Mh^{\sigma_n-\sigma_1+1}}{\Gamma(1+\sigma_n)}$, 则存在区域 $R(h,K)$ 使得方程 (2.3.10) 存在唯一的连续解.

证明: 首先将方程转化为等价的积分方程. 利用公式 (2.3.5) 可得

$$y(t)=\frac{1}{\Gamma(\sigma_n)}\int_0^t(t-\tau)^{\sigma_n-1}f(\tau,y(\tau))\mathrm{d}\tau+\sum_{i=1}^{n}\frac{b_i}{\Gamma(\sigma_i)}t^{\sigma_i-1}.\tag{2.3.11}$$

积分方程 (2.3.11) 和方程 (2.3.10) 是等价的. 事实上, 如果 y 满足方程 (2.3.10), 则 y 自然满足积分方程. 反之, 如果 y 满足积分方程 (2.3.11), 则对 y 应用序列分数阶导数, 可知 y 满足方程 (2.3.10), 且利用式 (2.3.7) 可知 y 还满足初值条件. 从而二者等价.

考虑迭代序列

$$\begin{aligned}&y_0(t)=\sum_{i=1}^{n}\frac{b_i}{\Gamma(\sigma_i)}t^{\sigma_i-1},\\&y_m(t)=\sum_{i=1}^{n}\frac{b_i}{\Gamma(\sigma_i)}t^{\sigma_i-1}+\frac{1}{\Gamma(\sigma_n)}\int_0^t(t-\tau)^{\sigma_n-1}f(\tau,y_{m-1}(\tau))\mathrm{d}\tau,\ m=1,2,\cdots.\end{aligned}\tag{2.3.12}$$

下面我们将证明极限 $\lim\limits_{m\to\infty}y_m(t)$ 存在, 且为方程 (2.3.11) 的解.

首先, 对 $0<t\leqslant h$, 以及对任意的 m, 有 $(t,y_m(t))\in R(h,K)$. 事实上,

$$\begin{aligned}\left|t^{1-\sigma_1}y_m(t)-\sum_{i=1}^{n}\frac{b_i}{\Gamma(\sigma_i)}t^{\sigma_i-\sigma_1}\right| &\leqslant\left|\frac{t^{1-\sigma_i}}{\Gamma(\sigma_n)}\int_0^t(t-\tau)^{\sigma_n-1}f(\tau,y_{m-1}(\tau))\mathrm{d}\tau\right|\\ &\leqslant\frac{Mt^{\sigma_n-\sigma_1+1}}{\Gamma(1+\sigma_n)}\leqslant\frac{Mh^{\sigma_n-\sigma_1+1}}{\Gamma(1+\sigma_n)}\leqslant K,\end{aligned}\tag{2.3.13}$$

且利用同样的推导可知 $y_1(t)$ 满足

$$\left|t^{1-\sigma_1}y_1(t)-\sum_{i=1}^{n}\frac{b_i}{\Gamma(\sigma_i)}t^{\sigma_i-\sigma_1}\right|\leqslant\frac{Mh^{\sigma_n-\sigma_1+1}}{\Gamma(1+\sigma_n)}\leqslant K.$$

进一步, 可以证明对所有的 m 成立

$$|y_m(t)-y_{m-1}(t)|\leqslant\frac{ML^{m-1}t^{m\sigma_n}}{\Gamma(1+m\sigma_n)}.\tag{2.3.14}$$

事实上, 利用不等式 (2.3.13) 可知当 $m=1$ 时,

$$|y_1(t)-y_0(t)|\leqslant\frac{Mt^{\sigma_n}}{\Gamma(1+\sigma_n)},\quad 0<t\leqslant h.$$

假设不等式 (2.3.14) 对 $m=m-1$ 时成立, 利用 $y_m(t)$ 的表达式 (2.3.12), 并利用多项式函数的 R-L 分数阶导数 (例 2.1.3) 可得

$$\begin{aligned}|y_m(t)-y_{m-1}(t)|\leqslant&\frac{A}{\Gamma(\sigma_n)}\int_0^t(t-\tau)^{\sigma_n}\left|y_{m-1}(\tau)-y_{m-2}(\tau)\right|\mathrm{d}\tau\\ \leqslant&\frac{MA^{m-1}}{\Gamma(1+(m-1)\sigma_n)}\frac{1}{\Gamma(\sigma_n)}\int_0^t(t-\tau)^{\sigma_n-1}\tau^{(m-1)\sigma_n}\mathrm{d}\tau\\ =&\frac{MA^{m-1}}{\Gamma(1+(m-1)\sigma_n)}{}_0\mathrm{D}_t^{-\sigma_n}t^{(m-1)\sigma_n}\\ =&\frac{MA^{m-1}}{\Gamma(1+(m-1)\sigma_n)}\frac{\Gamma(1+(m-1)\sigma_n)}{\Gamma(1+(m-1)\sigma_n+\sigma_n)}t^{(m-1)\sigma_n+\sigma_n}\\ =&\frac{MA^{m-1}}{\Gamma(1+m\sigma_n)}.\end{aligned}$$

从而不等式 (2.3.14) 对所有的 m 成立.

考虑级数

$$y^*(t)=\lim_{m\to\infty}(y_m(t)-y_0(t))=\sum_{j=1}^{\infty}(y_j(t)-y_{j-1}(t)).\tag{2.3.15}$$

由 Mittag-Leffler 函数,

$$M\sum_{j=1}^{\infty}\frac{A^{j-1}h^{j\sigma_n}}{\Gamma(1+j\sigma_n)}=\frac{M}{A}\left(E_{\sigma_n,1}(Ah^{\sigma_n})-1\right).$$

利用估计不等式 (2.3.14) 可知, 对 $0<t\leqslant h$, 级数 (2.3.15) 一致收敛. 由于级数各项在 $[0,h]$ 上是连续的, 从而 $y^*(t)$ 是 $t\in[0,h]$ 的连续函数.

定义 $y(t)=y_0(t)+y^*(t)$, 从而 $y(t)$ 是连续的. 在式 (2.3.12) 中令 $m\to\infty$ 便得到表达式 (2.3.11), 从而是方程的解.

下证唯一性. 设 $y(t), \tilde{y}(t)$ 都是方程的连续解. 则由积分表达式 (2.3.12) 可知 $z(t) = y(t) - \tilde{y}(t)$ 满足积分方程

$$z(t) = \frac{1}{\Gamma(\sigma_n)} \int_0^t (t-\tau)^{\sigma_n - 1}[f(\tau, y(\tau)) - f(\tau, y(\tau))]\mathrm{d}\tau.$$

由于 $z(t)$ 是 $[0, h]$ 上的连续函数, 从而 $|z(t)| \leqslant B$, 且 $z(0) = 0$. 利用 Lipshitz 条件, 可得

$$|z(t)| \leqslant \frac{BLt^{\sigma_n}}{\Gamma(1+\sigma_n)}, \quad 0 \leqslant t \leqslant h.$$

由此迭代可得

$$|z(t)| \leqslant \frac{BL^j t^{j\sigma_n}}{\Gamma(\sigma_n)}, \quad j = 1, 2, \cdots.$$

其右端正好是 Mittag-Leffler 函数 $E_{\sigma_n,1}(Lt^{\sigma_n})$ 关于 t 展式的第 j 项, 从而对任意的 $t \in [0, h]$, 有

$$\lim_{j\to\infty} \frac{L^j t^{j\sigma_n}}{\Gamma(1+j\sigma_n)} = 0.$$

从而 $z(t) \equiv 0$, 即对任意的 $t \in [0, h]$ 有 $y(t) = \tilde{y}(t)$, 唯一性得证. □

进一步考虑解对初值的连续依赖性. 为此考虑初值的小的扰动

$$\left[{}_0\mathcal{D}_t^{\sigma_k - 1} y(t)\right] \Big|_{t=0} = \tilde{b}_k = b_k + \delta_k, \quad k = 1, \cdots, n, \tag{2.3.16}$$

其中, $\delta_k (k = 1, 2, \cdots, n)$ 为常数.

定理 2.3.4 在定理 2.3.3 的假设下, 如果 y 是方程 (2.3.10) 的解, $\tilde{y}$ 是方程 (2.3.10) 满足初值条件 (2.3.16) 的解, 则对 $0 < t \leqslant h$ 成立

$$|y(t) - \tilde{y}(t)| \leqslant \sum_{i=1}^{n} |\delta_i| t^{\sigma_i - 1} E_{\sigma_n, \sigma_i}(At_n^{\sigma}),$$

其中, $E_{\alpha,\beta}(z)$ 为 Mittag-Leffler 函数.

证明: 由上一定理的证明过程可知, $y(t)$ 以及 $\tilde{y}(t)$ 分别为如下的极限:

$$y(t) = \lim_{m\to\infty} y_m(t), \quad \tilde{y}(t) = \lim_{m\to\infty} \tilde{y}_m(t),$$

其中, 逼近序列由式 (2.3.12) 给出 [在构造 $\tilde{y}(t)$ 时, 利用初始条件 $\tilde{b}_k = b_k + \delta_k$].

用归纳法证明. 首先当 $m = 0$ 时,

$$|y_0(t) - \tilde{y}_0(t)| \leqslant \sum_{i=1}^{n} |\delta_i| \frac{t^{\sigma_i - 1}}{\Gamma(\sigma_i)}.$$

当 $m = 1$ 时, 利用此迭代关系, $f(t, y)$ 的 Lipshitz 条件, 以及 R-L 导数的定义可知

$$|y_1(t) - \tilde{y}_1(t)| = \left| \sum_{i=1}^{n} \delta_i \frac{t^{\sigma_i - 1}}{\Gamma(\sigma_i)} + \frac{1}{\Gamma(\sigma_n)} \int_0^t (t-\tau)^{\sigma_n - 1}[f(\tau, y_0(\tau)) - f(\tau, \tilde{y}_0(\tau))]\mathrm{d}\tau \right|$$

$$
\begin{aligned}
&\leqslant \sum_{i=1}^{n}|\delta_i|\frac{t^{\sigma_i-1}}{\Gamma(\sigma_i)}+\frac{L}{\Gamma(\sigma_n)}\int_0^t (t-\tau)^{\sigma_n-1}|y_0(\tau)-\tilde{y}_0(\tau)|\mathrm{d}\tau \\
&\leqslant \sum_{i=1}^{n}|\delta_i|\frac{t^{\sigma_i-1}}{\Gamma(\sigma_i)}+\frac{L}{\Gamma(\sigma_n)}\int_0^t (t-\tau)^{\sigma_n-1}\left\{\sum_{i=1}^{n}|\delta_i|\frac{t^{\sigma_i-1}}{\Gamma(\sigma_i)}\right\}\mathrm{d}\tau \\
&\leqslant \sum_{i=1}^{n}|\delta_i|\frac{t^{\sigma_i-1}}{\Gamma(\sigma_i)}+L{}_0\mathrm{D}_t^{\sigma_n}\left\{\sum_{i=1}^{n}|\delta_i|\frac{t^{\sigma_i-1}}{\Gamma(\sigma_i)}\right\} \\
&=\sum_{i=1}^{n}|\delta_i|\frac{t^{\sigma_i-1}}{\Gamma(\sigma_i)}+L\sum_{i=1}^{n}|\delta_i|\frac{t^{\sigma_n+\sigma_i-1}}{\Gamma(\sigma_n+\sigma_i)} \\
&=\sum_{i=1}^{n}|\delta_i|t^{\sigma_i-1}\left\{\sum_{k=0}^{1}\frac{L^k t^{k\sigma_n}}{\Gamma(k\sigma_n+\sigma_i)}\right\}.
\end{aligned}
$$

类似地利用归纳法可得

$$
|y_m(t)-\tilde{y}_m(t)|\leqslant \sum_{i=1}^{n}|\delta_i|t^{\sigma_i-1}\left\{\sum_{k=0}^{m}\frac{L^k t^{k\sigma_n}}{\Gamma(k\sigma_n+\sigma_i)}\right\}.
$$

令 $m\to\infty$ 可得

$$
\begin{aligned}
|y(t)-\tilde{y}(t)|&\leqslant \sum_{i=1}^{n}|\delta_i|t^{\sigma_i-1}\left\{\sum_{k=0}^{\infty}\frac{L^k t^{k\sigma_n}}{\Gamma(k\sigma_n+\sigma_i)}\right\} \\
&=\sum_{i=1}^{n}|\delta_i|t^{\sigma_i-1}E_{\sigma_n,\sigma_i}(Lt^{\sigma_n}).
\end{aligned}
$$

证毕. □

2.3.4 例子——Mittag-Leffler 函数的应用

例 2.3.1 　考虑线性方程

$$
\begin{cases}
{}_0\mathcal{D}_t^{\sigma_n}y(t)=\lambda y(t), \\
\left[{}_0\mathcal{D}_t^{\sigma_k-1}y(t)\right]\big|_{t=0}=b_k, \quad k=1,2,\cdots,n.
\end{cases}
$$

利用定理 2.3.3 的证明, 构造如下逼近解序列:

$$
\begin{aligned}
y_0(t)&=\sum_{i=1}^{n}\frac{b_i}{\Gamma(\sigma_i)}t^{\sigma_i-1}, \\
y_m(t)&=y_0(t)+\frac{\lambda}{\Gamma(\sigma_n)}\int_0^t (t-\tau)^{\sigma_n-1}y_{m-1}(\tau)\mathrm{d}\tau, \\
&=y_0(t)+\lambda\,{}_0\mathrm{D}_t^{-\sigma_n}y_{m-1}(t) \quad m=1,2,\cdots.
\end{aligned}
$$

利用幂函数的 R-L 导数 (例 2.1.3), 经计算可得

$$
\begin{aligned}
y_1(t)&=y_0(t)+\lambda\,{}_0\mathrm{D}_t^{-\sigma_n}\left\{\sum_{i=1}^{n}\frac{b_i}{\Gamma(\sigma_i)}t^{\sigma_i-1}\right\} \\
&=y_0(t)+\lambda\sum_{i=1}^{n}b_i\frac{t^{\sigma_n+\sigma_i-1}}{\Gamma(\sigma_n+\sigma_i)}
\end{aligned}
$$

$$=\sum_{i=1}^{n} b_i \sum_{k=0}^{1} \frac{\lambda^k t^{k\sigma_n+\sigma_i-1}}{\Gamma(k\sigma_n+\sigma_i)}.$$

类似地, 可以计算

$$\begin{aligned}
y_2(t) =& y_0(t) + \lambda \sum_{i=1}^{n} b_i \frac{t^{\sigma_n+\sigma_i-1}}{\Gamma(\sigma_n+\sigma_i)} + \lambda^2 \sum_{i=1}^{n} b_i \frac{t^{2\sigma_n+\sigma_i-1}}{\Gamma(2\sigma_n+\sigma_i)} \\
=& \sum_{i=1}^{n} b_i \sum_{k=0}^{2} \frac{\lambda^k t^{k\sigma_n+\sigma_i-1}}{\Gamma(k\sigma_n+\sigma_i)}, \\
& \cdots\cdots \\
y_m(t) =& \sum_{i=1}^{n} b_i \sum_{k=0}^{m} \frac{\lambda^k t^{k\sigma_n+\sigma_i-1}}{\Gamma(k\sigma_n+\sigma_i)}.
\end{aligned}$$

令 $m \to \infty$, 取极限可得解的表达式:

$$y(t) = \sum_{i=1}^{n} b_i \sum_{k=0}^{\infty} \frac{\lambda^k t^{k\sigma_n+\sigma_i-1}}{\Gamma(k\sigma_n+\sigma_i)} = \sum_{i=1}^{n} b_i t^{\sigma_i-1} E_{\sigma_n,\sigma_i}(\lambda t^{\sigma_n}), \tag{2.3.17}$$

其中, $E_{\alpha,\beta}(z)$ 为 Mittag-Leffler 函数.

特别地, 当 $n=1$, $\alpha_1=1$ 时, 得到方程

$$y'(t) = \lambda y(t), \quad y(0) = b_1$$

的解 $y(t) = b_1 E_{1,1}(\lambda t) = b_1 \mathrm{e}^{\lambda t}$.

例 2.3.2 考虑初值问题

$$\begin{cases} {}_0\mathrm{D}_t^{\alpha} y(t) = t^{\alpha} y(t), \\ \left[{}_0\mathrm{D}_t^{\alpha-1} y(t)\right]|_{t=0} = b, \end{cases}$$

其中, $0<\alpha<1$, 且 ${}_0\mathrm{D}_t^{\alpha}$ 表示 R-L 分数阶导数.

此时, $f(t,y)=t^{\alpha}y$, 关于 y 变量是 Lipshitz 的, 可知存在唯一解. 构造逼近解序列:

$$\begin{aligned}
y_0(t) =& \frac{bt^{\alpha-1}}{\Gamma(\alpha)}, \\
y_m(t) =& \frac{bt^{\alpha-1}}{\Gamma(\alpha)} + \frac{1}{\Gamma(\alpha)} \int_0^t (t-\tau)^{\alpha-1} \tau^{\alpha} y_{m-1}(\tau) \mathrm{d}\tau, \ m=1,2,\cdots.
\end{aligned}$$

利用例 2.1.3 的结论可知

$$y_m(t) = b\frac{t^{\alpha-1}}{\Gamma(\alpha)} + b\sum_{k=1}^{m} \frac{\Gamma(2\alpha)\Gamma(4\alpha)\cdots\Gamma(2k\alpha)}{\Gamma(\alpha)\Gamma(3\alpha)\cdots\Gamma((2k+1)\alpha)} t^{(2k+1)\alpha-1},$$

令 $m \to \infty$ 可得方程的解的表达式:

$$y_m(t) = b\frac{t^{\alpha-1}}{\Gamma(\alpha)} + b\sum_{k=1}^{\infty} \frac{\prod\limits_{j=1}^{k}\Gamma(2j\alpha)}{\prod\limits_{j=0}^{k}\Gamma(2j\alpha+\alpha)} t^{(2k+1)\alpha-1}.$$

进一步考虑一个分数阶偏微分方程的例子.

例 2.3.3　考虑如下的分数阶扩散方程:

$$\begin{cases} {}_0\mathrm{D}_t^{\alpha} u(x,t) = \lambda^2 \dfrac{\partial^2 u(x,t)}{\partial x^2}, \quad t>0, -\infty<x<\infty, \\ \left[{}_0\mathrm{D}_t^{\alpha-1} y(t)\right]|_{t=0} = \varphi(x), \quad \lim\limits_{x\to\pm\infty} u(x,t)=0. \end{cases} \tag{2.3.18}$$

假设 $0<\alpha<1$. 考虑到无穷远处的边界条件, 对方程关于 x 变量作傅里叶变换可得

$$\begin{cases} {}_0\mathrm{D}_t^{\alpha} \hat{u}(\xi,t) + \lambda^2\xi^2 \hat{u}(\xi,t) = 0, \\ \left[{}_0\mathrm{D}_t^{\alpha-1} \hat{u}(\xi,t)\right]|_{t=0} = \hat{\varphi}(\xi). \end{cases}$$

对该方程关于时间应用拉普拉斯变换并利用初始条件可得

$$U(\xi,s) = \frac{\hat{\varphi}(\xi)}{s^{\alpha}+\lambda^2\xi^2},$$

其中, $U(\xi,s)$ 是 $\hat{u}(\xi,t)$ 的拉普拉斯变换. 利用拉普拉斯逆变换可得

$$\hat{u}(\xi,t) = \hat{\varphi}(\xi) t^{\alpha-1} E_{\alpha,\alpha}(-\lambda^2\xi^2 t^{\alpha}),$$

再利用傅里叶逆变换可得到初值问题 (2.3.18) 的解:

$$\begin{aligned} u(x,t) &= \int_{-\infty}^{\infty} G(x-x',t)\varphi(x')\mathrm{d}x', \\ G(x,t) &= \frac{1}{\pi}\int_0^{\infty} t^{\alpha-1} E_{\alpha,\alpha}(-\lambda^2\xi^2 t^{\alpha}) \cos \xi x \mathrm{d}\xi. \end{aligned}$$

经过一定的计算可知[46]

$$G(x,t) = \frac{1}{2\lambda} t^{\frac{\alpha}{2}-1} W(-z;-\rho,\rho), \quad z = \frac{|x|}{\lambda t^{\alpha/2}},$$

其中, $W(z;\lambda,\mu)$ 为 Wright 函数, 即

$$W(z;\alpha,\beta) = \sum_{k=0}^{\infty} \frac{z^k}{k!\Gamma(\alpha k+\beta)}.$$

容易验证当 $\alpha=1$ 时, 如上的 Green 函数退化为

$$G(x,t) = \frac{1}{2\lambda\sqrt{\pi t}} \mathrm{e}^{-\frac{x^2}{4\lambda^2 t}}.$$

2.4　附录 A　傅里叶变换

傅里叶变换是分析学中很有用的工具, 其优点是将微分运算和卷积运算转化为相空间上的乘积运算. 这一节介绍傅里叶变换的定义以及一些常用的性质, 它们在微分方程中有着广泛的应用. 有关傅里叶变换的其他知识, 读者可以参见文献 [77], [93], [94].

下面的介绍分为几个部分. 首先介绍的是建立在 L^1 上的傅里叶变换的定义, 然后利用连续性方法定义 L^2 上的傅里叶变换, 其要点在于 Plancherel 恒等式. 其次利用插值法以及 Hausdorff-Young 不等式建立 $L^p(1<p<2)$ 上的傅里叶变换. 为了将傅里叶变换延拓到更广泛的函数类, 先考虑 Schwartz 函数空间上的傅里叶变换, 然后利用对偶的方法将其延拓得到广义函数空间上. 最后, 将常用的傅里叶变换的性质罗列在表 2.4.1 中, 以便读者查阅.

定义 2.4.1 如果 $f(x)\in L^1(\mathbf{R}^d)$, 称积分

$$\mathcal{F}f(\xi)=\hat{f}(\xi)=\int_{\mathbf{R}^d}f(x)\mathrm{e}^{-\mathrm{i}x\cdot\xi}\mathrm{d}x \tag{2.4.1}$$

为 f 的傅里叶变换, 其中, $x\cdot\xi=\sum_{i=1}^{d}x_{\mathrm{i}}\xi_i$.

由此定义可以看出, 只要 $f\in L^1(\mathbf{R}^d)$, $\mathcal{F}f(\xi)$ 就有意义. 在叙述诸多关于傅里叶变换的结论之前, 这里先给出两个有用的事实, 其证明可以阅读周民强的《调和分析讲义》, 参见文献 [95].

定理 2.4.1 设 $\hat{f}\in L^1(\mathbf{R}^d)$, 则 $\hat{f}(\xi)$ 是 $\mathbf{R}^d$ 上的一致连续函数.

定理 2.4.2 (Riemann-Lebesgue 引理) 设 $\hat{f}\in L^1(\mathbf{R}^d)$, 则 $\lim\limits_{|\xi|\to\infty}\hat{f}(\xi)=0$.

除此之外, 如果 $f\in L^1(\mathbf{R}^d)$, 则其傅里叶变换还具有以下性质:

(1) $\mathcal{F}$ 是 $L^1(\mathbf{R}^d)$ 上的线性算子, 且

$$\|\mathcal{F}f\|_{L^\infty}\leqslant\|f\|_{L^1},$$

如果还有 $f(x)\geqslant 0$, 还可知 $\|\mathcal{F}f\|_{L^\infty}=\|f\|_{L^1}=\hat{f}(0)$.

(2) 令 τ_a 为平移算子, $\tau_a f(x)=f(x-a)$, 则

$$\mathcal{F}(\tau_a f)(\xi)=\mathrm{e}^{-\mathrm{i}a\xi}\mathcal{F}f(\xi).$$

(3) 令 δ_λ 为伸缩算子, $(\delta_\lambda f)(x)=f(x/\lambda)$, 则

$$\widehat{\delta_\lambda f}(\xi)=\lambda^d\hat{f}(\lambda\xi),\quad \lambda>0.$$

(4) 设 x_k 是 x 的第 k 个坐标, 且 $x_k f\in L^1(\mathbf{R}^d)$, 则

$$\frac{\partial\hat{f}(\xi)}{\partial\xi}=(\widehat{-\mathrm{i}x_k f})(\xi);$$

若 $f,\dfrac{\partial f}{\partial x}\in L^1(\mathbf{R}^d)$, 则有

$$\mathcal{F}\left(\frac{\partial f}{\partial x_k}\right)(\xi)=\mathrm{i}\xi_k\hat{f}(\xi).$$

(5) 如果 $f,g\in L^1$, 则 $\widehat{f*g}=\hat{f}\hat{g}$.

由 Fubini 定理, $f*g\in L^1(\mathbf{R}^d)$ 而且

$$\begin{aligned}\widehat{f*g}(\xi) &= \iint \mathrm{e}^{-\mathrm{i}x\cdot\xi} f(x-y)g(y)\mathrm{d}y\mathrm{d}x \\ &= \iint \mathrm{e}^{-\mathrm{i}(x-y)\cdot\xi} f(x-y)\mathrm{e}^{-\mathrm{i}y\cdot\xi} g(y)\mathrm{d}x\mathrm{d}y \\ &= \hat{f}(\xi)\hat{g}(\xi).\end{aligned}$$

(6) 乘法公式：设 $f, g \in L^1$, 则

$$\int_{\mathbf{R}^d} \hat{f}(x)g(x)\mathrm{d}x = \int_{\mathbf{R}^d} f(x)\hat{g}(x)\mathrm{d}x.$$

此时, 如果 $f \in L^1$, 则 $\hat{f} \in L^\infty$, 从而左端 (以及右端) 的积分是有意义的.

一个自然的问题是傅里叶变换的反演问题. 利用性质 (1) 可知, 傅里叶变换将 L^1 函数映为 L^∞ 函数. 然而值得注意的是, L^1 空间上的傅里叶变换不是可逆映射, 即并非每个 L^∞ 函数都是某个 $L^1(\mathbf{R}^d)$ 函数的傅里叶变换, 比如常值函数. (由后面关于广义函数的傅里叶变换可知, 常数函数是 δ 函数的傅里叶变换. 然而这里讨论的是通常的函数, 而非广义函数) 但是有如下的傅里叶积分定理成立 (其证明可以参见文献 [96])：

定理 2.4.3　如果 $f \in L^1(\mathbf{R}^d) \cap C^1(\mathbf{R}^d)$, 那么有

$$\lim_{N\to\infty} \frac{1}{(2\pi)^d} \int_{-N}^{N} \hat{f}(\xi)\mathrm{e}^{\mathrm{i}x\cdot\xi}\mathrm{d}\xi = f(x),$$

其中, 左端的积分表示取 Cauchy 主值.

该定理表明任意波函数 $f(x)$ 可以分解为简谐波 $\mathrm{e}^{\mathrm{i}x\cdot\xi}$ 的叠加, $\hat{f}(\xi)$ 恰好表示 $f(x)$ 中所包含的频率为 ξ 的简谐波的复振幅. 因此只需观察 $\hat{f}(\xi)$ 就可以将 $f(x)$ 中所包含的各种频率的波的强弱了解得一清二楚了. 因而在应用科学中也通常将 $\hat{f}(\xi)$ 称为 $f(x)$ 的频谱.

这便导出了傅里叶逆变换的定义：如果 $g(\xi) \in L^1(\mathbf{R}^d)$, 则称积分

$$\mathcal{F}^{-1}g(x) = \frac{1}{(2\pi)^d} \int_{\mathbf{R}^d} g(\xi)\mathrm{e}^{\mathrm{i}x\cdot\xi}\mathrm{d}\xi \tag{2.4.2}$$

为 g 的傅里叶逆变换, 其中, $x \cdot \xi = \sum_{i=1}^{d} x_i\xi_i$.

更一般地, 如下的傅里叶变换的逆定理成立：

定理 2.4.4　设 $f \in L^1(\mathbf{R}^d)$, $\hat{f} \in L^1(\mathbf{R}^d)$, 则

$$\mathcal{F}^{-1}(\mathcal{F}f)(x) = \mathcal{F}(\mathcal{F}^{-1}f)(x) = f(x), \quad a.e.\ x \in \mathbf{R}^d.$$

在此定理的条件下, 由定理 2.4.1 以及定理 2.4.2 可知, $\mathcal{F}^{-1}(\mathcal{F}f)(x)$ 是一致连续的函数, 且当 $|x| \to \infty$ 时趋于零. 此时, 在 f 的等价类中, 必有一个连续函数 $\tilde{f}(x)$ 使得对任意的 $x \in \mathbf{R}^d$ 有 $\mathcal{F}^{-1}(\mathcal{F}\tilde{f})(x) = \tilde{f}(x)$. 这便回到定理 2.4.3 的结论.

表达式 (2.4.1) 及其逆形式 (2.4.2) 就称为傅里叶变换以及傅里叶逆变换. 它们实际上是傅里叶级数在连续情形的推广. 为此, 这里将傅里叶变换和 $(-l, l)$ 上的周期函数 $f(x)$ 的傅里叶级数作一类比. 仅考虑一维情形. 此时, 在复变量记号下,

$$f(x)=\sum_{n=-\infty}^{\infty}c_n\mathrm{e}^{\mathrm{i}n\pi x/l},$$

其中

$$c_n=\frac{1}{2l}\int_{-l}^{l}f(x)\mathrm{e}^{-\mathrm{i}n\pi x/l}\mathrm{d}x$$

称为函数 $f(x)$ 的傅里叶系数. 系数 c_n 的表达式可以看成离散的傅里叶变换, 而 f 的傅里叶级数的展式则可以看成是离散的傅里叶逆变换. 事实上, 令 $l\to\infty$, 则可以形式地得到定义 2.4.1 中所定义的变换.

由此可知, $\mathbf{R}$ 上的傅里叶变换实际上是傅里叶级数的极限形式. 其区别在于全空间情形的傅里叶变换的对偶空间是连续的, 即 $\xi\in\mathbf{R}^d$, 而周期情形傅里叶变换的对偶空间是离散的, 即 $\xi\in\mathbf{Z}$ 只能为整数. 为了读者方便, 这里给出更一般的 d 维周期情形的傅里叶变换 (级数).

为此, 令 $a_1,a_2,\cdots,a_n$ 为 n 个正实数, $\mathbf{T}_{\mathbf{a}}^d$ 为在第 i 个方向上周期为 $2\pi a_i$ 的周期区域, 并记 $Q_a^d=(0,2\pi a_1)\times\cdots\times(0,2\pi a_N)$ 为一周期, 以及 $\mathbf{Z}_{\mathbf{a}}^d=\mathbf{Z}/a_1\times\cdots\times\mathbf{Z}/a_N$ 为 $\mathbf{T}_{\mathbf{a}}^d$ 的对偶格点. 有时也将 $\mathbf{T}_{\mathbf{a}}^d$ 直接视为 Q_a^d. 对 $\mathbf{T}_{\mathbf{a}}^d$ 上的函数 u 可以表示为其傅里叶级数形式

$$u(x)=\sum_{\xi\in\mathbf{Z}_{\mathrm{a}}^d}\hat{u}_\xi\mathrm{e}^{\mathrm{i}\xi\cdot x},$$

其中

$$\hat{u}_\xi:=\frac{1}{|\mathbf{T}_{\mathrm{a}}^d|}\int_{\mathbf{T}_{\mathrm{a}}^d}\mathrm{e}^{-\mathrm{i}\xi\cdot y}u(y)\mathrm{d}y,\quad \xi\in\mathbf{Z}_{\mathrm{a}}^d.$$

利用如此定义的离散傅里叶变换, 连续变量的 L^1 函数傅里叶变换的性质 (5) 可以推广如下:

(5)$'$ 如果 $\hat{f}(n)$ 以及 $\hat{g}(n)$ 分别表示 f,g 的傅里叶变换 (级数), 则

$$\widehat{fg}(n)=\sum_{n_1+n_2=n}\hat{f}(n_1)\hat{g}(n_2).$$

在讨论了 $L^1(\mathbf{R}^d)$ 中函数的傅里叶变换之后, 下面考虑 L^2 上的傅里叶变换. 对于 $f\in L^2(\mathbf{R}^d)$, 定义 2.4.1 中的积分按通常的收敛意义不一定存在. 然而其上的傅里叶变换可以通过某种极限来导出 (连续性方法), 其本质是需要下述的 Plancherel 类型的估计成立. 由于 $L^1\cap L^2$ 在 L^2 中是稠密的, 且是 L^2 的线性子空间, 于是可以先定义 $L^1\cap L^2$ 上的傅里叶变换, 然后再用 Hahn-Banach 延拓定理建立 L^2 上的傅里叶变换.

引理 2.4.1 设 $f\in L^1\cap L^2$, 则 $\hat{f}\in L^2(\mathbf{R}^d)$, 且

$$\|\hat{f}\|_{L^2}=(2\pi)^d\|f\|_{L^2}.$$

证明: 证明可参见文献 [84], [95]. 其中, 系数 $(2\pi)^d$ 是由这里傅里叶变换的定义引起的, 适当地修改傅里叶变换的定义, 可以消去这里的系数. 尽管相差一个系数, 仍然可以认为 $\mathcal{F}$ 是等距算子, 实际上, 修改傅里叶变换的定义即可. □

由该定理可知, 算子 $\mathcal{F}$ 是 $L^1\cap L^2\to L^2$ 上的有界线性算子, 因此存在 $L^2(\mathbf{R}^d)$ 上的唯一的有界扩张 $\tilde{\mathcal{F}}$ 满足

(1) $\tilde{\mathcal{F}}|_{L^1\cap L^2}f=\mathcal{F}f,\ \ \forall f\in L^1\cap L^2$.　(2) $\|\tilde{\mathcal{F}}\|=1$.

如此定义的扩张就称为 $L^2(\mathbf{R}^d)$ 上的傅里叶变换. 此后为了统一符号, 仍将延拓后的 L^2 上的傅里叶变换记为 $\mathcal{F}$.

事实上, 对于 $f\in L^2(\mathbf{R}^d)$, 可令

$$f_k\to f \text{ 依 } L^2 \text{ 范数收敛, 其中, } f_k\in L^1\cap L^2,\ k=1,2,\cdots.$$

由引理 2.4.1 可知 $\|\hat{f}_k-\hat{f}\|_{L^2}\to 0$, 从而存在 L^2 中的函数 $\hat{f}$, 使得

$$\hat{f}_k\to\hat{f},\quad k\to\infty.$$

从而可将 $f\in L^2$ 的傅里叶变换定义为 $\hat{f}$.

如下定理所表述的映射 $f\to\hat{f}$ 不仅仅是等距变换, 实际上还是酉变换, 即为可逆的等距变换.

定理 2.4.5　$\mathcal{F}$ 是 $L^2(\mathbf{R}^d)$ 上的酉算子.

证明:　由于 $\mathcal{F}$ 是 L^2 上的等距线性算子 (在引理 2.4.1 的意义下), 从而仅需说明 $\mathcal{F}$ 是满射 (这和 L^1 情形是不同的). 由于 $\mathcal{F}$ 是等距算子且定义域 L^2 是闭的, 可知其值域 $\mathcal{R}(\mathcal{F})$ 是 L^2 的闭子空间. 若存在 $\varphi\in L^2$, $\varphi\neq 0$, 满足

$$\int_{\mathbf{R}^d}\hat{f}(\xi)\overline{\varphi(\xi)}\mathrm{d}\xi=0,\quad \forall f\in L^2.$$

利用乘积公式可知

$$\int_{\mathbf{R}^d}f(x)\hat{\bar{\varphi}}(x)\mathrm{d}x=0,\qquad \forall f\in L^2.$$

直接计算可知 $\hat{\bar{\varphi}}(x)=\overline{\hat{\varphi}(-x)}$, 从而可知

$$\int_{\mathbf{R}^d}f(x)\overline{\hat{\varphi}(-x)}\mathrm{d}x=0,\qquad \forall f\in L^2.$$

特别地, 取 $f(x)=\hat{\varphi}(-x)$ 可知 $\|\varphi\|_{L^2}=0$, 从而导致矛盾. 此矛盾说明 $\mathcal{F}$ 是满射, 从而 $\mathcal{F}$ 是 L^2 上的酉算子. □

该定理称为 Plancherel 定理, 而乘法公式称为 Plancherel 恒等式, 它们是傅里叶分析中最主要的结论之一. 同样, 类似地利用极化恒等式

$$(f,g)=\frac{1}{2}\left\{\|f+g\|_{L^2}^2-\mathrm{i}\|f+\mathrm{i}g\|_{L^2}^2-(1-\mathrm{i})\|f\|_{L^2}^2-(1-\mathrm{i})\|g\|_{L^2}^2\right\},$$

可知如下的 Parseval 公式成立:

$$(f,g)=\int_{\mathbf{R}^d}f(x)\overline{g(x)}\mathrm{d}x=\frac{1}{(2\pi)^d}\int_{\mathbf{R}^d}\hat{f}(\xi)\overline{\hat{g}(\xi)}\mathrm{d}\xi=\frac{1}{(2\pi)^d}(\hat{f},\hat{g}).$$

在讨论了 L^1 和 L^2 函数的傅里叶变换之后, 下面将傅里叶变换的定义推广到 $L^p(\mathbf{R}^d)$ 中的函数中去. 由前面的讨论可知, 如果 $f\in L(\mathbf{R}^d)$, 则 $\hat{f}\in L^\infty(\mathbf{R}^d)$, 且有如下的估计:

$$\|\hat{f}\|_{L^\infty}\leqslant\|f\|_{L^1}.$$

如果 $f \in L^2(\mathbf{R}^d)$, 则 $\hat{f} \in L^2(\mathbf{R}^d)$, 且由 Plancherel 定理, 成立

$$\|\hat{f}\|_{L^2} = (2\pi)^d \|f\|_{L^2}.$$

延拓傅里叶变换的方法之一是仿照 L^2 函数的傅里叶变换的构造, 目标就是建立如下的估计: 对任意的 $f \in L^p(\mathbf{R}^d) \cap L^1(\mathbf{R}^d)$, 其傅里叶变换 $\hat{f} \in L^q(\mathbf{R}^d)$, 且

$$\|\hat{f}\|_{L^q} \leqslant C_{p,q} \|f\|_p, \tag{2.4.3}$$

其中, $C_{p,q}$ 表示仅依赖于 p, q 的常数. 注意到 $L^p(\mathbf{R}^d) \cap L^1(\mathbf{R}^d)$ 在 $L^p(\mathbf{R}^d)$ 中稠密, 利用构造 $L^2(\mathbf{R}^d)$ 上傅里叶变换的连续性方法则可以将傅里叶变换推广至所有的 $L^p(\mathbf{R}^d)$ 函数, 且估计式 (2.4.3) 成立. 事实上, 如下的 Hausdorff-Young 不等式成立:

定理 2.4.6 设 $1 < p < 2$, $f \in L^p(\mathbf{R}^d) \cap L^1(\mathbf{R}^d)$, $\dfrac{1}{p} + \dfrac{1}{q} = 1$, 则 $\mathcal{F}f \in L^q(\mathbf{R}^d)$ 且有估计

$$\|\mathcal{F}f\|_q \leqslant C_p^n \|f\|_p. \tag{2.4.4}$$

该定理的证明可以参见文献 [97], 有关不等式 (2.4.4) 的证明需要利用 Riesz-Thorin 插值定理, 可以参见文献 [98] 以及苗长兴的著作 [84].

注 2.4.1 此外, 不等式 (2.4.4) 中等号成立的充要条件是 f 为具有如下形式的 Gauss 函数:

$$f(x) = A\mathrm{e}^{-(x, Mx)} + Bx,$$

其中, $A \in \mathbf{C}$, M 是任意实对称的正定矩阵, B 是 $\mathbf{C}^n$ 中的任意向量.

利用该定理的结论可以利用连续性方法, 将傅里叶变换推广到 $L^p(\mathbf{R}^d)$ 函数上去, 使得对任意的 $f \in L^p(1 < p < 2)$ 可以定义其傅里叶变换 $\hat{f}$, 使得 $\hat{f} \in L^q$, 且不等式 (2.4.3) 成立. 但是与 $p = 2$ 时的情形不同, 此时的映射 $\mathcal{F}: L^p \to L^q$ 不是满射, 从而该映射不是可逆的.

另一方面, 由该定理的结论表明, 不等式 (2.4.3) 中的指标 q 不是任意的. 实际上, 它必须是 p 的共轭指标, 即 $\dfrac{1}{p} + \dfrac{1}{q} = 1$. 这点可以从上述的伸缩性质看出. 事实上, 如果不等式 (2.4.3) 对 $f \in L^p$ 成立, 则该不等式对 $g(x) = (\delta_\lambda f)(x)$ 也成立, 使得

$$\|\hat{g}\|_{L^q} \leqslant C_{p,q} \|g\|_{L^p}. \tag{2.4.5}$$

将其替换为关于 f 的表达式, 利用积分变量替换可知

$$\lambda^{d - \frac{d}{q}} \|\hat{f}\|_{L^q} \leqslant C_{p,q} \lambda^{\frac{d}{p}} \|f\|_{L^p}.$$

要使得该式对任意的 $\lambda > 0$ 都成立, 则必有 $d - \dfrac{d}{q} = \dfrac{d}{p}$, 即 q 为 p 的共轭指标. 否则, 即使 $f \in L^1(\mathbf{R}^d)$, 比值 $\|\hat{f}\|_{L^q}/\|f\|_{L^p}$ 也可以取任意大. 此外, 有反例表明, 当 $p > 2$ 时, 类似于不等式 (2.4.3) 的有界性不可能存在, 从而当 $p > 2$ 时, 上述连续性方法失效. 不过在广义函数下, $L^p(\mathbf{R}^d)$ 仍然可以导入傅里叶变换, 只是此时它已经不再是普通意义下的函数了.

类似于性质 (5), 可以证明如下的性质:

(5)″ 设 $f \in L^p(\mathbf{R}^d)$ 以及 $g \in L^q(\mathbf{R}^d)$, 且 $1+\dfrac{1}{r}=\dfrac{1}{p}+\dfrac{1}{q}, 1 \leqslant p,q,r \leqslant 2$, 则

$$\widehat{f*g}(\xi)=\hat{f}(\xi)\hat{g}(\xi).$$

证明: 由卷积的 Young 不等式可知 $f*g \in L^r(\mathbf{R}^d)$, 当 $f \in L^p(\mathbf{R}^d)$ 以及 $g \in L^q(\mathbf{R}^d)$ 时, 由不等式 (2.4.4) 可知 $\hat{f} \in L^{p'}(\mathbf{R}^d)$ 且 $\hat{g} \in L^{q'}(\mathbf{R}^d)$, 由 Hölder 不等式可知 $\hat{f}\hat{g} \in L^{r'}(\mathbf{R}^d)$. $f*g \in L^r(\mathbf{R}^d)$, 则由式 (2.4.4) 可知 $\widehat{f*g} \in L^{r'}$. 若 f,g 都在 $L^1(\mathbf{R}^d)$ 中, 则利用性质 (5) 的结论可知 (5)″ 成立, 否则, 通过逼近过程可以证明 (5)″ 成立. □

为了对更广泛的函数类定义傅里叶变换, 先考虑 Schwartz 函数类上的傅里叶变换.

定义 2.4.2 定义 Schwartz 函数类 $\mathcal{S}$ 为

$$\mathcal{S}=\{\phi:\ \ \phi \in C^\infty(\mathbf{R}^d),\ \sup_{x\in\mathbf{R}^d}|x^\alpha\partial^\beta\phi|<\infty,\quad \forall\alpha,\beta\in\mathbf{N}^d\}.$$

易知 $\mathcal{S}$ 对通常的数乘和加法运算封闭, 且在数乘和加法运算下构成一个向量空间. 这样的函数类通常也称为**速降函数类**. 它在半范数族

$$\rho_{\alpha,\beta}=\sup_{x\in\mathbf{R}^d}|x^\alpha\partial^\beta\phi|,\quad \forall\alpha,\beta\in\mathbf{N}^d$$

下构成 Hausdorff 局部凸拓扑空间, 此时 $\mathcal{S}$ 也成为**速降函数空间**. $\mathcal{S}$ 上的极限关系可以规定为: 如果对任意的多重指标 α,β, $\mathcal{S}$ 中的函数列 $\{\phi_\nu(x)\}$ 在 $\mathbf{R}^d$ 上一致地成立

$$x^\alpha\partial^\beta\phi_\nu(x)\to 0,\quad \nu\to\infty,$$

则称在 $\mathcal{S}(\mathbf{R}^d)$ 的意义下 $\phi_\nu\to 0$.

定义 2.4.3 (缓增广义分布) Schwartz 速降函数空间 $\mathcal{S}$ 上的连续线性泛函称为缓增广义函数空间, 记为 $\mathcal{S}'$. 对于 $\mathcal{S}'$ 中给定的广义函数 F, 作用在 $\mathcal{S}$ 中任一给定的元素 ϕ 的值可以记为 $F(\phi)$ 或者 $\langle F,\phi\rangle$, 后者也称为对偶积.

例 2.4.1 (1) $\phi(x)=\mathrm{e}^{-x^2}\in\mathcal{S}$ 是速降函数.

(2) $\delta(x)\in\mathcal{S}'$ 是缓增广义函数.

(3) $\langle\delta,\phi\rangle=\displaystyle\int_{\mathbf{R}^d}\delta(x)\phi(x)\mathrm{d}x=\phi(0)$.

定理 2.4.7 如果 $\phi\in\mathcal{S}$, 则 $\mathcal{F}\phi\in\mathcal{S}$.

证明: 事实上, $\mathcal{F}$ 是 $\mathcal{S}\to\mathcal{S}$ 的有界线性算子. 线性性是显然的. 其次, $\mathcal{F}\phi\in\mathcal{S}$. 对于任意的多重指标 α,β, 利用傅里叶变换的性质, 可知

$$(\mathrm{i}\xi)^\alpha\partial^\beta\hat{\phi}(\xi)=\mathcal{F}(\partial^\alpha(-\mathrm{i}x)^\beta\phi)(\xi),$$

从而

$$\sup_{y\in\mathbf{R}^d}|(\mathrm{i}\xi)^\alpha\partial^\beta\hat{\phi}(\xi)|\leqslant\int_{\mathbf{R}^d}\left|\partial^\alpha(\mathrm{i}x)^\beta\phi(x)\right|\mathrm{d}x<\infty.$$

最后, 对任意的多重指标 α,β, 成立

$$\sup_{y\in\mathbf{R}^d}|(\mathrm{i}\xi)^\alpha\partial^\beta\hat{\phi}(\xi)|\leqslant\int_{\mathbf{R}^d}\frac{(1+|x|^2)^d|\partial^\alpha(\mathrm{i}x)^\beta\phi(x)|}{(1+|x|^2)^d}\mathrm{d}x$$

$$\leqslant C \sup_{x\in\mathbf{R}^d} \left|(1+|x|^2)^d |\partial^\alpha (\mathrm{i}x)^\beta \phi(x)|\right|$$
$$\leqslant C \sum_{|\tilde\beta|\leqslant|\beta|+2d,|\tilde\alpha|\leqslant|\alpha|} \sup_{x\in\mathbf{R}^d} \left|x^{\tilde\beta}\partial^{\tilde\alpha}\phi(x)\right|.$$

由此可知连续性成立. □

考虑 $\mathcal{S}'$ 上的傅里叶变换. 对于任意给定的 $\mathcal{S}'$ 广义函数 T, 若有 $\mathcal{S}'$ 上的广义函数 $\hat{T}$ 使得

$$\langle \hat{T}, \phi\rangle = \langle T, \mathcal{F}\phi\rangle, \quad \forall \phi \in \mathcal{S},$$

则将 Schwartz 广义函数 T 的傅里叶变换定义为 $\mathcal{F}T = \hat{T}$. 定理 2.4.7 表明, 若 $\phi \in \mathcal{S}$, 则 $\mathcal{F}\phi \in \mathcal{S}$, 从而上式有意义. 而且如果在 $\mathcal{S}$ 的意义下 $\phi_\nu \to 0$, 则 $\mathcal{F}\phi_\nu$ 也在 $\mathcal{S}$ 的意义下趋于 0, 从而上式确实定义了一个广义函数 $\hat{T}$. 同样, Schwartz 广义函数 T 的傅里叶逆变换 $\mathcal{F}^{-1}T$ 定义为

$$\langle \mathcal{F}^{-1}T, \phi\rangle = \langle T, \mathcal{F}^{-1}\phi\rangle, \quad \forall \phi \in \mathcal{S}.$$

如果 T 是 $\mathbf{R}^d$ 上的绝对可积函数, 则对任意给定的函数 $\phi \in \mathcal{S}$, 有

$$\begin{aligned}\langle \mathcal{F}T, \phi\rangle =&\langle T, \mathcal{F}\phi\rangle\\ =&\int_{\mathbf{R}^d}\left(\int_{\mathbf{R}^d}\phi(\xi)\mathrm{e}^{-\mathrm{i}x\cdot\xi}\mathrm{d}\xi\right)T(x)\mathrm{d}x\\ =&\int_{\mathbf{R}^d}\left(\int_{\mathbf{R}^d}T(x)\mathrm{e}^{-\mathrm{i}x\cdot\xi}\mathrm{d}x\right)\phi(\xi)\mathrm{d}\xi,\end{aligned}$$

从而 $\mathcal{F}T = \int_{\mathbf{R}^d} T(x)\mathrm{e}^{-\mathrm{i}x\cdot\xi}\mathrm{d}x$, 从而回归到经典的傅里叶变换情形.

例 2.4.2 (1) $\mathcal{F}[\mathrm{e}^{-x^2}] = \sqrt{\pi}\mathrm{e}^{-\xi^2/4}$.

(2) $\mathcal{F}[\delta(x)] = 1(\xi)$.

表 2.4.1 列出更多函数的傅里叶变换以及傅里叶变换的性质.

表 2.4.1 傅里叶变换及其性质

原函数 $f(x)$	傅里叶变换 $\hat{f}(\xi)$	函数 (f,g)	变换 $(\hat{f}(\xi),\hat{g}(\xi))$
$\delta(x)$	1	$af(x)+bg(x)$	$a\hat{f}(\xi)+b\hat{g}(\xi)$
$\mathrm{e}^{-a\|x\|}$	$\dfrac{2a}{a^2+\xi^2}$	$\dfrac{\mathrm{d}f}{\mathrm{d}x}$	$\mathrm{i}\xi\hat{f}(\xi)$
$H(x)$	$\pi\delta(\xi)+\dfrac{1}{\mathrm{i}\xi}$	$xf(x)$	$\mathrm{i}\dfrac{\mathrm{d}\hat{f}}{\mathrm{d}\xi}$
$H(a-\|x\|)$	$\dfrac{2}{\xi}\sin a\xi$	$f(x-a)$	$\mathrm{e}^{-\mathrm{i}a\xi}\hat{f}(\xi)$
1	$2\pi\delta(\xi)$	$\mathrm{e}^{\mathrm{i}ax}f(x)$	$\hat{f}(\xi-a)$
$\mathrm{e}^{-x^2/2}$	$\sqrt{2\pi}\mathrm{e}^{-\xi^2/2}$	$f(ax)$	$\dfrac{1}{a}\hat{f}\left(\dfrac{\xi}{a}\right)$

2.5 附录 B 拉普拉斯变换

我们知道, 一元函数在 $(-\infty,\infty)$ 上绝对可积时, 其古典意义下的傅里叶变换存在. 但

绝对可积的条件是比较苛刻的，很多简单的函数都不满足这一条件. 拉普拉斯变换正是为了克服上述缺点而对傅里叶变换进行的改造.

定义 2.5.1　如果定义在 $\mathbf{R}^+$ 上的函数 $f(t)$ 使得积分

$$\mathscr{L}[f](s)=\int_0^{+\infty}f(t)\mathrm{e}^{-st}\mathrm{d}t,\quad s\in\mathbf{C}$$

在 $\mathbf{C}$ 的某一区域内收敛，则称 $F(s)$ 为函数 $f(t)$ 的拉普拉斯变换. 若 $\mathscr{L}[f](s)$ 是 $f(t)$ 的拉普拉斯变换，则称 $f(t)$ 是 $F(s)$ 的拉普拉斯逆变换，记为 $f(t)=\mathscr{L}^{-1}[F(s)]$. 有时为了方便，在不引起混淆的情况下也将 $f(t)$ 的拉普拉斯变换记为 $F(s)$.

由此定义可以看出，拉普拉斯变换对函数的要求要比傅里叶变换弱得多. 比如在经典的意义上，常值函数的傅里叶变换是不存在的，然而其拉普拉斯变换却是存在的

$$\mathscr{L}[H](s)=\int_0^{+\infty}\mathrm{e}^{-st}\mathrm{d}t=\frac{1}{s},\quad \mathrm{Re}\,s>0,$$

其中，$H=H(t)$ 为 Heaviside 函数. 然而也并非所有的函数都存在拉普拉斯变换，但是至多指数增长的函数的拉普拉斯变换都是存在的. 所谓至多指数增长函数，即如果存在 $M>0,\sigma>0$，使得 f 对一切的 t 都有

$$|f(t)|\leqslant M\mathrm{e}^{\sigma t}.$$

并且还可以证明，如果 f 在 $J=[0,\infty)$ 的任一有限区间上分段连续，且为至多指数增长函数，则 $f(t)$ 的拉普拉斯变换在半平面 $\{\mathrm{Re}\,s\geqslant\sigma_1>\sigma\}$ 上一定存在，且在区域上积分 $F(s)=\displaystyle\int_0^{\infty}f(t)\mathrm{e}^{-st}\mathrm{d}t$ 绝对收敛且一致收敛，同时 $F(s)$ 为解析函数.

在实际问题中，往往还需要求解拉普拉斯逆变换 $\mathscr{L}^{-1}[F(s)]$. 求解拉普拉斯逆变换是比较困难的，一方面可以通过查表来求解原函数，另一方面可以将逆变换写为如下复积分：

$$f(t)=\frac{1}{2\pi\mathrm{i}}\int_{\gamma-\mathrm{i}\infty}^{\gamma+\mathrm{i}\infty}F(s)\mathrm{e}^{st}\mathrm{d}s\quad(t>0),$$

其中，积分路径为平行于虚轴的直线. 这样的好处在于当 $F(s)$ 满足一定的条件时，可以利用复积分理论中的留数定理来计算拉普拉斯逆变换. 在具体求解过程中，留数公式是非常有用的.

表 2.5.1 列举了一些常见的拉普拉斯变换以及拉普拉斯变换的一些性质.

表 2.5.1　拉普拉斯变换及其性质

原函数 $f(t)$	拉氏变换 $F(s)$	函数	变换
$t^{m-1}\mathrm{e}^{at}$	$\dfrac{\Gamma(m)}{(s-a)^m}(m>0)$	$af(t)+bg(t)$	$aF(s)+bG(s)$
$\cos\omega t$	$\dfrac{s}{s^2+\omega^2}$	$\underbrace{\int_0^t\mathrm{d}\tau\cdots\int_0^\tau f(\tau')\mathrm{d}\tau'}_{n次}$	$s^{-n}F(s)$
$\sin\omega t$	$\dfrac{\omega}{s^2+\omega^2}$	$f^n(t)$	$s^nF(s)-\sum_{j=0}^{n-1}s^{n-1-j}f^j(0)$

续表

原函数 $f(t)$	拉氏变换 $F(s)$	函数	变换
$t^m(m>-1)$	$\dfrac{\Gamma(m+1)}{s^{m+1}}, \mathrm{Re}\, s>0$	$f(ct)$	$\dfrac{1}{c}F(s/c)$
$\delta(t-a)$	e^{-as}	$tf(t)$	$-\dfrac{\mathrm{d}F}{\mathrm{d}f}$
$H(t-a)$	$\dfrac{1}{s}\mathrm{e}^{-as}$	$\dfrac{f(t)}{t}$	$\int_s^\infty F(s')\mathrm{d}s'$
$(\pi t)^{\frac{1}{2}}\mathrm{e}^{-a^2/4t}$	$\dfrac{1}{\sqrt{s}}\mathrm{e}^{-a\sqrt{s}}$	$\int_0^t g(t-\tau)f(\tau)\mathrm{d}\tau$	$F(s)G(s)$

2.6 附录 C Mittag-Leffler 函数

2.6.1 Gamma 函数和 Beta 函数

含参变量的广义积分

$$\int_0^\infty \mathrm{e}^{-t}t^{z-1}\mathrm{d}t$$

定义了参变元 z 的一个函数:

$$\Gamma(z)=\int_0^\infty \mathrm{e}^{-t}t^{z-1}\mathrm{d}t.$$

我们把这一函数称为 Gamma 函数. 其中, 积分在右半复平面 $\{z\in\mathbf{C}:\mathrm{Re}\,(z)>0\}$ 上收敛. 实际上, 这正是函数 t^{z-1} 的拉普拉斯变换 $\mathscr{L}[t^{z-1}](s)$ 在 $s=1$ 处的取值.

利用分部积分

$$\int_0^\infty \mathrm{e}^{-t}t^z\mathrm{d}t=[-\mathrm{e}^{-t}t^z]|_{t=0}^{t=\infty}+z\int_0^\infty \mathrm{e}^{-t}t^{z-1}\mathrm{d}t$$

可以得到 Gamma 函数的一个基本性质:

$$\Gamma(z+1)=z\Gamma(z). \tag{2.6.1}$$

利用此性质还可以将 Γ 函数推广到 $\mathrm{Re}\,z<0$ 的情形. 当 $-m<\mathrm{Re}\,z\leqslant -m+1$ 时,

$$\Gamma(z)=\frac{\Gamma(z+m)}{z(z+1)\cdots(z+m-1)}.$$

作为复变函数, $n=0,-1,-2,\cdots$ 为 Gamma 函数的简单极点.

另外显然 $\Gamma(1)=1$, 从而可以得到:

命题 2.6.1 $\Gamma(n+1)=n!,\quad \forall n\in\mathbf{N}.$

Gamma 函数的余元公式成立.

命题 2.6.2 $\Gamma(z)\Gamma(1-z)=\dfrac{\pi}{\sin\pi z},\quad \mathrm{Re}\,z\in(0,1).$

证明: 首先利用变量替换, 得

$$\Gamma(z)\Gamma(1-z)=\int_0^1\left(\frac{t}{1-t}\right)^{z-1}\frac{\mathrm{d}t}{1-t}.$$

当 $\operatorname{Re} Z \in (0,1)$ 时, 该积分收敛. 令 $\tau = \dfrac{t}{1-t}$, 可以得到

$$\Gamma(z)\Gamma(1-z) = \int_0^\infty \frac{\tau^{z-1}}{1+\tau}\mathrm{d}\tau.$$

令 $f(s) = \dfrac{s^{z-1}}{1+s}$, 并考虑复平面上的积分

$$\int_C f(s)\mathrm{d}s.$$

其中, 积分路径由以下几部分给出:

$$\begin{aligned}C =&\{R\mathrm{e}^{\mathrm{i}\theta} : \theta \in [0, 2\pi]\} \cup \{\rho \mathrm{e}^{2\pi\mathrm{i}} : \rho \in [\epsilon, R]\} \\ &\cup \{\epsilon \mathrm{e}^{\mathrm{i}\theta} : \theta \in [0, 2\pi]\} \cup \{\rho \mathrm{e}^{\mathrm{i}\theta} : \theta = 0, \rho \in [\epsilon, R]\} \\ =&C_1 \cup C_2 \cup C_3 \cup C_4,\end{aligned}$$

其中, $\epsilon < 1, R > 1$, 且路径 C 的定向规定为: C 的定向使得 $f(s)$ 的简单极点 (一级极点)$s = -1 = \mathrm{e}^{\mathrm{i}\pi}$ 在 C 所围成的区域的内部. 利用留数定理可知

$$\int_C f(s)\mathrm{d}s = 2\pi\mathrm{i}\,[\mathrm{Res} f(s)]\,|_{s=-1} = -2\pi\mathrm{i}\mathrm{e}^{\mathrm{i}\pi z}.$$

另一方面, 当 $\epsilon \to 0, R \to \infty$ 时, 积分 $\displaystyle\int_{C_1+C_3} f(s)\mathrm{d}s \to 0$(其中积分路径的方向和上述定向一致), 且此时 $\displaystyle\lim_{\epsilon\to0,R\to\infty}\int_{C_2} = -\mathrm{e}^{2\pi\mathrm{i}z}\lim_{\epsilon\to0,R\to\infty}\int_{C_4}$ (定向同上). 从而当 $\epsilon \to 0$ 且 $R \to \infty$ 时有

$$\int_C f(s)\mathrm{d}s = (1-\mathrm{e}^{2\pi\mathrm{i}z})\lim_{\epsilon\to0,R\to\infty}\int_{C_4} f(s)\mathrm{d}s = (1-\mathrm{e}^{2\pi\mathrm{i}z})\Gamma(z)\Gamma(1-z).$$

从而

$$\Gamma(z)\Gamma(1-z) = \frac{-2\pi\mathrm{i}\mathrm{e}^{\mathrm{i}\pi z}}{1-\mathrm{e}^{2\pi\mathrm{i}z}} = \frac{\pi}{\sin\pi z}, \quad \operatorname{Re} z \in (0,1).$$

□

推论 2.6.1 当 $m < \operatorname{Re} z < m+1$ 时, 成立 $\Gamma(z)\Gamma(1-z) = \dfrac{\pi}{\sin\pi z}$.

事实上, 作变换 $z = z' + m$, 可知 $\operatorname{Re} z' \in (0,1)$, 利用式 (2.6.1) 可知

$$\begin{aligned}\Gamma(z)\Gamma(1-z) =&(-1)^m\Gamma(z')\Gamma(1-z') \\ =&\frac{(-1)^m\pi}{\sin\pi z'} = \frac{\pi}{\sin\pi(z'+m)} = \frac{\pi}{\sin\pi z}.\end{aligned}$$

由此推论还可以知道, 该推论对所有 $z \neq 0, \pm1, \pm2, \cdots$ 成立. 并且当 n 为整数时,

$$\Gamma(z+n)\Gamma(-z-n+1) = (-1)^n\Gamma(z)\Gamma(1-z). \tag{2.6.2}$$

推论 2.6.2 $\Gamma(1/2) = \sqrt{\pi}$.

利用 Gamma 函数可以定义 Beta 函数 $B(z,w)$.

定义 2.6.1 Beta 函数定义为 $B(z,w) = \dfrac{\Gamma(z)\Gamma(w)}{\Gamma(z+w)}$, 其中 $\operatorname{Re} z > 0, \operatorname{Re} w > 0$.

Beta 函数还可以定义为如下的含参积分:

$$B(z,w)=\int_0^1 t^{z-1}(1-t)^{w-1}\mathrm{d}t,\quad \mathrm{Re}\,z>0,\mathrm{Re}\,w>0.$$

利用 Beta 函数的定义可以立即看出 Beta 函数满足 $B(z,w)=B(w,z)$.

利用 Beta 函数可以得到 Gamma 函数的 Legendre 公式. 考虑

$$B(z,z)=\int_0^1 (t(1-t))^{z-1}\mathrm{d}t,\quad \mathrm{Re}\,z>0.$$

由被积函数的对称性, 作替换 $s=4t(1-t)$ 可得

$$\begin{aligned}B(z,z)=&2\int_0^{1/2}(t(1-t))^{z-1}\mathrm{d}t\\=&\frac{1}{2^{2z-1}}\int_0^1 s^{z-1}(1-s)^{-1/2}\mathrm{d}s=2^{1-2z}B(z,1/2).\end{aligned}$$

利用 Beta 函数的定义可得 Legendre 公式:

$$\Gamma(z)\Gamma\left(z+\frac{1}{2}\right)=\sqrt{\pi}2^{1-2z}\Gamma(2z).$$

利用 Gamma 函数还可以推广二项式系数. 经典的二项式系数可以表示为

$$C_n^k=\frac{n!}{k!(n-k)!}=\frac{\Gamma(1+n)}{\Gamma(1+k)\Gamma(1+n-k)},$$

其一般的情形可以推广为

$$C_{-\nu}^{\mu}=\frac{\Gamma(1-\nu)}{\Gamma(1+\mu)\Gamma(1-\nu-\mu)},\tag{2.6.3}$$

其中, μ,ν 为复数. 特别地, 当 $\mu=k$ 为正整数时, 利用式 (2.6.2) 可得

$$C_{-\nu}^{k}=\frac{\Gamma(1-\nu)}{k!\Gamma(1-\nu-k)}=(-1)^k\frac{\Gamma(k+\nu)}{k!\Gamma(\nu)}=(-1)^kC_{\nu+k-1}^{k}.$$

2.6.2 Mittag-Leffler 函数

利用 Taylor 展式, 指数函数可以表示为

$$\mathrm{e}^t=\sum_{k=0}^{\infty}\frac{t^k}{k!}=\sum_{k=0}^{\infty}\frac{t^k}{\Gamma(k+1)}.$$

Mittag-Leffler 函数[46, 99] 是指数函数的自然推广, 其单参数的形式为

$$E_\alpha(z)=\sum_{k=0}^{\infty}\frac{z^k}{\Gamma(\alpha k+1)}.$$

双参数的 Mittag-Leffler 函数具有形式

$$E_{\alpha,\beta}(z)=\sum_{k=0}^{\infty}\frac{z^k}{\Gamma(\alpha k+\beta)},\quad \alpha>0,\beta>0.$$

当 $\alpha = 1$ 时, $E_1(z) = \mathrm{e}^z$;

当 $\alpha = \beta = 1$ 时, $E_{1,1}(z) = \mathrm{e}^z$;

当 $\beta = 1$ 时, $E_{\alpha,1}(z) = E_\alpha(z)$.

对整数阶线性常微分方程

$$\begin{cases} y_t = \sigma y, \\ y|_{t=0} = y_0, \end{cases}$$

其解可以表示为

$$y(t) = y_0 \mathrm{e}^{\sigma t}.$$

利用 Mittag-Leffler 函数, 还可以将其解写为如下形式:

$$y(t) = E_1(\sigma t) = E_{1,1}(\sigma t).$$

考虑如下的分数阶线性微分方程:

$$\begin{cases} {}_0\mathrm{D}_t^\nu y = \sigma y, \\ y|_{t=0} = y_0. \end{cases}$$

记 $Y(s) = \mathscr{L}[y(t)](s)$. 对方程作拉普拉斯变换可得

$$s^\nu Y(s) - s^{\nu-1} y_0 = \sigma Y(s),$$

从而可得

$$Y(s) = \frac{s^{\nu-1} y_0}{s^\nu - \sigma} = y_0 \sum_{k=0}^{\infty} \frac{\sigma^k}{s^{1+\nu k}}.$$

反解之可得其解的 Mittag-Leffler 函数表达式:

$$y(t) = y_0 \sum_{k=0}^{\infty} \frac{\sigma^k t^{\nu k}}{\Gamma(\nu k + 1)} = y_0 E_\nu(\sigma t^\nu).$$

还可以考虑如下的复方程:

$$\begin{cases} {}_0\mathrm{D}_t^\nu y = \sigma \mathrm{i}^\nu y, \\ y|_{t=0} = y_0, \end{cases}$$

则同理可以利用 Mittag-Leffler 函数给出其解

$$y(t) = y_0 E_\nu(\sigma \mathrm{i}^\nu t^\nu).$$

事实上, 对其作拉普拉斯变换可得 $Y(s) = \dfrac{s^{\nu-1} y_0}{s^\nu - \sigma \mathrm{i}^\nu}$, 以及拉普拉斯逆变换可得

$$y(t) = \frac{1}{2\pi \mathrm{i}} \int_{\gamma - \mathrm{i}\infty}^{\gamma + \mathrm{i}\infty} \frac{s^{st} s^{\nu-1} y_0}{s^\nu - \sigma \mathrm{i}^\nu} \mathrm{d}s.$$

第 3 章　分数阶偏微分方程

3.1　分数阶扩散方程

本节主要考虑一些具有分数阶拉普拉斯算子的分数阶耗散方程的估计. 考虑如下的分数阶扩散方程:

$$\begin{cases} u_t + (-\Delta)^\alpha u = 0, & (t,x) \in (0,\infty) \times \mathbf{R}^d, \\ u(0) = \varphi(x), & x \in \mathbf{R}^d. \end{cases} \tag{3.1.1}$$

此方程的解可以利用算子半群的方法表示为

$$u(t) = \mathcal{S}^\alpha(t)\varphi = \mathrm{e}^{-t(-\Delta)^\alpha}\varphi.$$

下面我们将证明由 $\mathcal{S}^\alpha(t)$ 生成的核函数是 $L^p(\mathbf{R}^d)$ 上的有界线性算子, 其中, $1 \leqslant p \leqslant \infty$.

利用傅里叶变换, 方程 (3.1.1) 的解可以写为

$$u(t,x) = \mathcal{F}^{-1}(\mathrm{e}^{-t|\xi|^{2\alpha}}\widehat{\varphi}(\xi)) = \mathcal{F}^{-1}(\mathrm{e}^{-t|\xi|^{2\alpha}}) * \varphi(x) = K_t * \varphi, \tag{3.1.2}$$

其中, $K_t(x)$ 的定义是显然的, 即

$$K_t(x) = \frac{1}{(2\pi)^d}\int_{\mathbf{R}^d} \mathrm{e}^{\mathrm{i}x\cdot\xi}\mathrm{e}^{-t|\xi|^{2\alpha}}\mathrm{d}\xi.$$

显然, 当 $\alpha = \dfrac{1}{2}$ 时, $K_t(x)$ 为 Gaussian 核函数; 当 $\alpha = \dfrac{1}{2}$ 时, $K_t(x)$ 为 Poisson 核函数.

从式 (3.1.2) 出发, 利用卷积 Young 不等式

$$\|f*g\|_{L^p} \leqslant \|f\|_{L^1}\|g\|_{L^p}, \quad \forall f \in L^1(\mathbf{R}^d), g \in L^p(\mathbf{R}^d),\ \forall p \in [1,\infty],$$

可知为了得到方程的 (p,p) 型估计, 仅需得到核函数 $K_t(x)$ 的 L^1 估计. 为此, 首先注意到 $K_t(x)$ 的伸缩性质:

$$\begin{aligned} K_t(x) =& \frac{1}{(2\pi)^d} t^{-\frac{d}{2\alpha}} \int_{\mathbf{R}^d} \mathrm{e}^{\mathrm{i}\frac{x}{t^{1/2\alpha}}\cdot\eta}\mathrm{e}^{-|\eta|^{2\alpha}}\mathrm{d}\eta \\ =&: t^{-\frac{d}{2\alpha}} K\left(\frac{x}{t^{1/2\alpha}}\right), \end{aligned}$$

从而仅需考虑核函数 $K(x)$ 的性质:

$$K(x) = (2\pi)^{-d}\int_{\mathbf{R}^d} \mathrm{e}^{\mathrm{i}x\cdot\xi}\mathrm{e}^{-|\xi|^{2\alpha}}\mathrm{d}\xi.$$

注意到 $\mathrm{e}^{-|\xi|^{2\alpha}} \in L^1(\mathbf{R}^d)$, 从而利用傅里叶变换的性质可知 $K \in L^\infty(\mathbf{R}^d) \cap C(\mathbf{R}^d)$. 由 Riemann-Lebesgue 引理可知 $\lim\limits_{|x|\to\infty} K(x) = 0$, 即 $K \in L^\infty(\mathbf{R}^d) \cap C_0(\mathbf{R}^d)$. 这里 $C_0(\mathbf{R}^d)$

表示在无穷远处趋于零的连续函数. 同理还可以说明, 由于 $|\xi|^{\nu}\mathrm{e}^{-|\xi|^{2\alpha}} \in L^1(\mathbf{R}^d)$, 从而对任意的 $\nu > 0$, $(-\Delta)^{\nu/2}K \in L^{\infty}(\mathbf{R}^d) \cap C_0(\mathbf{R}^d)$. 由于 $\mathrm{i}\xi\mathrm{e}^{-|\xi|^{2\alpha}} \in (L^1(\mathbf{R}^d))^d$, 可知 $\boldsymbol{\nabla} K \in L^{\infty}(\mathbf{R}^d) \cap C_0(\mathbf{R}^d)$. 事实上, 函数 $\mathrm{e}^{-|\xi|^{2\alpha}} \in \mathcal{S}(\mathbf{R}^d)$, Schwartz 速降函数空间, 由傅里叶变换的性质可知 $K \in \mathcal{S}(\mathbf{R}^d)$.

引理 3.1.1　核函数 $K(x)$ 满足点态估计

$$|K(x)| \leqslant C(1+|x|)^{-d-2\alpha}, \quad x \in \mathbf{R}^d,\ \alpha > 0,$$

从而

$$K \in L^p(\mathbf{R}^d), \quad p \in [1, \infty].$$

证明: 引入不变导数

$$L(x, \mathrm{D}) = \frac{x \cdot \mathrm{D}}{|x|^2} = \frac{x \cdot \boldsymbol{\nabla}_{\xi}}{\mathrm{i}|x|^2},$$

则 $L(x, D)\mathrm{e}^{\mathrm{i}x\cdot\xi} = \mathrm{e}^{\mathrm{i}x\cdot\xi}$. 其共轭算子定义为 $L^*(x, \mathrm{D}) = -\dfrac{x \cdot \boldsymbol{\nabla}_{\xi}}{\mathrm{i}|x|^2}$. 引入 $C^{\infty}(\mathbf{R}^d)$ 截断函数

$$\chi(\xi) = \begin{cases} 1, & |\xi| \leqslant 1, \\ 0, & |\xi| > 2, \end{cases}$$

从而, 可以将核函数写为

$$\begin{aligned} K(x) =&(2\pi)^{-d} \int_{\mathbf{R}^d} \mathrm{e}^{\mathrm{i}x\cdot\xi} L^*(\mathrm{e}^{-|\xi|^{2\alpha}}) \mathrm{d}\xi \\ =&(2\pi)^{-d} \int_{\mathbf{R}^d} \mathrm{e}^{\mathrm{i}x\cdot\xi} \chi(\xi/\delta) L^*(\mathrm{e}^{-|\xi|^{2\alpha}}) \mathrm{d}\xi \\ &+ (2\pi)^{-d} \int_{\mathbf{R}^d} \mathrm{e}^{\mathrm{i}x\cdot\xi} (1 - \chi(\xi/\delta)) L^*(\mathrm{e}^{-|\xi|^{2\alpha}}) \mathrm{d}\xi =: \mathrm{I} + \mathrm{II}, \end{aligned}$$

其中, $\delta > 0$ 待定.

显然

$$|\mathrm{I}| \leqslant \frac{C}{|x|} \int_{|\xi|\leqslant 2\delta} |\xi|^{2\alpha-1} \mathrm{d}\xi \leqslant C|x|^{-1}\delta^{2\alpha+d-1}.$$

对于充分大的 N(如 $N > [2\alpha] + d$), 利用分部积分可知

$$\begin{aligned} |\mathrm{II}| \leqslant&(2\pi)^{-d} \int_{\mathbf{R}^d} \left| \mathrm{e}^{\mathrm{i}x\cdot\xi} (L^*)^{N-1} (1 - \chi(\xi/\delta)) L^*(\mathrm{e}^{-|\xi|^{2\alpha}}) \right| \mathrm{d}\xi \\ \leqslant&C|x|^{-N} \int_{|\xi|\geqslant\delta} \sum_{j=1}^{N} |\xi|^{2j\alpha-N} \mathrm{e}^{-|\xi|^{2\alpha}} \mathrm{d}\xi \\ &+ C|x|^{-N} \sum_{k=1}^{N-1} C_k \delta^{-k} \int_{\delta\leqslant|\xi|\leqslant2\delta} \sum_{l=1}^{N-k} C_l |\xi|^{2j\alpha-N+k} \mathrm{e}^{-|\xi|^{2\alpha}} \mathrm{d}\xi \\ \leqslant&C|x|^{-N} \int_{|\xi|\geqslant\delta} |\xi|^{2\alpha-N} \mathrm{e}^{-|\xi|^{2\alpha}} \mathrm{d}\xi + C|x|^{-N} \int_{|\xi|\geqslant\delta} |\xi|^{2\alpha-N} |\xi|^{2\alpha(N-1)} \mathrm{e}^{-|\xi|^{2\alpha}} \mathrm{d}\xi \\ &+ C|x|^{-N} \sum_{k=1}^{N-1} \int_{\delta\leqslant|\xi|\leqslant2\delta} (|\xi|^{2\alpha-N} \mathrm{e}^{-|\xi|^{2\alpha}} + |\xi|^{2\alpha(N-k)-N} \mathrm{e}^{-|\xi|^{2\alpha}}) \mathrm{d}\xi, \end{aligned}$$

注意到对任意的 $k=1,2,\cdots,N-1$, 有 $|\xi|^{2\alpha(N-1)}\mathrm{e}^{-|\xi|^{2\alpha}}\leqslant C$, $|\xi|^{2\alpha(N-k-1)}\mathrm{e}^{-|\xi|^{2\alpha}}\leqslant C$, 从而有

$$|\mathrm{II}|\leqslant C|\xi|^{-N}\left(\int_{|\xi|\geqslant\delta}|\xi|^{2\alpha-N}\mathrm{d}\xi+\int_{\delta\leqslant|\xi|\leqslant\delta}|\xi|^{2\alpha-N}\mathrm{d}\xi\right)\leqslant C|x|^{-N}\delta^{2\alpha-N+d}.$$

从而可以得到估计

$$|K(x)|\leqslant C|x|^{-1}\delta^{2\alpha+d-1}+C|x|^{-N}\delta^{2\alpha-N+d},$$

选取 $\delta=|x|^{-1}$ 可知

$$|K(x)|\leqslant C|x|^{-d-2\alpha},\qquad \forall x\in\mathbf{R}^d.$$

引理证毕. □

该引理的证明技巧在调和分析理论以及偏微分方程的分析中经常用到. 类似地, 运用该技巧还可以证明如下引理:

引理 3.1.2 核函数 $K(x)$ 满足如下估计: 对任意的 $\nu>0$,

$$|(-\Delta)^{\nu/2}K(x)|\leqslant C(1+|x|)^{-d-\nu},\quad \forall x\in\mathbf{R}^d.$$

从而可知对任意的 $1\leqslant p\leqslant\infty$, $K^\nu\in L^p(\mathbf{R}^d)$.

注 3.1.1 ① 类似地, 还可以得到估计 $|\nabla K(x)|\leqslant C(1+|x|)^{-d-1}$, 从而 $\nabla K\in L^p(\mathbf{R}^d)(1\leqslant p\leqslant\infty)$.

② 由上述引理可知, 对任意的 $p\in[1,\infty]$, $0<t<\infty$, 核函数 $K_t(x)$ 满足:

$$K_t\in L^p(\mathbf{R}^d),\quad (-\Delta)^{\nu/2}K_t\in L^p(\mathbf{R}^d),\quad \nabla K_t\in L^p(\mathbf{R}^d).$$

进一步, 还可以考虑方程 (3.1.1) 的一些先验估计.

命题 3.1.1 设 $\alpha>0$, 以及初值 $\varphi\in L^1(\mathbf{R}^d)$, 则下述估计成立:

$$\lim_{t\to\infty}t^{\frac{d}{2\alpha}}\|u(\cdot,t)\|_{L^2}^2=A(d,\alpha)\left[\int_{\mathbf{R}^d}\varphi(x)\mathrm{d}x\right]^2;\tag{3.1.3}$$

$$\lim_{t\to\infty}t^{\frac{d+2}{2\alpha}}\|\nabla u(\cdot,t)\|_{L^2}^2=B(d,\alpha)\left[\int_{\mathbf{R}^d}\varphi(x)\mathrm{d}x\right]^2,\tag{3.1.4}$$

其中, 常数 $A(d,\alpha)=\displaystyle\int_{\mathbf{R}^d}\mathrm{e}^{-2|\eta|^{2\alpha}}\mathrm{d}\eta$, $B(d,\alpha)=\displaystyle\int_{\mathbf{R}^d}|\eta|^2\mathrm{e}^{-2|\eta|^{2\alpha}}\mathrm{d}\eta$.

证明: 首先证明式 (3.1.3). 利用 Plancherel 定理, 并作积分变换可知

$$\begin{aligned}&\lim_{t\to\infty}t^{\frac{d}{2\alpha}}\|u(\cdot,t)\|_{L^2}^2=\lim_{t\to\infty}t^{\frac{d}{2\alpha}}\|\hat{u}(\cdot,t)\|_{L^2}^2\\=&\lim_{t\to\infty}t^{\frac{d}{2\alpha}}\int_{\mathbf{R}^d}\mathrm{e}^{-2|\xi|^{2\alpha}t}|\hat{\varphi}(\xi)|^2\mathrm{d}\xi=\lim_{t\to\infty}\int_{\mathbf{R}^d}\mathrm{e}^{-2|\eta|^{2\alpha}}|\hat{\varphi}(\eta t^{-\frac{1}{2\alpha}})|^2\mathrm{d}\eta.\end{aligned}$$

由于对任意的 $t\in[0,\infty)$ 成立

$$\int_{\mathbf{R}^d}\mathrm{e}^{-2|\eta|^{2\alpha}}|\hat{\varphi}(\eta t^{-\frac{1}{2\alpha}})|^2\mathrm{d}\eta\leqslant\|\hat{\varphi}\|_{L^\infty}^2\int_{\mathbf{R}^d}\mathrm{e}^{-2|\eta|^{2\alpha}}\mathrm{d}\eta\leqslant A(d,\alpha)\|\varphi\|_{L^1}^2,$$

从而利用控制收敛定理可知结论成立.

接着考虑式 (3.1.4) 的证明. 类似地利用 Plancherel 定理有

$$\lim_{t\to\infty} t^{\frac{d+2}{2\alpha}}\|\nabla u(\cdot,t)\|_{L^2}^2 = \lim_{t\to\infty} t^{\frac{d+2}{2\alpha}} \int_{\mathbf{R}^d} |\xi|^2 \mathrm{e}^{-2|\xi|^{2\alpha}t} |\hat{\varphi}(\xi)|^2 \mathrm{d}\xi$$

$$= \lim_{t\to\infty} \int_{\mathbf{R}^d} |\eta|^2 \mathrm{e}^{-2|\eta|^{2\alpha}} |\hat{\varphi}(\eta t^{-\frac{1}{2\alpha}})|^2 \mathrm{d}\eta = B(d,\alpha)\left[\int_{\mathbf{R}^d} \varphi(x)\mathrm{d}x\right]^2.$$

□

命题 3.1.2　令 $\alpha \in (0,1]$, 初值 $\varphi \in L^2(\mathbf{R}^d)$, 则线性方程 (3.1.1) 的解 u 满足估计

$$\|\nabla u(t)\|_{L^\infty}^2 \leqslant Ct^{-\frac{d+2}{4\alpha}}.$$

证明: 由式 (3.1.2), 并注意到 $\widehat{K}_t(\xi) = \mathrm{e}^{-|\xi|^{2\alpha}t}$, 可知

$$\|\nabla u\|_{L^\infty} \leqslant \int_{\mathbf{R}^d} |\xi||\hat{u}(\xi)|\mathrm{d}\xi = \int_{\mathbf{R}^d} |\xi|\mathrm{e}^{-|\xi|^{2\alpha}t}|\hat{\varphi}(\xi)|\mathrm{d}\xi$$

$$\leqslant \|\varphi\|_{L^2}\left(\int_{\mathbf{R}^d} |\xi|^2 \mathrm{e}^{-2|\xi|^{2\alpha}t}\mathrm{d}\xi\right)^{1/2} \leqslant C\left(\int_0^\infty r^{d+1}\mathrm{e}^{-2r^{2\alpha}t}\mathrm{d}r\right) \leqslant Ct^{-\frac{d+2}{4\alpha}}.$$

□

3.2　分数阶 Schrödinger 方程

本节主要考虑分数阶 Schrödinger 方程, 分为两部分, 其一考虑空间分数阶导数, 其二考虑时间分数阶导数的非线性 Schrödinger 方程.

3.2.1　空间分数阶导数的 Schrödinger 方程

本节主要考虑如下的具有周期边界条件的分数阶非线性 Schrödinger 方程:

$$\begin{cases} \mathrm{i}u_t + (-\Delta)^\alpha u + \beta|u|^\rho u = 0, & x \in \mathbf{R}^n, t > 0, \\ u(x,0) = u_0(x), & x \in \mathbf{R}^n, \\ u(x + 2\pi e_i, t) = u(x,t), & x \in \mathbf{R}^n, t > 0, \end{cases} \tag{3.2.1}$$

其中, $e_i = (0,\cdots,0,1,0,\cdots,0)$, $i = 1,\cdots,n$ 是 $\mathbf{R}^n$ 中的一组标准正交基, $\mathrm{i} = \sqrt{-1}$ 为虚数单位, $\alpha \in (0,1)$, $\beta \in \mathbf{R}$, $\beta \neq 0$ 且 $\rho > 0$ 为实数. 下面通常记 $\Omega = (0,2\pi)\times\cdots\times(0,2\pi) \subset \mathbf{R}^n$.

当 $\alpha = 1$, 方程 (3.2.1) 为经典的非线性 Schrödinger 方程, 并在最近几十年得到了大量广泛的研究, 其初边值问题弱解的存在唯一性可以参考文献 [100](有中译本 [101]), 其光滑解的整体存在性可以参考文献 [102]. 在本节中, 我们主要通过能量方法研究分数阶非线性 Schrödinger 方程光滑解的存在唯一性, 具体地, 我们将证明如下定理 [103]:

定理 3.2.1　令 $\alpha > \dfrac{n}{2}$. 如果 ρ 为偶数, 则假设: 如果 $\beta > 0$, 则 $\rho > 0$; 如果 $\beta < 0$, 则令 $0 < \rho < \dfrac{4\alpha}{n}$. 如果 ρ 不是偶数, 则假设: 当 $\beta > 0$ 时, $\rho > 2[\alpha] + 1$; 如果 $\beta < 0$, 则令

$2[\alpha]+1<\rho<\dfrac{4\alpha}{n}$. 则对任意的 $u_0\in H^{4\alpha}$, 方程 (3.2.1) 存在唯一的整体光滑解 u 使得

$$u\in L^{\infty}(0,T;H^{4\alpha}(\Omega)),\quad u_t\in L^{\infty}(0,T;H^{2\alpha}(\Omega)).$$

定理 3.2.2 令 $\alpha>0$, 以及 $u_0\in H^{\alpha}(\Omega)$. 当 $\beta>0$ 时, 如果 $\alpha\geqslant\dfrac{n}{2}$, 则假设 $\rho>0$; 如果 $\alpha<\dfrac{n}{2}$, 则假设 $0<\rho<\dfrac{4\alpha}{n-2\alpha}$. 当 $\beta<0$ 时, 则假设 $0<\rho<\dfrac{4\alpha}{n}$. 则方程 (3.2.1) 存在唯一的整体解 $u=u(t,x)$ 使得

$$u\in L^{\infty}(0,T;H^{4\alpha}(\Omega)\cap L^{\rho+2}(\Omega)),\quad u_t\in L^{\infty}(0,T;H^{-\alpha}(\Omega)).\tag{3.2.2}$$

下面先给出一些符号及说明. 由于 u 是周期函数, 此时可以将 u 利用傅里叶级数展开:

$$u=\sum_{k\in\mathbf{Z}^n}a_k\mathrm{e}^{\mathrm{i}<k,x>},$$

其中, a_k 是 u 的傅里叶系数. 从而

$$\partial_{x_j}u=\sum_{k\in\mathbf{Z}^n}\mathrm{i}k_ja_k\mathrm{e}^{\mathrm{i}<k,x>}.$$

此时可以将分数阶拉普拉斯算子 $(-\Delta)^{\alpha}$ 表示为

$$(-\Delta)^{\alpha}u=\sum_{k\in\mathbf{Z}^n}|k|^{2\alpha}a_k\mathrm{e}^{\mathrm{i}<k,x>}.$$

令 A 表示如下集合:

$$A=\left\{u|u=\sum_{k\in\mathbf{Z}^n}a_k\mathrm{e}^{\mathrm{i}<k,x>},\ \sum_{k\in\mathbf{Z}^n}|k|^{4\alpha}a_k^2,\ \sum_{k\in\mathbf{Z}^n}a_k^2<\infty\right\}.$$

令 H^{α} 表示集合 A 在如下范数下的完备化,

$$\|u\|_{H^{\alpha}}=\left(\sum_{k\in\mathbf{Z}^n}|k|^{4\alpha}a_k\right)^{1/2}+\left(\sum_{k\in\mathbf{Z}^n}a_k^2\right)^{1/2}.$$

显然, H^{α} 为 Banach 空间. 容易验证 H^{α} 在如下内积下为 Hilbert 空间:

$$(u,v)_{H^{\alpha}}=((-\Delta)^{\alpha}u,(-\Delta)^{\alpha}v)=\sum_{k\in\mathbf{Z}^n}|k|^{4\alpha}a_kb_k.$$

下面, 函数空间 $H=L^2(\Omega)$ 的范数常记为 $\|\cdot\|$, 其内积用 $(\cdot,\cdot)$ 表示; $L^p(\Omega)$ 的范数记为 $\|\cdot\|_{L^p(\Omega)}$. 显然 $\|\cdot\|_{L^2(\Omega)}=\|\cdot\|$. $H^{-\alpha}$ 表示 H^{α} 的对偶空间. 为了研究问题 (3.2.1), 引入如下的 Banach 空间 $V=H^{\alpha}(\Omega)\cap L^{\rho+2}(\Omega)$, 其范数为

$$\|v\|_V=\|v\|_{H^{\alpha}(\Omega)}+\|v\|_{L^{\rho+2}(\Omega)}.$$

定义 3.2.1　记 $L^p(0,T;X)$ 为所有可测函数 $f:[0,T]\to X$ 的集合, 其范数表示为

$$\|f\|_{L^p(0,T;X)}=\left(\int_0^T\|f\|_X^p\mathrm{d}t\right)^{\frac{1}{p}},\quad 1\leqslant p<\infty,$$

且当 $p=\infty$ 时,

$$\|f\|_{L^\infty(0,T;X)}=\limsup_{0\leqslant t\leqslant T}\|f\|_X.$$

记 $C([0,T];X)$ 为所有连续函数 $f:[0,T]\to X$ 的集合, 其范数表示为

$$\|f\|_{C([0,T];X)}=\max_{0\leqslant t\leqslant T}\|f\|_X.$$

下面给出一些先验估计, 并给出定理 3.2.2 的证明.

引理 3.2.1　设 $\alpha>0$, $\rho>0$, 如果 $u=u(t,x)$ 为方程 (3.2.1) 的解, 则

$$\sup_{0\leqslant t<\infty}\|u(t)\|=\|u_0\|. \tag{3.2.3}$$

此引理是显然的. 仅需将方程乘以 $\bar{u}$, 然后关于空间变量 x 在 Ω 上积分, 取其虚部可知

$$\frac{\mathrm{d}}{\mathrm{d}t}\|u(t)\|^2=0.$$

下面, 以 T 表示任意的正常数, 以 C 表示仅依赖于初值以及 T 的不同常数.

引理 3.2.2　令 $\alpha>0$. 当 $\beta>0$ 时, 设 $\rho>0$; 当 $\beta<0$ 时, 设 $0<\rho<\dfrac{4\alpha}{n}$. 则方程的解 u 满足如下的先验估计:

$$\sup_{0\leqslant t<\infty}(\|(-\Delta)^{\alpha/2}u\|+\|u\|_{L^{\rho+2}})\leqslant C(\|u_0\|_{H^\alpha},\|u_0\|_{L^{\rho+2}}).$$

证明: 将方程乘以 $\bar{u}_t$, 并关于 x 变量积分可得

$$(\mathrm{i}u_t,u_t)+((-\Delta)^\alpha u,u_t)+(\beta|u|^\rho u,u_t)=0,$$

取实部可得

$$\frac{\mathrm{d}}{\mathrm{d}t}\int_\Omega\left(|(-\Delta)^{\alpha/2}u|^2+\frac{2\beta}{\rho+2}|u|^{\rho+2}\right)\mathrm{d}x=0,$$

利用式 (3.2.3) 可知

$$\|(-\Delta)^{\alpha/2}u\|^2+\frac{2\beta}{\rho+2}\|u\|^{\rho+2}_{L^{\rho+2}(\Omega)}=\|(-\Delta)^{\alpha/2}u_0\|^2+\frac{2\beta}{\rho+2}\|u_0\|^{\rho+2}_{L^{\rho+2}(\Omega)}=E(u_0). \tag{3.2.4}$$

如果 $\beta>0$, 利用式 (3.2.4) 可知

$$\|(-\Delta)^{\alpha/2}u\|^2\leqslant E(u_0)\leqslant C(\|u_0\|_{H^\alpha(\Omega)},\|u_0\|_{L^{\rho+2}(\Omega)}),$$
$$\|u\|_{L^{\rho+2}(\Omega)}\leqslant C(\|u_0\|_{H^\alpha(\Omega)},\|u_0\|_{L^{\rho+2}(\Omega)}).$$

当 $\beta<0$ 时, 令 $\theta=\dfrac{n\rho}{2\alpha(\rho+2)}<1$, 则利用 Gagliardo-Nirenberg 不等式可知

$$\|u\|_{L^{\rho+2}(\Omega)}^{\rho+2}\leqslant C\|(-\Delta)^{\alpha/2}u\|^{\theta(\rho+2)}\|u\|^{(1-\theta)(\rho+2)}\leqslant C\|(-\Delta)^{\alpha/2}u\|^{\frac{n\rho}{2\alpha}},$$

其中, 显然

$$\frac{1}{\rho+2}=\theta\left(\frac{1}{2}-\frac{\alpha}{n}\right)+(1-\theta)\frac{1}{2}.$$

由于 $\rho<\dfrac{4\alpha}{n}$, 即 $\dfrac{n\rho}{2\alpha}<2$, 从而可知

$$\frac{2|\beta|}{\rho+2}\|u\|_{L^{\rho+2}(\Omega)}^{\rho+2}\leqslant\frac{1}{2}\|(-\Delta)^{\alpha/2}u\|^2+C,\tag{3.2.5}$$

由此利用式 (3.2.4) 以及不等式 (3.2.5) 可知

$$\begin{aligned}\|(-\Delta)^{\alpha/2}u\|^2&\leqslant C(\|u_0\|_{H^\alpha(\Omega)},\|u_0\|_{L^{\rho+2}(\Omega)}),\\ \|u\|_{L^{\rho+2}(\Omega)}&\leqslant C(\|u_0\|_{H^\alpha(\Omega)},\|u_0\|_{L^{\rho+2}(\Omega)}).\end{aligned}$$

□

引理 3.2.3 令 $\alpha>\dfrac{n}{2}$, 设 ρ 满足引理 3.2.2 的条件, 则 u 满足

$$\sup_{0\leqslant t<\infty}(\|u_t\|+\|(-\Delta)^\alpha u\|)\leqslant C(\|u_0\|_{H^{2\alpha}(\Omega)}).\tag{3.2.6}$$

证明: 将方程关于时间 t 微分, 乘以 u_t, 并关于 x 在 Ω 上积分可得

$$(\mathrm{i}u_{tt},u_t)+((-\Delta)^\alpha u_t,u_t)+\left(\frac{\mathrm{d}}{\mathrm{d}t}(\beta|u|^\rho u),u_t\right)=0,$$

取其虚部可知

$$\frac{1}{2}\frac{\mathrm{d}}{\mathrm{d}t}\|u_t\|^2+\mathrm{Im}\left(\frac{\mathrm{d}}{\mathrm{d}t}(\beta|u|^\rho u),u_t\right)=0,\tag{3.2.7}$$

又由于

$$\begin{aligned}\mathrm{Im}\left(\frac{\mathrm{d}}{\mathrm{d}t}(\beta|u|^\rho u),u_t\right)=&\mathrm{Im}\int_\Omega\frac{\mathrm{d}}{\mathrm{d}t}(\beta|u|^\rho u)\bar{u}_t\mathrm{d}x\\ =&\mathrm{Im}\int_\Omega\beta|u|^\rho|u_t|^2\mathrm{d}x+\mathrm{Im}\int_\Omega\frac{\rho\beta}{2}|u|^{\rho-2}(|u_t|^2|u|^2+u^2\bar{u}_t^2)\mathrm{d}x\\ =&\mathrm{Im}\int_\Omega\frac{\rho\beta}{2}|u|^{\rho-2}(u^2\bar{u}_t^2)\mathrm{d}x,\end{aligned}\tag{3.2.8}$$

从而由式 (3.2.7) 以及式 (3.2.8) 可知

$$\frac{1}{2}\frac{\mathrm{d}}{\mathrm{d}t}\|u_t\|^2+\mathrm{Im}\int_\Omega\frac{\rho\beta}{2}|u|^{\rho-2}(u^2\bar{u}_t^2)\mathrm{d}x=0.$$

将此式关于时间在 0 到 t 上积分可得

$$\begin{aligned}\|u_t\|^2=&-\int_0^t\mathrm{Im}\int_\Omega\rho\beta|u|^{\rho-2}(u^2\bar{u}_t^2)\mathrm{d}x\mathrm{d}s+\|u_t(x,0)\|^2\\ \leqslant&C\int_0^t\int_\Omega|u|^2|u_t|^2\mathrm{d}x\mathrm{d}s+\|u_t(x,0)\|^2.\end{aligned}\tag{3.2.9}$$

利用方程 (3.2.1), 以及 Sobolev 嵌入不等式 $\|u\|_{L^\infty} \leqslant C\|u\|_{H^\alpha(\Omega)} \leqslant C\left(\alpha > \dfrac{n}{2}\right)$ 可知

$$\|u_t(x,0)\| \leqslant C\|(-\Delta)^\alpha u_0\| + C\|\beta|u_0|^\rho u_0\| \leqslant C(\|u_0\|_{H^{2\alpha}(\Omega)}).$$

由此利用式 (3.2.9) 可知

$$\|u_t\|^2 \leqslant C\int_0^t \|u\|^\rho_{L^\infty(\Omega)}\|u_t\|^2 \mathrm{d}s + \|u_t(x,0)\|^2 \leqslant C\int_0^t \|u_t\|^2\mathrm{d}s + C(\|u_0\|_{H^{2\alpha}(\Omega)}).$$

利用 Gronwall 不等式可知

$$\|u_t\|^2 \leqslant C(\|u_0\|_{H^{2\alpha}}),$$

由此利用方程可知

$$\|(-\Delta)^\alpha u\| \leqslant \|u_t\| + \|\beta|u|^\rho u\| \leqslant C(\|u_0\|_{H^{2\alpha}(\Omega)}) + C\|u\|^\rho_{L^\infty(\Omega)}\|u\| \leqslant C(\|u_0\|_{H^{2\alpha}(\Omega)}).$$

□

引理 3.2.4　设 $\alpha > \dfrac{n}{2}$. 如果 ρ 是偶数则假设 ρ 满足引理 3.2.2 的假设; 如果 ρ 不是偶数, 当 $\beta > 0$, 则假设 $\rho > [\alpha]$, 当 $\beta < 0$ 时, 假设 $[\alpha] < \rho < \dfrac{4\alpha}{n}$, 则方程的解 $u = u(t,x)$ 满足先验估计

$$\sup_{0\leqslant t<\infty} \|(-\Delta)^{\alpha/2}u_t\| \leqslant C(\|u_0\|_{H^{3\alpha}(\Omega)}).$$

证明: 将方程 (3.2.1) 关于时间变量微分, 乘以 $\bar{u}_{tt}$, 然后关于空间变量 x 在 Ω 上积分可得

$$(\mathrm{i}u_{tt}, u_{tt}) + ((-\Delta)^\alpha u_t, u_{tt}) + \left(\frac{\mathrm{d}}{\mathrm{d}t}(\beta|u|^\rho u), u_{tt}\right),$$

利用分部积分可得

$$\frac{\mathrm{d}}{\mathrm{d}t}\|(-\Delta)^{\alpha/2}u_t\|^2 + 2\mathrm{Re}\left(\frac{\mathrm{d}}{\mathrm{d}t}(\beta|u|^\rho u), u_{tt}\right) = 0.$$

又由于

$$2\mathrm{Re}\left(\frac{\mathrm{d}}{\mathrm{d}t}(\beta|u|^\rho u), u_{tt}\right) = \int_\Omega \left(\frac{\rho}{2}+1\right)\beta|u|^\rho \frac{\mathrm{d}}{\mathrm{d}t}|u_t|^2\mathrm{d}x + \int_\Omega \frac{\rho\beta}{4}|u|^{\rho-2}\left(u^2\frac{\mathrm{d}}{\mathrm{d}t}\bar{u}_t^2 + \bar{u}^2\frac{\mathrm{d}}{\mathrm{d}t}u_t^2\right)\mathrm{d}x,$$

从而

$$\frac{\mathrm{d}}{\mathrm{d}t}\|(-\Delta)^{\alpha/2}u_t\|^2 + \int_\Omega \left(\frac{\rho}{2}+1\right)\beta|u|^\rho \frac{\mathrm{d}}{\mathrm{d}t}|u_t|^2\mathrm{d}x + \int_\Omega \frac{\rho\beta}{4}|u|^{\rho-2}\left(u^2\frac{\mathrm{d}}{\mathrm{d}t}\bar{u}_t^2 + \bar{u}^2\frac{\mathrm{d}}{\mathrm{d}t}u_t^2\right)\mathrm{d}x.$$

由此可知

$$\begin{aligned}
&\frac{\mathrm{d}}{\mathrm{d}t}\|(-\Delta)^{\alpha/2}u_t\|^2 + \frac{\mathrm{d}}{\mathrm{d}t}\int_\Omega \left(\frac{\rho}{2}+1\right)\beta|u|^\rho|u_t|^2\mathrm{d}x + \frac{\mathrm{d}}{\mathrm{d}t}\int_\Omega \frac{\rho\beta}{4}|u|^{\rho-2}(u^2\bar{u}_t^2 + \bar{u}^2u_t^2)\mathrm{d}x \\
&= -\left(\frac{\rho}{2}+1\right)\beta\int_\Omega \frac{\mathrm{d}}{\mathrm{d}t}(|u|^\rho)|u_t|^2\mathrm{d}x - \frac{\rho\beta}{4}\int_\Omega \frac{\mathrm{d}}{\mathrm{d}t}(|u|^{\rho-2}u^2)\bar{u}_t^2\mathrm{d}x - \frac{\rho\beta}{4}\int_\Omega \frac{\mathrm{d}}{\mathrm{d}t}(|u|^{\rho-2}\bar{u}^2)u_t^2\mathrm{d}x \\
&\leqslant C\int_\Omega |u|^{\rho-1}|u_t|^3 dx \leqslant C\|u\|^{\rho-1}_{L^\infty(\Omega)}\|u_t\|^3_{L^3(\Omega)} \leqslant C\|u_t\|^3_{L^3(\Omega)}.
\end{aligned} \tag{3.2.10}$$

令 $\theta=\dfrac{n}{6\alpha}<\dfrac{1}{3}$, 则 $\dfrac{1}{3}=\theta\left(\dfrac{1}{2}-\dfrac{\alpha}{n}\right)+(1-\theta)\dfrac{1}{2}$, 从而由 Gagliardo-Nirenberg 不等式以及不等式 (3.2.6) 可知

$$\begin{aligned}\|u_t\|^3_{L^3(\Omega)}\leqslant&C\|u_t\|^{3(1-\theta)}\|(-\Delta)^{\alpha/2}u_t\|^{3\theta}\\ \leqslant&C\|(-\Delta)^{\alpha/2}u_t\|^{3\theta}\leqslant C\|(-\Delta)^{\alpha/2}u_t\|^2+C.\end{aligned}\tag{3.2.11}$$

于是利用不等式 (3.2.10) 和不等式 (3.2.11) 可知

$$\begin{aligned}&\|(-\Delta)^{\alpha/2}u_t\|^2+\int_\Omega\left(\frac{\rho}{2}+1\right)\beta|u|^\rho|u_t|^2\mathrm{d}x+\int_\Omega\frac{\rho\beta}{4}|u|^{\rho-2}(u^2\bar{u}_t^2+\bar{u}^2u_t^2)\mathrm{d}x\\ \leqslant&\|(-\Delta)^{\alpha/2}u_t(x,0)\|^2+\int_\Omega\left(\frac{\rho}{2}+1\right)|\beta||u_0|^\rho|u_t(x,0)|^2\mathrm{d}x\\ &+\int_\Omega\frac{\rho\beta}{4}|u_0|^{\rho-2}(u_0^2\bar{u}_t(x,0)^2+\bar{u}_0^2u_t^2(x,0))\mathrm{d}x\\ =&-\left(\frac{\rho}{2}+1\right)\beta\int_\Omega\frac{\mathrm{d}}{\mathrm{d}t}(|u|^\rho)|u_t|^2\mathrm{d}x-\frac{\rho\beta}{4}\int_\Omega\frac{\mathrm{d}}{\mathrm{d}t}(|u|^{\rho-2}u^2)\bar{u}_t^2\mathrm{d}x-\frac{\rho\beta}{4}\int_\Omega\frac{\mathrm{d}}{\mathrm{d}t}(|u|^{\rho-2}\bar{u}^2)u_t^2\mathrm{d}x\\ &+C\int_0^t\|(-\Delta)^{\alpha/2}u_t\|^2\mathrm{d}s+C\leqslant C+C\int_0^t\|(-\Delta)^{\alpha/2}u_t\|^2\mathrm{d}s.\end{aligned}\tag{3.2.12}$$

事实上, 由方程 (3.2.1) 可知

$$\begin{aligned}\|(-\Delta)^{\alpha/2}u_t(x,0)\|\leqslant&\|(-\Delta)^{3\alpha/2}u(x,0)\|+\|(-\Delta)^{\alpha/2}(\beta|u_0|^\rho u_0)\|\\ \leqslant&C\|u_0\|_{H^{3\alpha}(\Omega)}+C\||u_0|^\rho u_0\|_{H^{[\alpha]+1}(\Omega)}\leqslant C\|u_0\|_{H^{3\alpha}(\Omega)},\end{aligned}$$

其中, $\rho>[\alpha]$. 当 ρ 不是偶数时,

$$\begin{aligned}&\int_\Omega|\beta|\left(\frac{\rho}{2}+1\right)|u_0|^\rho|u_t(x,0)|^2\mathrm{d}x+\int_\Omega\frac{\rho\beta}{4}|u_0|^{\rho-2}(u_0^2\bar{u}_t(x,0)^2+\bar{u}_0^2u_t(x,0)^2)\mathrm{d}x\\ &\qquad\leqslant C\|u_0\|^\rho_{L^\infty(\Omega)}\|u_t(x,0)\|^2\leqslant C(\|u_0\|_{H^{2\alpha}(\Omega)}).\end{aligned}$$

利用不等式 (3.2.11) 可知

$$\begin{aligned}&\int_\Omega|\beta|(\frac{\rho}{2}+1)|u|^\rho|u_t|^2\mathrm{d}x+\int_\Omega\frac{\rho\beta}{4}|u|^{\rho-2}(u^2\bar{u}_t^2+\bar{u}^2u_t^2)\mathrm{d}x\\ \leqslant&C\int_\Omega|u|^\rho|u_t|^2\mathrm{d}x\leqslant C\left(\int_\Omega|u|^{3\rho}\mathrm{d}x\right)^{1/3}\left(\int_\Omega|u_t|^3\mathrm{d}x\right)^{2/3}\\ \leqslant&C\|(-\Delta)^{\alpha/2}u_t\|^{2\theta}\leqslant\frac{1}{2}\|(-\Delta)^{\alpha/2}u_t\|^2+C,\end{aligned}$$

从而利用不等式 (3.2.12) 以及 Gronwall 不等式可得

$$\|(-\Delta)^{\alpha/2}u_t\|^2\leqslant C+C\int_0^t\|(-\Delta)^{\alpha/2}u_t\|^2\mathrm{d}s\leqslant C(\|u_0\|_{H^{3\alpha}(\Omega)}).$$

□

引理 3.2.5 令 $\alpha>\dfrac{n}{2}$. 如果 ρ 为偶数, 则假设 ρ 满足引理 3.2.2 的假设; 如果 ρ 不

是偶数, 则当 $\beta > 0$ 时, 假设 $\rho > 2[\alpha]+1$; 当 $\beta < 0$ 时, 则假设 $2[\alpha]+1 < \rho < \dfrac{4\alpha}{n}$. 则方程 (3.2.1) 的解 $u = u(t,x)$ 满足估计

$$\sup_{0\leqslant t<\infty}(\|u_{tt}\| + \|(-\Delta)^\alpha u_t\|) \leqslant C(\|u_0\|_{H^{4\alpha}(\Omega)}).$$

证明: 对方程关于时间二次微分, 乘以 $\bar{u}_{tt}$, 并关于空间变量 x 在 Ω 上积分可得

$$(\mathrm{i}u_{tt}, u_{tt}) + ((-\Delta)^\alpha u_{tt}, u_{tt}) + \left(\frac{\mathrm{d}^2}{\mathrm{d}t^2}(\beta|u|^\rho u), u_{tt}\right) = 0,$$

取其虚部可得

$$\frac{1}{2}\frac{\mathrm{d}}{\mathrm{d}t}\|u_{tt}\|^2 + \mathrm{Im}\left(\frac{\mathrm{d}^2}{\mathrm{d}t^2}\left(\beta|u|^\rho u\right), u_{tt}\right) = 0. \tag{3.2.13}$$

由于

$$\begin{aligned}\mathrm{Im}\left(\frac{\mathrm{d}^2}{\mathrm{d}t^2}(\beta|u|^\rho u), u_{tt}\right) =& \mathrm{Im}\left(\frac{\rho^2}{2}+\rho\right)\beta(|u|^{\rho-2}|u_t|^2u, u_{tt}) + \mathrm{Im}\left(\frac{\rho^2}{4}+\frac{\rho}{2}\right)\beta(|u|^{\rho-2}u_t^2\bar{u}, u_{tt})\\ &+ \mathrm{Im}\left(\frac{\rho^2}{4}-\frac{\rho}{2}\right)\beta(|u|^{\rho-4}u_t^2u^3, u_{tt}) + \mathrm{Im}\frac{\beta\rho}{2}(|u|^{\rho-2}u^2\bar{u}_{tt}, u_{tt}),\end{aligned}$$

其右端第一项可以估计为

$$\begin{aligned}\mathrm{Im}\left(\frac{\rho^2}{2}+\rho\right)\beta(|u|^{\rho-2}|u_t|^2u, u_{tt}) \leqslant& C\int_\Omega |u|^{\rho-1}|u_t|^2|u_{tt}|\mathrm{d}x\\ \leqslant& C\|u\|^{\rho-1}_{L^\infty(\Omega)}\|u_t\|^2_{L^4(\Omega)}\|u_{tt}\|\\ \leqslant& C\|u_t\|^4_{L^4(\Omega)} + C\|u_{tt}\|^2.\end{aligned}$$

同理, 右端第二项和第三项可以估计为

$$\mathrm{Im}\left(\frac{\rho^2}{4}+\frac{\rho}{2}\right)\beta(|u|^{\rho-2}u_t^2\bar{u}, u_{tt}) + \mathrm{Im}\left(\frac{\rho^2}{4}-\frac{\rho}{2}\right)\beta(|u|^{\rho-4}u_t^2u^3, u_{tt}) \leqslant C\|u_t\|^4_{L^4(\Omega)} + C\|u_{tt}\|^2,$$

其最后一项可以估计为

$$\mathrm{Im}\frac{\beta\rho}{2}(|u|^{\rho-2}u^2\bar{u}_{tt}, u_{tt}) \leqslant C\|u_{tt}\|^2. \tag{3.2.14}$$

由式 (3.2.13) 和不等式 (3.2.14) 可得

$$\|u_{tt}\|^2 \leqslant C\int_0^t \|u_t\|^4_{L^4(\Omega)}\mathrm{d}s + C\int_0^t \|u_{tt}\|^2\mathrm{d}s + \|u_{tt}(x,0)\|^2. \tag{3.2.15}$$

令 $\theta = \dfrac{n}{8\alpha} < \dfrac{1}{4}$, 则 $\dfrac{1}{4} = \theta\left(\dfrac{1}{2}-\dfrac{\alpha}{n}\right) + (1-\theta)\dfrac{1}{2}$, 由此利用 Gagliardo-Nirenberg 不等式以及引理 3.2.3 和引理 3.2.4 可得

$$\|u_t\|_{L^4(\Omega)} \leqslant C\|u_t\|^{1-\theta}\|(-\Delta)^{\alpha/2}u_t\|^\theta \leqslant C(\|u_0\|_{H^{3\alpha}(\Omega)}).$$

由方程 (3.2.1) 以及引理 3.2.3 可知

$$\begin{aligned}\|u_{tt}(x,0)\| \leqslant &\|(-\Delta)^\alpha((-\Delta)^\alpha u_0+\beta|u_0|^\rho u_0)\|+\left\|\frac{\mathrm{d}}{\mathrm{d}t}(\beta|u|^\rho u)\right\| \\ \leqslant & C\|(-\Delta)^{2\alpha}u_0\|+C\|(-\Delta)^\alpha(\beta|u_0|^\rho u_0)\|+C\||u_0|^\rho|u_t(x,0)|\| \\ \leqslant & C(\|u_0\|_{H^{4\alpha}(\Omega)})+C\|(-\Delta)^\alpha(|u_0|^\rho u_0)\|+C\|u_t(x,0)\| \\ \leqslant & C(\|u_0\|_{H^{4\alpha}(\Omega)})+C\|(-\Delta)^\alpha(|u_0|^\rho u_0)\|.\end{aligned} \tag{3.2.16}$$

如果 $\alpha\geqslant\max\left\{\frac{n}{2},1\right\}$, 则

$$\|(-\Delta)^\alpha(|u_0|^\rho u_0)\|\leqslant C\|(-\Delta)^{[\alpha]+1}(|u_0|^\rho u_0)\|\leqslant C(\|u_0\|_{H^{4\alpha}(\Omega)}),$$

其中, 用到当 ρ 不是偶数时, $\rho>2[\alpha]+1$.

当 n=1, 且 $\frac{1}{2}<\alpha<1$ 时,

$$\|(-\Delta)^\alpha(|u_0|^\rho u_0)\|\leqslant C\|\Delta(|u_0|^\rho u_0)\|\leqslant C(\|u_0\|_{H^{4\alpha}}),$$

因此, 由不等式 (3.2.16) 可知

$$\|u_{tt}(x,0)\|\leqslant C(\|u_0\|_{H^{4\alpha}}),$$

进一步, 由不等式 (3.2.15) 可知

$$\|u_{tt}\|^2\leqslant C\int_0^t\|u_{tt}\|^2\mathrm{d}s+C(\|u_0\|_{H^{4\alpha}(\Omega)}).$$

从而由 Gronwall 不等式得到

$$\|u_{tt}\|^2\leqslant C(\|u_0\|_{H^{4\alpha}(\Omega)}).$$

又由于

$$\begin{aligned}\left\|\frac{\mathrm{d}}{\mathrm{d}t}(|u|^\rho u)\right\| &= \left\|\frac{\rho}{2}|u|^{\rho-2}(u\bar{u}_t+\bar{u}u_t)u+|u|^\rho u_t\right\| \\ &\leqslant C\|u\|^\rho_{L^\infty(\Omega)}\|u_t\|\leqslant C(\|u_0\|_{H^{2\alpha}(\Omega)}),\end{aligned}$$

进一步, 利用方程 (3.2.1) 可以得到估计

$$\|(-\Delta)^\alpha u_t\|\leqslant C\|u_{tt}\left\|+C\right\|\frac{\mathrm{d}}{\mathrm{d}t}(|u|^\rho u)\right\|\leqslant C(\|u_0\|_{H^{4\alpha}(\Omega)}).$$

从而

$$\sup_{0\leqslant t<\infty}\|(-\Delta)^\alpha u_t\|\leqslant C(\|u_0\|_{H^{4\alpha}(\Omega)}).$$

引理证毕. □

引理 3.2.6 设 α 和 ρ 满足引理 3.2.5 的条件, 则方程 (3.2.1) 的解 $u=u(t,x)$ 满足如下的先验估计:

$$\sup_{0\leqslant t<\infty}\|(-\Delta)^{2\alpha}u\|\leqslant C(\|u_0\|_{H^{4\alpha}}).$$

证明： 令 $\alpha \geqslant \max\left\{\frac{n}{2}, 1\right\}$, 利用方程 (3.2.1), 引理 3.2.3 以及引理 3.2.5 可知

$$\begin{aligned}\|(-\Delta)^{2\alpha}u\| \leqslant & C\|(-\Delta)^{\alpha}u_t\| + C\|(-\Delta)^{\alpha}(|u|^{\rho}u)\| \\ \leqslant & C\|(-\Delta)^{\alpha}u_t\| + C\|(-\Delta)^{[\alpha]+1}(|u|^{\rho}u)\| \leqslant C(\|u_0\|_{H^{4\alpha}}).\end{aligned} \tag{3.2.17}$$

当 $n=1, \frac{1}{2}<\alpha<1$ 时, 由方程 (3.2.1) 以及引理 3.2.5 可知

$$\begin{aligned}\|(-\Delta)^{2\alpha}u\| \leqslant & C\|(-\Delta)^{\alpha}u_t\| + C\|(-\Delta)^{\alpha}(|u|^{\rho}u)\| \\ \leqslant & C(\|u_0\|_{H^{4\alpha}(\Omega)}) + C(\|\Delta(|u|^{\rho}u)\|) \\ \leqslant & C(\|u_0\|_{H^{4\alpha}(\Omega)}) + C\|u\|^{\rho}_{L^{\infty}(\Omega)}\|\Delta u\| + C\|u\|^{\rho-1}_{L^{\infty}(\Omega)}\||\nabla u|^2\| \\ \leqslant & C(\|u_0\|_{H^{4\alpha}(\Omega)}) + C\|\Delta u\| + C\|\nabla u\|^2_{L^4(\Omega)}.\end{aligned} \tag{3.2.18}$$

令 $\theta=\frac{2}{4\alpha}<1$, 则由 Gagliardo-Nirenberg 不等式和引理 3.2.1 可知

$$C\|\Delta u\| \leqslant C\|(-\Delta)^{2\alpha}u\|^{\theta}\|u\|^{1-\theta} \leqslant \frac{1}{4}\|(-\Delta)^{2\alpha}u\| + C.$$

令 $\delta=\frac{1}{16\alpha-4}<\frac{1}{4}$, 则由 Gagliardo-Nirenberg 不等式类似可得

$$\begin{aligned}C\|\nabla u\|^2_{L^4(\Omega)} \leqslant & C\|(-\Delta)^{2\alpha}u\|^{2\delta}\|\nabla u\|^{2(1-\delta)} \\ \leqslant & C\|(-\Delta)^{2\alpha}u\|^{2\delta}\|(-\Delta)^{\alpha}u\|^{2(1-\delta)} \leqslant \frac{1}{4}\|(-\Delta)^{2\alpha}u\| + C.\end{aligned} \tag{3.2.19}$$

由此利用不等式 (3.2.18) 和不等式 (3.2.19) 可知当 $n=1, \frac{1}{2}<\alpha<1$ 时,

$$\|(-\Delta)^{2\alpha}u\| \leqslant C(\|u_0\|_{H^{4\alpha}(\Omega)}).$$

从而利用不等式 (3.2.17) 可知引理成立. □

在证明定理 3.2.2 之前, 先利用 Faedo-Galerkin 方法证明方程 (3.2.1) 弱解的存在性. 为此, 先给出如下引理:

引理 3.2.7 令 B_0, B 和 B_1 是 Banach 空间, 且 B_0, B_1 是自反的. 设 $B_0 \subset B \subset B_1$, 且 B_0 到 B 的嵌入是紧的. 记

$$W=\left\{v|v\in L^{p_0}(0,T;B_0), v'=\frac{\mathrm{d}}{\mathrm{d}r}\in L^{p_1}(0,T;B_1)\right\},$$

其中, $T<\infty$ 为有限的, $1<p_i<\infty (i=0,1)$, W 赋以范数

$$\|v\|_{L^{p_0}(0,T;B_0)} + \|v'\|_{L^{p_1}(0,T;B_1)}.$$

则 W 紧嵌入到 $L^{p_1}(0,T;B)$.

引理 3.2.8 设 Q 是 $\mathbf{T}^n_x \times \mathbf{R}_t$ 中的有界集, $g_\mu, g\in L^q(Q) (1<q<\infty)$ 且 $\|g_\mu\|_{L^q(Q)} \leqslant C$. 进一步假设

$$g_\mu \to g \quad 在 \ Q \ 中 \text{ a.e. } 收敛,$$

则

$$g_\mu \rightharpoonup g \quad 在 \ L^q(Q) \ 中弱收敛.$$

引理 3.2.9 设 X 为 Banach 空间, 假设 $g \in L^p(0,T;X)$, 且 $\dfrac{\partial g}{\partial t} \in L^p(0,T;X)(1 \leqslant p \leqslant \infty)$, 则在去掉一个零测集的意义下 $g \in C([0,T];X)$.

下面分三步证明定理 3.2.2:

定理 3.2.2 的证明: (1) 第一步: 固定整数 m, 我们寻求如下形式的逼近解 $u_m = u_m(t)$:

$$u_m(t) = \sum_{|j|=1}^{m} g_{jm}(t) w_j, \quad w_j = \mathrm{e}^{\mathrm{i}<j,x>}, j \in \mathbf{Z}^n,$$

其中, $g_{jm}(t)(|j| = 0, 1, \cdots, m)$ 满足如下的逼近方程:

$$(\mathrm{i}u_{m,t}, w_j) + ((-\Delta)^\alpha u_m, w_j) + (\beta |u_m|^\rho u_m, w_j) = 0, \quad 0 \leqslant |j| \leqslant m, \tag{3.2.20}$$

以及如下的初始条件:

$$u_m(0) = u_{0m} \in \mathrm{span}\{w_j, 0 \leqslant |j| \leqslant m\}, \quad u_{0m} \to u_0 (m \to \infty) \text{ 在 } H^\alpha(\Omega) \text{ 中}. \tag{3.2.21}$$

此时, 毕竟方程 (3.2.20) 和式 (3.2.21) 为一组常微分方程组. 利用标准的常微分方程的理论可知, 方程 (3.2.20) 和式 (3.2.21) 在 $0 \leqslant t \leqslant t_m$ 上存在唯一解 u_m, 利用上述的先验估计可知 $t_m = T$.

(2) 第二步: 利用引理 3.2.2 以及引理 3.2.1 可知

$$u_m \in L^\infty(0,T; H^\alpha(\Omega) \cap L^{\rho+2}(\Omega)). \tag{3.2.22}$$

对任意的 $\varphi \in H^\alpha(\Omega)$, 有

$$(\mathrm{i}u_{m,t}, \varphi) + ((-\Delta)^\alpha u_m, \varphi) + (\beta |u_m|^\rho u_m, \varphi) = 0. \tag{3.2.23}$$

则

$$\begin{aligned} |(u_{m,t}, \varphi)| \leqslant & |((-\Delta)^\alpha u_m, \varphi)| + |(\beta |u_m|^\rho u_m, \varphi)| \\ \leqslant & C \|(-\Delta)^{\alpha/2} u_m\| \|(-\Delta)^{\alpha/2} \varphi\| + C \|u_m\|_{L^{\rho+2}(\Omega)}^{\rho+1} \|\varphi\|_{L^{\rho+2}(\Omega)} \\ \leqslant & C \|(-\Delta)^{\alpha/2} \varphi\| + C \|\varphi\|_{L^{\rho+2}(\Omega)}. \end{aligned} \tag{3.2.24}$$

利用 Sobolev 嵌入定理,

$$\|\varphi\|_{L^{\rho+2}(\Omega)} \leqslant \|(-\Delta)^{\alpha/2} \varphi\|,$$

以及式 (3.2.23) 和不等式 (3.2.24) 可知

$$|(u_{m,t}, \varphi)| \leqslant C \|(-\Delta)^{\alpha/2} \varphi\|, \quad \varphi \in H^\alpha(\Omega).$$

从而

$$u_{m,t} \in L^\infty(0,T; H^{-\alpha}(\Omega)). \tag{3.2.25}$$

(3) 第三步: 利用式 (3.2.22) 以及式 (3.2.25) 可知, 存在 $\{u_m\}$ 的子列 $\{u_\mu\}$ 使得

$$\begin{aligned} u_\mu \rightharpoonup u, & \quad \text{在} L^\infty(0,T; H^\alpha(\Omega)) \text{ 中弱 * 收敛}; \\ u_{\mu,t} \rightharpoonup u_t, & \quad \text{在} L^\infty(0,T; H^{-\alpha}(\Omega)) \text{ 中弱 * 收敛}. \end{aligned} \tag{3.2.26}$$

利用式 (3.2.22) 可知

$$\{u_m\} \text{ 在 } L^2(0,T;H^\alpha(\Omega)) \text{ 中有界}, \tag{3.2.27}$$

又由式 (3.2.25) 得

$$\{u_{m,t}\}\text{在}L^2(0,T;H^{-\alpha}(\Omega))\text{中有界}. \tag{3.2.28}$$

定义空间

$$W=\{v|v\in L^2(0,T;H^\alpha(\Omega)), v_t\in L^2(0,T;H^{-\alpha}(\Omega))\},$$

并赋以如下范数:

$$\|v\|_W=\|v\|_{L^2(0,T;H^\alpha(\Omega))}+\|v_t\|_{L^2(0,T;H^{-\alpha}(\Omega))}.$$

由于 $H^\alpha(\Omega)$ 紧嵌入到 $L^2(\Omega)$, 利用引理 3.2.7 可知 W 在 $L^2(0,T;L^2(\Omega))$ 中的嵌入是紧的. 而利用式 (3.2.27) 和式 (3.2.28) 可知 $u_m\in W$, 从而存在子列 $\{u_\mu\}$ 使得

$$u_\mu\to u \quad \text{在 } L^2(0,T;L^2(\Omega)) \text{ 中强收敛且几乎处处收敛}.$$

借助式 (3.2.22) 以及引理 3.2.6 可知

$$|u_\mu|^\rho u_\mu \rightharpoonup |u|^\rho u \quad \text{在 } L^\infty(0,T;L^{\frac{\rho+2}{\rho+1}}(\Omega)) \text{ 中弱收敛}. \tag{3.2.29}$$

固定 j, 利用式 (3.2.20) 可得

$$(\mathrm{i}u_{\mu,t},w_j)+((-\Delta)^\alpha u_\mu,w_j)+(\beta|u_\mu|^\rho u_\mu,w_j)=0. \tag{3.2.30}$$

利用式 (3.2.26) 和式 (3.2.29) 可知存在子列 $\{u_\mu\}$ 使得

$$((-\Delta)^\alpha u_\mu,w_j)\rightharpoonup((-\Delta)^\alpha u,w_j) \quad \text{在 } L^\infty(0,T) \text{ 中弱收敛};$$

$$(u_{\mu,t},w_j)\rightharpoonup(u_t,w_j) \quad \text{在 } L^\infty(0,T) \text{ 中弱收敛};$$

$$(\beta|u_\mu|^\rho u_\mu,w_j)\rightharpoonup(\beta|u|^\rho u,w_j) \quad \text{在 } L^\infty(0,T) \text{ 中弱收敛}.$$

由式 (3.2.30) 可知对任意固定的 j,

$$(\mathrm{i}u_t,w_j)+((-\Delta)^\alpha u,w_j)+(\beta|u|^\rho u,w_j)=0,$$

由此可知

$$(\mathrm{i}u_t,v)+((-\Delta)^\alpha u,v)+(\beta|u|^\rho u,v)=0, \quad \forall v\in H^\alpha(\Omega),$$

从而 u 满足方程 (3.2.1) 以及式 (3.2.2). 利用式 (3.2.22)、式 (3.2.25) 和引理 3.2.9 可知 $u_\mu\in C([0,T];H^{-\alpha}(\Omega))$, 则

$$u_\mu(0)\rightharpoonup u(0) \quad \text{在 } H^{-\alpha}(\Omega) \text{ 中弱收敛}.$$

从而利用式 (3.2.21) 得

$$u_\mu(0)\to u_0 \quad \text{在 } H^\alpha(\Omega) \text{ 中弱收敛},$$

可知 $u(0) = u_0$. □

定理 3.2.1 的证明: 利用引理 3.2.1~引理 3.2.6 中的先验估计以及定理 3.2.2, 可知方程 (3.2.1) 存在整体光滑解 u, 使得

$$u \in L^\infty(0,T;H^{4\alpha}(\Omega)), \quad u_t \in L^\infty(0,T;H^{2\alpha}(\Omega)).$$

下证唯一性, 从而完成定理 3.2.1 的证明. 设 u, v 是方程 (3.2.1) 满足同一初值的两个解. 令 $w = u - v$, 则

$$\mathrm{i}w_t + (-\Delta)^\alpha w + \beta(|u|^\rho u - |v|^\rho v) = 0.$$

将此方程和 w 作内积可得

$$\mathrm{i}(w_t, w) + ((-\Delta)^\alpha w, w) + \beta((|u|^\rho u - |v|^\rho v), w) = 0,$$

取其虚部可得

$$\frac{1}{2}\frac{\mathrm{d}}{\mathrm{d}r}\|w\|^2 + \mathrm{Im}\beta((|u|^\rho u - |v|^\rho v), u - v) = 0.$$

又由于

$$\begin{aligned}\mathrm{Im}\beta((|u|^\rho u - |v|^\rho v), u - v) &\leqslant C|(|u|^\rho(u - v) + (|u|^\rho u - |v|^\rho v)v, u - v)| \\ &\leqslant C\|u\|_{L^\infty(\Omega)}\|u - v\|^2 + C\|v\|_{L^\infty(\Omega)}\||u|^\rho - |v|^\rho\|\|u - v\| \\ &\leqslant C\|w\|^2,\end{aligned}$$

由此利用 Gronwall 不等式可知 $\|w\|^2 = 0$, 从而 $w = 0$. 这样便完成定理 3.2.1 的证明. □

3.2.2 时间分数阶导数的 Schrödinger 方程

这一小节的主要目的是考虑具有时间分数阶导数的 Schrödinger方程 (1.4.2) 和 (1.4.3).

$$(\mathrm{i}T_p)^\nu \mathrm{D}_t^\nu \psi = -\frac{L_p^2}{2N_m}\partial_x^2\psi + N_V\psi, \tag{3.2.31}$$

以及

$$\mathrm{i}(T_p)^\nu \mathrm{D}_t^\nu \psi = -\frac{L_p^2}{2N_m}\partial_x^2\psi + N_V\psi, \tag{3.2.32}$$

其中, D_t^ν 表示 ν 阶 Caputo 分数阶导数.

由于方程 (3.2.31) 的时间导数不是一阶的, 首先将方程左端的导数提升至一阶. 首先注意到对于 ν 阶 Caputo 导数 $(0 < \nu < 1)$,

$$\mathrm{D}_t^{1-\nu}\mathrm{D}_t^\nu y(t) = \frac{\mathrm{d}}{\mathrm{d}t}y(t) - \frac{[\mathrm{D}_t^\nu y(t)]_{t=0}}{t^{1-\nu}\Gamma(\nu)}. \tag{3.2.33}$$

定义如下参数:

$$\alpha = \frac{N_V}{T_p^\nu}, \quad \beta = \frac{(L_p)^2}{2N_m(T_p)^\nu},$$

则方程 (3.2.31) 可以写为

$$\mathrm{D}_t^{\nu}\psi=-\frac{\beta}{\mathrm{i}^{\nu}}\partial_x^2\psi+\frac{\alpha}{\mathrm{i}^{\nu}}\psi.$$

利用式 (3.2.33) 得到

$$\partial_t\psi=-\frac{\beta}{\mathrm{i}^{\nu}}\partial_x^2(\mathrm{D}_t^{1-\nu}\psi)+\frac{\alpha}{\mathrm{i}^{\nu}}(\mathrm{D}_t^{1-\nu}\psi)+\frac{[\mathrm{D}^{\nu}\psi(t)]_{t=0}}{t^{1-\nu}\Gamma(\nu)}. \tag{3.2.34}$$

在该方程中, 由于右端 Hamilton 量依赖于时间, 不能期望概率守恒. 同时由于 Hamilton 量在时间上是非局部的, 从而不能期望解关于时间反演的不变性. 最后, 在右端的第三项中, 由于 $0<\nu<1$, 从而当时间趋于零时, 该项将趋于无穷.

考虑式 (3.2.34) 中的非局部项

$$\mathrm{D}_t^{1-\nu}\psi(t,x)=\frac{1}{\Gamma(1-\nu)}\int_0^t\frac{\mathrm{d}}{\mathrm{d}\tau}\psi(\tau,x)\frac{\mathrm{d}\tau}{(t-\tau)^{\nu}}.$$

为了解释这一项, 先回忆在经典量子力学中对一阶时间导数的解释 $\dfrac{\partial}{\partial t}=\dfrac{E}{\mathrm{i}\hbar}$, 其中, E 是能量算子 (Hamiltonian). 如此, 内积 $\displaystyle\int_{-\infty}^{\infty}\psi(t,x)*\mathrm{D}_t^{1-\nu}\psi(t,x)\mathrm{d}x$ 可以解释为波函数能量的加权时间平均, 其权函数为 $(t-\tau)^{-\nu}$.

记 $\widetilde{\psi}=\mathrm{D}_t^{1-\nu}\psi$. 对于经典的自由粒子的 Schrödinger 方程, 其概率流密度及其方程分别为

$$P=\psi\psi^*,\qquad \partial_tP=\partial_t\psi\psi^*+\psi\partial_t\psi^*.$$

与此类似, 可以得到分数阶 Schrödinger 方程的概率流方程为

$$\partial_tP=\left(-\frac{\beta}{\mathrm{i}^{\nu}}\partial_x^2\widetilde{\psi}+\frac{[\mathrm{D}_t^{\nu}\psi(t,x)]_{t=0}}{t^{1-\nu}\Gamma(\nu)}\right)\psi^*+\psi\left(-\frac{\beta}{(-\mathrm{i})^{\nu}}\partial_x^2\widetilde{\psi}^*+\frac{[\mathrm{D}_t^{\nu}\psi^*(t,x)]_{t=0}}{t^{1-\nu}\Gamma(\nu)}\right),$$

将其整理为

$$\begin{aligned}\partial_tP+\beta\partial_x\left(\frac{\partial_x\widetilde{\psi}\psi^*}{\mathrm{i}^{\nu}}+\frac{\partial_x\widetilde{\psi}^*\psi}{(-\mathrm{i})^{\nu}}\right)=&\,\beta\left(\frac{\partial_x\widetilde{\psi}\partial_x\psi^*}{\mathrm{i}^{\nu}}+\frac{\partial_x\widetilde{\psi}^*\partial_x\psi}{(-\mathrm{i})^{\nu}}\right)\\&+\frac{\psi^*[\mathrm{D}_t^{\nu}\psi(t,x)]_{t=0}+\psi[\mathrm{D}_t^{\nu}\psi^*(t,x)]_{t=0}}{t^{1-\nu}\Gamma(\nu)}.\end{aligned} \tag{3.2.35}$$

此式右端项可以认为是概率流方程中的源, 如果 Hamilton 量不依赖于时间, 即如果 $\nu\to1$, 则式 (3.2.35) 右端为零. 分数阶方程的概率流为 (左端第二项)

$$J=\frac{\beta}{\mathrm{i}^{\nu}}(\partial_x\widetilde{\psi})\psi^*+\frac{\beta}{(-\mathrm{i})^{\nu}}\psi(\partial_x\widetilde{\psi}^*),$$

由于式 (3.2.35) 右端不为零, 从而对时间分数阶的 Schrödinger 方程而言, 其概率不守恒. 事实上, 记式 (3.2.35) 右端项为 $S(x,t)$, 则可以得到

$$\partial_tP+\partial_xJ=S,$$

对其关于空间变量积分, 并要求波函数及其一阶导数在无穷远处为零, 则可以得到

$$\partial_t\int_{-\infty}^{\infty}P\mathrm{d}x=\int_{-\infty}^{\infty}S\mathrm{d}x.$$

1. 自由粒子的分数阶 Schrödinger 方程

接下来考虑自由粒子的时间分数阶 Schrödinger 方程:

$$(\mathrm{i}T_p)^\nu \mathrm{D}_t^\nu \psi = -\frac{L_p^2}{2N_m}\partial_x^2\psi.$$

对其作傅里叶变换, 令 $\Psi(\xi,t)=\mathcal{F}(\psi(x,t))$, 可得

$$\mathrm{D}_t^\nu \Psi = \frac{(L_p\xi)^2}{2N_m(\mathrm{i}T_p)^\nu}\Psi.$$

令 $\omega=(L_p\xi)^2/2N_mT_p^\nu$, 利用 Mittag-Leffler 函数, 其解可以表示为

$$\Psi=\Psi_0E_\nu(\omega(-\mathrm{i}t)^\nu) \quad 或者 \quad \Psi=\frac{\Psi_0}{\nu}\left\{\mathrm{e}^{-\mathrm{i}\omega^{1/\nu}t}-\nu F_\nu(\omega(-\mathrm{i})^\nu,t)\right\},$$

其中, 函数 F_ν 定义为

$$F_\nu(\rho,t)=\frac{\rho\sin(\nu\pi)}{\pi}\int_0^\infty\frac{\mathrm{e}^{-rt}r^{\nu-1}\mathrm{d}r}{r^{2\nu}-2\rho\cos(\nu\pi)r^\nu+\rho^2}.$$

利用傅里叶逆变换可以得到

$$\psi(x,t)=\mathcal{F}^{-1}\Psi(\xi,t)=\frac{1}{2\pi}\int_{\mathbf{R}}\mathrm{e}^{\mathrm{i}x\xi}\frac{\Psi_0}{\nu}\left\{\mathrm{e}^{-\mathrm{i}\omega^{1/\nu}t}-\nu F_\nu(\omega(-\mathrm{i})^\nu,t)\right\}\mathrm{d}\xi.$$

由于被积项中第一项是震荡的, 第二项是关于时间衰减的, 从而可以将其解写为如下两个部分:

$$\psi(x,t)=\psi_S(x,t)+\psi_D(d,t),$$

其中

$$\psi_S(x,t)=\frac{1}{2\pi\nu}\int_{\mathbf{R}}\mathrm{e}^{\mathrm{i}x\xi}\Psi_0\mathrm{e}^{-\mathrm{i}\omega^{1/\nu}t}\mathrm{d}\xi,$$

$$\psi_D(x,t)=\frac{-1}{2\pi}\int_{\mathbf{R}}\mathrm{e}^{\mathrm{i}x\xi}\Psi_0F_\nu(\omega(-\mathrm{i})^\nu,t)\mathrm{d}\xi.$$

当 $\nu\to1$ 时, 衰减项 $\psi_D\to0$, 从而方程的解退化为经典的整数阶 Schrödinger 方程.

将初始值 ψ_0 归一化使得

$$\int_{\mathbf{R}}\psi(x,0)\psi^*(x,0)\mathrm{d}x=1.$$

考虑总概率随着时间的发展情况, 特别地考虑时间趋于无穷时的概率极限:

$$\begin{aligned}&\lim_{t\to\infty}\int_{\mathbf{R}}\psi(x,t)\psi^*(x,t)\mathrm{d}x\\=&\lim_{t\to\infty}\int_{\mathbf{R}}\mathcal{F}^{-1}\left(\frac{\Psi_0}{\nu}\{\mathrm{e}^{-\mathrm{i}\omega^{1/\nu}t}-\nu F_\nu(\omega(-\mathrm{i})^\nu,t)\}\right)\mathcal{F}^{-1}\left(\frac{\Psi_0}{\nu}\{\mathrm{e}^{-\mathrm{i}\omega^{1/\nu}t}-\nu F_\nu(\omega(-\mathrm{i})^\nu,t)\}\right)^*\\=&\frac{2\pi}{\nu^2}\lim_{t\to\infty}\int_{\mathbf{R}}\Psi_0\{\mathrm{e}^{-\mathrm{i}\omega^{1/\nu}t}-\nu F_\nu(\omega(-\mathrm{i})^\nu,t)\}(\Psi_0\{\mathrm{e}^{-\mathrm{i}\omega^{1/\nu}t}-\nu F_\nu(\omega(-\mathrm{i})^\nu,t)\})^*\mathrm{d}\xi\end{aligned}$$

(利用 Parseval 恒等式)

$$
\begin{aligned}
&=\frac{2\pi}{\nu^2}\lim_{t\to\infty}\int_{\mathbf{R}}\Psi_0 \mathrm{e}^{-\mathrm{i}\omega^{1/\nu}t}\Psi_0^*\mathrm{e}^{\mathrm{i}\omega^{1/\nu}t}\mathrm{d}\xi\\
&=\frac{2\pi}{\nu^2}\lim_{t\to\infty}\int_{\mathbf{R}}\Psi_0\Psi_0^*\mathrm{d}\xi\\
&=\frac{1}{\nu^2}\lim_{t\to\infty}\int_{\mathbf{R}}\psi_0\psi_0^*\mathrm{d}x, \quad (\text{利用 Parseval 恒等式})
\end{aligned}
$$

从而利用归一化条件可得

$$
\lim_{t\to\infty}\int_{\mathbf{R}}\psi(x,t)\psi^*(x,t)\mathrm{d}x=\frac{1}{\nu^2}>1.
$$

2. 无限深方势阱情形

最后考虑如下的理想情形, 即无限深方势阱中的粒子. 势阱表示成

$$
V(x)=\begin{cases}0, & 1<x<a,\\ \infty, & \text{其他}.\end{cases}
$$

此时方程为

$$
\begin{cases}(\mathrm{i}T_p)^\nu \mathrm{D}_t^\nu\psi=-\dfrac{L_p^2}{2N_m}\partial_x^2\psi,\\ \psi(0,t)=0, \quad \psi(a,t)=0.\end{cases}
$$

尝试用分离变量法求解该方程, 为此设 $\psi(x,t)=X(x)T(t)$, 则可以得到

$$
(\mathrm{i}T_p)^\nu\frac{\mathrm{D}_t^\nu T}{T}=-\frac{L_p^2}{2N_m}\frac{\partial_x^2X}{X}=\lambda.
$$

利用边界条件 $X(0)=X(a)=0$, 求解 X 可得

$$
X_n=c_n\sin\left(\frac{n\pi x}{a}\right), \quad \lambda_n=\left(\frac{n\pi L_p^2}{a}\right)^2\frac{1}{2N_m}.
$$

将其归一化, 得到本征函数

$$
\psi_n(x)=\sqrt{2/a}\sin(n\pi x/a), \qquad \int_0^a|\psi_n|^2\mathrm{d}x=1.
$$

此时关于 T 的方程可以写为

$$
\mathrm{D}_t^\nu T=\frac{\lambda_n}{(\mathrm{i}T_p)^\nu}T,
$$

从而其解可以利用 Mittag-Leffler 函数表示为 [其中令 $T(0)=1$]

$$
T_n(t)=E_\nu(\omega_n(-\mathrm{i}t)^\nu),
$$

或者

$$
T_n(t)=\frac{1}{\nu}\left\{\mathrm{e}^{-\mathrm{i}\omega^{1/\nu}t}-\nu F_\nu((-\mathrm{i}\omega)^\nu,t)\right\}, \quad \omega_n=\lambda_n/T_p^\nu.
$$

易知 $\lim\limits_{t\to\infty}|T(t)|=\dfrac{1}{\nu}$. 由 T_n, X_n 的表达式可得到初值为本征函数 $\psi_n(x,0)=\psi_n(x)$ 的解的表达式

$$\psi_n(x,t)=\sqrt{\frac{2}{a}}\sin(n\pi x/a)\frac{1}{\nu}\left\{\mathrm{e}^{-\mathrm{i}\omega^{1/\nu}t}-\nu F_\nu((-\mathrm{i}\omega)^\nu,t)\right\}.$$

类似于自由粒子情形可以得到

$$\lim_{t\to\infty}\int_0^a\psi_n(x,t)\psi_n(x,t)^*\mathrm{d}x=\frac{1}{\nu^2}.$$

3.2.3 一维分数阶 Schrödinger 方程的整体适定性

这一节考虑如下的一维分数阶 Schrödinger 方程 [104]:

$$\begin{cases}\mathrm{i}u_t+(-\triangle)^\alpha u+|u|^2u=0, \quad (t,x)\in\mathbf{R}\times\mathbf{R}, \dfrac{1}{2}<\alpha<1,\\ u(x,0)=u_0(x)\in H^s(\mathbf{R}),\end{cases}\tag{3.2.36}$$

我们将得到方程在 L^2 中的整体适定性. 前文已说明了周期问题 (3.2.36) 在 $H^{4\alpha}$ 中的整体适定性. 下面我们将证明 Cauchy 问题 (3.2.36) 在 L^2 中的整体适定性, 其中, $\dfrac{1}{2}<\alpha<1$. 和 Schrödinger 方程不同, Strichartz 估计不足以建立分数阶 Schrödinger 方程在 L^2 中的适定性. 为了建立适定性理论, 我们还需要建立局部光滑效应以及极大函数估计, 从而利用 Bourgain 空间来建立方程 (3.2.36) 的适定性.

为此我们引入如下记号:

通常将方程 (3.2.36) 写为如下的等价积分形式:

$$u(t)=S(t)u_0-\mathrm{i}\int_0^t S(t-t')|u|^2u(t')\mathrm{d}t',$$

其中, $S(t)=\mathcal{F}_x^{-1}\mathrm{e}^{\mathrm{i}t|\xi|^{2\alpha}}\mathcal{F}_x$ 为方程 (3.2.36) 对应的半群. 首先定义

$$\|f\|_{L_x^pL_t^q}=\left(\int_{-\infty}^{\infty}(\int_{-\infty}^{\infty}|f(x,t)|^q\mathrm{d}t)^{\frac{p}{q}}\mathrm{d}x\right)^{\frac{1}{p}},$$

$$\|f\|_{L_t^qL_x^p}=\left(\int_{-\infty}^{\infty}(\int_{-\infty}^{\infty}|f(x,t)|^p\mathrm{d}x)^{\frac{q}{p}}\mathrm{d}t\right)^{\frac{1}{q}}.$$

对 $s,b\in\mathbf{R}$, 空间 $X_{s,b}$ 以及 $\bar{X}_{s,b}$ 定义为 $\mathbf{R}^2$ 上的 Schwartz 函数空间在如下范数下的完备化空间 [105~107]:

$$\|u\|_{X_{s,b}}=\|S(-t)u\|_{H_x^sH_t^b}=\|\langle\xi\rangle^s\langle\tau-\phi(\xi)\rangle^b\hat{u}(\xi,\tau)\|_{L_\xi^2L_\tau^2},$$

$$\|u\|_{\bar{X}_{s,b}}=\|S(t)u\|_{H_x^sH_t^b}=\|\langle\xi\rangle^s\langle\tau+\phi(\xi)\rangle^b\hat{u}(\xi,\tau)\|_{L_\xi^2L_\tau^2},$$

其中, $\phi(\xi)=|\xi|^{2\alpha}$. 易知 $\|u\|_{X_{s,b}}=\|\bar{u}\|_{\bar{X}_{s,b}}$.

记 u 关于 t 和 x 变量的时空傅里叶变换为 $\hat{u}(\tau,\xi)=\mathcal{F}u$, 记 $\mathcal{F}_{(\cdot)}u$ 为仅关于变量 $(\cdot)$ 的傅里叶变换. 记 $\int_\star \mathrm{d}\delta$ 为如下形式的积分:

$$\int_{\xi=\xi_1+\xi_2+\xi_3;\tau=\tau_1+\tau_2+\tau_3}\mathrm{d}\tau_1\mathrm{d}\tau_2\mathrm{d}\tau_3\mathrm{d}\xi_1\mathrm{d}\xi_2\mathrm{d}\xi_3.$$

令

$$\sigma = \tau - |\xi|^{2\alpha}, \sigma_1 = \tau_1 - |\xi_1|^{2\alpha}, \bar{\sigma}_2 = \tau_2 + |\xi_2|^{2\alpha}, \sigma_3 = \tau_3 - |\xi_3|^{2\alpha}, \bar{\sigma}_4 = \tau_4 + |\xi_4|^{2\alpha},$$

$$-\xi_4 = \xi = \xi_1 + \xi_2 + \xi_3,\ -\tau_4 = \tau = \tau_1 + \tau_2 + \tau_3,$$

则

$$\sigma - \sigma_1 - \bar{\sigma}_2 - \sigma_3 = -|\xi|^{2\alpha} + |\xi_1|^{2\alpha} - |\xi_2|^{2\alpha} + |\xi_3|^{2\alpha},$$

或者

$$\sigma_1 + \bar{\sigma}_2 + \sigma_3 + \bar{\sigma}_4 = -|\xi_1|^{2\alpha} + |\xi_2|^{2\alpha} - |\xi_3|^{2\alpha} + |\xi_4|^{2\alpha}.$$

令 $\psi \in C_0^\infty(\mathbf{R})$ 使得在 $\left[-\frac{1}{2}, \frac{1}{2}\right]$ 上 $\psi = 1$, 且 $\operatorname{supp}\psi \subset [-1, 1]$. 记 $\psi_\delta(\cdot) = \psi(\delta^{-1}(\cdot))$, 其中, $\delta \in \mathbf{R} \setminus \{0\}$. 下文中, 常以 $A \sim B$ 表示如下的论断: 存在常数 $C_1 > 0$ 使得 $A \leqslant C_1 B$ 且 $B \leqslant C_1 A$; 以 $A \ll B$ 表示: 存在足够大的常数 $C_2 > 0$ 使得 $A \leqslant \frac{1}{C_2}B$; 以 $A \lesssim B$ 表示: 存在 $C_3 > 0$ 使得 $A \leqslant C_3 B$. 以 $a+$ 以及 $a-$ 分别表示 $a + \varepsilon$ 以及 $a - \varepsilon$, 其中 $0 < \varepsilon \ll 1$.

我们将证明如下定理:

定理 3.2.3　当 $1/2 < \alpha < 1$ 时, Cauchy 问题 (3.2.36) 在 L^2 中是整体适定的.

为了建立方程的局部适定性, 我们需要建立一些线性估计以及三线性估计, 为此我们需要利用 $[k; Z]$ 乘子方法, 参见文献 [108]. 令 Z 表示任意的 Abel 可加群, 并具有不变测度 $\mathrm{d}\xi$. 对任意的整数 $k \geqslant 2$, 记 $\Gamma_k(Z)$ 表示如下的 "超平面":

$$\Gamma_k(Z) = \{(\xi_1, \cdots, \xi_k) \in Z^k : \xi_1 + \cdots + \xi_k = 0\},$$

并赋以如下测度:

$$\int_{\Gamma_k(Z)} f = \int_{Z^{k-1}} f(\xi_1, \cdots, \xi_{k-1}, -\xi_1 - \cdots - \xi_{k-1}) \mathrm{d}\xi_1 \cdots \mathrm{d}\xi_{k-1}.$$

定义 $[k; Z]$ 乘子为函数 $m : \Gamma_k(Z) \to \mathbf{C}$. 如果 m 为一个 $[k; Z]$ 乘子, 则定义 $\|m\|_{[k;Z]}$ 为使得不等式

$$\left| \int_{\Gamma_k(Z)} m(\xi) \prod_{j=1}^k f_j(\xi_j) \right| \leqslant \| m \|_{[k;Z]} \prod_{j=1}^k \| f_j \|_{L_2(Z)},$$

对所有定义在 Z 上的检验函数 f_j 成立的最佳常数. 如此, $\|m\|_{[k;Z]}$ 定义了 m 的一个范数. 当 m 是定义在所有的 Z^k 时, 将其限制在 $\Gamma_k(Z)$ 时可类似地定义范数 $\|m\|_{[k;Z]}$. 关于 $\|m\|_{[k;Z]}$, 如下的性质成立:

引理 3.2.10 (复合与 TT^*)[108]　如果 $k_1, k_2 \geqslant 1$, m_1, m_2 分别为定义在 Z^{k_1} 以及 Z^{k_2} 上的函数, 则

$$\begin{aligned}&\|m_1(\xi_1, \ldots, \xi_{k_1}) m_2(\xi_{k_1+1}, \ldots, \xi_{k_1+k_2})\|_{[k_1+k_2;Z]} \\ &\qquad \leqslant \|m_1(\xi_1, \ldots, \xi_{k_1})\|_{[k_1+1;Z]} \|m_2(\xi_1, \ldots, \xi_{k_2})\|_{[k_2+1;Z]}.\end{aligned}$$

特别地, 对任意的函数 $m : Z^k \to \mathbf{R}$, 如下的 TT^* 恒等式成立:

$$\|m(\xi_1, \ldots, \xi_k)\overline{m(-\xi_{k+1}, \ldots, -\xi_{2k})}\|_{[2k;Z]} = \|m(\xi_1, \ldots, \xi_k)\|_{[k+1;Z]}^2.$$

引理 3.2.11 由分数阶 Schrödinger 方程生成的群 $\{S(t)\}_{-\infty}^{+\infty}$ 满足

$$\|D_x^{\alpha-\frac{1}{2}}S(t)u_0\|_{L_x^\infty L_t^2}\lesssim\|u_0\|_{L^2},\quad \text{局部光滑效应}$$

$$\|D_x^{-\frac{1}{4}}S(t)u_0\|_{L_x^4 L_t^\infty}\lesssim\|u_0\|_{L^2},\quad \text{极大函数估计}$$

$$\|S(t)u_0\|_{L_x^4 L_t^4}\lesssim\|u_0\|_{L^2}.\quad \text{Strichartz 估计}$$

$$\|D_x^{\frac{\alpha-1}{3}}S(t)u_0\|_{L_x^6 L_t^6}\lesssim\|u_0\|_{L^2}.$$

引理 3.2.12 令 $\mathcal{F}F_\rho(\xi,\tau)=\dfrac{f(\xi,\tau)}{(1+|\tau-\xi^{2\alpha}|)^\rho}$. 则

$$\|D_x^{\alpha-\frac{1}{2}}F_\rho\|_{L_x^\infty L_t^2}\lesssim\|f\|_{L_\xi^2L_\tau^2},\quad \rho>1/2;$$
$$\|D_x^{-\frac{1}{4}}F_\rho\|_{L_x^4 L_t^\infty}\lesssim\|f\|_{L_\xi^2L_\tau^2},\quad \rho>1/2;$$
$$\|D_x^{\frac{\alpha-1}{3}}F_\rho\|_{L_x^6 L_t^6}\lesssim\|f\|_{L_\xi^2L_\tau^2},\quad \rho>1/2;$$
$$\|D_x^{\frac{\alpha-1}{4}}F_\rho\|_{L_x^4 L_t^4}\lesssim\|f\|_{L_\xi^2L_\tau^2},\quad \rho>3/8;$$
$$\|F_\rho\|_{L_x^4 L_t^4}\lesssim\|f\|_{L_\xi^2L_\tau^2},\quad \rho>1/2;$$
$$\|D_x^{-1/2-}F_\rho\|_{L_x^\infty L_t^\infty}\lesssim\|f\|_{L_\xi^2L_\tau^2},\quad \rho>1/2;$$
$$\|F_\rho\|_{L_x^q L_t^q}\lesssim\|f\|_{L_\xi^2L_\tau^2},\quad \rho>\frac{2q-4}{2q},2\leqslant q\leqslant 4;$$
$$\|D_x^{-\frac{q-2}{2q}-}F_\rho\|_{L_x^q L_t^q}\lesssim\|f\|_{L_\xi^2L_\tau^2},\quad \rho>\frac{q-2}{2q},2\leqslant q<\infty.$$

引理 3.2.13 (线性估计 [107, 109]) 令 $s\in\mathbf{R}$, $\frac{1}{2}<b<1$, $0<\delta<1$. 则

$$\begin{aligned}
\|\psi_\delta(t)S(t)u_0\|_{X_{s,b}}&\leqslant C\delta^{\frac{1}{2}-b}\|u_0\|_{H^s},\\
\left\|\psi_\delta(t)\int_0^t S(t-t')f(t')\mathrm{d}t'\right\|_{X_{s,b}}&\leqslant C\delta^{\frac{1}{2}-b}\|f\|_{X_{s,b-1}},\\
\left\|\psi_\delta(t)\int_0^t S(t-t')f(t')\mathrm{d}t'\right\|_{H^s}&\leqslant C\delta^{\frac{1}{2}-b}\|f\|_{X_{s,b-1}},\\
\|\psi_\delta(t)f\|_{X_{s,b-1}}&\leqslant C\delta^{b'-b}\|f\|_{X_{s,b'-1}}.
\end{aligned}$$

引理 3.2.14 如果 $\frac{1}{4}<b<\frac{1}{2}$, 则存在常数 $C>0$ 使得

$$\int_{\mathbf{R}}\frac{\mathrm{d}x}{\langle x-\alpha\rangle^{2b}\langle x-\beta\rangle^{2b}}\leqslant\frac{C}{\langle\alpha-\beta\rangle^{4b-1}}.$$

引理 3.2.15 如果 f,f_1,f_2 以及 f_3 是 $\mathbf{R}^2$ 上的 Schwartz 函数, 则

$$\int_\star\bar{\hat{f}}(\xi,\tau)\hat{f}_1(\xi_1,\tau_1)\hat{f}_2(\xi_2,\tau_2)\hat{f}_3(\xi_3,\tau_3)\mathrm{d}\delta=\int\bar{f}f_1f_2f_3(x,t)\mathrm{d}x\mathrm{d}t.$$

引理 3.2.16　对任意的 Schwartz 函数 $u_1, \bar{u}_2$, 设其傅里叶支集分别在 $|\xi_1| \sim R_1$ 以及 $|\xi_2| \sim R_2$ 上. 如果 $\xi_1 \cdot \xi_2 < 0$ 或者 $R_1 \ll R_2$($R_2 \ll R_1$), 则

$$\|u_1\bar{u}_2\|_{L_x^2L_t^2} \lesssim \|u_1\|_{X_{0,\frac{1}{2}+}}\|u_2\|_{X_{0,\frac{1}{2}-}}.$$

注 3.2.1　应用多线性表达式, 有

$$\left\|\frac{1}{\langle\sigma_1\rangle^{1/2+}\langle\bar{\sigma}_2\rangle^{1/2-}}\right\|_{[3,\mathbf{R}\times\mathbf{R}]} \lesssim 1.$$

证明： 定义 $\tau_2 = \tau - \tau_1$, $\xi_2 = \xi - \xi_1$ 以及 $\sigma = \tau - |\xi|^{2\alpha}$. 利用对称性, 不妨假设 $|\xi_1| \geqslant |\xi_2|$.

情形一： 如果 $|\sigma_1| \gtrsim |\xi_1|^{2\alpha}$ 或者 $|\bar{\sigma}_2| \gtrsim |\xi_2|^{2\alpha}$, 利用对称性, 不妨设 $|\sigma_1| \gtrsim |\xi_1|^{2\alpha}$, 从而利用引理 3.2.12 可得

$$\|u_1\bar{u}_2\|_{L_x^2L_t^2} \leqslant \|u_1\|_{L_x^{4+}L_t^{4+}}\|\bar{u}_2\|_{L_x^{4-}L_t^{4-}} \leqslant \|u_1\|_{X_{0,\frac{1}{2}+}}\|u_2\|_{X_{0,\frac{1}{2}-}}.$$

情形二： 如果 $|\sigma_1| \lesssim |\xi_1|^{2\alpha}$ 且 $|\bar{\sigma}_2| \lesssim |\xi_2|^{2\alpha}$, 则由 $\sigma - \sigma_1 - \bar{\sigma}_2 = -|\xi|^{2\alpha} + |\xi_1|^{2\alpha} - |\xi - \xi_1|^{2\alpha} \lesssim |\xi_1|^{2\alpha}$ 可知 $|\sigma| \lesssim |\xi_1|^{2\alpha}$. 令 $f_1(\tau_1,\xi_1) = \langle\sigma_1\rangle^{1/2+}\hat{u}_1(\tau_1,\xi_1)$ 以及 $f_2(\tau_2,\xi_2) = \langle\bar{\sigma}_2\rangle^{1/2-}\hat{\bar{u}}_2(\tau_2,\xi_2)$, 则

$$\begin{aligned}
\|u_1\bar{u}_2\|_{L_x^2L_t^2} =& \|\mathcal{F}(u_1\bar{u}_2)\|_{L_\xi^2L_\tau^2} = \|(\hat{u_1} * \hat{\bar{u}}_2)(\xi)\|_{L_\xi^2L_\tau^2} \\
=& \left\|\iint \frac{f_1(\tau_1,\xi_1)f_2(\tau-\tau_1,\xi-\xi_1)}{\langle\sigma_1\rangle^{1/2+}\langle\bar{\sigma}_2\rangle^{1/2-}}\mathrm{d}\xi_1\mathrm{d}\tau_1\right\|_{L_\xi^2L_\tau^2} \\
\leqslant& \left\|\left(\iint \frac{\mathrm{d}\xi_1\mathrm{d}\tau_1}{\langle\sigma_1\rangle^{1+}\langle\bar{\sigma}_2\rangle^{1-}}\right)^{\frac{1}{2}}\left(\iint (f_1(\tau_1,\xi_1)f_2(\tau_2,\xi_2))^2\mathrm{d}\xi_1\mathrm{d}\tau_1\right)^{\frac{1}{2}}\right\|_{L_\xi^2L_\tau^2} \\
\leqslant& \left\|\left(\iint \frac{\mathrm{d}\xi_1\mathrm{d}\tau_1}{\langle\sigma_1\rangle^{1+}\langle\bar{\sigma}_2\rangle^{1-}}\right)^{\frac{1}{2}}\right\|_{L_\xi^\infty L_\tau^\infty}\left\|\left(\iint (f_1(\tau_1,\xi_1)f_2(\tau_2,\xi_2))^2\mathrm{d}\xi_1\mathrm{d}\tau_1\right)^{\frac{1}{2}}\right\|_{L_\xi^2L_\tau^2} \\
\leqslant& \left\|\left(\iint \frac{\mathrm{d}\xi_1\mathrm{d}\tau_1}{\langle\sigma_1\rangle^{1+}\langle\bar{\sigma}_2\rangle^{1-}}\right)^{\frac{1}{2}}\right\|_{L_\xi^\infty L_\tau^\infty}\|f_1\|_{L_\xi^2L_\tau^2}\|f_2\|_{L_\xi^2L_\tau^2},
\end{aligned}$$

从而仅需证明

$$\left\|\left(\iint \frac{\mathrm{d}\xi_1\mathrm{d}\tau_1}{\langle\sigma_1\rangle^{1+}\langle\bar{\sigma}_2\rangle^{1-}}\right)^{\frac{1}{2}}\right\|_{L_\xi^\infty L_\tau^\infty} \lesssim 1.$$

利用引理 3.2.14, 当 $\dfrac{1}{4} < b < \dfrac{1}{2}$ 时有

$$\iint_{\mathbf{R}^2} \frac{\mathrm{d}\tau_1\mathrm{d}\xi_1}{\langle\tau_1 - |\xi_1|^{2\alpha}\rangle^{2b}\langle\tau-\tau_1+|\xi-\xi_1|^{2\alpha}\rangle^{2b}} \leqslant C\int_{\mathbf{R}} \frac{\mathrm{d}\xi_1}{\langle\tau - |\xi_1|^{2\alpha} + |\xi-\xi_1|^{2\alpha}\rangle^{4b-1}}.$$

为了关于变量 ξ_1 积分, 作变量替换

$$\mu=\tau-|\xi_1|^{2\alpha}+|\xi-\xi_1|^{2\alpha}.$$

由 $\xi_1(\xi-\xi_1)<0$ 或者 $|\xi-\xi_1|\ll|\xi_1|$ 可知

$$\mathrm{d}\mu\sim|\xi_1|^{2\alpha-1}\mathrm{d}\xi_1.$$

进一步,

$$\mu=\tau-|\xi|^{2\alpha}+|\xi|^{2\alpha}-|\xi_1|^{2\alpha}+|\xi-\xi_1|^{2\alpha}\lesssim|\xi_1|^{2\alpha}.$$

取 $b=1/2-\varepsilon$, 其中 $\varepsilon>0$ 充分小, 对 $\alpha>1/2$ 成立

$$\int_{\mathbf{R}}\frac{\mathrm{d}\xi_1}{\langle\tau-|\xi_1|^{2\alpha}+|\xi-\xi_1|^{2\alpha}\rangle^{4b-1}}\sim\frac{1}{|\xi_1|^{2\alpha-1}}\int_{\mathbf{R}}\frac{\mathrm{d}\mu}{\langle\mu\rangle^{4b-1}}\lesssim|\xi_1|^{1-2\alpha-\alpha\varepsilon}\lesssim 1.$$

从而完成引理 3.2.16 的证明. □

下面考虑三线性估计, 我们将证明如下定理:

定理 3.2.4 假设 $\mathcal{F}u_1=\hat{u}_1(\tau_1,\xi_1)$, $\mathcal{F}\bar{u}_2=\hat{u}_2(\tau_2,\xi_2)$ 以及 $\mathcal{F}u_1=\hat{u}_3(\tau_3,\xi_3)$ 对支集为 $\{(\xi_1,\tau_1):|\xi_1|\leqslant 2\}\bigcup\{(\xi_2,\tau_2):|\xi_2|\leqslant 2\}\bigcup\{(\xi_3,\tau_3):|\xi_3|\leqslant 2\}\bigcup\{(\xi_1+\xi_2+\xi_3,\tau_1+\tau_2+\tau_3):|\xi_1+\xi_2+\xi_3|\leqslant 6\}$. 则

$$\|u_1\bar{u}_2u_3\|_{X_{0,-1/2+}}\leqslant C\|u_1\|_{X_{0,1/2+}}\|u_2\|_{X_{0,1/2+}}\|u_3\|_{X_{0,1/2+}}.$$

证明: 利用对偶方法以及 Plancherel 恒等式, 仅需证明

$$\begin{aligned}\Gamma&=\int_{\star}\frac{\bar{f}(\tau,\xi)}{\langle\sigma\rangle^{1-b}}\mathcal{F}u_1(\tau_1,\xi_1)\mathcal{F}u_2(\tau_2,\xi_2)\mathcal{F}\bar{u}_3(\tau_3,\xi_3)\mathrm{d}\delta\\&=\int_{\star}\frac{\bar{f}(\tau,\xi)f_1(\tau_1,\xi_1)f_2(\tau_2,\xi_2)f_3(\tau_3,\xi_3)\mathrm{d}\delta}{\langle\sigma\rangle^{1/2-}\langle\sigma_1\rangle^{1/2+}\langle\bar{\sigma}_2\rangle^{1/2+}\langle\sigma_3\rangle^{1/2+}}\\&\leqslant C\|f\|_{L_2}\prod_{j=1}^{3}\|f_j\|_{L_2},\end{aligned}$$

对任意的 $\bar{f}\in L_2,\bar{f}\geqslant 0$ 成立, 其中, $f_1=\langle\sigma_1\rangle^{1/2+}\widehat{u_1}$, $f_2=\langle\bar{\sigma}_2\rangle^{1/2+}\widehat{u_2}$, $f_3=\langle\sigma_3\rangle^{1/2+}\widehat{u_3}$. 利用多线性表达式, 式 (3.2.3) 成立仅当

$$\left\|\frac{1}{\langle\sigma_1\rangle^{1/2+}\langle\bar{\sigma}_2\rangle^{1/2+}\langle\sigma_3\rangle^{1/2+}\langle\overline{\sigma}_4\rangle^{1/2-}}\right\|_{[4,\mathbf{R}\times\mathbf{R}]}\lesssim 1.$$

令

$$\mathcal{F}F_\rho^j(\xi,\tau)=\frac{f_j(\xi,\tau)}{(1+|\tau-\xi^{2\alpha}|)^\rho},\quad j=1,3;\quad \mathcal{F}F_\rho^2(\xi,\tau)=\frac{f_2(\xi,\tau)}{(1+|\tau+\xi^{2\alpha}|)^\rho},$$

$$\mathcal{F}F_\rho(\xi,\tau)=\frac{\bar{f}(\xi,\tau)}{(1+|\tau-\xi^{2\alpha}|)^\rho}.$$

利用对称性, 考虑两种情形 —— 情形一: $|\xi|\lesssim 6$; 情形二: $|\xi_1|\lesssim 2$.

情形一：如果 $|\xi|\lesssim 6$, 则利用引理 3.2.12 以及引理 3.2.15, 积分 Γ 限制在该区域上的可以估计为

$$
\begin{aligned}
&\int_{\star}\frac{\bar{f}(\tau,\xi)f_1(\tau_1,\xi_1)f_2(\tau_2,\xi_2)f_3(\tau_3,\xi_3)\mathrm{d}\delta}{\langle\sigma\rangle^{1/2-}\langle\sigma_1\rangle^{1/2+}\langle\bar{\sigma}_2\rangle^{1/2+}\langle\sigma_3\rangle^{1/2+}}\\
=&C\int\overline{F_{1/2-}}\cdot F^1_{1/2+}\cdot F^2_{1/2+}\cdot F^3_{1/2+}(x,t)\mathrm{d}x\mathrm{d}t\\
\leqslant&C\|F_{1/2-}\|_{L^4_xL^4_t}\|F^1_{1/2+}\|_{L^4_xL^4_t}\|F^2_{1/2+}\|_{L^4_xL^4_t}\|F^3_{1/2+}\|_{L^4_xL^4_t}\\
\leqslant&C\|f\|_{L^2_\xi L^2_\tau}\|f_1\|_{L^2_\xi L^2_\tau}\|f_2\|_{L^2_\xi L^2_\tau}\|f_3\|_{L^2_\xi L^2_\tau}.
\end{aligned}
$$

情形二：如果 $|\xi_1|\lesssim 2$, 则利用引理 3.2.12 以及引理 3.2.15, 积分 Γ 限制在该区域上的可以估计为

$$
\begin{aligned}
&\int_{\star}\frac{\bar{f}(\tau,\xi)f_1(\tau_1,\xi_1)f_2(\tau_2,\xi_2)f_3(\tau_3,\xi_3)\mathrm{d}\delta}{\langle\sigma\rangle^{1/2-}\langle\sigma_1\rangle^{1/2+}\langle\bar{\sigma}_2\rangle^{1/2+}\langle\sigma_3\rangle^{1/2+}}\\
=&C\int\overline{F_{1/2-}}\cdot F^1_{1/2+}\cdot F^2_{1/2+}\cdot F^3_{1/2+}(x,t)\mathrm{d}x\mathrm{d}t\\
\leqslant&C\|F_{1/2-}\|_{L^3_xL^3_t}\|F^1_{1/2+}\|_{L^6_xL^6_t}\|F^2_{1/2+}\|_{L^4_xL^4_t}\|F^3_{1/2+}\|_{L^4_xL^4_t}\\
\leqslant&C\|f\|_{L^2_\xi L^2_\tau}\|f_1\|_{L^2_\xi L^2_\tau}\|f_2\|_{L^2_\xi L^2_\tau}\|f_3\|_{L^2_\xi L^2_\tau}.
\end{aligned}
$$

从而定理 3.2.4 得证. □

定理 3.2.5 (三线性估计) 如果 $1/2<\alpha<1$, 则

$$\|u_1\bar{u}_2u_3\|_{X_{0,-1/2+}}\leqslant C\|u_1\|_{X_{0,1/2+}}\|u_2\|_{X_{0,1/2+}}\|u_3\|_{X_{0,1/2+}}.$$

证明：利用对偶方法以及 Plancherel 恒等式, 仅需证明

$$\Big\|m((\xi_1,\tau_1),\cdots,(\xi_4,\tau_4))\Big\|_{[4,\mathbf{R}\times\mathbf{R}]}:=\left\|\frac{1}{\langle\sigma_1\rangle^{1/2+}\langle\bar{\sigma}_2\rangle^{1/2+}\langle\sigma_3\rangle^{1/2+}\langle\bar{\sigma}_4\rangle^{1/2-}}\right\|_{[4,\mathbf{R}\times\mathbf{R}]}\lesssim 1,$$

其中

$$\xi_1+\xi_2+\xi_3+\xi_4=0,\ \ \tau_1+\tau_2+\tau_3+\tau_4=0,\ \xi=-\xi_4,\tau=-\tau_4,$$

$$\bar{\sigma}_4=\tau_4+|\xi_4|^{2\alpha},\ \ |\sigma_1+\bar{\sigma}_2+\sigma_3+\bar{\sigma}_4|=|\xi_4|^{2\alpha}-|\xi_1|^{2\alpha}+|\xi_2|^{2\alpha}-|\xi_3|^{2\alpha}.$$

定义 $N_i:=|\xi_i|$, 采用如下记号:

$$1\leqslant soprano,alto,tenor,baritone\leqslant 4$$

为不同的指标使得

$$N_{soprano}\geqslant N_{alto}\geqslant N_{tenor}\geqslant N_{baritone}$$

分别为 $N_1,\cdots,N_4$ 由高到低的指标值. 由于 $\xi_1+\xi_2+\xi_3+\xi_4=0$, 则必有 $N_{soprano}\sim N_{alto}$. 不失一般性可以假设 $N_{soprano}=N_1$ 以及 $\xi_1>0$.

情形一：设 $N_2=N_{alto}$, 此意味着 $\xi_1\xi_2<0$.

(1-a) 如果 $\xi_3\xi_4<0$, 则由引理 3.2.10 以及引理 3.2.16 可知

$$\begin{aligned}\left\|m((\xi_1,\tau_1),\cdots,(\xi_4,\tau_4))\right\|_{[4,\mathbf{R}\times\mathbf{R}]}&\lesssim\left\|\frac{1}{\langle\sigma_1\rangle^{1/2+}\langle\bar{\sigma}_2\rangle^{1/2+}\langle\sigma_3\rangle^{1/2+}\langle\overline{\sigma}_4\rangle^{1/2-}}\right\|_{[4,\mathbf{R}\times\mathbf{R}]}\\&\lesssim\left\|\frac{1}{\langle\sigma_1\rangle^{1/2+}\langle\bar{\sigma}_2\rangle^{1/2+}}\right\|_{[3,\mathbf{R}\times\mathbf{R}]}\left\|\frac{1}{\langle\sigma_3\rangle^{1/2+}\langle\overline{\sigma}_4\rangle^{1/2-}}\right\|_{[3,\mathbf{R}\times\mathbf{R}]}\\&\lesssim1.\end{aligned}$$

(1-b) 如果 $\xi_3\xi_4>0$, 则 $\xi_3<0,\ \xi_4<0$ 且 $|\xi_1+\xi_2|=|\xi_3+\xi_4|\geqslant\max\{|\xi_3|,|\xi_4|\}$.

① 如果 $N_3=N_{tenor}$, 则 $|\xi_4|^{2\alpha}-|\xi_3|^{2\alpha}<0$ 且 $-|\xi_1|^{2\alpha}+|\xi_2|^{2\alpha}<0$. 利用 Taylor 公式可知

$$\begin{aligned}&|\xi_3|^{2\alpha}-|\xi_4|^{2\alpha}\gtrsim2\alpha N_4^{2\alpha-1}N_{12},\\&|\xi_1|^{2\alpha}-|\xi_2|^{2\alpha}\sim2\alpha N_1^{2\alpha-1}N_{12},\end{aligned}$$

以及

$$|\xi_1|^{2\alpha}-|\xi_4|^{2\alpha}-|\xi_2|^{2\alpha}+|\xi_3|^{2\alpha}\gtrsim|\xi_2|^{2\alpha-1}|\xi_3|.$$

如果 $|\xi_4|\ll|\xi_3|$, 类似于 (1-a) 的证明可知结论成立.

如果 $|\xi_4|\sim|\xi_3|$, 则 $|\xi|\sim|\xi_3|$. 利用对称性, 不妨假设 $|\bar{\sigma}_4|=|\sigma|\gtrsim|\xi_2|^{2\alpha-1}|\xi_3|\geqslant|\xi_3|^{2\alpha}$. 类似于定理 3.2.4 的证明, 引理 3.2.12 以及引理 3.2.15 可知积分 Γ 可以控制为

$$\begin{aligned}&\int_\star\frac{\bar{f}(\tau,\xi)f_1(\tau_1,\xi_1)f_2(\tau_2,\xi_2)f_3(\tau_3,\xi_3)\mathrm{d}\delta}{\langle\sigma\rangle^{1/2-}\langle\sigma_1\rangle^{1/2+}\langle\bar{\sigma}_2\rangle^{1/2+}\langle\sigma_3\rangle^{1/2+}}\\\leqslant&\int_\star\frac{\bar{f}(\tau,\xi)f_1(\tau_1,\xi_1)f_2(\tau_2,\xi_2)f_3(\tau_3,\xi_3)\mathrm{d}\delta}{|\xi_3|^{\alpha-}\langle\sigma_1\rangle^{1/2+}\langle\bar{\sigma}_2\rangle^{1/2+}\langle\sigma_3\rangle^{1/2+}}\\=&C\int\overline{F_0}\cdot F^1_{1/2+}\cdot F^2_{1/2+}\cdot\mathrm{D}_x^{-\alpha+}F^3_{1/2+}(x,t)\mathrm{d}x\mathrm{d}t\\\leqslant&C\|F_0\|_{L^2_xL^2_t}\|F^1_{1/2+}\|_{L^4_xL^4_t}\|F^2_{1/2+}\|_{L^4_xL^4_t}\|D_x^{-\alpha+}F^3_{1/2+}\|_{L^\infty_xL^\infty_t}\\\leqslant&C\|f\|_{L^2_\xi L^2_\tau}\|f_1\|_{L^2_\xi L^2_\tau}\|f_2\|_{L^2_\xi L^2_\tau}\|f_3\|_{L^2_\xi L^2_\tau}.\end{aligned}$$

② 假设 $N_4=N_{tenor}$. 令 $f(x)=(x+a)^{2\alpha}-a^{2\alpha}-x^{2\alpha}$, 其中, $a,x>0,2\alpha>1$. 则当 $x>0$ 时, $f'(x)>0$ 且 $f(x)\sim(x+a)\min\{x,a\}$. 从而

$$|\xi_1|^{2\alpha}-|\xi_4|^{2\alpha}-|\xi_2|^{2\alpha}+|\xi_3|^{2\alpha}=|\xi_2+\xi_3+\xi_4|^{2\alpha}-|\xi_4|^{2\alpha}-|\xi_2|^{2\alpha}+|\xi_3|^{2\alpha}\gtrsim|\xi_2|^{2\alpha-1}|\xi_3|.$$

类似地可知结论成立.

情形二: 设 $N_3=N_{alto}$, 从而 $\xi_1\xi_3<0$.

(2-a) 如果 $\xi_2<0,\ \xi_4>0$, 类似于情形 (1-a) 可知结论成立.

(2-b) 如果 $\xi_2>0,\ \xi_4<0$, 则利用引理 3.2.10 以及引理 3.2.16 可知

$$\begin{aligned}\left\|m((\xi_1,\tau_1),\cdots,(\xi_4,\tau_4))\right\|_{[4,\mathbf{R}\times\mathbf{R}]}&\lesssim\left\|\frac{1}{\langle\sigma_1\rangle^{1/2+}\langle\bar{\sigma}_2\rangle^{1/2+}\langle\sigma_3\rangle^{1/2+}\langle\overline{\sigma}_4\rangle^{1/2-}}\right\|_{[4,\mathbf{R}\times\mathbf{R}]}\\&\lesssim\left\|\frac{1}{\langle\sigma_1\rangle^{1/2+}\langle\bar{\sigma}_4\rangle^{1/2-}}\right\|_{[3,\mathbf{R}\times\mathbf{R}]}\left\|\frac{1}{\langle\sigma_3\rangle^{1/2+}\langle\overline{\sigma}_2\rangle^{1/2+}}\right\|_{[3,\mathbf{R}\times\mathbf{R}]}\\&\lesssim1.\end{aligned}$$

(2-c) 如果 $\xi_2<0,\xi_4<0$, 则 $|\xi_1+\xi_2|=|\xi_3+\xi_4|\geqslant\max\{|\xi_3|,|\xi_4|\}$. 而且 $|\xi_1|^{2\alpha}-|\xi_2|^{2\alpha}>0$ 且 $|\xi_3|^{2\alpha}-|\xi_4|^{2\alpha}>0$,

$$|\xi_1|^{2\alpha}-|\xi_4|^{2\alpha}-|\xi_2|^{2\alpha}+|\xi_3|^{2\alpha}\gtrsim|\xi_2|^{2\alpha-1}|\xi_3|.$$

类似于情形 (1-b) 可知结论成立. 从而完成定理 3.2.5 的证明. □

我们还有如下引理成立 (参见引理 3.2.1):

引理 3.2.17　令 $u(t)$ 为 Cauchy 问题 (3.2.36) 的光滑解, 则

$$\|u(t)\|_{L^2}\lesssim\|u_0\|_{L^2}.$$

因此, 类似于文献 [106], [107], 利用引理 3.2.13, 定理 3.2.5 以及引理 3.2.17, 可知 Cauchy 问题 (3.2.36) 在 L^2 中的整体适定性, 其中, $1/2<\alpha<1$. 从而定理 3.2.3 成立.

3.3　分数阶 Ginzburg-Landau 方程

这一节考虑分数阶复 Ginzburg-Landau 方程 (FCGL)[28]

$$u_t=Ru-(1+\mathrm{i}\nu)(-\Delta)^\alpha u-(1+\mathrm{i}\mu)|u|^{2\sigma}u, \tag{3.3.1}$$

其中, $\alpha\in(0,1)$, $u(x,t)$ 为关于 t 和 x 的复值函数, 系数 R,μ,ν,σ 均为实数. 当 $\alpha=1$, 方程退化为经典的 Ginzburg-Landau 方程, 参见文献 [110].

本节的主要目的是讨论该方程解的存在唯一性, 及其无穷维动力学行为, 为了简化起见, 我们将讨论周期情形 $\mathbf{T}^d=[0,2\pi]^d$. 我们将讨论分为三个部分, 首先我们将证明弱解的整体存在性; 其次我们考虑强解的整体存在性; 最后我们讨论方程所导致的无穷维动力系统的动力学行为, 建立吸引子的存在性.

3.3.1　弱解的存在性

这一节考虑方程 (3.3.1) 弱解的存在性, 我们将建立如下的定理:

定理 3.3.1　对任意的 $\varphi\in L^2(\mathbf{T}^d)$, 存在函数

$$u\in C([0,T];w-L^2(\mathbf{T}^d))\cap L^2([0,T];H^\alpha(\mathbf{T}^d))\cap L^{2\varsigma}([0,T];L^{2\varsigma}(\mathbf{T}^d))$$

在弱意义下满足 FCGL 方程

$$\begin{aligned}\langle u(t),\phi^*\rangle-\langle\varphi,\phi^*\rangle=&R\int_0^t\langle u,\phi^*\rangle\mathrm{d}\tau-\int_0^t(1+\mathrm{i}\nu)\langle\Lambda^\alpha u,\Lambda^\alpha\phi^*\rangle\mathrm{d}\tau\\&-\int_0^t(1+\mathrm{i}\mu)\langle|u|^{2\sigma}u,\phi^*\rangle\mathrm{d}\tau,\qquad\phi\in C^\infty(\mathbf{T}^d),\end{aligned}\tag{3.3.2}$$

且如下的能量恒等式成立:

$$\frac12\|u(t)\|_{L^2}^2+\int_0^t\|\Lambda^\alpha u\|_{L^2}^2\mathrm{d}\tau+\int_0^t\|u\|_{L^{2\varsigma}}^{2\varsigma}\mathrm{d}\tau\leqslant\frac12\|\varphi\|_{L^2}^2+R\int_0^t\|u\|_{L^2}^2\mathrm{d}\tau. \tag{3.3.3}$$

注 3.3.1 称 $u \in C([0,T]; w - L^2(\mathbf{T}^d))$, 如果对任意的 $\phi \in L^2(\mathbf{T}^d)$ 都有 $\langle u(t), \phi\rangle \in C([0,T])$.

我们首先建立如下的先验估计:

引理 3.3.1 令 u 为 FCGL 方程的光滑解, 其初值为 φ, 则

$$\|u(t)\|_{L^2}^2 \leqslant \mathrm{e}^{2Rt}\|\varphi\|_{L^2}^2, \tag{3.3.4}$$

且

$$\|u(t)\|_{L^2}^2 + 2\int_0^t \|\Lambda^\alpha u\|_{L^2}^2 \mathrm{d}\tau + 2\int_0^t \|u\|_{L^{2\varsigma}}^{2\varsigma} \mathrm{d}\tau \leqslant \mathrm{e}^{2Rt}\|\varphi\|_{L^2}^2. \tag{3.3.5}$$

证明: 将 FCGL 方程乘以 u^*, 并在 $\mathbf{T}^d$ 上积分可得

$$\int_{\mathbf{T}^d} u_t u^* = R\int_{\mathbf{T}^d} uu^*\mathrm{d}x - (1+\mathrm{i}\nu)\int_{\mathbf{T}^d}(-\Delta)^\alpha uu^*\mathrm{d}x - (1+\mathrm{i}\mu)\int_{\mathbf{T}^d}|u|^{2\sigma}uu^*\mathrm{d}x.$$

类似地对方程取复共轭, 乘以 u 并在 $\mathbf{T}^d$ 上积分可得

$$\int_{\mathbf{T}^d} u_t^* u = R\int_{\mathbf{T}^d} u^*u\mathrm{d}x - (1-\mathrm{i}\nu)\int_{\mathbf{T}^d}(-\Delta)^\alpha u^*u\mathrm{d}x - (1-\mathrm{i}\mu)\int_{\mathbf{T}^d}|u|^{2\sigma}u^*u\mathrm{d}x.$$

将上述两式相加并利用分部积分可得

$$\frac{\mathrm{d}}{\mathrm{d}t}\int_{\mathbf{T}^d}|u|^2\mathrm{d}x + 2\int_{\mathbf{T}^d}|\Lambda^\alpha u|^2\mathrm{d}x + 2\int_{\mathbf{T}^d}|u|^{2\varsigma} \leqslant 2R\int_{\mathbf{T}^d}|u|^2. \tag{3.3.6}$$

特别地,

$$\frac{\mathrm{d}}{\mathrm{d}t}\int_{\mathbf{T}^d}|u|^2\mathrm{d}x \leqslant 2R\int_{\mathbf{T}^d}|u|^2,$$

由此可得

$$\|u\|_{L^2}^2 \leqslant \|\varphi\|_{L^2}^2\mathrm{e}^{2Rt}.$$

将此代入式 (3.3.6) 可得估计式 (3.3.5). □

引理 3.3.2 令 u 为 FCGL 方程的光滑解, 则

$$\left\|\frac{\mathrm{d}u}{\mathrm{d}t}\right\|_{L^{\frac{2\varsigma}{2\varsigma-1}}(0,t;H^{-\beta})} \leqslant C, \quad \beta \geqslant \frac{(\sigma)d}{2\varsigma}. \tag{3.3.7}$$

证明: 将方程乘以检验函数 $\phi^*(x)$ 并在 $\mathbf{T}^d\times[0,t]$ 上积分可得

$$\int_0^t\left\langle\frac{\mathrm{d}u}{\mathrm{d}t},\phi^*\right\rangle = \int_0^t\langle Ru,\phi^*\rangle - \int_0^t(1+\mathrm{i}\nu)\langle(-\Delta)^\alpha u,\phi^*\rangle - \int_0^t(1+\mathrm{i}\mu)\langle|u|^{2\sigma}u,\phi^*\rangle.$$

利用分部积分以及 Hölder 不等式可知

$$\left|\int_0^t\langle Ru,\phi^*\rangle\right| \leqslant R\|u\|_{L^{2\varsigma}(\mathbf{T}^d\times[0,t])}\|\phi\|_{L^{2\varsigma}(\mathbf{T}^d\times[0,t])},$$

$$\left|\int_0^t(1+\mathrm{i}\nu)\langle(-\Delta)^\alpha u,\phi^*\rangle\right| \leqslant C\|u\|_{L^2(0,t;H^\alpha)}\|\phi\|_{L^2(0,t;H^\alpha)}$$

以及

$$\left|\int_0^t (1+\mathrm{i}\mu)\langle |u|^{2\sigma}u, \phi^*\rangle\right| \leqslant C\|u\|_{L^{2\varsigma}(\mathbf{T}^d\times[0,t])}^{2\varsigma-1}\|\phi\|_{L^{2\varsigma}(\mathbf{T}^d\times[0,t])}.$$

从而

$$\left|\int_0 \left\langle \frac{\mathrm{d}u}{\mathrm{d}t}, \phi^*\right\rangle\right| \leqslant C\|\phi\|_{L^{2\varsigma}(0,t;H^\alpha)}, \quad \forall \phi\in L^{2\varsigma}(0,t;H^\alpha).$$

特别地, 此表明 $\frac{\mathrm{d}u}{\mathrm{d}t}\in L^{\frac{2\varsigma}{2\varsigma-1}}(0,t;H^{-\alpha})$, 且不等式 (3.3.7) 成立. □

进一步可得如下估计, 记 $I_\phi(t)=\langle u(t),\phi^*\rangle$.

引理 3.3.3　对任意的 $\phi\in L^2(\mathbf{T}^d)$, $I_\phi(t)$ 是关于 t 的连续函数.

证明: 首先考虑 $\phi\in C^\infty(\mathbf{T}^d)$, 对于一般的 $\phi\in L^2(\mathbf{T}^d)$ 可以应用稠密性论断证明. 由式 (3.3.2) 中弱解的定义以及 Hölder 不等式, 我们有

$$\begin{aligned}
|I_\phi(t_2)-I_\phi(t_1)| = &\left|R\int_{t_1}^{t_2}\langle u,\phi^*\rangle \mathrm{d}\tau - \int_{t_1}^{t_2}(1+\mathrm{i}\nu)\langle \Lambda^\alpha u, \Lambda^\alpha\phi^*\rangle \mathrm{d}\tau\right.\\
&\left.-\int_{t_1}^{t_2}(1+\mathrm{i}\mu)\langle |u|^{2\sigma}u, \phi_N^*\rangle \mathrm{d}\tau\right|\\
\leqslant &(|R|\|\phi\|_{L^\infty}+|1+\mathrm{i}\nu|\|\Lambda^{2\alpha}\phi^*\|_{L^\infty})\|u\|_{L^2(0,T;L^2)}|t_2-t_1|^{1/2}\\
&+|1+\mathrm{i}\mu|\|\phi^*\|_\infty\|u\|_{L^{2\varsigma}(0,T;L^{2\varsigma})}^{2\sigma-1}|t_2-t_1|^{\frac{1}{2\varsigma}}\\
\leqslant &C_\phi \mathrm{e}^{RT}\|\varphi\|_{L^2}|t_2-t_1|^{1/2}+C_\phi(\mathrm{e}^{2RT}\|\varphi\|_{L^2}^2)^{\frac{2\varsigma-1}{2\varsigma}}|t_2-t_1|^{\frac{1}{2\varsigma}},
\end{aligned} \tag{3.3.8}$$

可知连续性成立. 令 $\varepsilon>0$, 对任意的 $\phi\in L^2(\mathbf{T}^d)$, 可以选择 $\phi_\varepsilon\in C^\infty(\mathbf{T}^d)$ 使得 $\|\phi_\varepsilon-\phi\|_{L^2(\mathbf{T}^d)}\leqslant\varepsilon$. 再次利用 Hölder 不等式以及三角不等式可知

$$|I_\phi(t_2)-I_\phi(t_1)|\leqslant \varepsilon(\|u(t_2)\|_{L^2}+\|u(t_1)\|_{L^2})+|I_{\phi_\varepsilon}(t_2)-I_{\phi_\varepsilon}(t_1)|. \tag{3.3.9}$$

由 $I_{\phi_\varepsilon}(t)$ 关于时间 t 的连续性, 当 $t_1\to t_2$ 时, 右端第二项趋于零. 注意到 $\|u(t_2)\|_{L^2}+\|u(t_1)\|_{L^2}$ 是独立于 ε 的, 由 ε 的任意性可知 $I_\phi(t)$ 对 $\phi\in L^2(\mathbf{T}^d)$ 关于时间是连续的. □

下面将利用紧致性论断证明 FCGL 方程弱解的整体存在性. 首先介绍如下紧致性引理, 其证明可以在参考文献 [100] 中找到.

引理 3.3.4　令 B_0, B, B_1 为 Banach 空间, $B_0\hookrightarrow\hookrightarrow B\hookrightarrow B_1$ 且 B_0, B_1 是自反对. 记

$$W=\left\{v|v\in L^{p_0}(0,T;B_0), v'=\frac{\mathrm{d}v}{\mathrm{d}t}\in L^{p_1}(0,T;B_1)\right\},$$

其中, $T<\infty$ 是有限的, 且 $1<p_0,p_1<\infty$. 则 W 在范数

$$\|v\|_{L^{p_0}(0,T;B_0)}+\|v'\|_{L^{p_1}(0,T;B_1)}$$

下构成 Banach 空间, 且嵌入 $W\hookrightarrow L^{p_0}(0,T;B)$ 是紧致的.

利用 Fourier-Galerkin 逼近方法证明弱解的存在性. 令 $\{e_1, e_2, \cdots, e_N, \cdots\}$ 为 L^2 的一组标准正交基, $\mathscr{P}_N L^2$ 为 L^2 到 $\text{span}\{e_1, \cdots, e_N\}$ 上的正交投影. 构造如下逼近问题:

$$\begin{aligned}\langle u_N(t), \phi^*\rangle - \langle \varphi_N, \phi^*\rangle = & R\int_0^t \langle u_N, \phi^*\rangle \mathrm{d}\tau - \int_0^t (1+\mathrm{i}\nu)\langle \Lambda^\alpha u_N, \Lambda^\alpha \phi^*\rangle \mathrm{d}\tau \\ & - \int_0^t (1+\mathrm{i}\mu)\langle |u_N|^{2\sigma} u_N, \phi_N^*\rangle \mathrm{d}\tau,\end{aligned} \tag{3.3.10}$$

其中, $\phi \in C^\infty(\mathbf{T}^d)$ 且 $\phi_N = \mathscr{P}_N \phi$. 显然当 $N \to \infty$ 时, $\mathscr{P}_N \phi \to \phi$ 在 $L^2(\mathbf{T}^d)$ 中强收敛, 且由 Parseval 不等式可知 $\|\phi_N\|_{L^2} \leqslant \|\phi\|_{L^2}$.

固定 $T > 0$. 首先, 引理 3.3.1~ 引理 3.3.3 对 u_N 也成立, 且

$$\|u_N(t)\|^2 + 2\int_0^t \|\Lambda^\alpha u_N\|_{L^2}^2 \mathrm{d}\tau + 2\int_0^t \|u_N\|_{L^{2\varsigma}}^{2\varsigma} \mathrm{d}\tau = \|\varphi_N(t)\|^2 + 2R\int_0^t \|u_N\|_{L^2}^2 \mathrm{d}\tau. \tag{3.3.11}$$

由此可知 $\{u_N\}$ 在 $L^2([0,T]; H^\alpha)$ 以及 $L^{2\varsigma}([0,T]; L^{2\varsigma})$ 中有界, 由此可知 $\{u_N\}$ 是弱紧的, 从而存在子列 (仍记为 $\{u_N\}$) 使得 $u_N \to u$ 在 $L^2([0,T]; H^\alpha)$ 以及 $L^{2\varsigma}([0,T]; L^{2\varsigma})$ 中弱收敛. 进一步, 由估计式 (3.3.4) 可知对任意的 $t \geqslant 0$, $\{u_N(t)\}$ 在 $L^2(\mathbf{T}^d)$ 中是弱紧致的, 由引理 3.3.2 可知 $\mathrm{d}u_N/\mathrm{d}t$ 在 $L^{\frac{2\gamma}{2\gamma-1}}(0,T; H^{-\alpha})$ 中是有界的. 从而利用引理 3.3.4 可知 $\{u_N\}$ 在 $L^2(0,T; L^2)$ 是紧致的.

由插值不等式

$$\|\eta\|_{L^{2\varsigma-1}}^{2\varsigma-1} \leqslant \rho\|\eta\|_{L^{2\varsigma}}^{2\varsigma} + C(\rho)\|\eta\|_{L^2}^2, \qquad \forall \rho > 0,$$

还可以说明 $\{u_N\}$ 在 $L^{2\varsigma-1}([0,T]; L^{2\varsigma-1})$ 中以强拓扑是紧致的. 令 $\varepsilon > 0$, 对 $\eta_N = u_N - u$ 应用该不等式可知

$$\|\eta_N\|_{L^{2\varsigma-1}(\mathbf{T}^d\times[0,T])}^{2\varsigma-1} \leqslant \rho\|\eta_N\|_{L^{2\varsigma}(\mathbf{T}^d\times[0,T])}^{2\varsigma} + C(\rho)\|\eta_N\|_{L^2(\mathbf{T}^d\times[0,T])}^2.$$

由 $\eta_N \to 0$ 在 $L^{2\varsigma}(\mathbf{T}^d \times [0,T])$ 中弱收敛, 以及在 $L^2(\mathbf{T}^d \times [0,T])$ 中强收敛, 在上式中令 $N \to \infty$ 可得

$$\begin{aligned}\limsup_{N\to\infty} \|\eta_N\|_{L^{2\varsigma-1}(\mathbf{T}^d\times[0,T])}^{2\varsigma-1} & \leqslant \limsup_{N\to\infty} \rho\|\eta_N\|_{L^{2\varsigma}(\mathbf{T}^d\times[0,T])}^{2\varsigma} \\ & \leqslant \rho C < \varepsilon.\end{aligned}$$

由 $\varepsilon > 0$ 的任意性可知 $u_N \to u$ 在 $L^{2\varsigma-1}(\mathbf{T}^d \times [0,T])$ 中强收敛, 从而可知 $|u_N|^{2\sigma} u_N \to |u|^{2\sigma} u$ 在 $L^1([0,T]; L^1(\mathbf{T}^d))$ 中弱收敛.

类似于引理 3.3.3, 可知 $\{\langle u_N, \phi^*\rangle\}_N$ 是关于时间 t 的连续函数. 事实上, 由于式 (3.3.8) 以及式 (3.3.9) 独立于 N, 从而对任意的 $\phi \in L^2(\mathbf{T}^d)$, $\{\langle u_N, \phi^*\rangle\}_N$ 在 $C([0,T])$ 中是等度连续的. 另一方面, 由引理 3.3.1 可知 $\{\langle u_N, \phi^*\rangle\}_N$ 在 $C([0,T])$ 中一致有界. 由 Arzelà-Ascoli 定理可知 $\{\langle u_N, \phi^*\rangle\}_N$ 在 $C([0,T])$ 中是紧致的, 即 $\{u_N\}$ 在 $C([0,T]); w\text{-}L^2(\mathbf{T}^d))$ 中是紧致的.

定理 3.3.1 的证明: 证明的出发点是逼近问题 (3.3.10), 令 $\phi \in C^\infty(\mathbf{T}^d)$. 类似于引理 3.3.3, $\langle u_N(t), \phi\rangle$ 是关于时间 t 的连续函数, 且对任意的 $t \geqslant 0$ 收敛于 $\langle u(t), \phi\rangle$. 由于

$u_N \to u$ 在 $L^2([0,T];H^\alpha(\mathbf{T}^d))$ 中弱收敛, 可知

$$\int_0^t \langle u_N, \phi^* \rangle \mathrm{d}\tau \to \int_0^t \langle u, \phi^* \rangle \mathrm{d}\tau,$$

$$\int_0^t \langle \Lambda^\alpha u_N, \Lambda^\alpha \phi^* \rangle \mathrm{d}\tau \to \int_0^t \langle \Lambda^\alpha u, \Lambda^\alpha \phi^* \rangle \mathrm{d}\tau.$$

最后, 由于 $|u_N|^{2\sigma}u_N \to |u|^{2\sigma}u$ 在 $L^1([0,T];L^1(\mathbf{T}^d))$ 中弱收敛, 且 $\phi_N \to \phi$ 在 $\mathbf{T}^d$ 上一致收敛, 可知

$$\int_0^t \langle |u_N|^{2\sigma}u_N, \phi_N^* \rangle \mathrm{d}\tau \to \int_0^t \langle |u|^{2\sigma}u, \phi_N^* \rangle \mathrm{d}\tau.$$

因此, 极限函数 u 在式 (3.3.2) 的意义下满足分数阶复 Ginzburg-Landau 方程.

最后说明式 (3.3.3) 成立. 由式 (3.3.11) 以及 Fatou 引理, 这是显然的. 定理证毕. □

一般说来, 弱解是不唯一的. 我们建立如下的唯一性准则:

定理 3.3.2　设 $\alpha \in \left(\frac{1}{2}, 1\right]$, $T > 0$, 且 $d < 4\alpha$, 则 FCGL 方程至多有一个弱解使得

$$u \in L^\infty(0,T;L^2) \cap L^2(0,T;H^\alpha), \tag{3.3.12}$$

且

$$u \in L^{\frac{2\sigma}{1-\theta}}(0,T;L^{4\sigma}), \qquad \theta = \frac{d}{4\alpha} \in (0,1). \tag{3.3.13}$$

注 3.3.2　由下面的证明过程可以看出, 可以仅假设二者之一属于强解类式 (3.3.12), 而另一个解是弱解. 在二维情形, 令 $\alpha = 1$ 以及 $\sigma = 1$, 由此可以得到经典 Ginzburg-Landau 方程弱解的唯一性, 参见文献 [111].

证明: 令 u_A 和 u_B 为 FCGL 方程的两个解, 则 $w = u_A - u_B$ 满足

$$w_t = Rw - (1+\mathrm{i}\nu)(-\Delta)^\alpha w - (1+\mathrm{i}\mu)(|u_A|^{2\sigma}u_A - |u_B|^{2\sigma}u_B).$$

将该式乘以 w^* 并在 $\mathbf{T}^d$ 上积分, 取其实部可得

$$\begin{aligned}\frac{\mathrm{d}}{\mathrm{d}t}\|w\|_{L^2}^2 + 2\|\Lambda^\alpha w\|_{L^2}^2 =& 2R\|w\|_{L^2}^2 - 2\int_{\mathbf{T}^d} |u_A|^{2\sigma}|w|^2 \\ & - \int_{\mathbf{T}^d} (|u_A|^{2\sigma} - |u_B|^{2\sigma})(u_B w^* + u_B^* w).\end{aligned} \tag{3.3.14}$$

对于右端第二项, 利用插值不等式

$$\|w\|_{L^4} \leqslant \|w\|_{L^2}^{1-\theta}\|w\|_{H^\alpha}^{\theta}, \qquad \theta = \frac{d}{4\alpha},$$

可知

$$\begin{aligned}\left|2\int_{\mathbf{T}^d} |u_A|^{2\sigma}|w|^2\right| \leqslant& \left(\int |u_A|^{4\sigma}\right)^{\frac{1}{2}} \left(\int |w|^4\right)^{\frac{1}{2}} \\ \leqslant& C\left(\int |u_A|^{4\sigma}\right)^{\frac{1}{2}} \|w\|_{L^2}^{2(1-\theta)}\|w\|_{H^\alpha}^{2\theta} \\ \leqslant& C\|u_A\|_{L^{4\sigma}}^{2\sigma}\|w\|_{L^2}^2 + C\|u_A\|_{L^{4\sigma}}^{\frac{2\sigma}{1-\theta}}\|w\|_{L^2}^2 + \|\Lambda^\alpha w\|_{L^2}^2.\end{aligned}$$

注意到存在常数 $\epsilon \in (0,1)$ 使得

$$\begin{aligned}\left||u_A|^{2\sigma} - |u_B|^{2\sigma}\right| &\leqslant 2\sigma \left|\epsilon|u_A| + (1-\epsilon)|u_B|\right|^{2\sigma-1} \left||u_A| - |u_B|\right| \\ &\leqslant C_\sigma \left||u_A| + |u_B|\right|^{2\sigma-1}|w|,\end{aligned}$$

右端最后一项可以控制为

$$\begin{aligned}&\leqslant C\left((\int |u_A|^{4\sigma})^{\frac{1}{2}} + (\int |u_B|^{4\sigma})^{\frac{1}{2}} \right) \left(\int |w|^4 \right)^{\frac{1}{2}} \\ &\leqslant C\|U\|_{L^{4\sigma}}^{2\sigma} \|w\|_{L^2}^2 + C\|U\|_{L^{4\sigma}}^{\frac{2\sigma}{1-\theta}} \|w\|_{L^2}^2 + \|\Lambda^\alpha w\|_{L^2}^2,\end{aligned}$$

其中, $|U| = |u_A| + |u_B|$. 利用式 (3.3.14) 可知

$$\frac{\mathrm{d}}{\mathrm{d}t}\|w\|_{L^2}^2 = 2R\|w\|_{L^2}^2 + C\|U\|_{L^{4\sigma}}^{2\sigma}\|w\|_{L^2}^2 + C\|U\|_{L^{4\sigma}}^{\frac{2\sigma}{1-\theta}}\|w\|_{L^2}^2.$$

利用式 (3.3.12) 可知 $w = 0$. 证毕. □

3.3.2 强解的整体存在性

这一节建立分数阶复 Ginzburg-Landau 方程强解的整体存在性. 为此令 $\mathcal{S}^\alpha(t) = \mathrm{e}^{-t(1+\mathrm{i}\nu)(-\Delta)^\alpha + Rt}$, 从而算子族 $\mathcal{S}^\alpha(t)$ 在 $L^p(p \in [1,\infty])$ 上生成有界线性算子 [51]. 首先考虑线性方程

$$u_t = Ru - (1+\mathrm{i}\nu)(-\Delta)^\alpha u, \quad u(0) = \varphi(x). \tag{3.3.15}$$

利用傅里叶变换

$$\frac{\mathrm{d}}{\mathrm{d}t}\hat{u}(t,\xi) = R\hat{u} - (1+\mathrm{i}\nu)|\xi|^\alpha \hat{u}(t,\xi),$$

再利用傅里叶逆变换, 线性方程 (3.3.15) 的解可以表示为

$$u(t) = \mathcal{S}^\alpha(t)\varphi = \mathcal{F}^{-1}\left(\mathrm{e}^{-t(1+\mathrm{i}\nu)|\xi|^{2\alpha} + Rt}\right) * \varphi = G_t^\alpha * \varphi.$$

为了研究算子族 $\mathcal{S}^\alpha(t)$, 仅需研究算子 G_t^α 的性态, 为此仅需研究算子 $\tilde{G}_t^\alpha := G_t^\alpha \mathrm{e}^{-Rt}$. 算子 $\tilde{G}_t^\alpha$ 可以表示为

$$\begin{aligned}\tilde{G}_t^\alpha(x) &= \frac{1}{(2\pi)^d}\int_{\mathbf{R}^d} \mathrm{e}^{\mathrm{i}x\cdot\xi}\mathrm{e}^{-t(1+\mathrm{i}\nu)|\xi|^{2\alpha}}\mathrm{d}\xi \\ &= t^{-\frac{d}{2\alpha}}\tilde{G}_1^\alpha\left(\frac{x}{t^{1/2\alpha}}\right),\end{aligned}$$

这导致我们研究算子 $\tilde{G}^\alpha := \tilde{G}_1^\alpha$,

$$\tilde{G}^\alpha(x) = \frac{1}{(2\pi)^d}\int_{\mathbf{R}^d} \mathrm{e}^{\mathrm{i}x\cdot\xi}\mathrm{e}^{-(1+\mathrm{i}\nu)|\xi|^{2\alpha}}\mathrm{d}\xi.$$

由于 $\mathrm{e}^{-(1+\mathrm{i}\nu)|\xi|^{2\alpha}} \in L^1(\mathbf{R}^d)$, 利用 Riemann-Lebesgue 引理知 $\tilde{G}^\alpha \in L^\infty(\mathbf{R}^d) \cap C(\mathbf{R}^d)$ 且当 $|x| \to \infty$ 时, $\tilde{G}^\alpha(x) \to 0$. 从而 $\tilde{G}^\alpha \in C_0(\mathbf{R}^d)$, 其中, $C_0(\mathbf{R}^d)$ 表示 $\mathbf{R}^d$ 上在无穷远处衰减到零的所有连续函数全体. 特别地, 注意到对任意的 $\beta > 0$, $|\xi|^{2\beta}\mathrm{e}^{-(1+\mathrm{i}\nu)|\xi|^{2\alpha}} \in L^1(\mathbf{R}^d)$, 从而

$$(-\Delta)^\beta \tilde{G}^\alpha \in C_0(\mathbf{R}^d).$$

下面的讨论将用到如下引理 3.3.5, 其证明可以参照参考文献 [51].

引理 3.3.5 令 $\alpha > 0$, 则

$$|\tilde{G}^{\alpha}(x)| \leqslant C(1+|x|)^{-d-2\alpha}, \qquad \forall x \in \mathbf{R}^d,$$

从而

$$\tilde{G}^{\alpha} \in L^p(\mathbf{R}^d), \qquad \forall p \in [1,\infty].$$

引理 3.3.6 令 $\alpha > 0$, 则

$$|(-\Delta)^s \tilde{G}^{\alpha}(x)| \leqslant C(1+|x|)^{-d-2s}, \qquad \forall s > 0, \forall x \in \mathbf{R}^d,$$

从而

$$(-\Delta)^s \tilde{G}^{\alpha} \in L^p(\mathbf{R}^d), \qquad \forall p \in [1,\infty].$$

特别地, 对任意的 $p \in [1,\infty]$ 有 $\boldsymbol{\nabla}\tilde{G}^{\alpha} \in L^p(\mathbf{R}^d)$.

下面我们利用半群理论建立方程的局部存在性以及整体存在性. 有关半群理论可以参见文献 [112]. 考虑在 Banach 空间 X 中的抽象发展方程

$$u_t = Au + f(u), \quad u(0) = \varphi \in X, \tag{3.3.16}$$

其中, A 为某强连续算子半群 $S(t)$ 在 Banach 空间 X 上的无穷小生成元, 而 N 可以视为在 X 上的非线性扰动.

命题 3.3.1 设 $f: X \to X$ 为 Lipshitz 连续函数, 对任意的 $\rho > 0$, 存在时间 $T(\rho) > 0$ 使得对任意的初值 $u(0) = \varphi \in X$, $\|\varphi\|_X \leqslant \rho$, 方程 (3.3.16) 存在唯一的解 $u \in C([0,T];X)$ 在积分意义下满足方程

$$u(t) = S(t)\varphi + \int_0^t S(t-\tau)f(u(\tau))\mathrm{d}\tau.$$

进一步, u 是关于 φ 的局部 Lipshitz 连续的函数.

对于 FCGL 方程, 令 $Au = Ru - (1+\mathrm{i}\nu)\Lambda^{2\alpha}u$, $f(u) = -(1+\mathrm{i}\mu)|u|^{2\sigma}u$. 周期 FCGL 方程对应的半群 $\mathcal{S}_{per}^{\alpha}(t)$ 可以写为如下卷积形式: $\mathcal{S}_{per}^{\alpha}(t) = G_{per,t}^{\alpha} * \varphi$, 其中

$$G_{per,t}^{\alpha}(x) = \sum_{n \in \mathbf{Z}^d} G_t^{\alpha}(x+n).$$

接下来, 考虑 FCGL 方程的如下积分形式:

$$u(t) = G_{per,t}^{\alpha} * \varphi + \int_0^t G_{per,t-\tau}^{\alpha} * f(u(\tau))\mathrm{d}\tau. \tag{3.3.17}$$

应用引理 3.3.5 以及引理 3.3.6, 可以得到关于 $G_{per,t}^{\alpha}(t)$ 的估计

$$\|G_{per,t}^{\alpha}\|_{L^1} \leqslant C\mathrm{e}^{Rt},$$

应用 Young 不等式可知

$$\|\mathcal{S}_{per}^{\alpha}(t)\varphi\|_{L^p} \leqslant \|G_{per,t}^{\alpha}\|_{L^1}\|\varphi\|_{L^p} \leqslant C\mathrm{e}^{Rt}\|\varphi\|_{L^p}, \qquad \forall p \in [1,\infty],$$

从而 $\mathcal{S}_{per}^{\alpha}(t)$ 是在 $C(\mathbf{T}^d)$ 以及 $L^p(\mathbf{T}^d)(p \in [1,\infty))$ 上的强连续算子半群.

首先证明在 $X = C(\mathbf{T}^d)$ 中的强解的局部存在性.

定理 3.3.3 令 $\rho > 0$ 为任意实数, 则存在 $T = T(\rho) > 0$ 使得对任意的初值 $\varphi \in C(\mathbf{T}^d)$, $\|\varphi\|_\infty \leqslant \rho$, 分数阶复 Ginzburg-Landau 方程存在唯一的解

$$u \in C([0,T];C) \cap C((0,T];C^2) \cap C^1((0,T];C).$$

进一步, 如果初值 $\varphi \in C^2(\mathbf{T}^d)$, 则

$$u \in C([0,T];C^2) \cap C^1([0,T];C).$$

显然, 非线性项 $f(u)$ 为 $C(\mathbf{T}^d)$ 到自身的局部 Lipshitz 函数, 从而应用上述的抽象结论可知存在 (依赖于 $\|\varphi\|_\infty$) 时刻 $T > 0$ 使得 FCGL 在 $[0,T]$ 上存在唯一的局部解. 且方程的解是如下逼近序列的极限:

$$\begin{aligned} u^{(0)}(t) &= G_t^\alpha * \varphi, \\ u^{(n+1)}(t) &= G_t^\alpha * \varphi + \int_0^t G_{t-\tau}^\alpha * f(u^{(n)}(\tau))\mathrm{d}\tau. \end{aligned} \tag{3.3.18}$$

利用经典的靴带法, 可以得到方程解的某些正则性. 首先注意到估计 [92]

$$\|\nabla G_{per,t}^\alpha\|_{L^1} \leqslant Ct^{-\frac{1}{2\alpha}}\mathrm{e}^{Rt}. \tag{3.3.19}$$

当 $\alpha \in \left(\frac{1}{2}, 1\right)$ 时, 对迭代 (3.3.18) 利用该估计可以证明 $\nabla u^{(n)} \in C((0,T];C(\mathbf{T}^d))$, 且该序列在 $(0,T] \times \mathbf{T}^d$ 的紧子集上一致收敛, 从而 $u \in C((0,T];C^1(\mathbf{T}^d))$.

当初值 φ 具有更高的正则性时, 可以得到解 u 的更高的正则性. 事实上, 当 $\varphi \in C^1(\mathbf{T}^d)$, 则 $u \in C([0,T];C^1(\mathbf{T}^d))$, 从而在 $t = 0$ 时的奇性消失. 此时, ∇u 为方程

$$\nabla u(t) = G_{per,t}^\alpha * \nabla\varphi + \int_0^t G_{per,t-\tau}^\alpha * [f'(u(\tau))\nabla u(\tau)]\mathrm{d}\tau \tag{3.3.20}$$

的解, 其中

$$f'(u(\tau))\nabla u(\tau) = -(1+\mathrm{i}\mu)[(\sigma+1)|u|^{2\sigma}\nabla u + \sigma|u|^{2\sigma-2}u^2\nabla u^*].$$

由式 (3.3.20), 重复正则性讨论可以证明 $u(t) \in C((0,T];C^2(\mathbf{T}^d))$. 进一步, 由于分数阶复 Ginzburg-Landau 方程一阶时间导数交换 2α 阶的空间导数, 解一定还属于 $C^1((0,T];C(\mathbf{T}^d))$, 因此, 上述局部解实际上为方程的经典解. 证毕. □

注 3.3.3 一般情况下, 不能重复上述讨论以说明 $u \in C((0,T];C^3(\mathbf{T}^d))$, 其原因在于对非线性项进一步求导会导致在 u 的零点更高的奇性, 从而使得积分 (3.3.20) 发散. 但是当 σ 为正整数时, 上述讨论是可行的, 此时对非线性项的任意次求导都并不会引入奇性, 从而可以说明 $u \in C((0,T];C^\infty(\mathbf{T}^d))$. 类似地, 可以说明 $u \in C^\infty((0,T];C^\infty(\mathbf{T}^d))$.

当 σ 不是整数时, 只要对非线性项求导不会引入奇性, 就可以保证求导是可行的, 从而也可以得到解的更高的正则性. 即下述定理成立:

定理 3.3.4 (局部 C^k 解)　设对于某个正整数 n, $\sigma \geqslant \dfrac{n}{2}$, 则对任意的 $\rho > 0$, 存在 $T(\rho) > 0$ 使得对任意的初值 $\varphi \in C(\mathbf{T}^d)$, $\|\varphi\|_\infty < \rho$, FCGL 方程都存在唯一解

$$u \in C([0,T];C(\mathbf{T}^d)) \cap C((0,T];C^{n+2}(\mathbf{T}^d)) \cap C^1((0,T];C^n(\mathbf{T}^d)).$$

进一步, 对任意的初值 $\varphi \in C^{n+2}(\mathbf{T}^d)$ 成立 $u \in C([0,T];C^{n+2}(\mathbf{T}^d)) \cap C^1((0,T];C^n(\mathbf{T}^d))$.

注 3.3.4　考虑初始值 $\varphi \in L^\infty(\mathbf{T}^d)$. 由于 L^∞ 上的任一 C_0 半群都是由有界算子生成, 从而此时半群在 $L^\infty(\mathbf{T}^d)$ 上的作用一般在 $t=0$ 时不具有强连续性, 而仅有弱 * 连续性. 当且反当初值 $\varphi \in L^\infty(\mathbf{T}^d)$ 时, 可以期望得到

$$u \in C([0,T];w^*\!-\!L^\infty(\mathbf{T}^d)) \cap C((0,T];C^2) \cap C^1((0,T];C).$$

关于整数阶的分析读者可以参见文献 [113].

接下来, 我们考虑方程的解在 $X = L^p(\mathbf{T}^d)$ 中的局部存在性. 下面, 假设 $\varphi \in L^p(\mathbf{T}^d)$, 其中, $1 \leqslant p < \infty$.

首先, 对方程作 L^r 估计可得

$$\|u(t)\|_{L^r} \leqslant \|G^\alpha_{per,t}\|_{L^q}\|\varphi\|_{L^p} + |1+\mathrm{i}\mu| \int_0^t \|G^\alpha_{per,t-\tau}\|_{L^s}\|u(\tau)\|^{2\sigma+1}_{L^r}\mathrm{d}\tau, \tag{3.3.21}$$

其中, p, q, r, s 满足关系式

$$1+\frac{1}{r} = \frac{1}{p}+\frac{1}{q} \quad 和 \quad 1+\frac{1}{r} = \frac{1}{s}+\frac{2\sigma+1}{r}. \tag{3.3.22}$$

考虑

$$\|u(t)\|_{\widehat{L}^{r,q}} = \frac{\|u(t)\|_{L^r}}{\|G^\alpha_{per,t}\|_{L^q}},$$

定义空间 $\mathbf{\Xi}^{p,r}([0,T];\mathbf{T}^d)$ 为 $C([0,T];L^r(\mathbf{T}^d))$ 在范数

$$\|u\|_{\mathbf{\Xi}^{p,r}} := \sup_{t\in[0,T]}\{\|u(t)\|_{\widehat{L}^{r,q}}\}$$

下的完备化空间. 由式 (3.3.21) 可得

$$\|u(t)\|_{\widehat{L}^{r,q}} \leqslant \|\varphi\|_{L^p} + \frac{|1+\mathrm{i}\mu|}{\|G^\alpha_{per,t}\|_{L^q}} \int_0^t \|G^\alpha_{per,t-\tau}\|_{L^s}\|G^\alpha_{per,\tau}\|^{2\sigma+1}_{L^q}\|u(\tau)\|^{2\sigma+1}_{\widehat{L}^{r,q}}\mathrm{d}\tau.$$

如果核满足条件

$$\frac{1}{\|G^\alpha_{per,t}\|_{L^q}} \int_0^t \|G^\alpha_{per,t-\tau}\|_{L^s}\|G^\alpha_{per,\tau}\|^{2\sigma+1}_{L^q}\mathrm{d}\tau \to 0, \quad 当\ t \to 0, \tag{3.3.23}$$

则存在充分小的 $T > 0$ 使得迭代序列 (3.3.18) 在空间 $\mathbf{\Xi}$ 中收敛.

利用 $G^\alpha_{per,t}$ 的定义可知

$$|G^\alpha_{per,t}| \leqslant \sum_{n\in\mathbf{Z}^d} \mathrm{e}^{Rt}t^{-\frac{d}{2\alpha}} \left|\tilde{G}^\alpha\left(\frac{x}{t^{1/2\alpha}}\right)\right| \leqslant \mathrm{e}^{Rt}t^{-\frac{d}{2\alpha}}(a+bt^{\frac{d}{2\alpha}}),$$

其中, 常数 a,b 仅依赖于 ν. 利用插值不等式, $G^{\alpha}_{per,t}$ 的 L^q 范数可以估计为

$$\|G^{\alpha}_{per,t}\|_{L^q} \leqslant \|G^{\alpha}_{per,t}\|^{1/q^*}_{L^\infty}\|G^{\alpha}_{per,t}\|^{1/q}_{L^1} \leqslant \frac{C\mathrm{e}^{Rt}}{t^{d/(2\alpha q^*)}}(a+bt^{\frac{d}{2\alpha}})^{1/q^*}. \tag{3.3.24}$$

特别地, 当 $t\to 0$ 时, $\|G^{\alpha}_{per,t}\|_{L^q}=O(t^{\frac{d}{2\alpha q^*}})$.

因此, 只要

(1) $d(2\sigma+1)<2\alpha q^*$;

(2) $\dfrac{d}{2\alpha s^*}+\dfrac{\sigma d}{\alpha q^*}<1$,

则条件 (3.3.23) 成立. 条件 (1) 等价于

$$\frac{1}{p}-\frac{2\alpha}{(2\sigma+1)d}<\frac{1}{r}, \tag{3.3.25}$$

而利用式 (3.3.22), 条件 (2) 等价于 $\sigma d<\alpha p$.

现在仅假设 $\sigma d<\alpha p$, 选择 $r=(2\sigma+1)p$, 则式 (3.3.25) 以及式 (3.3.23) 成立. 在 $\Xi^{p,r}([0,T];\mathbf{T}^d)$ [其中, $r=(2\sigma+1)p$] 中利用压缩映象原理可知, FCGL 方程存在唯一的局部解.

现在考虑 u 的正则性, 可以说明 $u\in C([0,T];L^p(\mathbf{T}^d))\cap C((0,T];L^r(\mathbf{T}^d))$. 事实上, 由 $\Xi^{p,r}$ 范数的定义可知 $\Xi^{p,r}([0,T];\mathbf{T}^d)\subset C((0,T];L^r(\mathbf{T}^d))$, 从而为了说明 $u\in C([0,T];L^p(\mathbf{T}^d))$, 仅需验证 u 在 $t=0$ 时的连续性. 注意到

$$\begin{aligned}\|u(t)-\varphi\|_{L^p}\leqslant&\|G^{\alpha}_{per,t}*\varphi-\varphi\|_{L^p}\\&+|1+\mathrm{i}\mu|\int_0^t\|G^{\alpha}_{per,t-\tau}\|_{L^1}\|G^{\alpha}_{per,\tau}\|^{2\sigma+1}_{L^q}\|u(\tau)\|^{2\sigma+1}_{L^r/L^q_t}\mathrm{d}\tau,\end{aligned}$$

其中, $r=(2\sigma+1)p$ 且 q 如式 (3.3.22) 中定义. 由算子半群在 L^p 中的强连续性可知当 $t\to 0$ 时, 上式右端第一项趋于零. 另一方面, 由 $\sigma d<\alpha p$ 可知

$$d(2\sigma+1)<2\alpha q^*,$$

从而 $\|G^{\alpha}_{per,\tau}\|^{2\sigma+1}_{L^q}$ 在 $\tau=0$ 附近是可积的. 由此利用 u 在 $\Xi^{p,r}$ 中的有界性以及式 (3.3.19) 可知当 $t\to 0$ 时, 右端第二项趋于零. 从而 u 在 $t=0$ 时是连续的, 即 $u\in C([0,T];L^p(\mathbf{T}^d))$.

定理 3.3.5 如果 p 满足

$$q\leqslant p,\quad \sigma d<\alpha p,$$

则对任意的 $\rho>0$, 存在 $T(\rho)>0$ 使得对任意的初值 $\varphi\in L^p(\mathbf{T}^d)$, $\|\varphi\|_{L^p}\leqslant\rho$, 存在唯一的

$$u\in\Xi^{p,r}([0,T];\mathbf{T}^d)\cap C([0,T];L^p(\mathbf{T}^d)),$$

满足式 (3.3.17).

此处的唯一解实际上是强解 $u\in C((0,T];C^2(\mathbf{T}^d))\cap C^1((0,T];C(\mathbf{T}^d))$. 由定理 3.3.3 可知, 仅需证明 $u\in C((0,T];L^\infty)$. 为此仅需说明 L^p 初值问题的解属于 $C((0,T];L^r(\mathbf{T}^d))$, 其中, $r>p$ 满足条件 (1), (2) 以及式 (3.3.25), 然后迭代此过程. 事实上, 如果 $p>\left(\sigma+\dfrac{1}{2}\right)d$,

则任意的 $r \in [(2\sigma+1)p, \infty]$ 都满足这些条件, 从而 $u \in C((0,T];L^\infty)$. 另一方面, 如果 $\sigma d < p \leqslant \left(\sigma+\frac{1}{2}\right)d$, 则 $u \in C((0,T];L^{p_1})$, 其中, $p_1=(2\sigma+1)p$. 当 $p_1 > \left(\sigma+\frac{1}{2}\right)d$, 再次应用上述论断可知 $u \in C((0,T];L^\infty)$. 否则, 更一般地, 重复引用上述论断可知只要

$$p_n=(2\sigma+1)^n p > \left(\sigma+\frac{1}{2}\right)d, \quad n=1,2,\cdots,$$

则可以说明 $u \in C((0,T];L^{p_n}(\mathbf{T}^d))$, 从而 $u \in C((0,T];L^\infty)$.

特别地, 如下定理成立:

定理 3.3.6　如果

$$1 \leqslant p < \infty, \quad \sigma d < \alpha p,$$

则对任意的 $\rho > 0$, 存在 $T(\rho) > 0$ 使得对任意的初值 $\varphi \in L^p(\mathbf{T}^d)$, $\|\varphi\|_{L^p} \leqslant \rho$, 都存在唯一的

$$u \in C([0,T];L^p(T^d)) \cap C((0,T];C^2(\mathbf{T}^d)) \cap C^1((0,T];C(\mathbf{T}^d))$$

满足分数阶复 Ginzburg-Landau 方程.

注 3.3.5　一个特殊的情况是 $p=2\sigma+2$, 此时只要

$$\sigma < \begin{cases} \infty, & d=1, \\ \dfrac{2\alpha}{d-2\alpha}, & d>1, \end{cases} \tag{3.3.26}$$

由定理 3.3.6 可知局部强解的存在性.

下面给出一定的先验估计, 从而将上述局部解延拓至整体. 我们的目的是得到解的 H^1 估计, 从而利用 Sobolev 嵌入定理得到解的 L^p 估计. 为此仅需得到 ∇u 的 L^2 估计.

定理 3.3.7 (整体强解)　设 $\sigma \geqslant \frac{1}{2}$, $d < 2+\frac{2}{\sigma}$. 如果

$$\sigma \leqslant \frac{\sqrt{1+\mu^2}+1}{\mu^2}, \tag{3.3.27}$$

则具有 C^2 初值的 FCGL 方程存在唯一的整体强解.

证明:　将方程乘以 $-\Delta u^*$ 并在 $\mathbf{T}^d$ 上积分可得

$$\begin{aligned}\int_{\mathbf{T}^d} \partial_t u(-\Delta)u^* \mathrm{d}x =& R\int_{\mathbf{T}^d} u(-\Delta)u^* \mathrm{d}x - (1+\mathrm{i}\nu)\int_{\mathbf{T}^d} (-\Delta)^\alpha u(-\Delta)u^* \mathrm{d}x \\ &- (1+\mathrm{i}\mu)\int_{\mathbf{T}^d} |u|^{2\sigma} u(-\Delta)u^* \mathrm{d}x.\end{aligned}$$

将方程取复共轭, 乘以 $-\Delta u$ 并在 $\mathbf{T}^d$ 上积分可得

$$\begin{aligned}\int_{\mathbf{T}^d} \partial_t u^*(-\Delta)u =& R\int_{\mathbf{T}^d} u^*(-\Delta)u \mathrm{d}x - (1-\mathrm{i}\nu)\int_{\mathbf{T}^d} (-\Delta)^\alpha u^*(-\Delta)u \mathrm{d}x \\ &- (1-\mathrm{i}\mu)\int_{\mathbf{T}^d} \|u|^{2\sigma} u^*(-\Delta)u \mathrm{d}x.\end{aligned}$$

将此两式相加, 应用分部积分, 并利用周期条件可知

$$\begin{aligned}\frac{\mathrm{d}}{\mathrm{d}t}\|\nabla u\|^2 =&2R\|\nabla u\|^2-2\|(-\Delta)^{\frac{1+\alpha}{2}}u\|^2-\frac{1}{2}\int_{\mathbf{T}^d}\|u|^{2\sigma-2}[(1+2\sigma)|\nabla u|^2|^2\\&-2\mathrm{i}\mu\sigma\nabla|u|^2(u^*\nabla u-u\nabla u^*)+|u^*\nabla u+u\nabla u^*|]\mathrm{d}x.\end{aligned}\tag{3.3.28}$$

如果矩阵

$$\begin{pmatrix}1+2\sigma & -\sigma\mu\\ -\sigma\mu & 1\end{pmatrix}\tag{3.3.29}$$

是非负定的, 则式 (3.3.28) 最后一项是非正的, 从而

$$\frac{\mathrm{d}}{\mathrm{d}t}\|\nabla u\|^2\leqslant 2R\|\nabla u\|^2,$$

即

$$\|\nabla u(t)\|\leqslant \mathrm{e}^{RT}\|\nabla\varphi\|_{L^2}.$$

由此结合局部存在性可知定理成立.

由解的 H^1 估计可以得到解的 L^p 估计, 其中

$$1\leqslant p<\begin{cases}\infty, & d=1,2,\\ \dfrac{2d}{d-2}, & d\geqslant 3.\end{cases}\tag{3.3.30}$$

此时, 除了式 (3.3.27) 和式 (3.3.30), 如果还有

$$\sigma d<\alpha p,\tag{3.3.31}$$

则由定理 3.3.5 可知 FCGL 方程强解的存在唯一性. 当

$$d<2+\frac{\alpha}{\sigma},$$

可以选择 p 使得上述条件均成立, 从而在定理的条件下, 得证 FCGL 方程强解的整体存在性. □

3.3.3　吸引子的存在性

这一小节考虑分数阶 Ginzburg-Landau 方程在 L^2 中吸引子的存在性. 设 $d=1$, $\frac{1}{2}<\alpha\leqslant 1$, 记 $\mathbf{T}=\mathbf{T}^1$. 我们将证明下述定理:

定理 3.3.8　设 $\alpha\in\left(\frac{1}{2},1\right]$, $d=1$. 则分数阶复 Ginzburg-Landau 方程的解算子 $S:S(t)\varphi=u(t),\ t>0$ 在空间 $H=L^2$ 上定义了一个半群, 且

(1) 对任意的 $t>0$, $S(t)$ 在 H 上连续.

(2) 对任意的 $\varphi\in H$, $S:[0,T]\to H$ 是连续的.

(3) 对任意的 $t>0$, $S(t)$ 在 H 中是紧致的.

(4) 半群 $\{S(t)\}_{t\geqslant 0}$ 在 H 具有整体吸引子 $\mathcal{A}$. $\mathcal{A}$ 是 H 中的紧致连通集、极大有界吸收集, 且是 H 中的极小不变集.

我们先叙述如下定理, 其证明可以参阅 [70], [111] 等文献.

定理 3.3.9　令 H 为度量空间, $\{S(t)\}_{t\geqslant 0}: H\to H$ 为其上的一族算子半群并满足

(1) 对任意的 $t>0$, $S(t): H\to H$ 是连续映射.

(2) 存在 $t_0>0$, 使得 $S(t_0)$ 是 H 到自身的紧算子.

(3) 存在有界集 $B_0\subset H$, 开集 $U\subset H$ 使得 $B_0\subset U\subset H$, 且对任意的有界子集 $B\subset U$, 存在 $t_0=t_0(B)$ 使得当 $t>t_0(B)$ 时, $S(t)B\subset B_0$.

则 $\mathcal{A}=\omega(B)$ 为紧致吸引子, 它吸收 U 的所有有界集, 即

$$\lim_{t\to+\infty}\operatorname{dist}(S(t)x,\mathcal{A})=0,\qquad \forall x\in U,$$

其中, $\mathcal{A}$ 是极大的有界吸收集, 以及最小的使得 $S(t)\mathcal{A}=\mathcal{A}$ 成立的不变集, $t\geqslant 0$; 如果还假设 H 为 Banach 空间, 则 U 是凸的.

(4) 对任意的 $x\in H$, $S(t)x: \mathbf{R}^+\to H$ 是连续的, 则 $\mathcal{A}=\omega(B)$ 是连通的.

如果 $U=H$, 则吸引子 $\mathcal{A}$ 称为 $\{S(t)\}_{t\geqslant 0}$ 在 H 中的整体吸引子.

由前文解的存在性结论可知, FCGL 的解 $u(t)$ 定义了 L^2 上的一个半群 $S(t)$, 事实上, 我们还有下述定理 3.3.10:

定理 3.3.10　令 $d=1$, $\alpha\in\left(\dfrac{1}{2},1\right]$. 则对任意的 $\varphi\in L^2(\mathbf{T})$, FCGL 方程存在唯一的整体解 u 使得

$$u\in C([0,T];L^2)\cap L^2(0,T;H^\alpha),\quad \forall T<\infty,$$

且映射 $S(t):\varphi\to u(t)$ 是 $H=L^2$ 到自身的连续映射.

为了证明定理 3.3.8, 下面验证 $S(t)$ 满足定理 3.3.9 的条件.

1. $H=L^2$ 中的吸收集

将方程 (3.3.1) 和 u 在 $\mathbf{T}$ 上作 L^2 内积, 利用分部积分并取实部可知

$$\frac{1}{2}\frac{\mathrm{d}}{\mathrm{d}t}\|u\|^2+\|\Lambda^\alpha u\|^2+\|u\|_{L^{2\sigma+2}}^{2\sigma+2}-R\|u\|^2=0. \tag{3.3.32}$$

如果 $R\leqslant 0$, $S(t)$ 导致平凡的动力系统. 特别地, 当 $R<0$ 时,

$$\frac{1}{2}\frac{\mathrm{d}}{\mathrm{d}t}\|u\|^2-R\|u\|^2\leqslant 0,$$

即

$$\|u(t)\|_{L^2}\leqslant\|\varphi\|_{L^2}\mathrm{e}^{Rt}.$$

因此

$$\|u(t)\|_{L^2}^2\to 0,\quad t\to\infty,\ \forall\varphi\in L^2. \tag{3.3.33}$$

当 $R=0$ 时, 由 Hölder 不等式,

$$\|u\|_{L^2}^2\leqslant|\mathbf{T}|^{\frac{\sigma}{\sigma+1}}\|u\|_{L^{2\sigma+2}}^2,$$

从而由式 (3.3.32) 可知

$$\frac{\mathrm{d}}{\mathrm{d}t}\|u\|_{L^2}^2+\frac{2}{(2\pi)^\sigma}\|u\|_{L^2}^{2\sigma+2}\leqslant 0.$$

因此

$$\frac{1}{\|u(t)\|_{L^2}^2}\geqslant\frac{1}{\|\varphi\|^{2\sigma}}+\frac{2\sigma}{(2\pi)^\sigma}t,$$

即式 (3.3.33) 仍然成立.

当 $R>0$ 时, 利用 Young 不等式可知

$$Ry^2\leqslant\frac{1}{2}y^{2\sigma+2}+CR^{\frac{\sigma+1}{\sigma}},$$

从而

$$\frac{1}{2}\|u\|_{L^{2\sigma+2}}^{2\sigma+2}-R\|u\|^2\geqslant-2\pi CR^{\frac{\sigma+1}{\sigma}},$$

其中, C 为仅依赖于 R 和 σ 的常数. 由式 (3.3.32) 可知

$$\frac{\mathrm{d}}{\mathrm{d}t}\|u\|^2+2\|\Lambda^\alpha u\|^2+\|u\|_{L^{2\sigma+2}}^{2\sigma+2}+R\|u\|_{L^2}^2\leqslant 4\pi CR^{\frac{\sigma+1}{\sigma}},\tag{3.3.34}$$

利用 Gronwall 不等式可知

$$\begin{aligned}\|u(t)\|_{L^2}^2\leqslant&\mathrm{e}^{-Rt}\left[\|\varphi\|_{L^2}^2+4\pi CR^{\frac{\sigma+1}{\sigma}}t\right]\\\leqslant&\|\varphi\|_{L^2}^2\mathrm{e}^{-Rt}+4\pi CR^{\frac{1}{\sigma}}(1-\mathrm{e}^{-Rt}),\quad\forall t\geqslant 0.\end{aligned}\tag{3.3.35}$$

因此

$$\limsup_{t\to\infty}\|u(t)\|_{L^2}^2\leqslant\rho_0^2,\qquad\rho_0^2=4\pi CR^{\frac{1}{\sigma}}.$$

由不等式 (3.3.35) 可知 L^2 中的吸收集的存在性. 事实上, 如果 $\rho>\rho_0$, 则集合 $B_H(0,\rho)$ 是 $S(t)$ 的正不变集合, 且是 L^2 的吸收集. 任意固定 $\rho_0'>\rho_0$, 并记 $\mathscr{B}_0=B_H(0,\rho_0')$. 由于对任意有界集 $\mathscr{B}$, 都存在 $\rho>0$ 使得 $\mathscr{B}\subset B_H(\rho)$, 从而易知存在 $t_0=t_0(\mathscr{B},\rho_0')$ 使得当 $t>t_0$ 时, $S(t)\mathscr{B}\subset\mathscr{B}_0$. 且时刻 t_0 可以估计为 $t_0=\dfrac{1}{R}\ln\dfrac{\rho^2}{\rho_0'^2-\rho_0^2}$.

由不等式 (3.3.35), 可以得到解在 L^2 中的一致估计:

$$\|u(t)\|_{L^2}^2\leqslant\|\varphi\|_{L^2}^2+4\pi CR^{\frac{1}{\sigma}}.$$

对式 (3.3.34) 关于时间在 $[t,t+1]$ 上积分可得

$$\|u(t+1)\|_{L^2}^2+2\int_t^{t+1}\|\Lambda^\alpha u\|_{L^2}^2\mathrm{d}s\leqslant\|u(t)\|_{L^2}^2+4\pi CR^{\frac{\sigma+1}{\sigma}}.\tag{3.3.36}$$

由不等式 (3.3.35) 以及不等式 (3.3.36) 可得

$$2\int_t^{t+1}\|\Lambda^\alpha u\|_{L^2}^2\mathrm{d}s\leqslant\|\varphi\|_{L^2}^2\mathrm{e}^{-Rt}+4\pi CR^{\frac{1}{\sigma}}(1-\mathrm{e}^{-Rt})+4\pi CR^{\frac{\sigma+1}{\sigma}}.$$

因此, 存在不依赖 φ 的常数 a_1 使得当 $t\geqslant t_0$ 时,

$$\int_t^{t+1}\|\Lambda^\alpha u\|_{L^2}^2\mathrm{d}s\leqslant a_1.$$

2. H^α 中的吸收集

先引入如下的一致 Gronwall 不等式 [111]:

引理 3.3.7 令 g,h 和 y 为 (t_0,∞) 上非负的局部可积的函数, 如果

$$\int_t^{t+r} g(s)\mathrm{d}s \leqslant a_1,\quad \int_t^{t+r} h(s)\mathrm{d}s \leqslant a_1,\quad \int_t^{t+r} y(s)\mathrm{d}s \leqslant a_1,\quad \forall t \geqslant t_0,$$

其中, r,a_1,a_2,a_3 为正常数, 且

$$\frac{\mathrm{d}y}{\mathrm{d}t} \leqslant gy+h.$$

则

$$y(t+r) \leqslant \left(\frac{a_3}{r}+a_2\right)\mathrm{e}^{a_1},\quad \forall t \geqslant t_0.$$

下面考虑 H^α 中的吸收集. 将方程 (3.3.1) 乘以 $(-\Delta)^\alpha u^*$, 在 $\mathbf{T}$ 上积分并利用 Hölder 不等式可知

$$\begin{aligned}\frac{\mathrm{d}}{\mathrm{d}t}\|\Lambda^\alpha u\|_{L^2}^2 + 2\|\Lambda^{2\alpha}u\|_{L^2}^2 - 2R\|\Lambda^\alpha u\|_{L^2}^2 &= -\mathrm{Re}\left[(1+\mathrm{i}\mu)\int_{\mathbf{T}^d}|u|^{2\sigma}u\Lambda^{2\alpha}u^*\mathrm{d}x\right]\\ &\leqslant \sqrt{1+\mu^2}\int_{\mathbf{T}^d}|u|^{2\sigma+1}|\Lambda^{2\alpha}u|\mathrm{d}x\\ &\leqslant \frac{1}{2}\|\Lambda^{2\alpha}u\|_{L^2}^2+\frac{\sqrt{1+\mu^2}}{2}\|u\|_{L^{2(2\sigma+1)}}^{2(2\sigma+1)}. \qquad (3.3.37)\end{aligned}$$

利用插值不等式可知

$$\|u\|_{L^{2(2\sigma+1)}} \leqslant C_1\|u\|_{L^2}^{1-\rho}(\|u\|_{L^2}^2+\|\Lambda^{2\alpha}u\|_{L^2}^2)^{\rho/2},\quad \rho=\frac{2\sigma}{4\alpha(2\sigma+1)},$$

由式 (3.3.37) 可知

$$\begin{aligned}\frac{\mathrm{d}}{\mathrm{d}t}\|\Lambda^\alpha u\|_{L^2}^2+\frac{3}{2}\|\Lambda^{2\alpha}u\|_{L^2}^2-2R\|\Lambda^\alpha u\|_{L^2}^2 &\leqslant \frac{\sqrt{1+\mu^2}}{2}\|u\|_{L^{2(2\sigma+1)}}^{2(2\sigma+1)}\\ &\leqslant 2^{\rho(2\sigma+1)}C_1'C_\mu[\|u\|^{2(2\sigma+1)}+\|\Lambda^{2\alpha}u\|^{2\rho(2\sigma+1)}]\\ &\leqslant 2^{\rho(2\sigma+1)}C_1'C_\mu\|u\|^{2(2\sigma+1)}+\frac{1}{2}\|\Lambda^{2\alpha}u\|_{L^2}^2+C_2,\end{aligned}$$

其中, $C_1'=C_1^{2(2\sigma+1)}$, $C_\mu=\sqrt{1+\mu^2}/2$, $C_2=\dfrac{[(2\rho(2\sigma+1))^{\rho(2\sigma+1)}2^{\rho(2\sigma+1)}C_1'C_\mu]^q}{q}$, 且 $q=\dfrac{1}{1-\rho(2\sigma+1)}$.

由此可知

$$\frac{\mathrm{d}}{\mathrm{d}t}\|\Lambda^\alpha u\|_{L^2}^2+\|\Lambda^{2\alpha}u\|_{L^2}^2 \leqslant 2R\|\Lambda^\alpha u\|_{L^2}^2+2^{\rho(2\sigma+1)}C_1'C_\mu\|u\|^{2(2\sigma+1)}+C_2.$$

令

$$\begin{aligned}y &= \|\Lambda^\alpha u\|_{L^2}^2,\\ g &= 2R,\\ h &= 2^{\rho(2\sigma+1)}C_1'C_\mu\|u\|^{2(2\sigma+1)}+C_2,\end{aligned}$$

利用一致 Gronwall 不等式可得 $\|\Lambda^\alpha u\|_{L^2}$ 的一致估计:

$$\|\Lambda^\alpha u\|^2 \leqslant (a_3+a_2)\mathrm{e}^{a_1}, \quad t \geqslant t_0+1, \tag{3.3.38}$$

其中, a_1, a_2, a_3 为常数.

由此可知 H^α 中吸收集的存在性. 即: 令 $\mathscr{B}$ 为 H^α 中的有界集, 显然也是 L^2 中的有界集, 且当 $t \geqslant t_0(\mathscr{B}, \rho_0')$ 时有 $S(t)\mathscr{B} \subset B_0$. 利用式 (3.3.38) 可知当 $t \geqslant t_0+1$ 时, $S(t)\mathscr{B} \subset B_1$, 其中, $B_1 = B_1(H^\alpha, \rho_1)$ 是 H^α 中半径为 $\rho_1^2 = {\rho'}_0^2 + (a_3+a_2)\mathrm{e}^{a_1}$ 的球. 显然 B_1 是 $S(t)$ 在 H^α 中的吸收集.

令 $\varphi \in B$ 为 H 中的有界集. 由于 B_1 是 H^α 中的有界集, 且嵌入 $H^\alpha \hookrightarrow L^2$ 是紧致的, 从而 $\cup_{t\geqslant t_0+1} S(t)B$ 在 L^2 中相对紧. 由此可知定理 3.3.8 中的条件 (3) 成立.

定理 3.3.8 的证明: 定理 3.3.8 是定理 3.3.9 的直接推论. 为此仅需验证条件 (1) 和 (4), 而这是标准的且是显然的, 参见文献 [70], [111]. □

注 3.3.6 由上述分析可知, 当 $R \leqslant 0$ 时, 当 $t \to \infty$ 时, 方程所有的解将收敛到零, 即

$$\mathrm{dist}(S(t)B, \{0\}) \to 0, \quad t \to \infty,$$

其中, B 是 L^2 中的任意有界集. 此时整体吸引子退化为 $\mathcal{A} = \{0\} \in L^2$.

3.4 分数阶 Landau-Lifshitz 方程

这一节考虑分数阶 Landau-Lifshitz 方程. 经典的 Landau-Lifshitz 方程具有如下的形式:

$$\frac{\partial u}{\partial t} = -\alpha u \times \left(u \times \frac{\delta E}{\delta u}\right) + \beta u \times \frac{\delta E}{\delta u},$$

其中, $u : \Omega \to \mathbf{R}^3$ 为取值于 $\mathbf{R}^3$ 的三维向量, $\alpha \geqslant 0, \beta > 0$ 为常数, 而 $\dfrac{\delta E}{\delta u}$ 表示泛函 E 关于 u 的变分:

$$E(u) = \int_\Omega |\nabla u|^2 \mathrm{d}x + \int_\Omega \phi(u)\mathrm{d}x + \int_{\mathbf{R}^3} |\nabla \Phi|^2 \mathrm{d}x,$$

其中, 右端的三项分别为交换能、各向异性能以及静磁能. 当忽略静磁能时, 方程的研究相对较为简单, 而当考虑静磁能时, 方程为非局部方程, 其研究要复杂得多. 因此, 考虑方程在具有静磁能时的简化模型就显得十分重要.

考虑如下简化情形:

(1) Ω 为三维空间的柱状区域, 其厚度为 k, 其截面为 Ω':

$$\Omega = \Omega' \times (0, k).$$

(2) u 不依赖于厚度方向的坐标 x_3.

(3) $k \ll l$, 其中 l 为截面 Ω' 的直径. 利用傅里叶变换, A. DeSimone 等 [36] 推导了如下的收敛的静磁能:

$$\int_{\mathbf{R}^3}|\boldsymbol{\nabla}\Phi|^2\mathrm{d}x=\frac{1}{2}\|\boldsymbol{\nabla}'\cdot u'\|^2_{H^{-\frac{1}{2}}(\mathbf{R}^2)}=\int_{\mathbf{R}^2}|\Lambda^{-\frac{1}{2}}(\boldsymbol{\nabla}'\cdot u')|^2\mathrm{d}x,$$

其中, $u'=(u_1,u_2)$, $\Lambda=(-\Delta')^{\frac{1}{2}}$.

下面考虑 $\dfrac{\delta E}{\delta u}=(-\Delta)^\alpha u$, 其中 $\alpha=\dfrac{1}{2}$. 考虑

$$\begin{cases}u_t=u\times(-\Delta)^\alpha u, & (x,t)\in\Omega\times(0,T),\\ u(x+\sum\limits_{i=1}^d k_ie_i,t)=u(x,t), & (x,t)=\mathbf{R}^d\times(0,T),\\ u(x,0)=u_0, & x\in\mathbf{R}^N,\end{cases}\tag{3.4.1}$$

其中, $\alpha\in(0,1)$, $\Omega=(0,1)\times\cdots\times(0,1)\subset\mathbf{R}^d$ 为 $\mathbf{R}^d$ 的子集, $k_i\in\mathbf{Z}^d$ 且 e_i 为 $\mathbf{R}^d$ 的一组单位正交向量, 初值 $u_0\in H^\alpha_{per}(\Omega)$.

3.4.1　黏性消去法

这一节主要通过黏性消去法的思想证明如下定理:

定理 3.4.1　令 $0<\alpha<1$, $u_0\in H^\alpha_{per}(\Omega)$ 且对几乎处处的 $x\in\mathbf{R}^d$ 有 $|u_0(x)|=1$. 则对任意的 $T>0$ 方程 (3.4.1) 存在整体弱解 $u\in L^\infty(0,T;H^\alpha(\Omega))$ 使得对几乎处处的 $(x,t)\in\mathbf{R}^d\times[0,T]$ 都有 $|u(x,t)|=1$, 且满足如下的弱形式:

$$\int_{\Omega\times(0,T)}u\Phi_t\mathrm{d}x\mathrm{d}t+\int_\Omega u_0\Phi(\cdot,0)\mathrm{d}x=\int_{\Omega\times(0,T)}(-\Delta)^{\frac{\alpha}{2}}u\times\Phi\cdot(-\Delta)^{\frac{\alpha}{2}}u\mathrm{d}x\mathrm{d}t,$$

对任意的 $\Phi\in C^\infty(\mathbf{R}^d\times[0,T]),\Phi(x,T)=0$ 成立.

该定理的证明要用到离散的 Young 不等式. 为了读者方便, 简单介绍如下:

首先考虑利用第 2 章 (2.4 节, 附录 A) 离散情形的傅里叶变换可知, 如果 $f\in L^2(\Omega)$, 则 f 可以具有级数表示 $f=\sum\limits_{n\in\mathbf{Z}^d}\hat{f}(n)\mathrm{e}^{2\pi\mathrm{i}n\cdot x}$, 其中, $\hat{f}(n)=\int_\Omega f(x)\mathrm{e}^{-2\pi\mathrm{i}n\cdot x}$, 这里 $n=(n_1,n_2,\cdots,n_d)\in\mathbf{Z}^d$ 为 d 维向量. 对任意多重指标 $m=(m_1,m_2,\cdots,m_d)\in\mathbf{Z}^d(m_i\geqslant 0)$, 形式上有

$$(-\Delta)^\alpha f=(2\pi)^\alpha\sum_{n\in\mathbf{Z}^d}|n|^{2\alpha}\hat{f}(n)\mathrm{e}^{2\pi\mathrm{i}n\cdot x},$$

且还可以定义如下的非齐次 Sobolev 空间:

$$H^{2\alpha}_{per}(\Omega)=\left\{f|f\in L^2(\Omega)\text{且}\sum_{n\in\mathbf{Z}^d}|n|^{4\alpha}|\hat{f}(n)|^2<\infty\right\},$$

其上的范数可以自然地定义为

$$\|f\|_{H^{2\alpha}_{per}(\Omega)}=\|f\|_2+\|(-\Delta)^\alpha f\|_2.$$

如果 $f,g \in H_{per}^{2\alpha}(\Omega)$, 则结合此处的定义, 利用 Parseval 恒等式可知如下的分部积分公式成立:

$$\int_\Omega (-\Delta)^\alpha f \cdot g\mathrm{d}x = \int_\Omega (-\Delta)^{\alpha_1} f \cdot (-\Delta)^{\alpha_2} g\mathrm{d}x,$$

其中, α_1, α_2 非负, 且使得 $\alpha_1 + \alpha_2 = \alpha$.

离散情形的 Young 不等式退化为如下形式:

引理 3.4.1 如果 $\{f_n\} \in l^p, \{g_n\} \in l^1$, 则由它们所构成的 "卷积" $\left\{\sum_{n_1+n_2=n} f_{n_1} g_{n_2}\right\} \in l^p$, 且成立估计

$$\left\| \sum_{n_1+n_2=n} f_{n_1} g_{n_2} \right\|_{l^p} \leqslant \|f_n\|_p \|g_n\|_1.$$

这里, 为了不引入更多的符号, 我们既将 $\{f_n\}$ 视为 l^p 中的元素, 又将其视为该元素的分量形式.

该定理的证明采用 Ginzburg-Landau 逼近的思想. 考虑如下的逼近方程:

$$\begin{cases} u_t = \dfrac{u}{\max\{1,|u|\}} \times (-\Delta)^\alpha u - \beta \dfrac{u}{\max\{1,|u|\}} \times \Delta u + \varepsilon \Delta u, & (x,t) \in \Omega \times (0,T), \\ u(x + \sum_{i=1}^{d} k_i e_i, t) = u(x,t), & (x,t) \in \Omega \times (0,T), \\ u(x,0) = u_0, & x \in \Omega, \end{cases} \tag{3.4.2}$$

其中, β, ε 为黏性系数, 且暂时假定 $u_0 \in H_{per}^1(\Omega)$. 这里引入 $\max\{1,|u|\}$ 的目的是为了得到更好的估计. 关于整数阶的情形, 读者还可以参阅文献 [114].

将逼近方程 (3.4.2) 和 u 作内积并且在 Ω 上积分可得

$$\frac{1}{2}\frac{\mathrm{d}}{\mathrm{d}t}\int_\Omega |u|^2 \mathrm{d}x + \varepsilon \int_\Omega |\nabla u|^2 \mathrm{d}x = 0.$$

将此式关于时间在 $[0,t]$ 上积分可得

$$\|u(\cdot,t)\|_2 \leqslant C, \qquad \forall 0 \leqslant t \leqslant T.$$

将逼近方程 (3.4.2) 和 $\beta\Delta u$ 作内积, 可以得到

$$\beta \Delta u \cdot u_t = \beta \frac{u}{\max\{1,|u|\}} \times (-\Delta)^\alpha u \cdot \Delta u + \varepsilon\beta |\Delta u|^2,$$

将其和 $(-\Delta)^\alpha u$ 作内积可以得到

$$(-\Delta)^\alpha u \cdot u_t = \varepsilon \Delta u \cdot (-\Delta)^\alpha u - \beta \frac{u}{\max\{1,|u|\}} \times \Delta u \cdot (\Delta)^{-\alpha} u.$$

将此两式相减, 并关于空间变量 x 在 Ω 上积分可以得到

$$-\frac{\beta}{2}\frac{\mathrm{d}}{\mathrm{d}t}\int_\Omega |\nabla u|^2 \mathrm{d}x - \frac{1}{2}\frac{\mathrm{d}}{\mathrm{d}t}\int_\Omega |(-\Delta)^{\alpha/2} u|^2 \mathrm{d}x = \beta\varepsilon \int_\Omega |\Delta u|^2 \mathrm{d}x - \varepsilon \int_\Omega \Delta u \cdot (-\Delta)^\alpha u \mathrm{d}x.$$

从而可以导致如下的估计

$$\beta\varepsilon\int_0^t\|\Delta u\|_2^2\mathrm{d}t+\varepsilon\int_0^t\|(-\Delta)^{\frac{1+\alpha}{2}}u\|_2^2+\frac{\beta}{2}\|\nabla u\|_2^2 \\ +\frac{1}{2}\|(-\Delta)^{\alpha/2}u\|_2^2=\frac{\beta}{2}\|\nabla u_0\|_2^2+\frac{1}{2}\|(-\Delta)^{\alpha/2}u_0\|_2^2. \tag{3.4.3}$$

下面寻找式 (3.4.2) 的具有如下形式的逼近解:

$$u_N(x,t)=\sum_{|n|\leqslant N}\varphi_n(t)\mathrm{e}^{2\pi\mathrm{i}n\cdot x},$$

其中 φ_n 为取值于 $\mathbf{R}^3$ 中的向量, 并使得对所有的 $|n|\leqslant N$, 成立

$$\left\langle\frac{\partial u_N}{\partial t}-\frac{u_N}{\max\{1,|u_N|\}}\times(-\Delta)^\alpha u_N+\beta\frac{u_N}{\max\{1,|u_N|\}\times\Delta u_N}-\varepsilon\Delta u_N,\mathrm{e}^{2\pi\mathrm{i}n\cdot x}\right\rangle=0, \tag{3.4.4}$$

其中, $\langle\cdot,\cdot\rangle$ 表示空间 $L^2(\Omega)$ 上的内积, 并且其初值可以由如下序列逼近:

$$u_N(x,0)=\sum_{i=1}^N\varphi_i(0)e_i(x)\to u_0\quad \text{在}H^1_{per}(\Omega)\text{中收敛}.$$

由此得到的是关于 $\varphi_n(t)(1\leqslant|n|\leqslant N)$ 的一组常微分方程, 其解的存在性可以由经典的常微分方程理论得到, 为了取极限, 需要作关于 N 的一致的先验估计. 在接下来的叙述中, 常数 C 总是代表独立于 β,ε 以及 N 的常数. 在等式 (3.4.4) 中乘以 φ_n, 并关于 n 求和可以得到估计:

$$\frac{1}{2}\frac{\mathrm{d}}{\mathrm{d}t}\int_\Omega|u_N|^2\mathrm{d}x+\varepsilon\int_\Omega|\nabla u_N|^2\mathrm{d}x=0,$$

积分此式可以得到

$$\|u_N(t)\|_2\leqslant C,\qquad\forall t\in[0,T].$$

以及类似于式 (3.4.3) 可以得到

$$\beta\|\nabla u_N(t)\|_2^2+\|(-\Delta)^{\alpha/2}u_N(t)\|_2^2\leqslant C,\qquad\forall t\in[0,T],$$

以及

$$\beta\varepsilon\int_0^T\|\Delta u_N\|_2^2\mathrm{d}t\leqslant C.$$

同时还可以由式 (3.4.4) 得到关于 $\|u_{Nt}\|_2$ 的估计. 从而固定 ε,β, 并记 $Q_T=\Omega\times(0,T)$, 则由上述的有界性估计, 可以从 $\{u_N\}$ 中选取子列 (仍记为 $\{u_N\}$) 使得

$$\begin{aligned}
\Delta u_N\to\Delta u^{\beta,\varepsilon}\quad&\text{在}L^2(Q_T)\text{中弱收敛};\\
u_N\to u^{\beta,\varepsilon}\quad&\text{在}L^\infty(0,T;H^1_{per}(\Omega))\text{中弱}*\text{收敛};\\
u_N\to u^{\beta,\varepsilon}\quad&\text{在}L^2(Q_T)\text{中弱强收敛且 a.e. 收敛};\\
u_{Nt}\to u_t^{\beta,\varepsilon}\quad&\text{在}L^2(Q_T)\text{中弱收敛}.
\end{aligned}$$

对其取极限, 令 $N\to\infty$ 可知对任意的傅里叶级数 ψ 以及光滑函数 $\varphi\in C^\infty[0,T]$, 成立

$$\begin{aligned}\int_{Q_T} u_t^{\beta,\varepsilon}\cdot\psi\varphi\mathrm{d}x\mathrm{d}t=\int_{Q_T}\bigg[&\frac{u^{\beta,\varepsilon}}{\max\{1,|u^{\beta,\varepsilon}|\}}\times(-\Delta)^\alpha u^{\beta,\varepsilon}\cdot\psi\varphi\\&-\beta\frac{u^{\beta,\varepsilon}}{\max\{1,|u^{\beta,\varepsilon}|\}}\times\Delta u^{\beta,\varepsilon}\cdot\psi\varphi+\varepsilon\Delta u^{\beta,\varepsilon}\cdot\psi\varphi\bigg]\mathrm{d}x\mathrm{d}t.\end{aligned}$$

利用 $\psi\varphi$ 形式的函数在 $L^2(Q_T)$ 中的稠密性, 可知对任意的 $\phi\in L^2(Q_T)$ 有

$$\begin{aligned}\int_{Q_T} u_t^{\beta,\varepsilon}\cdot\phi\mathrm{d}x\mathrm{d}t=\int_{Q_T}\bigg[&\frac{u^{\beta,\varepsilon}}{\max\{1,|u^{\beta,\varepsilon}|\}}\times(-\Delta)^\alpha u^{\beta,\varepsilon}\cdot\phi\\&-\beta\frac{u^{\beta,\varepsilon}}{\max\{1,|u^{\beta,\varepsilon}|\}}\times\Delta u^{\beta,\varepsilon}\cdot\phi+\varepsilon\Delta u^{\beta,\varepsilon}\cdot\phi\bigg]\mathrm{d}x\mathrm{d}t.\end{aligned}\tag{3.4.5}$$

引理 3.4.2 如果 $u^{\beta,\varepsilon}$ 满足式 (3.4.5), 则

$$|u^{\beta,\varepsilon}|\leqslant 1,\qquad \text{a.e. } x\in\Omega\times(0,T).$$

证明: 在式 (3.4.5) 中选择 $\phi=u^{\beta,\varepsilon}-\min\{1,|u^{\beta,\varepsilon}|\}\dfrac{u^{\beta,\varepsilon}}{|u^{\beta,\varepsilon}|}$, 可以得到

$$\begin{aligned}&\frac12\frac{\mathrm{d}}{\mathrm{d}t}\int_{|u^{\beta,\varepsilon}|\geqslant1}|u^{\beta,\varepsilon}|^2\left(1-\frac{1}{|u^{\beta,\varepsilon}|}\right)\mathrm{d}x=\frac12\int_{|u^{\beta,\varepsilon}|\geqslant1}\frac{u^{\beta,\varepsilon}\cdot\partial_t u^{\beta,\varepsilon}}{|u^{\beta,\varepsilon}|}\mathrm{d}x\\&-\varepsilon\int_{|u^{\beta,\varepsilon}|\geqslant1}\frac{|u^{\beta,\varepsilon}\cdot\nabla u^{\beta,\varepsilon}|^2}{|u^{\beta,\varepsilon}|^3}\mathrm{d}x-\varepsilon\int_{|u^{\beta,\varepsilon}|\geqslant1}|\nabla u^{\beta,\varepsilon}|^2\left(1-\frac{1}{|u^{\beta,\varepsilon}|}\right)\mathrm{d}x.\end{aligned}$$

选择 $\dfrac{\chi u^{\beta,\varepsilon}}{|u^{\beta,\varepsilon}|}$ 作为检验函数, 其中, χ 为集合 $\{|u^{\beta,\varepsilon}|\geqslant1\}$ 的特征函数, 则可以得到

$$\begin{aligned}\frac12\int_{|u^{\beta,\varepsilon}|\geqslant1}\frac{u^{\beta,\varepsilon}\cdot\partial_t u^{\beta,\varepsilon}}{|u^{\beta,\varepsilon}|}\mathrm{d}x=&\frac{\varepsilon}{2}\int_{|u^{\beta,\varepsilon}|\geqslant1}\frac{|u^{\beta,\varepsilon}\cdot\nabla u^{\beta,\varepsilon}|^2}{|u^{\beta,\varepsilon}|^3}\mathrm{d}x\\&-\frac{\varepsilon}{2}\int_{|u^{\beta,\varepsilon}|\geqslant1}\frac{|\nabla u^{\beta,\varepsilon}|^2}{|u^{\beta,\varepsilon}|}\mathrm{d}x+\int_{|u^{\beta,\varepsilon}|=1}\frac{\partial u^{\beta,\varepsilon}}{\partial n}\cdot u^{\beta,\varepsilon}\mathrm{d}S.\end{aligned}$$

由于在边界 $\{|u^{\beta,\varepsilon}|=1\}$ 上有 $\dfrac{\partial u^{\beta,\varepsilon}}{\partial n}\cdot u^{\beta,\varepsilon}=\dfrac12\dfrac{|\partial u^{\beta,\varepsilon}|}{\partial n}\leqslant0$, 从而可知

$$\frac12\frac{\mathrm{d}}{\mathrm{d}t}\int_{|u^{\beta,\varepsilon}|\geqslant1}|u^{\beta,\varepsilon}|^2\left(1-\frac{1}{|u^{\beta,\varepsilon}|}\right)\mathrm{d}x\leqslant0,$$

从而对 a.e.$x\in\Omega\times(0,T)$ 有 $|u^{\beta,\varepsilon}|\leqslant1$. 证毕. □

在式 (3.4.3) 中固定 β, 令 $\varepsilon\to0$, 可以选择子列 (不妨仍记为 $\{u^{\beta,\varepsilon}\}$) 使得 $u^{\beta,\varepsilon}\to u^\beta$ 在 $L^\infty(0,T;H^1(\Omega))$ 中弱 $*$ 收敛. 下证

$$|u^\beta|=1,\qquad \text{a.e. 在 }\Omega\times(0,T).\tag{3.4.6}$$

事实上, 对任意的 $t>0$, 容易看出

$$\int_\Omega|u^{\beta,\varepsilon}(t)|^2\mathrm{d}x-\int_\Omega|u^{\beta,\varepsilon}(0)|^2\mathrm{d}x+\varepsilon\int_0^t\int_\Omega|\nabla u^{\beta,\varepsilon}|^2\mathrm{d}x\mathrm{d}t=0.$$

当 $\varepsilon \to 0$ 时, $u^{\beta,\varepsilon} \to u^{\beta}$ 在 $L^2(\Omega)$ 中强收敛, 且 $\|\nabla u^{\beta,\varepsilon}\|_2$ 一致有界且 $|u^{\beta,\varepsilon}(0)| = 1$ 几乎处处成立. 从而当 $\varepsilon \to 0$ 时, 有 $\int_\Omega (|u^\beta(t)|^2 - 1)\mathrm{d}x = 0$, 注意到引理 3.4.2 的结论可知式 (3.4.6) 成立.

下面考虑表达式 (3.4.5) 的极限. 固定 β, 则对任意的 $\phi \in C^\infty(\bar{Q}_T)$ 使得 ϕ 在空间上是周期的, 且 $\phi(\cdot, T) = 0$, 则有

$$\int_{Q_T} u_t^{\beta,\varepsilon} \cdot \phi \mathrm{d}x\mathrm{d}t = \int_{Q_T} [u^{\beta,\varepsilon} \times (-\Delta)^\alpha u^{\beta,\varepsilon} \cdot \phi - \beta u^{\beta,\varepsilon} \times \Delta u^{\beta,\varepsilon} \cdot \phi + \varepsilon \Delta u^{\beta,\varepsilon} \cdot \phi] \mathrm{d}x\mathrm{d}t. \quad (3.4.7)$$

其左端项可以写为

$$-\int_{Q_T} u^{\beta,\varepsilon} \cdot \phi_t \mathrm{d}x\mathrm{d}t - \int_\Omega u^{\beta,\varepsilon}(0) \cdot \phi(\cdot, 0)\mathrm{d}x,$$

且当 $\varepsilon \to 0$ 时, 该式收敛于

$$-\int_{Q_T} u^\beta \cdot \phi_t \mathrm{d}x\mathrm{d}t - \int_\Omega u_0 \cdot \phi(\cdot, 0)\mathrm{d}x. \quad (3.4.8)$$

接着考虑式 (3.4.7) 右端第二项, 此时可以写为

$$\int_{Q_T} \beta u^{\beta,\varepsilon} \times \nabla u^{\beta,\varepsilon} \cdot \nabla \phi \mathrm{d}x\mathrm{d}t,$$

利用式 (3.4.3), 当 $\varepsilon \to 0$ 时, 该项收敛于

$$\int_{Q_T} \beta u^\beta \times \nabla u^\beta \cdot \nabla \phi \mathrm{d}x\mathrm{d}t. \quad (3.4.9)$$

同理可知式 (3.4.7) 右端最后一项收敛于零. 而右端第一项的收敛我们留在最后.

进一步考虑当 $\beta \to 0$ 时的极限. 由先验估计式 (3.4.3) 可知存在子列 $\{u^\beta\}$ 使得

$$\begin{aligned} &u^\beta \to u \qquad && \text{在} L^\infty(0, T; H^\alpha_{per}(\Omega)) \text{中弱} * \text{收敛}; \\ &u^\beta \to u \qquad && \text{在} L^2(Q_T) \text{中强收敛}, \end{aligned}$$

且 $\beta \|\nabla u^\beta\|_2^2 \leqslant C$.

从而当 $\beta \to 0$ 时, 左端项式 (3.4.8) 收敛于

$$-\int_{Q_T} u \cdot \phi_t \mathrm{d}x\mathrm{d}t - \int_\Omega u_0 \cdot \phi(\cdot, 0)\mathrm{d}x.$$

对式 (3.4.9) 利用 Cauchy 不等式,

$$\left| \int_{Q_T} \beta u^\beta \times \nabla u^\beta \cdot \nabla \phi \mathrm{d}x\mathrm{d}t \right| \leqslant \sqrt{\beta} \int_{Q_T} |\sqrt{\beta} \nabla u^\beta| |\nabla \phi| \mathrm{d}x\mathrm{d}t.$$

从而当 $\beta \to 0$ 时, 该项收敛于零.

下面考虑式 (3.4.7) 右端第一项的收敛. 首先将该项改写为如下形式:

$$
\begin{aligned}
&\int_\Omega u^{\beta,\varepsilon} \times (-\Delta)^\alpha u^{\beta,\varepsilon} \cdot \phi \mathrm{d}x \\
=&-\int_\Omega u^{\beta,\varepsilon} \times \phi \cdot (-\Delta)^\alpha u^{\beta,\varepsilon} \mathrm{d}x \\
=&-\int_\Omega (-\Delta)^{\alpha/2}(u^{\beta,\varepsilon} \times \phi) \cdot (-\Delta)^{\alpha/2} u^{\beta,\varepsilon} \mathrm{d}x \\
=&\int_\Omega \left[(-\Delta)^{\alpha/2}(u^{\beta,\varepsilon} \times \phi) - (-\Delta)^{\alpha/2} u^{\beta,\varepsilon} \times \phi\right] \cdot (-\Delta)^{\alpha/2} u^{\beta,\varepsilon} \mathrm{d}x =: \mathcal{I}^{\beta,\varepsilon}.
\end{aligned}
$$

从而考虑如下的算子 $\mathcal{L}u := (-\Delta)^{\alpha/2}(u \times \phi) - (-\Delta)^{\alpha/2} u \times \phi$, 其中, ϕ 为光滑函数.

为了考虑式 (3.4.7) 右端第一项的收敛, 我们需要如下命题:

命题 3.4.1 算子 $\mathcal{L}: H^\alpha_{per} \to L^2(\Omega)$ 是紧的.

证明: 为此仅需说明 $\mathcal{L}: H^\alpha_{per}(\Omega) \to H^\alpha_{per}(\Omega)$ 是有界线性算子, 利用 $H^\alpha_{per}(\Omega) \hookrightarrow L^2(\Omega)$ 是紧嵌入可知命题成立.

显然, 利用分数阶拉普拉斯算子的傅里叶级数表示, 有

$$
\|(-\Delta)^{\alpha/2}(u\phi)\|^2_{L^2} = (2\pi)^\alpha \sum_{n \in \mathbf{Z}^d} |n|^{2\alpha} |\widehat{u\phi}(n)|^2,
$$

且

$$
\|(-\Delta)^{\alpha/2} u\phi\|_{L^2} \leqslant C\|u\|_{H^\alpha_{per}}.
$$

由于 $\widehat{u\phi}(n) = \sum\limits_{n_1+n_2=n} \hat{u}(n_1)\hat{\phi}(n_2)$ 以及 $|n_1+n_2|^\alpha \leqslant C(|n_1|^\alpha + |n_2|^\alpha)$, 从而有估计

$$
\begin{aligned}
|n|^\alpha |\widehat{u\phi}(n)| \leqslant& |n|^\alpha \sum_{n_1+n_2=n} |\hat{u}(n_1)||\hat{\phi}(n_2)| \\
\leqslant& C\left(\sum_{n_1+n_2=n} |n_1|^\alpha |\hat{u}(n_1)||\hat{\phi}(n_2)| + \sum_{n_1+n_2=n} |\hat{u}(n_1)||n_2|^\alpha |\hat{\phi}(n_2)|\right).
\end{aligned}
$$

由此利用离散形式的 Young 不等式可以说明

$$
\|(-\Delta)^{\alpha/2}(u\phi)\|^2_{L^2} \leqslant C(\|(-\Delta)^{\alpha/2} u\|^2 \|\phi\|^2_1 + \|u\|^2_2 \|(-\Delta)^{\alpha/2}\phi\|^2_1).
$$

还需要估计 $\|(-\Delta)^{\alpha/2}(\mathcal{L}u)\|_{L^2}$. 利用定义仅需说明 $\{|n|^\alpha \widehat{\mathcal{L}u}(n)\} \in l^2$. 由于 $u \sim \sum\limits_n \hat{u}(n)\mathrm{e}^{2\pi \mathrm{i} n \cdot x}$, $\phi \sim \sum\limits_n \hat{\phi}(n)\mathrm{e}^{2\pi \mathrm{i} n \cdot x}$, 从而 $u\phi \sim \sum\limits_n \sum\limits_{n_1+n_2=n} \hat{u}(n_1)\hat{\phi}(n_2)\mathrm{e}^{2\pi \mathrm{i} n \cdot x}$. 利用 $\mathcal{L}u$ 的定义, 有

$$
\widehat{\mathcal{L}u}(n) = \sum_{n_1+n_2=n} |n|^\alpha \hat{u}(n_1)\hat{\phi}(n_2) - \sum_{n_1+n_2=n} |n_1|^\alpha \hat{u}(n_1)\hat{\phi}(n_2),
$$

从而

$$
|\widehat{\mathcal{L}u}(n)| \leqslant \sum_{n_1+n_2=n} |n_2|^\alpha |\hat{u}(n_1)||\hat{\phi}(n_2)|,
$$

$$|n|^{\alpha}\widehat{\mathcal{L}u}(n) \leqslant \sum_{n_1+n_2=n} |n_1|^{\alpha}|\hat{u}(n_1)||n_2|^{\alpha}|\hat{\phi}(n_2)| + \sum_{n_1+n_2=n} |\hat{u}(n_1)||n_2|^{2\alpha}|\hat{\phi}(n_2)|,$$

再一次利用离散形式的 Young 不等式可得

$$\|(-\Delta)^{\alpha/2}\mathcal{L}u\|_{L^2}^2 \leqslant \|(-\Delta)^{\alpha/2}u\|_2^2\|(-\Delta)^{\alpha/2}\phi\|_1^2 + \|u\|_2^2\|(-\Delta)^{\alpha}\phi\|_1^2.$$

从而命题成立. 证毕. □

应用该命题, 以及估计式 (3.4.3), 我们有

$$\begin{aligned}\lim_{\beta\to 0}\lim_{\varepsilon\to 0}\mathcal{T}^{\beta,\varepsilon} &= \int_{\Omega}\left[(-\Delta)^{\alpha/2}(u\times\phi) - (-\Delta)^{\alpha/2}u\times\phi\right]\cdot(-\Delta)^{\alpha/2}u\mathrm{d}x \\ &= \int_{\Omega}(-\Delta)^{\alpha/2}(u\times\phi)\cdot(-\Delta)^{\alpha/2}u\mathrm{d}x,\end{aligned}$$

从而完成定理 3.4.1 的证明.

3.4.2 Ginzburg-Landau 逼近与渐近极限

这一小节考虑分数阶 Landau-Lifshitz 方程的 Ginzburg-Landau 逼近, 以及当其系数变化时的极限情况. 具体地, 考虑方程

$$\begin{cases}\partial_t m = \nu m\times\Lambda^{2\alpha}m + \mu m\times(m\times\Lambda^{2\alpha}m), \\ m(0) = m_0 \text{ 且 } |m_0(x)| = 1, \quad \text{a.e. } x\in\Omega,\end{cases} \tag{3.4.10}$$

其中, $m=(m_1,m_2,m_3)$ 表示磁化向量, $\Lambda=(-\Delta)^{1/2}$ 表示分数阶拉普拉斯算子. 为了方便, 这里仅考虑 $\Omega=[-\pi,\pi]$ 一维情形的周期问题, $\nu\in\mathbf{R}$ 以及 $\mu>0$ 为参数, μ 也称为 Gilbert 参数. 下面, 我们仅讨论 $\alpha\in\left(\frac{1}{2},1\right)$ 的情形. 令 $Q_T=\Omega\times(0,T)$.

这里的讨论是受到整数阶情形问题的启发. 当 $\alpha=1$ 时, 该方程退化为 Landau-Lifshitz 方程:

$$\partial_t m = -\nu m\times\Delta m - \mu m\times(m\times\Delta m).$$

该方程最初由 Landau 和 Lifshitz 提出 [30], 其目的是研究铁磁体材料磁导率的色散理论, 随后得到了广泛的研究 [34]. 当 $\nu=0,\alpha=1$ 时, 方程 (3.4.10) 退化为调和映照热流问题 [115]:

$$m_t = \mu\Delta m + \mu|\nabla m|^2 m.$$

因此, 当 $\nu=0$ 时, 也称方程 (3.4.10) 为调和映照热流的分数阶推广 (或分数阶调和映照热流). 当 $\mu=0$ 时, 方程 (3.4.10) 对应于分数阶 Heisenberg 方程 [116].

容易说明, 如果初值 $|m_0(x)|=1$, 则 $|m(t,x)|=1$ 对任意的 $t\geqslant 0$ 成立. 方程 (3.4.10) 等价于如下 Gilbert 方程 [117]:

$$m_t = \frac{\nu^2+\mu^2}{\nu}m\times\Lambda^{2\alpha}m + \frac{\mu}{\nu}m\times m_t. \tag{3.4.11}$$

方程的弱解定义如下:

定义 3.4.1 令 $m_0 \in H^\alpha$, $|m_0| = 1$ a.e., 称向量 $m = (m_1, m_2, m_3)$ 为方程 (3.4.11) 的弱解, 如果

(1) 对任意的 $T > 0$, $m \in L^\infty(0, T; H^\alpha(\Omega))$ 且 $m_t \in L^2(Q_T)$, $|m| = 1$ a.e..

(2) 对任意的三维向量 $\varphi \in L^2(0, T; H^\alpha(\Omega))$, 成立

$$\frac{\mu}{\nu}\int_{Q_T}\left(m \times \frac{\partial m}{\partial t}\right)\cdot \varphi \mathrm{d}x\mathrm{d}t - \int_{Q_T}\frac{\partial m}{\partial t}\cdot\varphi\mathrm{d}x\mathrm{d}t = \frac{\nu^2+\mu^2}{\nu}\int_{Q_T}\Lambda^\alpha m\cdot\Lambda^\alpha(m\times\varphi)\mathrm{d}x\mathrm{d}t. \tag{3.4.12}$$

(3) $m(0, x) = m_0(x)$ 在迹意义下成立.

(4) 对任意的 $T > 0$, 成立

$$\int_\Omega |\Lambda^\alpha m(T)|^2\mathrm{d}x + \frac{2\mu}{1+\mu^2}\int_{Q_T}\left|\frac{\partial m}{\partial t}\right|^2\mathrm{d}x\mathrm{d}t \leqslant \int_\Omega |\Lambda^\alpha m_0|^2\mathrm{d}x. \tag{3.4.13}$$

下面我们将考虑方程弱解的存在性 (定理 3.4.2). 由于方程 (3.4.10) 在形式上类似于调和映照热流 (多了一项 $m \times \Lambda^\alpha m$), 我们推广 Chen 在文献 [118] 中处理 (整数阶) 调和映照热流的 Ginzburg-Landau 逼近的方法, 从而得到方程弱解的存在性. 但是由于这里讨论的问题是分数阶的、非局部的, 我们需要第 2 章中引入的交换子估计等分数阶算子的结论.

这里的问题是, 方程本身并没有类似于 QG 方程的交换子结构. 为此我们注意到几何中一个非常基本的结果, 即任意两个三维的叉乘垂直于这两个向量所张成的平面. 其细节将在后文给出, 为此我们定义交换子

$$[\Lambda^\alpha, \varphi]m := \Lambda^\alpha(\varphi \times m) - \varphi \times \Lambda^\alpha m.$$

另外, 这里还将讨论当参数变化时解的极限情况. 下面将证明, 当 $\mu \to 0$ 时, 方程 (3.4.10) 的解逼近分数阶 Heisenberg 方程的解; 而当 $\mu \to \infty$ 时, 在相差一个尺度变化下, 方程 (3.4.10) 的解将逼近分数阶调和映照热流的解, 参见定理 3.4.3 以及定理 3.4.4. 这些所有的结果都可以推广到 $\alpha = 1$ 的情形, 参见 Alougest-Soyeur [114].

如不特别说明, $\dot{H}^\alpha(\Omega)$ 表示齐次分数阶 Sobolev 空间, $H^\alpha(\Omega)$ 表示对于非齐次 Sobolev 空间, 且向量空间 $(X)^3$ 通常简写为 X.

下面证明方程 (3.4.10) 弱解的存在性, 为了简化起见, 令 $\nu = 1$.

定理 3.4.2 令 $\alpha \in (1/2, 1)$, $m_0 \in H^\alpha$ 且 $|m_0| = 1$, a.e.. 则方程 (3.4.10) 在定义 3.4.1 的意义下至少存在一个弱解.

首先给出如下的紧致性引理 [119].

引理 3.4.3 设 B_0, B, B_1 为 Banach 空间, $B_0 \subset B \subset B_1$ 且嵌入 $B_0 \hookrightarrow B$ 是紧致的. 如果 W 为 $L^\infty(0, T; B_0)$ 中的有界集, $W_t := \{w_t; w \in W\}$ 在 $L^q(0, T; B_1)$ 中有界, 其中 $q > 1$, 则 W 在 $C([0, T]; B)$ 中是相对紧致的.

该引理是 Aubin 紧致性引理的一个推广, 其证明可以在参考文献 [119] 第 85 页上 Corollary 4 中找到, 也可以参见文献 [100], [120].

定理 3.4.2 的证明: 受 Chen 在处理调和映照热流问题思想的启发, 考虑关于 m_ϵ 的如下 Ginzburg-Landau 逼近问题:

$$\mu\frac{\partial m_\epsilon}{\partial t}+m_\epsilon\times\frac{\partial m_\epsilon}{\partial t}+(1+\mu^2)\left(\Lambda^{2\alpha}m_\epsilon-\frac{1}{\epsilon^2}(1-|m_\epsilon|^2)m_\epsilon\right)=0. \tag{3.4.14}$$

令 $\{w_i\}_{i\in\mathbf{N}}$ 为 $L^2(\Omega)$ 的一组标准正交基, 由 $\Lambda^{2\alpha}$ 的特征向量构成:

$$\Lambda^{2\alpha}w_j=\kappa_j w_j,\quad j=1,2,\cdots, \tag{3.4.15}$$

其边界条件设为周期边界. 这样的基的存在性可以通过文献 [111] 中 §.2,Ch.II 的方法证明. 固定 $\epsilon>0$, 考虑方程 (3.4.14) 如下形式的逼近解 $\{m_N(t,x)\}$:

$$m_N(t,x)=\sum_{i=1}^N\varphi_i(t)w_i(x),\qquad \varphi_i\in\mathbf{R}^3,$$

且使得

$$\begin{aligned}\mu\int_\Omega\frac{\partial m_N}{\partial t}w_i\mathrm{d}x+\int_\Omega m_N\times\frac{\partial m_N}{\partial t}w_i\mathrm{d}x+(1+\mu^2)\int_\Omega\Lambda^{2\alpha}m_Nw_i\mathrm{d}x\\ -\frac{1+\mu^2}{\epsilon^2}\int_\Omega(|m_N|^2-1)m_Nw_i\mathrm{d}x=0,\quad 1\leqslant i\leqslant n,\end{aligned} \tag{3.4.16}$$

以及初值条件成立

$$\int_\Omega m_N(0)w_i\mathrm{d}x=\int_\Omega m_0w_i\mathrm{d}x.$$

由于 $\dfrac{\partial m_N}{\partial t}$ 的系数矩阵 "$\mu+m_N\times$" 是反称的, 从而是可逆的, 由经典的常微分方程理论可知, 关于 $\{\varphi_i\}_{i=1}^N$ 的常微分方程组 (3.4.16) 存在局部解. 下面给出一定的先验估计予以说明, 存在一个公共区间 $[0,T]$, 使得这些局部解都在该区间上存在. 将方程 (3.4.16) 乘以 $\dfrac{\mathrm{d}\varphi_i}{\mathrm{d}t}$, 并关于 $1\leqslant i\leqslant N$ 求和可知

$$\frac{\mu}{1+\mu^2}\int_\Omega\left|\frac{\partial m_N}{\partial t}\right|^2\mathrm{d}x+\frac12\frac{\mathrm{d}}{\mathrm{d}t}\int_\Omega|\Lambda^\alpha m_N|^2\mathrm{d}x+\frac{1}{4\epsilon^2}\frac{\mathrm{d}}{\mathrm{d}t}\int_\Omega(|m_N|^2-1)^2\mathrm{d}x=0.$$

在区间 $[0,T]$ 上积分可得

$$\begin{aligned}&\frac12\int_\Omega|\Lambda^\alpha m_N(T)|^2\mathrm{d}x+\frac{1}{4\epsilon^2}\int_\Omega(|m_N|^2-1)^2(T)\mathrm{d}x+\frac{\mu}{1+\mu^2}\int_{Q_T}\left|\frac{\partial m_N}{\partial t}\right|^2\mathrm{d}x\mathrm{d}t\\ &=\frac12\int_\Omega|\Lambda^\alpha m_{N0}|^2\mathrm{d}x+\frac{1}{4\epsilon^2}\int_\Omega(|m_{N0}|^2-1)^2\mathrm{d}x,\qquad\forall t\in[0,T].\end{aligned} \tag{3.4.17}$$

由于 $\alpha\in(1/2,1)$, $H^\alpha(\Omega)\hookrightarrow L^4(\Omega)$, 从而式 (3.4.17) 右端项是一致有界的. 进一步, 由 Young 不等式可得

$$\int_\Omega|m_N|^2\mathrm{d}x\leqslant C+\frac12\int_\Omega(|m_N|^2-1)^2\mathrm{d}x, \tag{3.4.18}$$

从而对固定的 $\epsilon > 0$ 有

$$\begin{aligned}
&\{m_N\} \quad 在L^\infty(0,T;H^\alpha(\Omega))中有界;\\
&\left\{\frac{\partial m_N}{\partial t}\right\} \quad 在L^2(0,T;L^2(\Omega))中有界;\\
&\{|m_N|^2-1\} \quad 在L^\infty(0,T;L^2(\Omega))中有界.
\end{aligned}$$

这些估计表明, 局部解可以延拓到整体, 从而可以选择子列 (仍然记为 $\{m_N(t)\}$) 使得对任意的 $1 < p < \infty$ 满足

$$\begin{aligned}
&m_N \to m_\epsilon \quad 在L^p(0,T;H^\alpha(\Omega))中弱收敛;\\
&m_N \to m_\epsilon \quad 在C([0,T];H^\beta(\Omega))中强收敛, 且几乎处处收敛, 0 \leqslant \beta < \alpha;\\
&\frac{\partial m_N}{\partial t} \to \frac{\partial m_\epsilon}{\partial t} \quad 在L^2(0,T;L^2(\Omega))中弱收敛;\\
&|m_N|^2-1 \to \zeta \quad 在L^p(0,T;L^2(\Omega))中弱收敛.
\end{aligned}$$

这里第二个收敛是由于引理 3.4.3. 另一方面, 由于 $m_N \to m_\epsilon$ a.e., 由文献 [100] 中 Lem1.3, Chap.1 可以说明 $\zeta = |m_\epsilon|^2 - 1$. 令式 (3.4.16) 中的 $N \to \infty$, 可以得到逼近问题 (3.4.14) 的弱解 m_ϵ 的存在性, 即

$$\begin{aligned}
\mu\int_{Q_T}\frac{\partial m_\epsilon}{\partial t}\phi \mathrm{d}x\mathrm{d}t+&\int_{Q_T} m_\epsilon\times\frac{\partial m_\epsilon}{\partial t}\phi \mathrm{d}x\mathrm{d}t+(1+\mu^2)\int_{Q_T}\Lambda^\alpha m_\epsilon\Lambda^\alpha\phi \mathrm{d}x\mathrm{d}t\\
&-\frac{1+\mu^2}{\epsilon^2}\int_{Q_T}(|m_\epsilon|^2-1)m_\epsilon\phi \mathrm{d}x\mathrm{d}t=0,
\end{aligned}\tag{3.4.19}$$

对任意的 $\phi \in L^2(0,T;H^\alpha)$ 成立. 令方程 (3.4.17) 中的 $N \to \infty$, 利用 Fatou 引理可得

$$\begin{aligned}
\frac{1}{2}\int_\Omega|\Lambda^\alpha m_\epsilon(T)|^2\mathrm{d}x+&\frac{1}{4\epsilon^2}\int_\Omega(|m_\epsilon|^2-1)^2(T)\mathrm{d}x+\frac{\mu}{1+\mu^2}\int_{Q_T}\left|\frac{\partial m_\epsilon}{\partial t}\right|^2\mathrm{d}x\mathrm{d}t\\
\leqslant&\frac{1}{2}\int_\Omega|\Lambda^\alpha m_0|^2\mathrm{d}x,\qquad \forall t\in[0,T].
\end{aligned}\tag{3.4.20}$$

下面考虑极限 $\epsilon \to 0$ 的情况. 由不等式 (3.4.20) 以及类似于不等式 (3.4.18) 的证明, 可以说明

$$\begin{aligned}
&\{m_\epsilon\} \quad 在L^\infty(0,T;H^\alpha(\Omega))中有界;\\
&\left\{\frac{\partial m_\epsilon}{\partial t}\right\} \quad 在L^2(0,T;L^2(\Omega))中有界;\\
&\{|m_\epsilon|^2-1\} \quad 在L^\infty(0,T;L^2(\Omega))中有界.
\end{aligned}$$

因此可以选择子列 (仍记为 m_ϵ) 使得对任意的 $1 < p < \infty$ 以及任意的 $0 \leqslant \beta < \alpha$ 成立

$$\begin{aligned}
&m_\epsilon \to m \quad 在 \quad L^p(0,T;H^\alpha(\Omega))中弱收敛;\\
&m_\epsilon \to m \quad 在 \quad C([0,T];H^\beta(\Omega))中强收敛, 且几乎处处收敛;\\
&\frac{\partial m_\epsilon}{\partial t} \to \frac{\partial m}{\partial t} \quad 在 \quad L^2(0,T;L^2(\Omega))中弱收敛;\\
&|m_\epsilon|^2-1 \to 0 \quad 在 \quad L^p(0,T;L^2(\Omega))中强收敛, 且几乎处处收敛.
\end{aligned}$$

利用最后一个收敛可以得到 $|m| = 1$ 几乎处处成立. 另一方面, 由于 $H^{\alpha}(\Omega) \hookrightarrow L^{\infty}(\Omega)$, 利用 Sobolev 嵌入定理

$$m_{\epsilon} \text{ 在} L^{\infty}(Q_T)\text{中有界}, \quad \text{即 } |m_{\epsilon}| \leqslant C, \tag{3.4.21}$$

其中, 常数 C 仅依赖于初值以及 Sobolev 嵌入常数. 为了对 $\epsilon \to 0$ 取极限, 在式 (3.4.19) 中令 $\varphi \in C^{\infty}([0,T] \times \Omega)$ 且记 $\phi = m_{\epsilon} \times \varphi$. 利用分数阶算子的乘积估计

$$\|\Lambda^{\alpha}(m_{\epsilon} \times \varphi)\|_{L^2} \leqslant C(\|m_{\epsilon}\|_{L^{\infty}} \|\varphi\|_{\dot{H}^{\alpha,2}} + \|m_{\epsilon}\|_{\dot{H}^{\alpha,2}} \|\varphi\|_{L^{\infty}}),$$

可以说明 $\phi \in L^2(0,T; H^{\alpha}(\Omega))$[其中 $L^2(0,T;L^2(\Omega))$ 范数是显然的], 因此可得

$$\begin{aligned}
&-\mu \int_{Q_T} \left(m_{\epsilon} \times \frac{\partial m_{\epsilon}}{\partial t}\right) \cdot \varphi \mathrm{d}x\mathrm{d}t + \int_{Q_T} |m_{\epsilon}|^2 \frac{\partial m_{\epsilon}}{\partial t} \cdot \varphi \mathrm{d}x\mathrm{d}t \\
&- \int_{Q_T} \left(m_{\epsilon} \cdot \frac{\partial m_{\epsilon}}{\partial t}\right) m_{\epsilon} \cdot \varphi \mathrm{d}x\mathrm{d}t + (1+\mu^2) \int_{Q_T} \Lambda^{\alpha} m_{\epsilon} \cdot \Lambda^{\alpha}(m_{\epsilon} \times \varphi) \mathrm{d}x\mathrm{d}t = 0.
\end{aligned} \tag{3.4.22}$$

令 $\epsilon \to 0$, 利用强收敛 $|m_{\epsilon}|^2 - 1 \to 0$ 可以得到

$$\begin{aligned}
\int_{Q_T} |m_{\epsilon}|^2 \frac{\partial m_{\epsilon}}{\partial t} \cdot \varphi \mathrm{d}x\mathrm{d}t &= \int_{Q_T} (|m_{\epsilon}|^2 - 1) \frac{\partial m_{\epsilon}}{\partial t} \cdot \varphi \mathrm{d}x\mathrm{d}t + \int_{Q_T} \frac{\partial m_{\epsilon}}{\partial t} \cdot \varphi \mathrm{d}x\mathrm{d}t \\
&\to \int_{Q_T} \frac{\partial m}{\partial t} \cdot \varphi \mathrm{d}x\mathrm{d}t.
\end{aligned}$$

对于第三项,

$$\begin{aligned}
\int_{Q_T} \left(m_{\epsilon} \cdot \frac{\partial m_{\epsilon}}{\partial t}\right) m_{\epsilon} \cdot \varphi \mathrm{d}x\mathrm{d}t - \int_{Q_T} m \cdot \frac{\partial m}{\partial t} m \cdot \varphi \mathrm{d}x\mathrm{d}t = &\int_{Q_T} \left(m_{\epsilon} \cdot \frac{\partial m_{\epsilon}}{\partial t}\right)(m_{\epsilon} - m) \cdot \varphi \mathrm{d}x\mathrm{d}t \\
&+ \int_{Q_T} m_{\epsilon} \cdot \left(\frac{\partial m_{\epsilon}}{\partial t} - \frac{\partial m}{\partial t}\right) m \cdot \varphi \mathrm{d}x\mathrm{d}t \\
&+ \int_{Q_T} (m_{\epsilon} - m) \cdot \frac{\partial m}{\partial t} m \cdot \varphi \mathrm{d}x\mathrm{d}t \\
\to &0.
\end{aligned}$$

最后, 考虑方程 (3.4.22) 中最后一项的收敛性. 令 $\mathcal{I}_{\epsilon} = -\int_{Q_T} \Lambda^{\alpha} m_{\epsilon} \cdot \Lambda^{\alpha}(m_{\epsilon} \times \varphi) \mathrm{d}x\mathrm{d}t$ 且相应的 $\mathcal{I} = -\int_{Q_T} \Lambda^{\alpha} m \cdot \Lambda^{\alpha}(m \times \varphi) \mathrm{d}x\mathrm{d}t.$, 由 $\int_{Q_T} \Lambda^{\alpha} m_{\epsilon} \cdot \Lambda^{\alpha} m_{\epsilon} \times \varphi \mathrm{d}x\mathrm{d}t = \int_{Q_T} \Lambda^{\alpha} m \cdot \Lambda^{\alpha} m \times \varphi \mathrm{d}x\mathrm{d}t = 0$ 可得

$$\mathcal{I}_{\epsilon} = \int_{Q_T} \Lambda^{\alpha} m_{\epsilon} \cdot [\Lambda^{\alpha}, \varphi] m_{\epsilon} \mathrm{d}x\mathrm{d}t$$

以及

$$\mathcal{I} = \int_{Q_T} \Lambda^{\alpha} m \cdot [\Lambda^{\alpha}, \varphi] m \mathrm{d}x\mathrm{d}t.$$

利用交换子估计, 可以说明

$$\|[\Lambda^{\alpha}, \varphi](m_{\epsilon} - m)\|_{L^2} \leqslant C(\|\nabla \varphi\|_{L^{p_1}} \|m_{\epsilon} - m\|_{\dot{H}^{\alpha-1,p_2}} + \|\varphi\|_{\dot{H}^{\alpha,p_3}} \|m_{\epsilon} - m\|_{L^{p_4}}).$$

令 $p_1=\dfrac{1}{1-\alpha},p_2=\dfrac{2}{2\alpha-1}$, 对任意的 $p_3,p_4\in(2,\infty)$,

$$\begin{aligned}\|[\Lambda^\alpha,\varphi](m_\epsilon-m)\|_{L^2(Q_T)}\leqslant&C\{\|\nabla\varphi\|_{L^\infty(0,T;L^{p_1}(\Omega))}\|m_\epsilon-m\|_{L^2(Q_T)}\\&+\|\varphi\|_{L^\infty(0,T;\dot{H}^{\alpha,p_3}(\Omega))}\|m_\epsilon-m\|_{L^2(0,T;H^\beta(\Omega))}\}\\\rightarrow&0,\end{aligned}$$

这里用到强收敛结果: $m_\epsilon\to m$ 在 $L^2(Q_T)$ 中以及 $L^2(0,T;H^\beta(\Omega))$ 中强收敛, 其中, $\beta=\dfrac{1}{2}-\dfrac{1}{p_4}<\dfrac{1}{2}<\alpha$. 另一方面, 利用交换子估计还可以说明 $[\Lambda^\alpha,\varphi]m\in L^2(Q_T)$. 从而

$$\mathcal{I}_\epsilon-\mathcal{I}=\int_{Q_T}\Lambda^\alpha m_\epsilon\cdot[\Lambda^\alpha,\varphi](m_\epsilon-m)\mathrm{d}x\mathrm{d}t+\int_{Q_T}\Lambda^\alpha(m_\epsilon-m)\cdot[\Lambda^\alpha,\varphi]m\mathrm{d}x\mathrm{d}t\to0,$$

这里用到了 m_ϵ 在 $L^2(0,T;H^\alpha(\Omega))$ 中的有界性, 以及在 $L^2(0,T;H^\alpha(\Omega))$ 中弱收敛到 m. 由此, 令 $\epsilon\to0$ 可得

$$\mu\int_{Q_T}\left(m\times\frac{\partial m}{\partial t}\right)\cdot\varphi\mathrm{d}x\mathrm{d}t-\int_{Q_T}\frac{\partial m}{\partial t}\cdot\varphi\mathrm{d}x\mathrm{d}t=(1+\mu^2)\int_{Q_T}\Lambda^\alpha m\cdot\Lambda^\alpha(m\times\varphi)\mathrm{d}x\mathrm{d}t,$$

利用稠密性论断可以说明, 该式对任意的 $\varphi\in L^2(0,T;H^\alpha(\Omega))$ 都成立. 进而由不等式 (3.4.20) 可知不等式 (3.4.13) 成立, 从而完成定理 3.4.2 的证明. □

注 3.4.1 当 $\mu=0$ 时, 利用 Galerkin 逼近, 可以说明分数阶 Heisenberg 方程至少存在一个弱解, 即对任意的 $\varphi\in L^2(0,T;H^\alpha(\Omega))$ 成立

$$\int_{Q_T}\frac{\partial m}{\partial t}\cdot\varphi\mathrm{d}x\mathrm{d}t+\nu\int_{Q_T}\Lambda^\alpha m\cdot\Lambda^\alpha(m\times\varphi)\mathrm{d}x\mathrm{d}t=0. \tag{3.4.23}$$

另一方面, 利用同样的方法可以说明, 当 $\nu=0$ 时, 分数阶调和映照热流至少存在一个弱解使得对任意的 $\varphi\in L^2(0,T;H^\alpha(\Omega))$ 成立

$$\int_{Q_T}\left(m\times\frac{\partial m}{\partial t}\right)\cdot\varphi\mathrm{d}x\mathrm{d}t-\mu\int_{Q_T}\Lambda^\alpha m\cdot\Lambda^\alpha(m\times\varphi)\mathrm{d}x\mathrm{d}t=0. \tag{3.4.24}$$

下面讨论当参数变化时方程的解的渐近极限问题. 具体地, 我们将证明如下定理:

定理 3.4.3 令 $\mu\to0$, 则方程的弱解 (存在子列) 弱收敛到分数阶 Heisenberg 方程的弱解.

定理 3.4.4 令 m^μ 为分数阶 Landau-Lifshitz 方程的弱解, 记 $\tilde{m}^\mu(t,x)=m^\mu(t/\mu,x)$. 则当 $\mu\to\infty$ 时, $\tilde{m}^\mu$(存在子列) 弱收敛到分数阶调和映照热流的弱解.

定理 3.4.3 的证明: 由不等式 (3.4.13) 可知对任意的 $1\leqslant p\leqslant\infty$, m^μ 在 $L^p(0,T;H^\alpha)$ 中是一致有界的, 且 $\sqrt{\mu}\dfrac{\partial m^\mu}{\partial t}$ 在 $L^2(0,T;L^2(\Omega))$ 中有界. 利用分数阶算子的乘积估计可知

$$\begin{aligned}\|\Lambda^\alpha(m^\mu\times\varphi)\|\leqslant&C(\|\Lambda^\alpha\varphi\|+\|\Lambda^\alpha m^\mu\|\|\varphi\|_{L^\infty})\\\leqslant&C(1+\|\Lambda^\alpha m^\mu\|)\|\varphi\|_{H^\alpha}.\end{aligned}$$

从而由式 (3.4.10) 可知

$$\begin{aligned}\left|\int_{Q_T} \frac{\partial m^\mu}{\partial t}\cdot\varphi\right| \leqslant & C\sqrt{\mu}\|\varphi\|_{L^2(Q_T)} \\ & + C(1+\mu^2)(1+\|\Lambda^\alpha m_0\|)\|\Lambda^\alpha m^\mu\|_{L^2(Q_T)}\|\varphi\|_{L^2(0,T;H^\alpha(\Omega))} \\ \leqslant & C(1+\mu^2)\|\varphi\|_{L^2(0,T;H^\alpha(\Omega))},\end{aligned}$$

从而, 只要 $\mu \leqslant 1$, $\left\{\dfrac{\partial m^\mu}{\partial t}\right\}$ 在 $L^2(0,T;H^{-\alpha}(\Omega))$ 中一致有界. 选择子列使得对任意的 $-\alpha \leqslant \beta < \alpha$ 以及任意的 $1 < p < \infty$ 有

$$\begin{aligned} & m^\mu \to m \quad \text{在 } L^p(0,T;H^\alpha(\Omega)) \text{ 中弱收敛;} \\ & m^\mu \to m \quad \text{在 } C([0,T];H^\beta(\Omega)) \text{ 中强收敛.}\end{aligned}$$

令 $\mu \to 0$, 并利用交换子估计技巧, 可以得到分数阶 Heisenberg 方程的一个弱解, 从而定理 3.4.3 成立. □

定理 3.4.4 的证明: 作变换 $\tilde{m}^\mu(t,x) = m^\mu(t/\mu, x)$, 由式 (3.4.12) 可知

$$\begin{aligned} & \int_{Q_T}\left(\tilde{m}^\mu \times \frac{\partial \tilde{m}^\mu}{\partial t}\right)\cdot\varphi \mathrm{d}x\mathrm{d}t - \frac{1}{\mu}\int_{Q_T}\frac{\partial \tilde{m}^\mu}{\partial t}\cdot\varphi\mathrm{d}x\mathrm{d}t \\ & \quad = \frac{1+\mu^2}{\mu^2}\int_{Q_T}\Lambda^\alpha\tilde{m}^\mu\cdot\Lambda^\alpha(\tilde{m}^\mu\times\varphi)\mathrm{d}x\mathrm{d}t.\end{aligned} \tag{3.4.25}$$

进一步, 如下不等式成立:

$$\int_\Omega |\Lambda^\alpha \tilde{m}^\mu(T)|^2\mathrm{d}x + \frac{2\mu^2}{1+\mu^2}\int_{Q_T}\left|\frac{\partial\tilde{m}^\mu}{\partial t}\right|^2\mathrm{d}x\mathrm{d}t \leqslant \int_\Omega|\Lambda^\alpha m_0|^2\mathrm{d}x.$$

因此, 只要 $\mu > 1$, 则 $\left\{\dfrac{\partial\tilde{m}^\mu}{\partial t}\right\}$ 关于 μ 在空间 $L^2(Q_T)$ 中一致有界. 因此可以选择子列, 使得对任意的 $1 < p < \infty$ 以及任意的 $0 \leqslant \beta < \alpha$ 成立

$$\begin{aligned} & \tilde{m}^\mu \to \tilde{m} \quad \text{在} L^p(0,T;H^\alpha(\Omega)) \text{中弱收敛;} \\ & \tilde{m}^\mu \to \tilde{m} \quad \text{在} C([0,T];H^\beta(\Omega)) \text{中强收敛且几乎处处收敛;} \\ & \frac{\partial\tilde{m}^\mu}{\partial t} \to \frac{\partial\tilde{m}}{\partial t} \quad \text{在} L^2(0,T;L^2(\Omega)) \text{中弱收敛.}\end{aligned}$$

在式 (3.4.25) 中令 $\mu \to \infty$, 类似地利用交换子估计可以证明, 可以选择子列使得当 $\mu \to \infty$ 时, 分数阶 Landau-Lifshitz 方程的解收敛到分数阶调和映照热流的弱解 (3.4.24). □

3.4.3 高维情形——Galerkin 逼近

现在考虑高维情形的分数阶 Landau-Lifshitz 方程:

$$\begin{cases} u_t = \gamma u \times \Lambda^{2\alpha}u + \lambda u \times (u \times \Lambda^{2\alpha}u), \\ u(0) = u_0 \in H^\alpha, \end{cases} \tag{3.4.26}$$

其中, $u(x,t)$ 仍然为三维向量, 表示铁磁体材料的磁化向量, $\gamma,\lambda \geqslant 0$ 以及 $\alpha \in (0,1)$ 为实数. 这一小节的讨论考虑 $\Omega = [0,2\pi]^d$ 的周期情形, 其中, $d=2,3$. 令 $Q_T = (0,T)\times\Omega$.

由于 $|u_0|=1$, 可以说明当 $t \geqslant 0$ 时有 $|u(t)|=1$, 从而该方程等价于

$$u_t = \frac{\gamma^2+\lambda^2}{\gamma} u \times \Lambda^{2\alpha} u + \frac{\lambda}{\gamma} u \times u_t.$$

当 $\lambda = 0$, $\alpha = 1$ 时, 利用球极投影 $\mathbb{S}^2 \to \mathbb{C}_\infty$, 方程 (3.4.26) 可以化为单位球面上的 Schrödinger 流, 并得到了广泛的研究, 参见文献 [115], [121], [122] 等. 当 $\gamma = 0$ 时, 方程 (3.4.26) 对应于

$$u_t = \lambda u \times (u \times \Lambda^{2\alpha} u). \tag{3.4.27}$$

进一步, 如果还有 $\alpha = 1$, 在尺度变换

$$t \to t/\lambda, \quad x \to x$$

下方程 (3.4.26) 可以转化为如下的单位球面上的调和映照热流:

$$\partial_t u - \Delta u = |\nabla u|^2 u. \tag{3.4.28}$$

下面我们讨论方程 (3.4.26) 以及式 (3.4.27) 的整体弱解, 为此给出如下定义:

定义 3.4.2 令 $u_0 \in H^\alpha$, $|u_0| = 1$ a.e., 称 u 是方程 (3.4.26) 的弱解, 如果

(1) 对任意的 $T > 0$, $u \in L^\infty(0,T;H^\alpha(\Omega))$.

(2) 对任意的 $\varphi \in C^\infty(Q_T)$, 当 $\lambda = 0$ 时, 成立

$$\int_{Q_T} \frac{\partial u}{\partial t} \cdot \varphi \mathrm{d}x\mathrm{d}t = -\gamma \int_{Q_T} \Lambda^\alpha u \cdot \Lambda^\alpha (u \times \varphi) \mathrm{d}x\mathrm{d}t; \tag{3.4.29}$$

当 $\lambda > 0$ 时, 成立

$$\int_{Q_T} \frac{\partial u}{\partial t} \cdot \varphi \mathrm{d}x\mathrm{d}t = \gamma \int_{Q_T} (u \times \Lambda^{2\alpha} u) \cdot \varphi \mathrm{d}x\mathrm{d}t - \int_{Q_T} \lambda (u \times \Lambda^{2\alpha} u) \cdot (u \times \varphi) \mathrm{d}x\mathrm{d}t. \tag{3.4.30}$$

定义 3.4.3 令 $u_0 \in H^\alpha$, $|u_0| = 1$ a.e., 称 u 为方程 (3.4.27) 的弱解, 如果

(1) 对任意的 $T > 0$, $u \in L^\infty(0,T;H^\alpha(\Omega))$, $\partial_t u \in L^2(0,+\infty;L^2(\Omega))$ 且 $|u| = 1$ *a.e.*.

(2) 对任意的 $\varphi \in C^\infty(Q_T)$ 成立

$$\int_{Q_T} \left(u \times \frac{\partial u}{\partial t}\right) \cdot \varphi \mathrm{d}x\mathrm{d}t = \lambda \int_{Q_T} \Lambda^\alpha u \cdot \Lambda^\alpha (u \times \varphi) \mathrm{d}x\mathrm{d}t. \tag{3.4.31}$$

(3) $u(0,x) = u_0(x)$ 在迹意义下成立.

(4) 对任意的 $T > 0$ 成立

$$\int_\Omega |\Lambda^\alpha u(T)|^2 \mathrm{d}x + \frac{2}{\lambda} \int_{Q_T} \left|\frac{\partial u}{\partial t}\right|^2 \mathrm{d}x\mathrm{d}t \leqslant \int_\Omega |\Lambda^\alpha u_0|^2 \mathrm{d}x.$$

为了利用 Galerkin 方法, 考虑如下的具有周期边界条件的特征值问题:

$$\Lambda^{2\alpha}u=\nu u. \tag{3.4.32}$$

由于 $\Lambda^{-2\alpha}$ 为 $L^2(\Omega)$ 中紧的自伴算子, 从而存在一组完备的正交向量 $\{w_j\}_{j\in\mathbf{N}}$, 使得

$$\Lambda^{-2\alpha}w_j=\mu_j w_j,\quad \forall j\in\mathbf{N},$$

其中, μ_j 是递减的, 且 $\mu_j\to 0(j\to\infty)$. 显然对任意的 $j\in\mathbf{N}$ 都有 $w_j\in D(\Lambda^{2\alpha})$. 令 $\nu_j=\mu_j^{-1}$, 便有

$$\begin{cases}\Lambda^{2\alpha}w_j=\nu_j w_j,\quad j=1,2,\cdots,\\ 0<\nu_1\leqslant\nu_2\leqslant\cdots,\quad \nu_j\to\infty(j\to\infty).\end{cases}$$

函数族 $\{w_j\}$ 满足

$$\begin{cases}(w_j,w_k)=\delta_{jk},\delta_{jk}\text{为克罗内克符号 (Kronecker Symbol)};\\ \langle\Lambda^{2\alpha}w_j,w_k\rangle=\nu_j\delta_{jk},\quad \forall j,k.\end{cases}$$

下面利用 Galerkin 方程证明方程 (3.4.26) 弱解的整体存在性, 具体地, 将证明如下定理 (不妨设 $\gamma=1$):

定理 3.4.5 令 $\alpha\in(0,1)$, 则对任意的 $u_0\in H^\alpha(\Omega)$, $|u_0|=1$ a.e., 方程 (3.4.26) 至少存在一个弱解, 使得

(1) 当 $\lambda=0$ 时,

$$u(x,t)\in L^\infty(0,T;H^\alpha(\Omega))\cap C^{0,\frac{\alpha}{\alpha+s}}(0,T;L^2(\Omega)),$$

其中, $s>\alpha+\dfrac{d}{2}$.

(2) 当 $\lambda>0$ 时,

$$u(x,t)\in L^\infty(0,T;H^\alpha(\Omega))\cap C^{0,\frac{r-1}{r}}(0,T;L^r(\Omega)),\quad \text{对}\lambda>0,$$

其中, $r<2$ 使得 $1\leqslant r\leqslant r^*=\dfrac{d}{d-\alpha}$, 或者当 $d=1,\alpha>1/2$ 时, $r=2$.

证明: 定理的证明分为两个主要部分, 首先给出一定的先验估计, 然后利用紧致性原理证明解的存在性.

令 $\{w_n(x)\}_{n=1}^\infty$ 为式 (3.4.32) 的单位化的特征向量, 并令 $\lambda_1,\lambda_2,\cdots$ 为相应的特征值. 则 $\{w_n\}$ 是 Ω 上的光滑函数, 且构成 $H^\alpha(\Omega)$ 的一组基. 定义正交投影

$$\mathscr{P}_N: H^\alpha(\Omega)\to\mathcal{S}_N:=\operatorname{span}\{w_1,w_2,\cdots,w_N\}\subset H^\alpha(\Omega).$$

我们寻找方程 (3.4.26) 如下形式的逼近解 $\{u_N(t,x)\}$:

$$u_N(t,x)=\sum_{s=1}^N\varphi_{sN}(t)w_s(x),$$

其中, φ_{sN} 为三维向量值函数, $1 \leqslant s \leqslant N$, 且成立

$$\int_{\Omega} \frac{\partial u_N}{\partial t} \cdot w_s - \int_{\Omega} u_N \times \Lambda^{2\alpha} u_N \cdot w_s - \lambda \int_{\Omega} u_N \times (u_N \times \Lambda^{2\alpha} u_N) \cdot w_s = 0, \tag{3.4.33}$$

以及初始条件

$$\int_{\Omega} u_N(x,0) \cdot w_s(x) = \int_{\Omega} u_0(x) \cdot w_s(x). \tag{3.4.34}$$

由方程 (3.4.33) 和方程 (3.4.34) 可得一组关于 $\{\varphi_{sN}\}$ 的常微分方程组, 由经典的常微分方程的理论, 利用 Picard 迭代可知存在唯一的局部解

$$(\varphi_{sN}^1, \varphi_{sN}^2, \varphi_{sN}^3), \qquad 1 \leqslant s \leqslant N.$$

为了对 $N \to \infty$ 取极限, 下面给出一定的先验估计, 以说明所有这些解存在公共的存在区间.

引理 3.4.4 令 $u_0 \in H^\alpha(\Omega)$, 则对任意的 $0 < T < \infty$, 逼近解 u_N 满足如下的估计:

$$\sup_{0 \leqslant t \leqslant T} \|u_N\|_{H^\alpha}^2 + \lambda \int_0^T \|u_N \times \Lambda^{2\alpha} u_N\|_{L^2}^2 \mathrm{d}t \leqslant K_1. \tag{3.4.35}$$

令 $p < \infty$ 满足 $2 \leqslant p \leqslant p^* = \dfrac{2d}{d-2\alpha}$, 则

$$\sup_{0 \leqslant t \leqslant T} \|u_N\|_{L^p}^2 \leqslant CK_1;$$

当 $p = \infty$ 时, 该式仅当 $d = 1, \alpha > \dfrac{1}{2}$ 时成立. 进一步, 当 $r < 2$ 并使得 $1 \leqslant r \leqslant r^* = \dfrac{d}{d-\alpha}$ 时, 成立

$$\|u_N \times \Lambda^\alpha u_N\|_{L^r(\Omega)} \leqslant CK_2;$$

当 $r = 2$ 时, 此式仅当 $d = 1, \alpha > \dfrac{1}{2}$ 时成立. 特别地, 常数 C, K_i 不依赖于 N.

证明: 将方程 (3.4.33) 乘以 φ_{sN}, 并关于 $s = 1, 2, \cdots, N$ 求和可得

$$\frac{\mathrm{d}}{\mathrm{d}t} \int_{\Omega} |u_N(x,t)|^2 \mathrm{d}x = 0.$$

从而, 存在仅依赖于初值 $\|u_0\|_{L^2(\Omega)}$ 的常数 K_0 使得

$$\|u_N\|_{L^2(\Omega)}^2 \leqslant \|\mathscr{P} u_0\|_{L^2(\Omega)}^2 \leqslant K_0. \tag{3.4.36}$$

特别地, K_0 不依赖 N. 将方程 (3.4.33) 乘以 $\nu_s \varphi_{sN}$ 并关于 N 求和, 可以得到

$$\int_{\Omega} \frac{\mathrm{d}u_N}{\mathrm{d}t} \cdot \Lambda^{2\alpha} u_N - \lambda \int_{\Omega} u_N \times (u_N \times \Lambda^{2\alpha} u_N) \cdot \Lambda^{2\alpha} u_N = 0,$$

即

$$\frac{1}{2} \frac{\mathrm{d}}{\mathrm{d}t} \int_{\Omega} |\Lambda^\alpha u_N|^2 + \lambda \int_{\Omega} |u_N \times \Lambda^{2\alpha} u_N|^2 = 0.$$

因此关于时间在 $[0,T]$ 区间上积分可得

$$\sup_{0\leqslant t\leqslant T}\|\Lambda^\alpha u_N(t)\|^2_{L^2(\Omega)}+\lambda\|u_N\times\Lambda^{2\alpha}u_N\|^2_{L^2(0,T;L^2(\Omega))}\leqslant K_1, \tag{3.4.37}$$

其中, 常数 K_1 仅依赖于初值 $\|\Lambda^\alpha u_0\|_{L^2(\Omega)}$. 利用 Sobolev 嵌入结果可知

$$\sup_{0\leqslant t\leqslant T}\|u_N(t)\|_{L^p(\Omega)}\leqslant CK_1,$$

其中, p 满足 $p<\infty$ 且使得 $2\leqslant p\leqslant p^*=\dfrac{2d}{d-2\alpha}$. 特别地, 当 $d=1,\alpha>\dfrac{1}{2}$ 时, 容易说明

$$\sup_{0\leqslant t\leqslant T}\|u_N(t)\|_{L^\infty(\Omega)}\leqslant CK_1. \tag{3.4.38}$$

最后利用 Hölder 不等式,

$$\left(\int_\Omega|u_N\times\Lambda^\alpha u_N|^r\mathrm{d}x\right)^{1/r}\leqslant\left(\int_\Omega|\Lambda^\alpha u_N|^2\mathrm{d}x\right)^{1/2}\left(\int_\Omega|u_N|^{\frac{2r}{2-r}}\mathrm{d}x\right)^{\frac{2-r}{2r}}, \tag{3.4.39}$$

其中, $r<2$ 满足 $1\leqslant r\leqslant r^*$, 且 $r^*=\dfrac{d}{d-\alpha}$. 由此, 由于当 $r\leqslant r^*$ 时 $\dfrac{2r}{2-r}\leqslant p^*$, 从而可得 $\{u_N\times\Lambda^\alpha u_N\}_{N\geqslant1}$ 在 $L^r(\Omega)$ 中一致有界.
另外当 $r=2$ 时, 由 Hölder 不等式以及式 (3.4.38) 可知当 $d=1$ 以及 $\alpha>1/2$ 时,

$$\left(\int_\Omega|u_N\times\Lambda^\alpha u_N|^2\mathrm{d}x\right)^{1/2}\leqslant\|u_N\|_{L^\infty(\Omega)}\left(\int_\Omega|\Lambda^\alpha u_N|^2\mathrm{d}x\right)^{1/2}. \tag{3.4.40}$$

特别地, 上述估计均不依赖于 N. □

引理 3.4.5 令 u_N 为方程 (3.4.33) 的解, 则在引理 3.4.4 的假设下成立估计:

(1) 当 $\lambda=0$ 时,

$$\sup_{0\leqslant t\leqslant T}\|u_{Nt}\|_{H^{-s}(\Omega)}\leqslant K_2,\quad\forall s>\alpha+\frac{d}{2}. \tag{3.4.41}$$

(2) 当 $\lambda>0$ 时, 对于引理 3.4.4 中的 r,

$$\|u_{Nt}\|_{L^r(Q_T)}\leqslant K_3, \tag{3.4.42}$$

其中, 常数 K_2,K_3 独立于 N.

证明: 考虑 $\lambda=0$. 对任意的三维向量 $\varphi\in H^s(\Omega)$, φ 可以表示为

$$\varphi=\varphi_N+\bar\varphi_N,$$

其中

$$\varphi_N(x)=\sum_{s=1}^N\beta_sw_s(x),\quad\bar\varphi_N(x)=\sum_{s=N+1}^\infty\beta_sw_s(s).$$

则由引理 3.4.4 可知

$$\int_{\Omega} u_{Nt}\varphi = \int_{\Omega} u_{Nt}\varphi_N = \int_{\Omega} u_N \times \Lambda^{2\alpha} u_N \cdot \varphi_N$$
$$= -\int_{\Omega} \Lambda^{\alpha} u_N \cdot \Lambda^{\alpha}(u_N \times \varphi_N).$$

利用乘积估计不等式可知

$$\left|\int_{\Omega} u_{Nt}\varphi\right| \leqslant \|\Lambda^{\alpha} u_N\|_{L^2(\Omega)} \|\Lambda^{\alpha}(u_N \times \varphi_N)\|_{L^2(\Omega)}$$
$$\leqslant \|\Lambda^{\alpha} u_N\|_{L^2(\Omega)} (\|u_N\|_{L^p} \|\varphi_N\|_{\dot{H}^{\alpha,q}} + \|u_N\|_{\dot{H}^{\alpha,2}} \|\varphi_N\|_{\infty}),$$

其中, $\frac{1}{2} = \frac{1}{p} + \frac{1}{q}, q < \infty$. 令 $2 < p < p^*$, 利用 Sobolev 嵌入不等式可知

$$\|u_N\|_{L^p} \leqslant \|u_N\|_{H^{\alpha}}.$$

从而对任意的 $s > \alpha + \frac{d}{2}$,

$$\left|\int_{\Omega} u_{Nt}\varphi\right| \leqslant \|u_N\|_{H^{\alpha,2}}^2 \|\varphi_N\|_{H^{s,2}},$$

由此, 式 (3.4.41) 成立.

考虑情形 $\lambda > 0$, 并令 $\varphi \in L^q(Q_T)$, 从而由方程 (3.4.26) 可知

$$\left|\int_{Q_T} u_{Nt}\varphi\right| \leqslant \left|\int_{Q_T} (u_N \times \Lambda^{2\alpha} u_N) \cdot \varphi_N\right|$$
$$+ \lambda \left|\int_{Q_T} [u_N \times (u_N \times \Lambda^{2\alpha} u_N)] \cdot \varphi_N\right|$$
$$\leqslant \|u_N \times \Lambda^{2\alpha} u_N\|_{L^2(Q_T)} \|\varphi_N\|_{L^2(Q_T)}$$
$$+ \lambda \|u_N \times \Lambda^{2\alpha} u_N\|_{L^2(Q_T)} \|u_N\|_{L^p(Q_T)} \|\varphi_N\|_{L^q(Q_T)}$$
$$\leqslant K_3 \|\varphi_N\|_{L^q(Q_T)},$$

其中, $\frac{1}{2} = \frac{1}{p} + \frac{1}{q}$. 令 p, r 为引理 3.4.4 中所述, 则成立

$$\|u_{Nt}\|_{L^r(Q_T)} \leqslant K_3,$$

从而完成证明. □

引理 3.4.6 在引理 3.4.4 的条件下, 方程 (3.4.33) 的逼近解 $u_N(t,x)$ 成立

(1) 当 $\lambda = 0$ 时, 对于 $s > \alpha + \frac{d}{2}$ 有

$$\|u_N(t_1) - u_N(t_2)\|_{L^2(\Omega)} \leqslant K_4 |t_1 - t_2|^{\frac{\alpha}{\alpha+s}}.$$

(2) 当 $\lambda > 0$ 时, 令 $r > 1$ 并满足引理 3.4.4 中的条件, 有

$$\|u_N(t_1) - u_N(t_2)\|_{L^r(\Omega)} \leqslant K_4 |t_1 - t_2|^{\frac{r-1}{r}},$$

其中, K_4 不依赖于 N.

证明： 当 $\lambda=0$ 时, 利用 Sobolev 嵌入定理以及插值不等式, 利用引理 3.4.5 的结果可知

$$\begin{aligned}\|u_N(t_1)-u_N(t_2)\|_{L^2(\Omega)} \leqslant & C\|u_N(t_1)-u_N(t_2)\|_{H^{-s}(\Omega)}^{\frac{\alpha}{\alpha+s}}\|u_N(t_1)-u_N(t_2)\|_{H^{\alpha}(\Omega)}^{\frac{s}{\alpha+s}}\\ \leqslant & C\|\int_{t_1}^{t_2} u_{Nt}\mathrm{d}t\|_{H^{-s}(\Omega)}^{\frac{\alpha}{\alpha+s}}\\ \leqslant & C\sup_{0\leqslant t\leqslant T}\|u_{Nt}\|_{H^{-s}(\Omega)}^{\frac{\alpha}{\alpha+s}}|t_2-t_1|^{\frac{\alpha}{\alpha+s}}\\ \leqslant & C|t_2-t_1|^{\frac{\alpha}{\alpha+s}},\end{aligned}$$

其中, 最后一步用到不等式 (3.4.41).

当 $\lambda>0$ 时. 令 $r>1$ 满足引理 3.4.4 中的条件, 则由 Young 不等式以及 Hölder 不等式可知

$$\begin{aligned}\|u_N(t_1)-u_N(t_2)\|_{L^r(\Omega)} = & \left\|\int_{t_1}^{t_2} u_{Nt}\mathrm{d}t\right\|_{L^r(\Omega)}\\ \leqslant & \int_{t_1}^{t_2}\|u_{Nt}\|_{L^r(\Omega)}\mathrm{d}t\\ \leqslant & |t_2-t_1|^{\frac{r-1}{r}}\left(\int_{Q_T}|u_{Nt}|^r\right)^{1/r}\\ \leqslant & C|t_2-t_1|^{\frac{r-1}{r}},\end{aligned}$$

其中, 最后一步用到不等式 (3.4.42). 引理证毕. □

利用上述先验估计, 可以得到如下引理:

引理 3.4.7 令 N 以及 T 任意固定, 则在引理 3.4.4 的条件下, 初值问题 (3.4.33) 及 (3.4.34) 至少存在一个连续可微的整体解 $\{\varphi_{sN}(t)\}$, 其中, $s=1,2,\cdots,N$ 且 $t\in[0,T]$.

下面我们将考虑 $N\to\infty$ 的极限, 从而得到分数阶 Landau-Lifshitz 方程的整体弱解.

首先考虑 $\lambda=0$ 情形的收敛性.

由先验估计可知 $\{u_N(t,x)\}_{N\geqslant 1}$ 在空间

$$\mathbb{G}_0=L^\infty(0,T;H^\alpha(\Omega))\cap W^{1,\infty}(0,T;H^{-s}(\Omega))$$

中是一致有界的. 应用紧致性引理可知存在 $u\in L^\infty(0,T;H^\alpha(\Omega))$ 使得在子列的意义下

$$\begin{aligned}& u_{Nt}\rightharpoonup u_t, \quad \text{在}L^p(0,T;H^{-s}(\Omega))\text{中弱收敛},\\ & u_N\to u, \quad \text{在}L^p(0,T;H^{\beta}(\Omega))\text{中强收敛},\end{aligned}$$

其中, $1<p<\infty$ 且 $-s<\beta<\alpha$. 特别地, $u_N\to u$ 在 $L^2(0,T;H^\beta(\Omega))$ 中强收敛.

第一项的收敛性是显然的:

$$\int_{Q_T}\frac{\partial u_N}{\partial t}\cdot\varphi\to\int_{Q_T}\frac{\partial u}{\partial t}\cdot\varphi, \quad \forall\varphi\in C^\infty(Q_T). \tag{3.4.43}$$

由于我们仅能得到 $H^\beta(\beta<\alpha)$ 中的紧致性, 下面式 (3.4.44) 非线性项的收敛性并不是显然的,

$$\int_{Q_T}\Lambda^\alpha u_N\cdot\Lambda^\alpha(u_N\times\varphi)\mathrm{d}x\mathrm{d}t\to\int_{Q_T}\Lambda^\alpha u\cdot\Lambda^\alpha(u\times\varphi)\mathrm{d}x\mathrm{d}t. \tag{3.4.44}$$

下面的目的是证明收敛 (3.4.44). 首先, 我们说明式 (3.4.44) 右端项是有意义的. 事实上, 对任意的 $u\in H^\alpha$, 利用乘积不等式可得

$$\begin{aligned}\left|\int_\Omega\Lambda^\alpha u\cdot\Lambda^\alpha(u\times\varphi)\mathrm{d}x\right|\leqslant&\|\Lambda^\alpha u\|\|\Lambda^\alpha(u\times\varphi)\|\\ \leqslant&C\|\Lambda^\alpha u\|(\|\Lambda^\alpha u\|\|\varphi\|_\infty+\|u\|_{L^p}\|\Lambda^\alpha\varphi\|_{L^q})\\ \leqslant&C\|\Lambda^\alpha u\|^2\|\varphi\|_{H^s},\end{aligned}\tag{3.4.45}$$

其中, $\frac{1}{p}+\frac{1}{q}=\frac{1}{p}+\frac{\alpha}{d}=\frac{1}{2}$ 且 $s>\max\left\{\alpha+\frac{d}{p},\frac{d}{2}\right\}$.

为了得到收敛性, 方程的特殊结构起到了关键性的作用. 令 $\mathcal{C}_\varphi(u)=\Lambda^\alpha(u\times\varphi)-\Lambda^\alpha u\times\varphi$, 由于

$$\Lambda^\alpha u\cdot(\Lambda^\alpha u\times\varphi)=0,$$

从而仅需证明

$$\int_{Q_T}\Lambda^\alpha u_N\cdot\mathcal{C}_\varphi(u_N-u)+\int_{Q_T}\Lambda^\alpha(u_N-u)\cdot\mathcal{C}_\varphi(u)\to0.$$

利用交换子估计以及 Sobolev 嵌入不等式可知

$$\begin{aligned}&\|\mathcal{C}_\varphi(u_N-u)\|_{L^2(\Omega)}\\ \leqslant&c\left(\|\nabla\varphi\|_{L^{p_1}(\Omega)}\|u_N-u\|_{\dot{H}^{\alpha-1,p_2}(\Omega)}+\|\varphi\|_{\dot{H}^{\alpha,p_3}(\Omega)}\|u_N-u\|_{L^{p_4}(\Omega)}\right)\\ \leqslant&c\left(\|\nabla\varphi\|_{L^{p_1}(\Omega)}\|u_N-u\|_{L^2(\Omega)}+\|\varphi\|_{\dot{H}^{\alpha,p_3}(\Omega)}\|u_N-u\|_{H^\beta(\Omega)}\right)\\ \leqslant&C\|\varphi\|_{H^s(\Omega)}\|u_N-u\|_{H^\beta(\Omega)},\end{aligned}$$

其中, $p_2,p_3\in(1,+\infty)$ 且使得

$$\frac{1}{2}=\frac{1}{p_1}+\frac{1}{p_2},\qquad\frac{\alpha-1}{d}+\frac{1}{2}=\frac{1}{p_2},$$

$$\frac{1}{2}=\frac{1}{p_3}+\frac{1}{p_4},\qquad\frac{\beta}{d}+\frac{1}{p_4}=\frac{1}{2},\ 0<\beta<\alpha,$$

以及

$$s>\frac{d}{2}+1\ (\text{这里}, s>\alpha+\frac{d}{2}-\frac{d}{p_3}\text{自然成立}).$$

利用 Hölder 不等式不难证明

$$\begin{aligned}&\left|\int_{Q_T}\Lambda^\alpha u_N\cdot\mathcal{C}_\varphi(u_N-u)\mathrm{d}x\mathrm{d}t\right|\leqslant c\|\varphi\|_{H^s(\Omega)}\|\Lambda^\alpha u_N\|_{L^2(Q_T)}\|u_N-u\|_{L^2(0,T;H^\beta(\Omega))}\\ &\to0,\qquad\text{当}N\to\infty.\end{aligned}$$

另一方面, 由于 $\mathcal{C}_\varphi(u) \in L^2(Q_T)$ 且 $u_N \to u$ 在 $L^2(0,T;H^\alpha(\Omega))$ 中弱收敛, 下式收敛是显然的, 即

$$\int_{Q_T} \Lambda^\alpha(u_N - u) \cdot \mathcal{C}_\varphi(u) \to 0,$$

从而式 (3.4.44) 成立. 由此, 令 $N \to \infty$, 由式 (3.4.43) 以及不等式 (3.4.45) 可得

$$\int_{Q_T} \frac{\partial u}{\partial t} \cdot \varphi \mathrm{d}x\mathrm{d}t = -\int_{Q_T} \Lambda^\alpha u \cdot \Lambda^\alpha(u \times \varphi)\mathrm{d}x\mathrm{d}t.$$

从而方程 (3.4.26) 当 $\lambda = 0$ 时的弱解的整体存在性成立.

其次考虑 $\lambda > 0$ 时的收敛性.

由前文所建立的先验估计可知 $\{u_N\}_{N\geqslant 1}$ 在如下空间中是一致有界的:

$$\mathbb{G}_\lambda = L^\infty(0,T;H^\alpha(\Omega)) \cap W^{1,r}(0,T;L^r(\Omega)),$$

其中, $r > 1$ 如引理 3.4.4 中所述. 因此, 利用紧致性引理存在 $u \in L^\infty(0,T;H^\alpha(\Omega))$ 使得

$$\begin{aligned}
&u_N \rightharpoonup u \quad \text{在}L^p(0,T;H^\alpha(\Omega))\text{中弱收敛, 其中,}1 < p < \infty;\\
&u_N \to u \quad \text{在}L^p(0,T;H^\beta(\Omega))\text{中强收敛, 其中,}1 < p < \infty,\ 0 \leqslant \beta < \alpha;\\
&u_N \rightharpoonup u \quad \text{在}L^p(Q_T)\text{ 中弱收敛, 其中,}1 < p < \infty\text{如引理 3.4.4 中所述};\\
&u_{Nt} \rightharpoonup u_t \quad \text{在}L^r(Q_T)\text{ 中弱收敛, 其中,}r > 1\text{如引理 3.4.4 中所述.}
\end{aligned} \tag{3.4.46}$$

由于涉及到新的非线性项, $\lambda > 0$ 情形的处理更加复杂, 前面处理 $\lambda = 0$ 情形的方法不足以得到这里的收敛性. 我们需要用到如下事实. 注意到由式 (3.4.37)

$$\|u_N \times \Lambda^{2\alpha} u_N\|^2_{L^2(0,T;L^2(\Omega))} \leqslant \frac{K_1}{\lambda},$$

从而存在 $\zeta \in L^2(0,T;L^2(\Omega))$ 使得

$$u_N \times \Lambda^{2\alpha} u_N \rightharpoonup \zeta \qquad \text{在}L^2(0,T;L^2(\Omega))\text{中弱收敛.} \tag{3.4.47}$$

从而我们需要证明

$$u \times \Lambda^{2\alpha} u = \zeta \in L^2(0,T;L^2(\Omega)). \tag{3.4.48}$$

事实上, 对任意的 $\varphi \in H^s(\Omega)$,

$$\begin{aligned}
\int_{Q_T} u_N \times \Lambda^{2\alpha} u_N \cdot \varphi &= -\int_{Q_T} \Lambda^\alpha u_N \cdot \Lambda^\alpha(u_N \times \varphi)\\
&= -\int_{Q_T} \Lambda^\alpha u_N \cdot \mathcal{C}_\varphi(u_N),
\end{aligned}$$

其中, $s > \alpha + \dfrac{d}{2}$. 另一方面, 利用交换子估计, 类似于式 (3.4.44) 的推导可以证明

$$\begin{aligned}
\int_{Q_T} \Lambda^\alpha u_N \cdot \mathcal{C}_\varphi(u_N) \to \int_{Q_T} \Lambda^\alpha u \cdot \mathcal{C}_\varphi(u)\\
= \int_{Q_T} \Lambda^\alpha u \cdot \Lambda^\alpha(u \times \varphi)\\
= -\int_{Q_T} u \times \Lambda^{2\alpha} u \cdot \varphi.
\end{aligned}$$

因此式 (3.4.48) 得证. 特别地,

$$u_N \times \Lambda^{2\alpha} u_N \rightharpoonup u \times \Lambda^{2\alpha} u \qquad \text{在 } L^2(0,T;L^2(\Omega)) \text{ 中弱收敛}.$$

由式 (3.4.47) 以及式 (3.4.48), 可知对任意的 $\varphi \in C^\infty(Q_T)$,

$$\int_{Q_T} (u_N \times \Lambda^{2\alpha} u_N) \cdot \varphi \mathrm{d}x\mathrm{d}t \to \int_{Q_T} (u \times \Lambda^{2\alpha} u) \cdot \varphi \mathrm{d}x\mathrm{d}t.$$

进一步, 由于 $u_N \to u$ 在 $L^2(Q_T)$ 中强收敛, 对任意的 $\varphi \in C^\infty(Q_T)$, 下式收敛性成立:

$$\int_{Q_T} (u_N \times \Lambda^{2\alpha} u_N) \cdot (u_N \times \varphi) \mathrm{d}x\mathrm{d}t \to \int_{Q_T} (u \times \Lambda^{2\alpha} u) \cdot (u \times \varphi) \mathrm{d}x\mathrm{d}t,$$

且右端项有意义. 分数阶 Landau-Lifshitz 方程 (3.4.26) 的弱解的整体存在性得证 (见定义 3.4.2). 定理 3.4.5 证毕. □

下面, 我们将采用 Galerkin 逼近的思想证明方程 (3.4.27) 的弱解的整体存在性. 具体地, 将证明如下定理:

定理 3.4.6 令 $\alpha \in (0,1)$ 使得 $\alpha > \dfrac{d}{4}$. 则对任意的 $u_0 \in H^\alpha$, $|u_0| = 1$ a.e., 方程 (3.4.27) 在定义 3.4.3 的意义下存在整体弱解.

证明: 首先建立如下引理:

引理 3.4.8 如果映照 $u : \Omega \times \mathbf{R}^+ \to \mathbb{S}^2$ 满足 $\Lambda^\alpha u \in L^\infty(\mathbf{R}^+; L^2(\Omega))$ 且 $\partial_t u \in L^2(\Omega \times \mathbf{R}^+)$, 则 u 是方程 (3.4.27) 的弱解当且仅当

$$u \times u_t = -\lambda u \times \Lambda^{2\alpha} u \tag{3.4.49}$$

在定义 3.4.3 的意义下成立.

证明: 如果 u 是方程 (3.4.27) 的弱解, 则对任意的三维向量 $\phi \in C^\infty(\Omega)$, 将方程 (3.4.27) 乘以 $(u \times \phi)$ 并积分, 同时注意到 $u \cdot (u \times \phi) = 0$ 可得

$$\begin{aligned}\int_\Omega u_t \cdot (u \times \phi) =& \lambda \int_\Omega (u \cdot \Lambda^{2\alpha}) u \cdot (u \times \phi) - \lambda \int_\Omega \Lambda^{2\alpha} u \cdot (u \times \phi) \\ =& -\lambda \int_\Omega \Lambda^{2\alpha} u \cdot (u \times \phi).\end{aligned}$$

注意到

$$\int_\Omega u_t \cdot (u \times \phi) = -\int_\Omega (u \times u_t) \cdot \phi,$$

可得 u 在定义 3.4.3 的意义下是方程 (3.4.49) 的弱解.

反之, 如果 u 是方程 (3.4.49) 的弱解, 则

$$(\partial_t u + \lambda \Lambda^{2\alpha} u) \times u = 0.$$

因此, 存在乘子 $m : \Omega \times \mathbf{R}^+ \to \mathbf{R}$ 使得

$$\partial_t u + \lambda \Lambda^{2\alpha} u = mu.$$

将该式乘以 $u\phi$, 并利用 $\partial_t u\cdot u=0$, 可得对任意的三维向量 $\phi\in C^\infty(\Omega)$ 成立

$$\int_\Omega m\phi=\lambda\int_\Omega \Lambda^{2\alpha}u\cdot u\phi. \tag{3.4.50}$$

从而 u 是方程

$$\partial_t u+\lambda\Lambda^{2\alpha}u=\lambda(u\cdot\Lambda^{2\alpha}u)u$$

的弱解, 即 u 是方程 (3.4.27) 的弱解. □

注 3.4.2　严格说来, 我们需要说明对任意的 $u\in H^\alpha(\Omega)$, 式 (3.4.50) 的右端项有意义. 事实上, 对任意的 $\phi\in C^\infty(\Omega)$ 以及任意的 u 使得 $u(\cdot,t)\in H^\alpha(\Omega)$, 都有

$$\begin{aligned}\left|\int_\Omega \Lambda^{2\alpha}u\cdot(u\phi)\right|=&\left|\int_\Omega \Lambda^{\alpha}u\cdot\Lambda^\alpha(u\phi)\right|\\ \leqslant&\|\Lambda^\alpha u\|\|\Lambda^\alpha(u\phi)\|,\end{aligned}$$

而利用乘积估计可知

$$\|\Lambda^\alpha(u\phi)\|\leqslant C(\|\Lambda^\alpha u\|_{L^2}|\phi|_\infty+|u|_\infty\|\Lambda^\alpha\phi\|_{L^2}).$$

下面考虑 Galerkin 逼近. 对任意的整数 $k\geqslant 1$, 考虑关于映照 $u^\varepsilon:\Omega\times\mathbf{R}^+\to\mathbf{R}^3$ 的方程:

$$\partial_t u^\varepsilon+\lambda\Lambda^{2\alpha}u^\varepsilon=\frac{\lambda}{\varepsilon^2}(1-|u^\varepsilon|^2)u^\varepsilon. \tag{3.4.51}$$

考虑方程 (3.4.51) 的逼近解 $\{u_n(t,x)\}$:

$$u_n(t,x)=\sum_{i=1}^n\varphi_i(t)w_i(x),$$

其中, φ_i 为取值于 $\mathbf{R}^3$ 的向量, 并使得对 $1\leqslant i\leqslant n$ 成立

$$\int_\Omega\frac{\partial u_n}{\partial t}w_i+\lambda\int_\Omega\Lambda^{2\alpha}u_nw_i+\frac{\lambda}{\varepsilon^2}\int_\Omega(|u_n|^2-1)u_nw_i=0, \tag{3.4.52}$$

其初值为

$$\int_\Omega u_n(0)w_i=\int_\Omega u_0w_i.$$

由经典的常微分方程理论可知, 关于 $\varphi_i(t)$ 的方程组局部解的存在性, 下面给出一些先验估计. 将方程 (3.4.52) 乘以 $\dfrac{\mathrm{d}\varphi_i}{\mathrm{d}t}$ 并关于指标 $1\leqslant i\leqslant n$ 求和可知

$$\int_\Omega\left|\frac{\partial u_n}{\partial t}\right|^2\mathrm{d}x+\frac{\lambda}{2}\frac{\mathrm{d}}{\mathrm{d}t}\int_\Omega|\Lambda^\alpha u_n|^2\mathrm{d}x+\frac{\lambda}{4\varepsilon^2}\frac{\mathrm{d}}{\mathrm{d}t}\int_\Omega(|u_n|^2-1)^2\mathrm{d}x=0,$$

进一步关于时间积分可得

$$\begin{aligned}&\frac12\int_\Omega|\Lambda^\alpha u_n(t)|^2\mathrm{d}x+\frac{1}{4\varepsilon^2}\int_\Omega(|u_n|^2-1)^2(t)\mathrm{d}x+\frac1\lambda\int_{Q_T}\left|\frac{\partial u_n}{\partial t}\right|^2\mathrm{d}x\mathrm{d}t\\ =&\frac12\int_\Omega|\Lambda^\alpha u_{n0}|^2\mathrm{d}x+\frac{1}{4\varepsilon^2}\int_\Omega(|u_{n0}|^2-1)^2\mathrm{d}x,\qquad\forall t\in[0,T].\end{aligned} \tag{3.4.53}$$

由于当 $\alpha \geqslant \frac{d}{4}$ 时, 初值 $u_0 \in H^\alpha \hookrightarrow L^4(\Omega)$, 上式 (3.4.53) 右端项是一致有界的. 进一步利用 Young 不等式

$$\int_\Omega |u_n|^2 \leqslant C + \frac{1}{2}\int_\Omega (|u_n|^2 - 1)^2,$$

可知 $\{u_n\}$ 在 $L^\infty(0,T;L^2(\Omega))$ 中是一致有界的. 从而

$$\{u_n\} \text{ 在} L^\infty(0,T;H^\alpha(\Omega))\text{中有界;}$$
$$\left\{\frac{\partial u_n}{\partial t}\right\} \text{ 在} L^2(0,T;L^2(\Omega))\text{中有界;}$$
$$\{|u_n|^2 - 1\} \text{ 在} L^2(0,T;L^2(\Omega))\text{中有界.}$$

由这些先验估计可知, 上述局部解可以延拓至整体, 并且可以选择子列 (仍然记为 $\{u_n(t)\}$) 使得

$$\begin{aligned}
&u_n \to u^\varepsilon && \text{在 } L^2(0,T;H^\alpha(\Omega)) \text{ 中弱收敛;}\\
&\frac{\partial u_n}{\partial t} \to \frac{\partial u^\varepsilon}{\partial t} && \text{在 } L^2(Q_T) \text{ 中弱收敛;}\\
&u_n \to u^\varepsilon && \text{在 } L^2(0,T;H^\beta(\Omega)) \text{ 中强收敛且几乎处处收敛, 其中, } 0 \leqslant \beta < \alpha;\\
&|u_n|^2 - 1 \to \chi && \text{在 } L^2(Q_T) \text{ 中弱收敛.}
\end{aligned}$$

由参考文献 [100] 中 Lemma 1.3, Ch1 可知 $\chi = |u^\varepsilon|^2 - 1$. 对 $n \to \infty$ 取极限可以得到逼近问题 (3.4.51) 弱解的整体存在性 u^ε, 即对任意的 $\tilde{\varphi} \in L^2(0,T;H^\alpha(\Omega))$ 有

$$\begin{aligned}
&\int_{Q_T} \frac{\partial u^\varepsilon}{\partial t} \cdot \tilde{\varphi} \mathrm{d}x\mathrm{d}t + \lambda \int_{Q_T} \Lambda^\alpha u^\varepsilon \cdot \Lambda^\alpha \tilde{\varphi} \mathrm{d}x\mathrm{d}t \\
&\qquad + \frac{\lambda}{\varepsilon^2}\int_{Q_T} (|u^\varepsilon|^2 - 1) u^\varepsilon \cdot \tilde{\varphi} \mathrm{d}x\mathrm{d}t = 0.
\end{aligned} \tag{3.4.54}$$

对式 (3.4.53) 利用 Fatou 引理还可以得到关于 u^ε 的估计:

$$\begin{aligned}
&\frac{1}{2}\int_\Omega |\Lambda^\alpha u^\varepsilon(t)|^2 \mathrm{d}x + \frac{1}{4\varepsilon^2}\int_\Omega (|u^\varepsilon|^2 - 1)^2(t) \mathrm{d}x \\
&\qquad + \frac{1}{\lambda}\int_{Q_T} \left|\frac{\partial u^\varepsilon}{\partial t}\right|^2 \mathrm{d}x\mathrm{d}t \leqslant \frac{1}{2}\int_\Omega |\Lambda^\alpha u_0|^2 \mathrm{d}x.
\end{aligned} \tag{3.4.55}$$

由不等式 (3.4.55) 可知

$$\{u^\varepsilon\}\text{在 } L^2(0,T;H^\alpha(\Omega))\text{中有界;}$$
$$\left\{\frac{\partial u^\varepsilon}{\partial t}\right\}\text{在} L^2(Q_T)\text{中有界;}$$
$$\text{且 } |u^\varepsilon|^2 - 1 \to 0 \text{在} L^2(Q_T)\text{中收敛, } \varepsilon \to 0,$$

从而可以选择子列使得

$$\begin{aligned}
&u^\varepsilon \to u && \text{在 } L^2(0,T;H^\alpha(\Omega)) \text{ 中弱收敛;}\\
&\frac{\partial u^\varepsilon}{\partial t} \to \frac{\partial u}{\partial t} && \text{在 } L^2(Q_T) \text{ 中弱收敛;}\\
&u^\varepsilon \to u && \text{在 } L^2(0,T;H^\beta(\Omega)) \text{ 中强收敛且几乎处处收敛, 其中, } 0 \leqslant \beta < \alpha;\\
&|u^\varepsilon|^2 - 1 \to 0 && \text{在 } L^2(Q_T) \text{ 中强收敛且几乎处处收敛.}
\end{aligned} \tag{3.4.56}$$

在式 (3.4.54) 中令 $\tilde{\varphi}=(u^\varepsilon\times\varphi)$ 可得

$$\int_{Q_T}\frac{\partial u^\varepsilon}{\partial t}\cdot(u^\varepsilon\times\varphi)\mathrm{d}x\mathrm{d}t+\lambda\int_{Q_T}\Lambda^\alpha u^\varepsilon\cdot\Lambda^\alpha(u^\varepsilon\times\varphi)\mathrm{d}x\mathrm{d}t$$
$$+\frac{\lambda}{\varepsilon^2}\int_{Q_T}(|u^\varepsilon|^2-1)u^\varepsilon\cdot(u^\varepsilon\times\varphi)\mathrm{d}x\mathrm{d}t=0. \tag{3.4.57}$$

由乘的集合性质可知式 (3.4.57) 右端第三项为零. 由式 (3.4.56) 可知

$$\int_{Q_T}\frac{\partial u^\varepsilon}{\partial t}\cdot(u^\varepsilon\times\varphi)\mathrm{d}x\mathrm{d}t\to\int_{Q_T}\frac{\partial u}{\partial t}\cdot(u\times\varphi)\mathrm{d}x\mathrm{d}t.$$

从而仅需证明当 $\varepsilon\to 0$ 时,

$$\int_{Q_T}\Lambda^\alpha u^\varepsilon\cdot\Lambda^\alpha(u^\varepsilon\times\varphi)\mathrm{d}x\mathrm{d}t\to\int_{Q_T}\Lambda^\alpha u\cdot\Lambda^\alpha(u\times\varphi)\mathrm{d}x\mathrm{d}t.$$

而该式的收敛性和式 (3.4.44) 的证明是一致的, 略去. 从而当 $\varepsilon\to 0$ 时, 由式 (3.4.57) 可知

$$\int_{Q_T}\frac{\partial u}{\partial t}\cdot(u\times\varphi)\mathrm{d}x\mathrm{d}t+\lambda\int_{Q_T}\Lambda^\alpha u\cdot\Lambda^\alpha(u\times\varphi)\mathrm{d}x\mathrm{d}t. \tag{3.4.58}$$

由此便完成定理 3.4.6 的证明. □

3.5　分数阶 QG 方程

本节考虑如下的二维 QG 方程

$$\theta_t+u\cdot\nabla\theta=0, \tag{3.5.1}$$

以及具有黏性二维 QG 方程 (耗散形式)

$$\theta_t+u\cdot\nabla\theta+\kappa(-\Delta)^\alpha\theta=0, \tag{3.5.2}$$

其中, 在上述方程中 $\theta=\theta(x,t)$ 是关于 x,t 的实值函数, $0\leqslant\alpha<1$, $\kappa>0$ 为实数. 正如第 1 章所指出的, θ 表示位温, u 代表流体的速度场. 这里 u 可以通过流函数 ψ 表示为

$$u=(u_1,u_2)=\left(-\frac{\partial\psi}{\partial x_2},\frac{\partial\psi}{\partial x_1}\right),\qquad(-\Delta)^{1/2}\psi=-\theta. \tag{3.5.3}$$

在本章中通常考虑的是全空间或者周期区域情形, $x\in\Omega=\mathbf{R}^2$ 或者 $\mathbf{T}^2$. 通常总是假设: 当 $\alpha>1/2$ 时, 称方程是超临界的, 当 $\alpha<1/2$ 时称方程是次临界的, 当 $\alpha=1/2$ 时则称方程是临界的. 次临界情形下, 方程具有光滑解 [123, 124]. 在临界情形下, 最初在文献 [69],[125] 中, 证明了小初值的整体存在性, 具体地, 如果初值在 L^∞ 范数下是很小的, 则解的 L^∞ 范数将一直很小, 且解是整体正则的. 最近在文献 [126],[127] 中又证明了一般解是整体正则的: 在文献 [126] 中, 作者采用的是极大连续模的方法, 而在文献 [127] 中, 作者采用的是 De Giorgi 迭代的思想, 将解从 L^2 提升到 L^∞, 从 L^∞ 提升到 Hölder 连续,

从而证明解的整体正则性. 在超临界情形下, Chae-Lee 建立了小解在 Besov 空间的适定性 [128], 还可以参阅文献 [129],[130].

在下文中, 为了简化, 通常记 $\Lambda=(-\Delta)^{1/2}$. 采用 Riesz 算子记号, u 还可以表示为

$$u=(\partial_{x_2}\Lambda^{-1}\theta,-\partial_{x_1}\Lambda^{-1}\theta)=(-\mathcal{R}_2\theta,\mathcal{R}_1\theta)=:\mathcal{R}^{\perp}\theta,$$

其中, $R_j, j=1,2$ 为 Riesz 算子:

$$\widehat{\mathcal{R}_j f}(k)=-\mathrm{i}\frac{k_j}{|k|}\hat{f}(k),\quad k\in\mathbf{Z}^2\backslash\{0\}\quad \text{周期情形};$$

$$\widehat{\mathcal{R}_j f}(\xi)=-\mathrm{i}\frac{\xi_j}{|\xi|}\hat{f}(\xi),\quad \xi\in\mathbf{R}^2\backslash\{0\}\quad \text{全空间情形}.$$

在全空间情形下, Riesz 算子可以表示为如下的积分:

$$\mathcal{R}_j f(x)=CP.V.\int_{\mathbf{R}^2}\frac{f(x-y)y_j}{|y|^3}\mathrm{d}y,\qquad j=1,2.$$

利用 Calderon-Zygmund 奇异积分理论, 对任意的 $p\in(1,\infty)$, 存在常数 $C=C_p$ 使得

$$\|u\|_{L^p}\leqslant C_p\|\theta\|_{L^p}. \tag{3.5.4}$$

在接下来的几节中, 我们还会考虑非齐次的 QG 方程

$$\theta_t+u\cdot\nabla\theta+\kappa(-\Delta)^{\alpha}\theta=f. \tag{3.5.5}$$

本章的后面几节将集中讨论二维分数阶 QG 方程解的存在唯一性、无粘极限以及长时间行为等理论结果. 有关该方程的进一步结果可以参考文献 [23], [24], [70], [92], [123], [124], [126], [127], [129]~[135].

3.5.1 解的存在唯一性

首先考虑方程弱解的存在性, 为了方便, 这里仅考虑周期情形. 考虑方程 (3.5.5)($\kappa=0$), 方程的弱解指的是满足方程的弱形式的解 $\theta=\theta(x,t)$:

$$\int_{\mathbf{T}^2}\theta(T)\varphi\mathrm{d}x-\int_{\mathbf{T}^2}\theta_0\varphi\mathrm{d}x-\int_0^T\int_{\mathbf{T}^2}\theta u\cdot\varphi\mathrm{d}x\mathrm{d}t=\int_0^T\int_{\mathbf{T}^2}f\varphi\mathrm{d}x\mathrm{d}t,$$

对所有的 $\varphi\in C^{\infty}(\mathbf{T}^2)$ 成立, 其中, $\mathbf{T}^2$ 表示二维环面.

如下的解的存在性定理成立:

定理 3.5.1 给定 $\theta_0\in L^2(\mathbf{T}^2)$ 以及 $f\in L^2(0,T;L^2(\mathbf{T}^2))$, 其中, $T>0$ 为任意给定则二维 QG 方程至少存在一个整体弱解 $\theta\in L^{\infty}(0,T;L^2(\mathbf{T}^2))$.

这里仅给出证明的要点. 首先注意到在周期情形下,

$$H^s(\mathbf{T}^2):=\left\{u=\sum_{k\in\mathbf{Z}^2}c_k\mathrm{e}^{\mathrm{i}(k\cdot x)}:c_0=0,\sum_{k\in\mathbf{Z}^2}|k|^{2s}|c_k|^2<\infty\right\},$$

其范数为 $\|u\|_{H^s}^2 = \sum_{k\in\mathbf{Z}^2} |k|^{2s}|c_k|^2 < \infty$. 当 $s=0$ 时, $H^0(\mathbf{T}^2) = L^2(\mathbf{T}^2)$, 且在实值函数情形 $\bar{c}_k = c_{-k}$.

如果 $f=0$, 利用 Faedo-Galerkin 方法可以构造逼近解序列 $\{\theta_n\}$ 使得

$$\|\theta_n(t)\|_{L^2} \leqslant C\|\theta_0\|_{L^2}.$$

由此, 可以选择子列 (仍记为 $\{\theta_n\}$) 使得 $\{\theta_n\}$ 在 L^2 中弱收敛. 则可以证明 $\{\theta_n\}$ 收敛于方程的弱解, 且满足上述弱形式. 此时问题的难点归结为非线性的收敛. 由方程的形式, 可以将非线性项写为

$$\int_{\mathbf{T}^2} \theta_n u_n \cdot \boldsymbol{\nabla}\varphi \mathrm{d}x = -\frac{(-1)^{j+1}}{2} \int_{\mathbf{T}^2} \sum_{j=1}^{2} \mathcal{R}_{\{j\}}(\theta_n) \left[\Lambda, \frac{\partial \varphi}{\partial x_j}\right] (\Lambda^{-1}\theta_n)\mathrm{d}x, \tag{3.5.6}$$

其中, $[\cdot,\cdot]$ 为交换子, 定义为 $[A,B]=AB-BA$, $\{j\}$ 定义为: 当 $j=1$ 时, $\{j\}=2$; 当 $j=2$ 时, $\{j\}=1$. 这里 u_n 和 θ_n 的关系由关系式 (3.5.3) 决定. 式 (3.5.6) 右端还可以改写为

$$\int_{\mathbf{T}^2} \sum_{j=1}^{2} \mathcal{R}_{\{j\}}(\theta_n) K_j(\theta_n)\mathrm{d}x,$$

其中, K_j 为依赖于检验函数 φ 的紧算子. 从而非线性是收敛的. 还可以类似地说明, 当外力项 $f \neq 0$ 时, 二维 QG 方程至少存在一个弱解.

注 3.5.1　在研究三维 Euler 方程时, 类似的论述是行不通的. 利用逼近解序列, 仍然可以简单地得到解序列的弱收敛性, 然而问题的难点出现在非线性项 $\int_D u_n u_n \boldsymbol{\nabla}\varphi$ 的收敛上, 此时, 可能会出现所谓的 “集中–消失” (Concentration-Cancellation) 现象, 读者可以参见文献 [136].

当 $\kappa \neq 0$ 时, 此时定义方程的弱解为

$$\frac{\mathrm{d}}{\mathrm{d}t}\int_{\mathbf{T}^2} \theta\varphi \mathrm{d}x - \int_{\mathbf{T}^2} \theta u \cdot \boldsymbol{\nabla}\varphi + \int_{\mathbf{T}^2} (\Lambda^\alpha\theta, \Lambda^\alpha\theta) = \int_{\mathbf{T}^2} f\varphi, \quad \forall \varphi \in C^\infty(\mathbf{T}^2).$$

类似于定理 3.5.1, 可以得到:

定理 3.5.2　令 $T>0$ 为任意给定. 则对任意的 $\theta_0 \in L^2$ 以及 $f \in L^2(0,T;H^{-\alpha})$, 其二维 QG 方程都至少存在一个整体弱解 $\theta \in L^\infty(0,T;L^2) \cap L^2(0,T;H^\alpha)$, 且满足初值条件 $\theta(\cdot,0)=\theta_0$.

然而一般说来, 弱解不是唯一的. 但类似于三维 Navier-Stokes 方程 [137], 可以证明弱解在强解中是唯一的.

定理 3.5.3　设 $\alpha \in (1/2,1]$, $T>0$ 且 p,q 满足关系式

$$p \geqslant 1, \quad q > 0, \quad \frac{1}{p} + \frac{\alpha}{q} = \alpha - \frac{1}{2}.$$

则对任意的 $\theta_0 \in L^2$, 二维 QG 方程至多存在唯一解 $\theta \in L^\infty(0,T;L^2) \cap L^2(0,T;H^\alpha)$ 使得

$$\theta \in L^p(0,T;L^q).$$

证明: 设 θ_1,θ_2 是方程满足相同初值的两个弱解. 记 $\theta=\theta_1-\theta_2$, 则容易验证

$$\partial_t\theta+u\cdot\nabla\theta_1+u_2\cdot\nabla\theta+\kappa\Lambda^{2\alpha}\theta=0,$$

其中, $u=u_1-u_2=\mathcal{R}^{\perp}\theta_1-\mathcal{R}^{\perp}\theta_2$. 将上式和 $\psi=-\Lambda^{-1}\theta$ 作内积, 由于 $\int_{\mathbf{T}^2}\psi u\cdot\nabla\theta_1=0$, 可以得到

$$\left|\int_{\mathbf{T}^2}\theta u_2\cdot\nabla\psi\right|\leqslant\kappa\|\psi\|^2_{H^{\alpha+\frac12}}+C(\kappa)\|\theta_2\|^{\frac{1}{1-\beta}}_{L^p}\|\psi\|^2_{H^{1/2}},$$

其中, $\beta=\dfrac{1}{\alpha}\left(\dfrac12+\dfrac1p\right)$ 且 $C(\kappa)=C\kappa^{-\frac{\beta}{1-\beta}}$. 从而

$$\frac{\mathrm{d}}{\mathrm{d}t}\|\psi\|^2_{H^{1/2}}\leqslant C(\kappa)\|\theta_2\|^{\frac{1}{1-\beta}}_{L^p}\|\psi\|^2_{H^{1/2}},$$

由此可知 $\psi=0$, 从而 $\theta=0$. 唯一性获证. □

利用能量方法, 可以证明无黏 QG 方程的局部光滑解的存在性, 详细过程可以参考文献 [138] 和 [139].

定理 3.5.4 令 $\kappa=0$. 如果对某个整数 $k\geqslant3$, 初值 $\theta_0\in H^k(\mathbf{R}^2)$, 则存在 $T_*>0$ 使得二维 QG 方程在 $[0,T_*)$ 上存在唯一局部解 θ 使得对任意的 $t\in[0,T_*)$ 有 $\theta(t)\in H^k(\mathbf{R}^2)$. 进一步, 如果 $T_*<\infty$, 则

$$\|\theta(\cdot,t)\|_{H^k}\to\infty,\qquad t\nearrow T_*.$$

关于此光滑解, 类似于 Beale-Kato-Majda 准则 [140], 可以建立其类似的判定解是否可以延拓到无穷的准则. 为此, 令 $\alpha(x,t)=\mathcal{D}(x,t)\xi\cdot\xi$, 以及 $\alpha^*(t)=\max_{\xi\in\mathbf{R}^2}\alpha(x,t)$, 其中, $\xi(x,t)=\dfrac{\nabla^{\perp}\theta}{|\nabla^{\perp}\theta|}$ 表示 $\nabla^{\perp}\theta$ 的方向向量, $\mathcal{D}=\dfrac12[(\nabla u)+(\nabla u)^t]$ 为速度梯度的对称部分.

定理 3.5.5 设 $\theta=\theta(x,t)$ 是二维无黏 QG 方程的唯一光滑解, 其初值 $\theta_0\in H^k(k\geqslant3)$, 则下述论断等价:

(1) $0\leqslant t<T_*(T_*<\infty)$, 是 H^k 解的最大存在区间.

(2) 当 $T\nearrow T_*$ 时,

$$\int_0^T\|\nabla\theta\|_{L^\infty}(s)\mathrm{d}s\to\infty,\quad T\to T_*.$$

(3) $\alpha^*(t)$ 满足

$$\int_0^T\alpha^*(s)\mathrm{d}s\to\infty,\qquad T\to T_*.\tag{3.5.7}$$

注 3.5.2 类似地, 对证明作少量的修改, 可以说明该定理对周期流体也成立. 另外还可以说明, 如果 $0\leqslant t<T_*(T_*<\infty)$ 是最大存在区间, 则

$$\limsup_{T\uparrow T_*}\|\nabla\theta\|_{L^\infty}=\infty.$$

另一方面, 如果 $[0,T_*)$ 是最大存在区间, 则对任意的 $t\in[0,T_*)$ 有

$$\int_0^t\|\nabla\theta(s)\|_{L^\infty}\mathrm{d}s<\infty,\quad\int_0^t\|\theta(s)\|^2_{H^k}\mathrm{d}s<\infty.$$

证明： 利用 BKM[140] 的方法, 利用关于 $\nabla^{\perp}\theta$ 的方程, 可以证明 (1) 和 (2) 是等价的. 下面仅说明 (1) 和 (3) 是等价的.

利用速度场 u 的 Riesz 算子表示, $\hat{u}(\xi)=\dfrac{\mathrm{i}(-\xi_2,\xi_1)}{|\xi|}\hat{\theta}(\xi)$, 利用 Sobolev 定理可知

$$\alpha^*(t)\leqslant C\|\nabla u(t)\|_{L^\infty(\mathbf{R}^2)}\leqslant C\|\nabla u(t)\|_{H^{k-1}}\leqslant C\|u\|_{H^k}\leqslant C\|\theta(t)\|_{H^k},\quad \forall k\geqslant 3,\tag{3.5.8}$$

其中, 常数 C 为常数. 从而, 如果式 (3.5.7) 成立, 则对式 (3.5.8) 关于时间积分可知

$$\int_0^T\|\theta(s)\|_{H^k}\mathrm{d}s\to\infty,\qquad T\to T_*,$$

从而 $[0,T_*)$ 是 $\theta(x,t)$ 的最大存在区间, 其中 $T_*<\infty$.

反之, 如果

$$\int_0^{T_*}\alpha^*(s)\mathrm{d}s\leqslant M<\infty,$$

则一定有

$$\int_0^{T_*}\|\nabla^{\perp}\theta(s)\|_{L^\infty}\mathrm{d}s\leqslant \mathrm{e}^M\|\nabla^{\perp}\theta_0\|_{L^\infty}<\infty.\tag{3.5.9}$$

事实上, 利用第 1 章式 (1.3.7) 以及 α^* 的定义可知

$$\frac{\mathrm{d}}{\mathrm{d}t}\|\nabla^{\perp}\theta(t)\|_{L^\infty}\leqslant\alpha^*(t)\|\nabla^{\perp}\theta(t)\|_{L^\infty},$$

对该式积分, 利用 Gronwall 不等式可知式 (3.5.9) 成立. 定理证毕. □

进一步, 我们考虑二维具有黏性的 QG 方程 (3.5.2) 的解在函数空间中的存在唯一性. 为了简化起见, 下面定理 3.5.6 的证明仅给出先验估计, 其严格的证明过程可以通过"推迟光滑化"(Retard Mollification) 的方法得到 [141]. 在定理的证明过程中将多次用到交换子估计以及乘积的 Sobolev 范数估计, 读者可以参见第 2 章相关内容. 下面的定理给出 $\mathbf{R}^2$ 上的情形, 周期情形类似可得.

定理 3.5.6　令 $\alpha\in(0,1)$, $\kappa>0$, $\varOmega=\mathbf{R}^2$ 且 $\theta_0\in H^s$, 则下面的论断成立:

(1) 如果 $s=2-2\alpha$, 则存在常数 C_0, 使得如果方程 (3.5.2) 的任意弱解满足 $\|\Lambda^s\theta_0\|_{L^2}\leqslant\kappa/C_0$, 则

$$\|\Lambda^s\theta(t)\|_{L^2}\leqslant\|\Lambda^s\theta_0\|_{L^2},\qquad\forall t>0.$$

如果 $\|\Lambda^s\theta_0\|_{L^2}<\kappa/C_0$, 则 $\theta\in L^2(0,\infty;\dot{H}^{s+\alpha})$, 且如果 $\theta_0\in L^2$, 则 θ 是唯一的.

(2) 如果 $s\in(2-2\alpha,2-\alpha]$, 则存在 $T=T(\kappa,\|\Lambda^s\theta_0\|_{L^2})>0$ 使得方程 (3.5.2) 的弱解满足

$$\theta\in L^\infty(0,T;\dot{H}^s)\cap L^2(0,T;\dot{H}^{s+\alpha}),$$

且如果 $\theta\in L^2$, 则 θ 还是唯一的.

(3) 如果 $s>2-\alpha$, 则存在 $T=T(\kappa,\|\theta_0\|_{L^2},\|\Lambda^s\theta_0\|_{L^2})>0$ 使得如果 $\theta_0\in H^s$, 方程 (3.5.2) 的弱解是唯一的且

$$\theta\in L^\infty(0,T;H^s)\cap L^2(0,T;\dot{H}^{s+\alpha}).$$

(4) 如果 $s>2-2\alpha$, 则存在常数 $C_0>0$ 使得如果

$$\|\theta_0\|_{L^2}^{\frac{s-2(1-\alpha)}{s}}\|\Lambda^s\theta_0\|_{L^2}^{\frac{2(1-\alpha)}{s}}\leqslant \kappa/C_0, \tag{3.5.10}$$

则方程 (3.5.2) 的弱解是唯一的且

$$\|\Lambda^s\theta(t)\|_{L^2}\leqslant\|\Lambda^s\theta_0\|_{L^2}.$$

如果不等式 (3.5.10) 中严格不等号成立, 则 $\theta\in L^2(0,\infty;\dot{H}^{s+\alpha})$.

证明: 首先, 利用速度场 u 的表达式可知 $\nabla\cdot u=0$, 且 $(u\cdot\nabla(\Lambda^s\theta),\Lambda^s\theta)=0$.

将方程和 θ 作 L^2 内积可得

$$\frac{1}{2}\frac{\mathrm{d}}{\mathrm{d}t}\|\theta\|_{L^2}^2+\kappa\|\Lambda^\alpha\theta\|_{L^2}^2\leqslant 0.$$

积分可得 $\theta\in L^\infty(0,\infty;L^2)\cap L^2(0,\infty;\dot{H}^\alpha)$.

将方程和 $\Lambda^{2s}\theta$ 作 L^2 内积, 可得

$$\frac{1}{2}\frac{\mathrm{d}}{\mathrm{d}t}\|\Lambda^s\theta\|_{L^2}^2+\kappa\|\Lambda^{s+\alpha}\theta\|_{L^2}^2=-(\Lambda^s(u\cdot\nabla\theta)-u\cdot\nabla(\Lambda^s\theta),\Lambda^s\theta). \tag{3.5.11}$$

由于 Λ^s 和 ∇ 可交换, 则

$$\begin{aligned}|(\Lambda^s(u\cdot\nabla\theta)-u\cdot\nabla(\Lambda^s\theta),\Lambda^s\theta)|&=|(\Lambda^s(u\cdot\nabla\theta)-u\cdot(\Lambda^s\nabla\theta),\Lambda^s\theta)|\\&\leqslant C\|\Lambda^s(u\cdot\nabla\theta)-u\cdot(\Lambda^s\nabla\theta)\|_{L^2}\|\Lambda^s\theta\|_{L^2}.\end{aligned}$$

利用交换子估计以及不等式 (3.5.4) 可得

$$\begin{aligned}\|\Lambda^s(u\cdot\nabla\theta)-u\cdot(\Lambda^s\nabla\theta)\|_{L^2}\leqslant&C(\|\nabla u\|_{L^{p_1}}\|\Lambda^s\theta\|_{L^{p_2}}+\|\Lambda^s u\|_{L^{p_2}}\|\nabla\theta\|_{L^{p_1}})\\\leqslant&C\|\Lambda\theta\|_{L^{p_1}}\|\Lambda^s\theta\|_{L^{p_2}},\end{aligned} \tag{3.5.12}$$

其中, $p_1,p_2>2$ 使得 $\dfrac{1}{p_1}+\dfrac{1}{p_2}=\dfrac{1}{2}$. 特别地, 取 $p_1=\dfrac{2}{\alpha}$, $p_2=\dfrac{2}{1-\alpha}$, 利用 Sobolev 嵌入可得

$$\|\Lambda\theta\|_{L^{p_1}}\leqslant C\|\Lambda^{2-\alpha}\theta\|_{L^2},\quad \|\Lambda^s\theta\|_{L^{p_2}}\leqslant C\|\Lambda^{s+\alpha}\theta\|_{L^2}.$$

从而利用式 (3.5.11) 以及不等式 (3.5.12) 可得

$$\frac{1}{2}\frac{\mathrm{d}}{\mathrm{d}t}\|\Lambda^s\theta\|_{L^2}^2+\kappa\|\Lambda^{s+\alpha}\theta\|_{L^2}^2\leqslant C\|\Lambda^{2-\alpha}\theta\|_{L^2}\|\Lambda^{s+\alpha}\theta\|_{L^2}\|\Lambda^s\theta\|_{L^2}. \tag{3.5.13}$$

下面分情形讨论.

情形一: $s=2-2\alpha$. 此时

$$\frac{1}{2}\frac{\mathrm{d}}{\mathrm{d}t}\|\Lambda^s\theta\|_{L^2}^2+\kappa\|\Lambda^{s+\alpha}\|_{L^2}^2\leqslant C\|\Lambda^s\theta\|_{L^2}^2\|\Lambda^{s+\alpha}\|_{L^2}^2,$$

从而如果 $\|\Lambda^s\theta_0\|_{L^2}\leqslant\dfrac{\kappa}{C}$, 则对任意的 $t\geqslant 0$ 有

$$\|\Lambda^s\theta(t)\|_{L^2}\leqslant\|\Lambda^s\theta_0\|_{L^2}\leqslant\frac{\kappa}{C},$$

从而对任意的 $t>0$, 解 θ 在 $\dot{H}^s$ 中存在, 且是一致有界的.

如果进一步 $\|\Lambda^s\theta_0\|_{L^2}\leqslant \kappa/C$, 还可知 $\theta\in L^2(0,+\infty;\dot{H}^{s+\alpha})$.

情形二： $s\in(2(1-\alpha),2-\alpha]$. 此时利用 Gagliardo-Nirenberg 不等式

$$\|\Lambda^{2-\alpha}\theta\|_{L^2}\leqslant C\|\Lambda^{s+\alpha}\theta\|_{L^2}^{\beta}\|\Lambda^s\theta\|_{L^2}^{1-\beta},$$

其中, $\beta=\dfrac{2-\alpha-s}{\alpha}\in[0,1)$. 利用式 (3.5.13) 可知

$$\frac{1}{2}\frac{\mathrm{d}}{\mathrm{d}t}\|\Lambda^s\theta\|_{L^2}^2+\kappa\|\Lambda^{s+\alpha}\theta\|_{L^2}^2\leqslant C\|\Lambda^{s+\alpha}\theta\|_{L^2}^{1+\beta}\|\Lambda^s\theta\|_{L^2}^{2-\beta}. \tag{3.5.14}$$

利用 Young 不等式可知

$$\frac{1}{2}\frac{\mathrm{d}}{\mathrm{d}t}\|\Lambda^s\theta\|_{L^2}^2+\kappa\|\Lambda^{s+\alpha}\theta\|_{L^2}^2\leqslant \frac{\kappa}{2}\|\Lambda^{s+\alpha}\theta\|_{L^2}^2+C(\kappa)\|\Lambda^s\theta\|_{L^2}^{\frac{2(2-\beta)}{1-\beta}},$$

从而有

$$\frac{\mathrm{d}}{\mathrm{d}t}\|\Lambda^s\theta\|_{L^2}^2+\kappa\|\Lambda^{s+\alpha}\theta\|_{L^2}^2\leqslant C(\kappa)\|\Lambda^s\theta\|_{L^2}^{\frac{2(3\alpha+s-2)}{2\alpha+s-2}}. \tag{3.5.15}$$

忽略左端第二项, 关于时间积分可得

$$\|\Lambda^s\theta\|_{L^2}^2\leqslant\|\Lambda^s\theta_0\|_{L^2}^2\left[1-\frac{tC(\kappa)\alpha}{s-2+2\alpha}\|\Lambda^s\theta_0\|_{L^2}^{-\frac{s-2+2\alpha}{\alpha}}\right].$$

由此式可知 $\dot{H}^s$ 解的局部存在性. 进一步, 由式 (3.5.15) 可知

$$\int_0^t\|\Lambda^{s+\alpha}\theta(s)\|_{L^2}^2\mathrm{d}s\leqslant\frac{1}{\kappa}\|\Lambda^s\theta_0\|_{L^2}^2+\frac{C(\kappa)}{\kappa}\int_0^t\|\Lambda^s\theta(s)\|_{L^2}^{\frac{2(3\alpha+s-2)}{2\alpha+s-2}}\mathrm{d}s<\infty$$

在解的存在区间内成立.

当初值很小时, 还可以证明解在 $H^s, s\in(2(1-\alpha),2-\alpha]$ 中的整体存在唯一性. 由于 $\alpha<1$, 容易验证 $1+\beta+(2-\beta)\dfrac{s}{s+\alpha}>2$, 从而可以选择 $\gamma\in(0,2-\beta)$ 使得 $1+\beta+\dfrac{s\gamma}{s+\alpha}=2$, 即 $\gamma=\dfrac{(s+\alpha)(2\alpha-2+s)}{s(s+\alpha)}=\dfrac{2\alpha-2+s}{s}$, 以及 $2-\beta-\gamma>0$. 利用 Gagliardo-Nirenberg 不等式

$$\|\Lambda^s\theta\|_{L^2}\leqslant C\|\Lambda^{s+\alpha}\theta\|_{L^2}^{\frac{s}{s+\alpha}}\|\theta\|_{L^2}^{\frac{\alpha}{s+\alpha}},$$

可知

$$\|\Lambda^s\theta\|_{L^2}^{2-\beta}=\|\Lambda^s\theta\|_{L^2}^{\gamma}\|\Lambda^s\theta\|_{L^2}^{2-\beta-\gamma}\leqslant C\|\Lambda^{s+\alpha}\theta\|_{L^2}^{\frac{s\gamma}{s+\alpha}}\|\theta\|_{L^2}^{\frac{\alpha\gamma}{s+\alpha}}\|\Lambda^s\theta\|_{L^2}^{2-\beta-\gamma}. \tag{3.5.16}$$

利用不等式 (3.5.14) 以及不等式 (3.5.16) 可知

$$\begin{aligned}\frac{1}{2}\frac{\mathrm{d}}{\mathrm{d}t}\|\Lambda^s\theta\|_{L^2}^2+\kappa\|\Lambda^{s+\alpha}\theta\|_{L^2}^2\leqslant&C\|\Lambda^{s+\alpha}\theta\|_{L^2}^2\|\theta\|_{L^2}^{\frac{\alpha\gamma}{s+\alpha}}\|\Lambda^s\theta\|_{L^2}^{2-\beta-\gamma}\\=&C\|\Lambda^{s+\alpha}\theta\|_{L^2}^2\|\theta\|_{L^2}^{\frac{s-2(1-\alpha)}{s}}\|\Lambda^s\theta\|_{L^2}^{\frac{2(1-\alpha)}{s}}.\end{aligned}$$

从而如果初值满足条件不等式 (3.5.10), 则可以得到解在 $\dot{H}^s$ 中的整体存在性.

情形三： $s>2-\alpha$. 此时由 Gagliardo-Nirenberg 不等式可知

$$\|\Lambda^{2-\alpha}\theta\|_{L^2}\leqslant C\|\Lambda^s\theta\|_{L^2}^{\frac{2-\alpha}{s}}\|\theta\|_{L^2}^{\frac{s+2-\alpha}{s}}.$$

从而利用不等式 (3.5.13) 以及 Young 不等式可知

$$\begin{aligned}\frac{1}{2}\frac{\mathrm{d}}{\mathrm{d}t}\|\Lambda^s\theta\|_{L^2}^2+\kappa\|\Lambda^{s+\alpha}\theta\|_{L^2}^2\leqslant&C\|\Lambda^{s+\alpha}\theta\|_{L^2}\|\Lambda^s\theta\|_{L^2}^{\frac{s+2-\alpha}{s}}\|\theta\|_{L^2}^{\frac{s-2+\alpha}{s}}\\\leqslant&\frac{\kappa}{2}\|\Lambda^{s+\alpha}\theta\|_{L^2}^2+\frac{C}{\kappa}\|\Lambda^s\theta\|_{L^2}^{\frac{2(s+2-\alpha)}{s}}\|\theta\|_{L^2}^{\frac{2(s-2+\alpha)}{s}}.\end{aligned}\tag{3.5.17}$$

如果 $\theta_0\in L^2$, 则

$$\frac{\mathrm{d}}{\mathrm{d}t}\|\Lambda^s\theta\|_{L^2}^2+\kappa\|\Lambda^{s+\alpha}\theta\|_{L^2}^2\leqslant\frac{C}{\kappa}\|\theta_0\|_{L^2}^{\frac{2(s-2+\alpha)}{s}}\|\Lambda^s\theta\|_{L^2}^{\frac{2(s+2-\alpha)}{s}}.\tag{3.5.18}$$

忽略左端第二项, 积分可得

$$\|\Lambda^s\theta\|_{L^2}^2\leqslant\|\Lambda^s\theta_0\|_{L^2}^2\left[1-\frac{tC(2-\alpha)}{s\kappa}\|\theta_0\|_{L^2}^{\frac{2(s-2+\alpha)}{s}}\|\Lambda^s\theta_0\|_{L^2}^{\frac{2-2\alpha}{s}}\right]^{-\frac{s}{2-\alpha}}.$$

由此可以得到当初值 $\theta_0\in H^s$ 时, 解在 H^s 中的局部存在性, 其中, $s>2-\alpha$. 进一步, 由不等式 (3.5.18) 可得, 在解的存在区间内成立

$$\int_0^t\|\Lambda^{s+\alpha}\theta(s)\|_{L^2}^2\mathrm{d}s\leqslant\frac{1}{\kappa}\|\Lambda^s\theta_0\|_{L^2}^2+\frac{1}{\kappa^2}\|\theta_0\|_{L^2}^{\frac{2(s-2+\alpha)}{s}}\int_0^t\|\Lambda^s\theta(s)\|_{L^2}^{\frac{2(s+2-\alpha)}{s}}\mathrm{d}s<\infty.$$

利用类似的推导可以得出小初值问题在 H^s 中的整体存在性. 为此利用 Gagliardo-Nirenberg 不等式

$$\|\Lambda^s\theta\|_{L^2}\leqslant C\|\Lambda^{s+\alpha}\theta\|_{L^2}^{\frac{s}{s+\alpha}}\|\theta\|_{L^2}^{\frac{\alpha}{s+\alpha}},$$

则不等式 (3.5.17) 可以重新估计为

$$\frac{1}{2}\frac{\mathrm{d}}{\mathrm{d}t}\|\Lambda^s\theta\|_{L^2}^2+\kappa\|\Lambda^{s+\alpha}\theta\|_{L^2}^2\leqslant C\|\Lambda^{s+\alpha}\theta\|_{L^2}^2\|\Lambda^s\theta\|_{L^2}^{\frac{2(1-\alpha)}{s}}\|\theta\|_{L^2}^{\frac{s-2+2\alpha}{s}}.$$

从而如果初值满足条件不等式 (3.5.10), 则解在 H^s 中整体存在而且有估计

$$\|\Lambda^s\theta_0\|_{L^2}\leqslant\|\Lambda^s\theta_0\|_{L^2},\qquad\forall t>0.$$

至此, 我们已经得到了所需要的先验估计. 为了给出严格的证明, 可以利用标准的推迟光滑化的方法 [141], 即首先对逼近序列 $\{\theta_n\}$ 得到如上的先验估计, 然后对 $n\to\infty$ 取极限以得到关于弱解 θ 的同样的估计. $\{\theta_n\}$ 可以构造如下：令 θ_n 满足

$$\partial_t\theta_n+u_n\cdot\nabla\theta_n+\Lambda^{2\alpha}\theta_n=0,\tag{3.5.19}$$

其中, $u_n=S_{\delta_n}(\theta_n)$ 为

$$S_{\delta_n}(\theta_n)=\int_0^\infty\phi(\tau)\mathcal{R}^\perp\theta_n(t-\delta_n\tau)\mathrm{d}\tau,$$

且 $\delta_n\to0$. 光滑函数 ϕ 是非负的, 支集在 $[1,2]$ 上, 且 $\int_0^\infty\phi(t)\mathrm{d}t=1$. 对任意的 n, 方程 (3.5.19) 是线性方程, 此时 $u_n(t)$ 的值仅依赖于 θ_n 在 $[t-2\delta_n,t-\delta_n]$ 上的值.

为了完成定理的证明, 下证解的唯一性. 先叙述下述命题, 其证明将在下文补充.

命题 3.5.1　令 $\kappa>0,\alpha>0$, 且 θ 是二维 QG 方程 (3.5.2) 的弱解, 其中, $\theta_0\in L^2$. 如果还有

$$\int_0^T\|\Lambda^{1-\alpha+\varepsilon}\theta(s)\|_{L^p}^q\mathrm{d}s<\infty,\quad \frac{1}{p}+\frac{\alpha}{q}=\frac{\alpha+\varepsilon}{2},$$

其中, $\varepsilon\in(0,\alpha]$, $q<\infty$, 则弱解在 $[0,T]$ 上是唯一的.

利用该命题, 立即可以知道在如下几种情形下解的唯一性成立:

(1) $\kappa>0$, $\alpha\in(0,1)$, $s=2(1-\alpha)$, $\theta_0\in L^2$ 且 $\|\Lambda^s\theta_0\|_{L^2}<\kappa/C_0$ 严格成立. 此时解是整体的, 且 $\theta\in L^2(0,\infty;H^{s+\alpha})\cap\theta\in L^\infty(0,\infty;H^s)$, 利用插值可知 θ 满足命题中的唯一性准则.

(2) $\kappa>0$, $\alpha\in(0,1)$, $s\geqslant 2(1-\alpha)$, $\theta_0\in L^2$. 类似地, 利用插值可以说明此时方程的局部解 [(2),(3) 中的解] 满足命题的条件.

(3) $\kappa>0$, $\alpha\in(0,1)$, $s>2(1-\alpha)$, $\theta_0\in L^2$. 此时由于方程的解满足 $\theta\in L^\infty(0,\infty;H^s)$, 由于 $s>2(1-\alpha)$ 严格成立, 从而可以选择 $q<\infty$, 使得 $H^s\hookrightarrow H^{1-\alpha+\varepsilon,p}$, 从而 $\theta\in L^q(0,T;H^{1-\alpha+\varepsilon,p})$, 唯一性成立. □

下面补充证明命题 3.5.1.

证明: 设 θ_1,θ_2 为方程 (3.5.2) 的两个解, $u_1=\mathcal{R}^\perp\theta_1$, $u_2=\mathcal{R}^\perp\theta_2$. 令 $\theta=\theta_1-\theta_2$, $u=u_1-u_2$, 则

$$(u_1\cdot\nabla\theta_1,\varphi)-(u_2\cdot\nabla\theta_2,\varphi)=(u_1\cdot\nabla\theta,\varphi)+(u\cdot\nabla\theta_2,\varphi),$$

从而

$$(\theta_t,\varphi)+\kappa(\Lambda^\alpha\theta,\Lambda^\alpha\varphi)=-(u_1\cdot\nabla\theta,\varphi)-(u\cdot\nabla\theta_2,\varphi).$$

由于 $\nabla\cdot u_i=0(i=1,2)$, 从而 $(u_1\cdot\nabla\theta,\theta)=0$. 令 $\varphi=\theta$, 则

$$\frac{1}{2}\frac{\mathrm{d}}{\mathrm{d}t}\|\theta\|_{L^2}^2+\kappa\|\Lambda^\alpha\theta\|_{L^2}^2=-(u\cdot\nabla\theta_2,\varphi)\leqslant C\|\nabla\theta_2\|_{L^\infty}\|\theta\|_{L^2}^2.$$

由此可得估计

$$\|\theta\|_{L^2}^2\leqslant C\|\theta(0)\|_{L^2}^2\exp\left\{\int_0^t\|\nabla\theta_2\|_{L^\infty}\mathrm{d}\tau\right\}.\tag{3.5.20}$$

令 $\alpha>0$, $\varepsilon\in(0,\alpha]$. 由于 $\nabla\cdot u=0$,

$$-(u\cdot\nabla\theta_2,\varphi)=-(\Lambda^{\alpha-\varepsilon}(\varphi u),\Lambda^{-\alpha+\varepsilon}\nabla\theta_2)\leqslant\|\Lambda^{1-\alpha+\varepsilon}\theta_2\|_{L^{p_1}}\|\Lambda^{\alpha-\varepsilon}(\varphi u)\|_{L^{p_1'}},$$

其中, 利用乘积估计, 右端第二个因子可以估计为

$$\begin{aligned}\|(\varphi u)\|_{\dot H^{\alpha-\varepsilon,p_1'}}\leqslant&C\|\theta\|_{L^{q_1}}\|u\|_{\dot H^{\alpha-\varepsilon,q_2}}+C\|u\|_{L^{q_1}}\|\theta\|_{\dot H^{\alpha-\varepsilon,q_2}}\\ \leqslant&C\|\theta\|_{L^{q_1}}\|\theta\|_{\dot H^{\alpha-\varepsilon,q_2}},\end{aligned}$$

其中, 指标关系满足 $\dfrac{1}{q_1}+\dfrac{1}{q_2}=\dfrac{1}{p_1'}=1-\dfrac{1}{p_1}$. 由此可知

$$\frac{1}{2}\frac{\mathrm{d}}{\mathrm{d}t}\|\theta\|_{L^2}^2+\kappa\|\theta\|_{\dot H^\alpha}^2\leqslant C\|\theta\|_{L^{q_1}}\|\theta\|_{\dot H^{\alpha-\varepsilon,q_2}}\|\theta_2\|_{\dot H^{1-\alpha+\varepsilon,p_1}}.$$

进一步, 利用 Gagliardo-Nirenberg 不等式

$$\|\theta\|_{L^{q_1}} \leqslant C\|\theta\|_{L^2}^{1-\beta}\|\theta\|_{\dot{H}^\alpha}^{\beta}, \qquad \beta=\frac{1}{\alpha}\left(1-\frac{2}{q_1}\right)\in(0,1);$$

$$\|\theta\|_{\dot{H}^{\alpha-\varepsilon,q_2}} \leqslant C\|\theta\|_{\dot{H}^\alpha}^{\gamma}\|\theta\|_{L^2}^{1-\gamma}, \qquad \gamma=\frac{1}{\alpha}\left(1+\alpha-\varepsilon-\frac{2}{q_2}\right)\in(0,1),$$

可得

$$\frac{1}{2}\frac{\mathrm{d}}{\mathrm{d}t}\|\theta\|_{L^2}^2+\kappa\|\theta\|_{\dot{H}^\alpha}^2 \leqslant C\|\theta_2\|_{\dot{H}^{1-\alpha+\varepsilon,p_1}}\|\theta\|_{L^2}^{2-(\beta+\gamma)}\|\theta\|_{\dot{H}^\alpha}^{\beta+\gamma}.$$

令 $p_2=\dfrac{2}{\beta+\gamma}$, 利用 Young 不等式可得

$$\frac{1}{2}\frac{\mathrm{d}}{\mathrm{d}t}\|\theta\|_{L^2}^2+\kappa\|\theta\|_{\dot{H}^\alpha}^2 \leqslant \frac{\kappa}{2}\|\theta\|_{\dot{H}^\alpha}^2+C(\kappa)\|\theta_2\|_{\dot{H}^{1-\alpha+\varepsilon,p_1}}^{p_2'}\|\theta\|_{L^2}^2,$$

其中, $p_2'=\dfrac{p_2}{1-p_2}=\dfrac{2}{2-(\beta+\gamma)}$. 从而可以得到估计式

$$\frac{\mathrm{d}}{\mathrm{d}t}\|\theta\|_{L^2}^2+\kappa\|\theta\|_{\dot{H}^\alpha}^2 \leqslant C\|\theta_2\|_{\dot{H}^{1-\alpha+\varepsilon,p_1}}^{p_2'}\|\theta\|_{L^2}^2,$$

进而利用 Gronwall 不等式可知

$$\|\theta\|_{L^2}^2 \leqslant C\|\theta(0)\|_{L^2}^2\exp\left\{\int_0^T\|\theta_2\|_{\dot{H}^{1-\alpha+\varepsilon,p_1}}^{p_2'}\mathrm{d}\tau\right\}.$$

注意到 $\beta+\gamma=\dfrac{1}{\alpha}\left(\alpha+\varepsilon+\dfrac{2}{p_1}\right)$, 可知命题 3.5.1 成立. □

注 3.5.3 由不等式 (3.5.20) 立即可以得到: 如果

$$\int_0^T\|\nabla\theta\|_{L^\infty}\mathrm{d}t<\infty,$$

则解是唯一的. 此式正是二维 QG 方程 (3.5.2) 的 BKM 爆破准则 [140], 参见定理 3.5.5.

特别地, 当 $\alpha\in(1/2,1]$ 时, 还可以得到如下存在性定理:

定理 3.5.7 令 $\alpha\in(1/2,1]$, $s\geqslant 0$ 满足 $s+2\alpha>2$, 如果 $\theta_0\in H^s(\mathbf{T}^2)$, 则方程 (3.5.2) 的解满足估计

$$\|\Lambda^s\theta(t)\|_{L^2}\leqslant C, \qquad \forall t\leqslant T,$$

其中, C 为仅依赖于 T 以及 $\|\theta_0\|_{H^s}$ 的常数.

证明: 将方程 (3.5.1) 和 $\Lambda^{2s}\theta$ 作内积可得

$$\frac{1}{2}\frac{\mathrm{d}}{\mathrm{d}t}\|\Lambda^s\theta\|_{L^2}^2+\kappa\|\Lambda^{s+\alpha}\theta\|_{L^2}^2=-\left((u\cdot\nabla\theta),\Lambda^{2s}\theta\right).$$

利用估计极值原理, 引理 3.5.1 以及乘积估计可知

$$\left|\left((u\cdot\nabla\theta),\Lambda^{2s}\theta\right)\right|\leqslant\frac{\kappa}{2}\|\Lambda^{s+\alpha}\theta\|_{L^2}^2+C(\kappa)\|\Lambda^s\theta\|_{L^2}^2.$$

从而利用 Gronwall 不等式可知定理成立. □

为了以后的应用, 这里给出解的 L^p 估计.

引理 3.5.1 令 θ 是 QG 方程的解, 则如下的估计成立:

$$\|\theta(t)\|_{L^p} \leqslant \|\theta_0\|_{L^p}.$$

证明: 这是分数阶拉普拉斯算子性质的直接结果. 注意到对任意的 $p \in (1, +\infty)$ 有

$$\int |\theta|^{p-2}\theta\Lambda^s\theta \mathrm{d}x \geqslant \frac{1}{p}\int |\Lambda^{s/2}\theta^{p/2}|^2 \mathrm{d}x,$$

从而将方程乘以 $p|\theta|^{p-2}\theta$, 关于 x 变量积分并注意到 $\nabla \cdot u = 0$ 可得

$$\frac{\mathrm{d}}{\mathrm{d}t}\|\theta\|_{L^p}^p + \kappa\int |\Lambda^\alpha \theta^{p/2}|^2 \mathrm{d}x,$$

故结论成立. □

3.5.2 无黏极限

这一小节考虑二维 QG 方程当黏性系数 $\kappa \to 0$ 时的极限, 即无黏极限. 在定理 3.5.5 中, 我们得到了光滑解的局部存在性, 记无耗散情形的解为 (θ, u), 而有耗散时的解为 $(\theta_\kappa, u_\kappa)$. 下面的定理建立了当 $\kappa \to 0$ 时, 光滑解之间的无黏极限关系.

定理 3.5.8 令 $\Omega = \mathbf{R}^2$ 或者 $\mathbf{T}^2$, θ 和 θ_κ 为二维 QG 方程 (3.5.1) 和 (3.5.2) 的解, 如果 $[0, T_*)$ 为最大的存在区间, 则对任意的 $t < T_*$ 成立

$$\|\theta(t) - \theta_\kappa(t)\|_{L^2} \leqslant C\kappa,$$

其中, C 为仅依赖于 θ_0 以及 T_* 的常数, 特别地, C 不依赖于 κ.

证明: 考虑二者之间的差 $\Theta = \theta_\kappa - \theta$ 以及 $U = u_\kappa - u$, 则 Θ 满足方程

$$\partial_t\Theta + u_\kappa \cdot \nabla\Theta + U \cdot \nabla\theta + \kappa\Lambda^{2\alpha}(\Theta + \theta) = 0,$$

将此式和 Θ 作内积可得

$$\frac{1}{2}\frac{\mathrm{d}}{\mathrm{d}t}\|\Theta(t)\|_{L^2}^2 + \kappa\|\Lambda^\alpha\Theta\|_{L^2}^2 = (u_\kappa \cdot \nabla\Theta, \Theta) + (U \cdot \nabla\theta, \Theta) + \kappa(\Lambda^{2\alpha}\theta, \Theta).$$

将右端三项分别记为 I, II, III. 先证 I$=0$. 首先利用定理 3.5.5 的注记 3.5.2 以及先验估计可知该式是可积的. 令 χ 为光滑截断函数使得当 $|x| < 1$ 时, $\chi(x) = 1$; 当 $|x| > 2$ 时, $\chi(x) = 0$. 当 $r > 0$ 时, 记 $\chi_r(x) = \chi(x/r)$. 利用控制收敛定理以及散度定理有

$$\mathrm{I} = \lim_{r\to\infty}\int (u_\kappa \cdot \nabla\Theta)\Theta\chi_r(x)\mathrm{d}x = -\lim_{r\to\infty}\frac{1}{2r}\int \chi' \cdot u_\kappa\Theta^2 \mathrm{d}x.$$

由于

$$\left|\int \chi' \cdot u_\kappa\Theta^2\mathrm{d}x\right| \leqslant \int |u_\kappa|\Theta^2\mathrm{d}x \leqslant \|\theta_\kappa\|_{L^2}\|\Theta\|_{L^4}^2 \leqslant 4\|\theta_0\|_{L^2}^2\|\theta_0\|_{L^4}^2,$$

可知 I$=0$. 关于 II, III 可以作如下估计:

$$|\mathrm{II}| \leqslant \|\nabla\theta\|_{L^\infty}\|U\|_{L^2}\|\Theta\|_{L^2} = \|\nabla\theta\|_{L^\infty}\|\Theta\|_{L^2}^2,$$

$$|\mathrm{III}| \leqslant \frac{\kappa^2}{2}\|\Lambda^{2\alpha}\theta\|_{L^2}^2 + \frac{1}{2}\|\Theta\|_{L^2}^2.$$

记 $\mathcal{P}(t)=2\|\nabla\theta\|_{L^\infty}+1$, 可得

$$\frac{\mathrm{d}}{\mathrm{d}t}\|\Theta\|_{L^2}^2+\kappa\|\Lambda^\alpha\Theta\|_{L^2}^2\leqslant\mathcal{P}(t)\|\Theta\|_{L^2}^2+\kappa^2\|\theta\|_{H^{2\alpha}}^2.$$

利用 Gronwall 不等式可得

$$\|\Theta\|_{L^2}^2\leqslant \mathrm{e}^{\int_0^t\mathcal{P}(s)\mathrm{d}s}\|\theta_0\|_{L^2}^2+\kappa^2\int_0^t e^{\int_\tau^t\mathcal{P}(s)\mathrm{d}s}\|\theta\|_{H^{2\alpha}}^2\mathrm{d}\tau.$$

注意到 $\Theta_0=0$, 利用注 3.5.2 可知

$$\|\Theta\|_{L^2}\leqslant C\kappa.$$

定理证毕. □

为了考虑解在 $H^m(\mathbf{R}^2)$ 中的无黏极限, 先介绍如下引理:

引理 3.5.2 令 $(\cdot,\cdot)$ 表示 H^m 中的内积, 则

$$\left\|\sum_{i=1,2}u_i\frac{\partial\theta}{\partial x_i}\right\|_m\leqslant C\|u\|_m\|\theta\|_{m+1},\qquad m\geqslant 2, u\in H^m,\ \mathrm{div}u=0,\theta\in H^{m+1}\tag{3.5.21}$$

$$\left|\left(\sum_{i=1,2}u_i\frac{\partial\theta}{\partial x_i},\theta\right)_m\right|\leqslant C\|u\|_m\|\theta\|_m^2,\qquad m\geqslant 2, u\in H^m,\ \mathrm{div}u=0,\theta\in H^{m+1}\tag{3.5.22}$$

$$\left|\left(\sum_{i=1,2}u_i\frac{\partial\theta}{\partial x_i},\theta\right)_2\right|\leqslant C\|u\|_3\|\theta\|_2^2,\qquad u\in H^3,\mathrm{div}u=0,\theta\in H^3.\tag{3.5.23}$$

证明: 注意到 $H^m(\mathbf{R}^d)(m\geqslant 2)$ 为代数, 详细证明从略. □

定理 3.5.9 令 $\alpha\in(\frac{1}{2},1]$, $\theta_0\in H^m$, $m\geqslant 3$. 则

(1) 存在依赖于 $\|\theta_0\|_{H^m}$, 但是不依赖于 κ 的 $0<T_0\leqslant T$ 使得方程 (3.5.2) 存在唯一解

$$\theta_\kappa\in C([0,T_0];H^m)\cap AC([0,T_0];H^{m-1})\cap L^1(0,T_0;H^{m+\alpha}),\tag{3.5.24}$$

进一步, $\{\theta_\kappa\}_{\kappa\geqslant 0}$ 在 $C([0,T_0];H^m)$ 中是有界的.

(2) 对任意的 $t\in[0,T_0]$, $\theta(t):=\lim\limits_{\kappa\to 0}\theta_{\kappa\to 0}$ 在 H^{m-1} 中强极限存在, 在 H^m 中弱极限存在, 且关于时间一致. 而且 θ 是方程 (3.5.1) 的解,

$$\theta_\kappa\in C([0,T_0];H^m)\cap AC([0,T_0];H^{m-1}).$$

证明: 关于光滑解的存在性可以参见定理 3.5.6 以及定理 3.5.7.

现说明 $\{\theta_\kappa\}$ 是一致有界的. 将方程和 θ_κ 作 H^m 内积可得

$$\frac{1}{2}\frac{\mathrm{d}}{\mathrm{d}t}\|\theta_\kappa\|_m^2+\kappa(\Lambda^{2\alpha}\theta_\kappa(t),\theta_\kappa(t))_m\leqslant C\|\theta_\kappa\|_m^3.\tag{3.5.25}$$

由于不等式 (3.5.25) 左端第二项是非负的, 从而可得

$$\frac{\mathrm{d}}{\mathrm{d}t}\|\theta_\kappa\|_m \leqslant C\|\theta_\kappa\|_m^2,$$

从而由微分方程比较原理可知

$$\|\theta_\kappa(t)\|_m \leqslant \varphi(t),$$

其中, $\varphi(t)$ 为下述方程的解:

$$\begin{cases}\dfrac{\mathrm{d}\varphi}{\mathrm{d}t} = C[\varphi(t)]^2, \\ \varphi(0) = \|\theta_0\|_m.\end{cases} \tag{3.5.26}$$

由微分方程理论可知, 存在 $T_0 > 0$ 以及 φ 使得 φ 关于时间是绝对连续的且在 $[0, T_0]$ 上满足方程 (3.5.26). 特别地, 利用该先验估计以及 Faedo-Galerkin 方法可以得到局部光滑解的存在性. 不难看出 φ 以及 T_0 并不依赖于 κ 的选择, 利用连续性方法可以将解延拓到 $[0, T_0]$ 上. 利用不等式 (3.5.25) 还可以知道存在仅依赖于 $\|\theta_0\|_m$ 的连续函数 $\psi = \psi(t)$ 使得

$$\kappa\int_0^t (\Lambda^{2\alpha}\theta_\kappa(t), \theta_\kappa(t))_m \mathrm{d}s \leqslant \psi(t), \qquad \forall t \in [0, T_0]. \tag{3.5.27}$$

固定 $\kappa_1 < \kappa_2$, 考虑二者的差 $\Theta = \theta_{\kappa_1} - \theta_{\kappa_2}$, $U = u_{\kappa_1} - u_{\kappa_2}$, 则

$$\frac{\partial\Theta_k}{\partial t} + \kappa_1\Lambda^{2\alpha}\Theta + (\kappa_1 - \kappa_2)\Lambda^{2\alpha}\theta_{\kappa_2} = -U\cdot\nabla\theta_{\kappa_1} = u_{\kappa_2}\cdot\nabla\Theta.$$

将方程和 Θ 作 H^{m-1} 内积, 利用 $\|u\|_{L^p} \leqslant C_p\|\theta\|_{L^p}$[利用不等式 (3.5.4)] 以及引理 3.5.2 可得

$$\frac{1}{2}\frac{\mathrm{d}}{\mathrm{d}t}\|\Theta\|_{m-1}^2 \leqslant (\kappa_2 - \kappa_1)(\Lambda^{2\alpha}\theta_{\kappa_2}, \Theta)_{m-1} + C_2C(\|\theta_{\kappa_1}\|_m + \|\theta_{\kappa_2}\|_m)\|\Theta\|_{m-1}^2.$$

由 $\|\theta_\kappa\|_m$ 在 $[0, T_0]$ 上关于 κ 的一致估计可得

$$\frac{1}{2}\frac{\mathrm{d}}{\mathrm{d}t}\|\Theta\|_{m-1} \leqslant \kappa_2\|\Lambda^{2\alpha}\theta_{\kappa_2}\|_{m-1} + K\|\Theta\|_{m-1},$$

其中, $K = \varphi(T_0)$ 为不依赖 κ_1, κ_2 的常数. 由于 $\Theta(0) = 0$, 可知

$$\begin{aligned}\|\Theta\|_{m-1} \leqslant& \kappa_2\mathrm{e}^{Kt}\int_0^t \|\Lambda^{2\alpha}\theta_{\kappa_2}(s)\|_{m-1}\mathrm{d}s \\ \leqslant& \sqrt{\kappa_2 t}\mathrm{e}^{Kt}\left(\kappa_2\int_0^t \|\Lambda^{2\alpha}\theta_{\kappa_2}(s)\|_{m-1}^2\mathrm{d}s\right)^{1/2}.\end{aligned}$$

注意到

$$\|\Lambda^{2\alpha}\theta_{\kappa_2}\|_{m-1}^2 = \|(I + \Lambda^2)^{-1/2}\Lambda^{2\alpha}\theta_{\kappa_2}\|_m^2 \leqslant \|\Lambda^{2\alpha-1}\theta_{\kappa_2}\|_m^2,$$

又由于 $2\alpha - 1 \leqslant \alpha$, 从而可知

$$\|\Lambda^{2\alpha}\theta_{\kappa_2}\|_{m-1}^2 \leqslant \|\Lambda^\alpha\theta_{\kappa_2}\|_m^2 = (\Lambda^{2\alpha}\theta_{\kappa_2}, \theta_{\kappa_2})_m.$$

利用一致估计不等式 (3.5.27) 可知

$$\|\Theta\|_{m-1} \leqslant \sqrt{\kappa_2 t}\mathrm{e}^{Kt}\psi(t)^{1/2},$$

从而

$$\lim_{\kappa_2\to 0}\|\Theta(t)\|_{m-1}=0.$$

从而极限

$$\theta(x,t)=\lim_{\kappa\to 0}\theta_\kappa(x,t)$$

在 H^{m-1} 中存在, 且关于时间 $t\in[0,T_0]$ 是一致的, 从而 $\theta(\cdot,t)\in H^{m-1}$ 在且关于时间是连续的. 又利用式 (3.5.26) 可知 $\|\theta_\kappa\|_m$ 在 $[0,T_0]$ 是有界的, 从而可知

(1) 对任意的 $t\in[0,T_0]$ 有 $\theta(t)\in H^m$.

(2) $\theta_\kappa\rightharpoonup\theta(t)$ 在 H^m 中弱收敛, 且关于 $t\in[0,T_0]$ 是一致的.

(3) $\theta(t)$ 在 H^m 中弱连续.

已证明 θ_κ 属于式 (3.5.24) 中的函数类, 从而 $u_\kappa\cdot\nabla\theta_\kappa(t)\rightharpoonup u\cdot\nabla\theta(t)$ 在 H^{m-1} 中存在, 且关于 $t\in[0,T_0]$ 是一致的, 进而 $u\cdot\nabla\theta(t)$ 在 H^{m-1} 中是弱连续的. 下证 θ 是方程 (3.5.1) 的解. 固定 $\kappa>0$, 将式 (3.5.1) 在 $[t_1,t_2]$ 上积分可得

$$\theta_\kappa(t_2)-\theta_\kappa(t_1)=-\int_{t_1}^{t_2}\kappa\Lambda^{2\alpha}\theta_\kappa+u_\kappa\cdot\nabla\theta_\kappa\mathrm{d}\tau.$$

令 $\zeta\in H^{m-1}$ 为光滑函数, 将此和方程作内积可知

$$(\theta(t_2)-\theta(t_1),\zeta)_{m-1}=-\int_{t_1}^{t_2}(u\cdot\nabla\theta,\zeta)_{m-1}\mathrm{d}\tau,$$

其中, 当 $\kappa\to 0$ 时, $\kappa(\Lambda^{2\alpha}\theta_\kappa,\zeta)_{m-1}=\kappa(\theta_\kappa,\Lambda^{2\alpha}\zeta)_{m-1}\to 0$. 由此可知

$$\theta(t_2)-\theta(t_1)=-\int_{t_1}^{t_2}u\cdot\nabla\theta\mathrm{d}\tau,$$

且由于该式对 $t_1=0$ 也成立, 从而

$$\theta\in L^\infty(0,T_0;H^m)\cap AC([0,T_0];H^{m-1})$$

为方程 (3.5.1) 的唯一解. 由前文的唯一性判别定理, 唯一性是显然的. 注意到 θ 在 H^m 中是弱连续的, 且 $\limsup\limits_{t\to 0}\|\theta(t)\|\leqslant\|\theta_0\|_m$, 容易说明 θ 在 $t=0$ 处的右连续性, 进而可以说明 $\theta(t)$ 在任意的 $t\in[0,T_0]$ 时是右连续的; 利用时间反演还可以证明其左连续性, 从而 $\theta(t)$ 作为是取值于 H^m 的连续函数. 定理证毕. □

注 3.5.4 ① 如果方程具有外力项, 对上述证明过程稍作修改还可以说明, 如果 $f\in L^1(0,T;H^m)(m\geqslant 3)$, 类似的结论成立.

② 定理的结论在周期情形下也成立, 仅需作少量的修改.

下面考虑 L^2 初值弱解的无黏极限, 仅考虑 $\Omega=\mathbf{T}^2$.

定理 3.5.10 设 $\theta_0\in L^2(\mathbf{T}^2)$, θ,θ_κ 分别是方程 (3.5.1) 和 (3.5.2) 具有相同初值的弱解. 则对任意的 $T>0$, 以及任意的 $\varphi\in L^2(\mathbf{T}^2)$ 有

$$\limsup_{\kappa\to 0}(\theta_\kappa(\cdot,t)-\theta(\cdot,t),\varphi)=0,\qquad\forall t\leqslant T.$$

证明: 考虑方程的 Galerkin 逼近序列 $\theta^n \in S_n$ 以及 $\theta_\kappa^n \in S_n$, 其中, $S_n = \text{span}\{e^{imx}\}$, $0 < |m| \leqslant n$. 由弱解的构造过程可知存在子列使得

$$\theta_\kappa^n \to \theta_\kappa, \quad \theta^n \to \theta$$

在 $L^2(\mathbf{T}^2)$ 中弱收敛. 从而当选择 n 充分大时,

$$\begin{aligned}|(\theta_\kappa(\cdot,t) - \theta(\cdot,t), \varphi)| \leqslant& \varepsilon + |(\theta_\kappa^n - \theta^n, \varphi)| \\ \leqslant& \varepsilon + \|\varphi\|_{L^2}\|\theta_\kappa^n - \theta^n\|_{L^2} \leqslant \varepsilon + C_n\kappa,\end{aligned}$$

从而定理成立. 这里在最后一步中, 我们应用了定理 3.5.8 中光滑解的无黏极限结果. □

3.5.3 长时间行为——衰减和逼近

这一小节考虑二维 QG 方程解的衰减估计以及它对线性方程的逼近.

定理 3.5.11 令 $\alpha \in (0,1]$, $\theta_0 \in L^1(\mathbf{R}^2) \cap L^2(\mathbf{R}^2)$. 则方程 (3.5.2) 存在弱解 θ 使得

$$\|\theta(\cdot,t)\|_{L^2(\mathbf{R}^2)} \leqslant C(1+t)^{-\frac{1}{2\alpha}},$$

其中, 常数 C 依赖于 θ_0 的 L^1 以及 L^2 范数.

证明: 对方程作傅里叶变换可知

$$\partial_t\hat{\theta} + |\xi|^{2\alpha}\theta = -\widehat{u\cdot\nabla\theta}.$$

又由于 $\nabla \cdot u = 0$, 应用 Hölder 不等式可知 $|\widehat{u\cdot\nabla\theta}| \leqslant |\xi|\|\theta\|_{L^2}^2$, 从而对上式应用 Gronwall 不等式可得

$$|\hat{\theta}(\xi,t)| \leqslant |\hat{\theta}_0(\xi)| + |\xi|\int_0^t \|\theta\|_{L^2}^2 d\tau \leqslant \|\theta_0\|_{L^1} + |\xi|\|\theta_0\|_{L^2}^2 t. \tag{3.5.28}$$

将方程 (3.5.2) 和 θ 作内积可得

$$\frac{1}{2}\frac{d}{dt}\int_{\mathbf{R}^2}|\theta|^2 + \int_{\mathbf{R}^2}|\Lambda^\alpha\theta|^2 = 0,$$

利用 Plancherel 恒等式可知

$$\frac{d}{dt}\int_{\mathbf{R}^2}|\hat{\theta}|^2 + 2\int_{\mathbf{R}^2}|\xi|^{2\alpha}|\hat{\theta}|^2 = 0.$$

对于第二项, 有

$$\begin{aligned}\int_{\mathbf{R}^2}|\xi|^{2\alpha}|\hat{\theta}|^2 \geqslant \int_{B(t)^c}|\xi|^{2\alpha}|\hat{\theta}|^2 \geqslant g^{2\alpha}(t)\int_{B(t)^c}|\hat{\theta}|^2 \\ = g^{2\alpha}(t)\int_{\mathbf{R}^2}|\hat{\theta}|^2 - g^{2\alpha}(t)\int_{B(t)}|\hat{\theta}|^2,\end{aligned}$$

其中, $g \in C([0,\infty);\mathbf{R}^+)$ 待定, 且 $B(t)^c$ 表示 $B(t) = \{\xi \in \mathbf{R}^2 : |\xi| < g(t)\}$ 的补集. 利用不等式 (3.5.28) 可得

$$\frac{d}{dt}\int_{\mathbf{R}^2}|\hat{\theta}|^2 + 2g^{2\alpha}(t)\int_{\mathbf{R}^2}|\hat{\theta}|^2 \leqslant 2\pi g^{2\alpha}(t)\int_0^{g(t)}\left[\|\theta_0\|_{L^1} + r\int_0^t\|\theta(\tau)\|_{L^2}^2 d\tau\right]^2 r dr.$$

将该不等式积分可得

$$\mathrm{e}^{2\int_0^t g^{2\alpha}(\tau)\mathrm{d}\tau}\int_{\mathbf{R}^2}|\hat{\theta}|^2 \leqslant \|\theta_0\|_{L^2}^2+\int_0^t \mathrm{e}^{2\int_0^s g^{2\alpha}(\tau)\mathrm{d}\tau}\times\left[C_1 g^{2\alpha+2}(s)+C_2 s g^{2\alpha+4}(s)\int_0^s\|\theta(\tau)\|_{L^4}^4\mathrm{d}\tau\right]\mathrm{d}s,$$

其中, $C_1=2\pi\|\theta_0\|_{L^1}^2$ 且 $C_2=\pi$.

令 $g^{2\alpha}(t)=\left(\frac{1}{2}+\frac{1}{2\alpha}\right)[(\mathrm{e}+t)\ln(\mathrm{e}+t)]^{-1}$, 从而 $\mathrm{e}^{2\int_0^t g^{2\alpha}(\tau)\mathrm{d}\tau}=[\ln(\mathrm{e}+t)]^{1+\frac{1}{\alpha}}$, 于是由上式可知

$$\|\theta\|_{L^2}^2 \leqslant C[\ln(\mathrm{e}+t)]^{-1-\frac{1}{\alpha}}.$$

令 $g^{2\alpha}=\frac{1}{2\alpha(t+1)}$, 可得 $\mathrm{e}^{2\int_0^t g^{2\alpha}(\tau)\mathrm{d}\tau}=(1+t)^{1/\alpha}$, 从而可知

$$\|\theta(t)\|_{L^2}^2 \leqslant C(1+t)^{-1/\alpha}+C(1+t)^{1-\frac{2}{\alpha}}\int_0^t\|\theta(s)\|_{L^2}^2[\ln(\mathrm{e}+s)]^{-1-\frac{1}{\alpha}}\mathrm{d}s.$$

利用 Gronwall 不等式可知

$$\|\theta(t)\|_{L^2}^2 \leqslant C(1+t)^{-1/\alpha}, \quad \alpha \leqslant 1,$$

其中, C 依赖于 $\|\theta_0\|_{L^1}$ 以及 $\|\theta_0\|_{L^2}$. 从而完成形式证明. 利用前文的推迟光滑化的方法, 可以说明对几乎处处的 t, 式 (3.5.19) 中的解序列 θ_n 在 L^2 中强收敛于 θ, 从而

$$\|\theta\|_{L^2} \leqslant \|\theta_n(t)-\theta_n(t)\|_{L^2}+\|\theta_n(t)\|_{L^2} \leqslant C(1+t)^{-\frac{1}{2\alpha}},$$

其中, C 仅依赖于 $\|\theta_0\|_{L^1}$ 以及 $\|\theta_0\|_{L^2}$, 完成定理的证明. □

当 $f \neq 0$ 时, 可以类似地证明如下定理:

定理 3.5.12 令 $\alpha\in(0,1]$, $\theta_0\in L^1(\mathbf{R}^2)\cap L^2(\mathbf{R}^2)$. 如果 $f\in L^1([0,\infty);L^2)$, 且存在常数 C 使得

$$\|f(\cdot,t)\|_{L^2} \leqslant C(1+t)^{-1-\frac{1}{\alpha}}, \quad |\hat{f}(\xi,t)| \leqslant C|\xi|^\alpha, \tag{3.5.29}$$

则 QG 方程存在弱解 θ 使得

$$\|\theta(\cdot,t)\|_{L^2} \leqslant C(1+t)^{-\frac{1}{2\alpha}}.$$

还可以建立解的导数估计.

定理 3.5.13 令 $\alpha\in(1/2,1]$, $\beta\geqslant\alpha$, $\frac{2}{2\alpha-1}<q<\infty$. 假设 $\theta_0\in L^1\cap L^2$, $\Lambda^\beta\theta_0\in L^2$, $f\in L^1([0,\infty];L^q\cap L^2)$ 满足不等式 (3.5.29) 且 $\Lambda^{\beta-\alpha}f\in L^2((0,\infty);L^2)$. 如果 θ 是初值为 θ_0, 方程 (3.5.5) 的解, 则

$$\|\Lambda^\beta\theta(t)\|_{L^2} \leqslant C_0(1+t)^{-\frac{1}{2\alpha}}+C_1\left(\int_0^t\|\Lambda^{\beta-\alpha}f(s)\|_{L^2}^2\mathrm{d}s\right)^{1/2}, \quad \forall t\geqslant 0, \tag{3.5.30}$$

其中, C_0, C_1 为仅依赖于初值和 f 的常数.

证明： 仅给出形式的证明, 其严格的证明可以利用推迟光滑化的方法完成. 将方程乘以 $\Lambda^{2\beta}\theta(t)$ 并关于空间变量积分可知

$$\begin{aligned}&\frac{1}{2}\frac{\mathrm{d}}{\mathrm{d}t}\int_{\mathbf{R}^2}|\Lambda^{\beta}\theta(t)|^2\mathrm{d}x+\kappa\int_{\mathbf{R}^2}|\Lambda^{\alpha+\beta}\theta(t)|^2\mathrm{d}x\\&=-\int_{\mathbf{R}^2}(u\cdot\nabla\theta)\Lambda^{2\beta}\theta\mathrm{d}x+\int_{\mathbf{R}^2}f\Lambda^{2\beta}\theta\mathrm{d}x.\end{aligned}\tag{3.5.31}$$

其中, 右端第二项可以估计为

$$\left|\int_{\mathbf{R}^2}f\Lambda^{2\beta}\theta\mathrm{d}x\right|\leqslant\frac{\kappa}{8}\int_{\mathbf{R}^2}|\Lambda^{\alpha+\beta}\theta(t)|^2\mathrm{d}x+\frac{2}{\kappa}\int_{\mathbf{R}^2}|\Lambda^{\beta-\alpha}f|^2\mathrm{d}x.\tag{3.5.32}$$

关于第一项, 将证明

$$\left|\int_{\mathbf{R}^2}(u\cdot\nabla\theta)\Lambda^{2\beta}\theta\mathrm{d}x\right|\leqslant\frac{\kappa}{8}\|\Lambda^{\alpha+\beta}\theta(t)\|_{L^2}^2+C_0(\theta_0,\kappa,f)\|\Lambda^{s+1-\frac{2}{p}}\theta\|_{L^2}^2,\tag{3.5.33}$$

其中, $s=\beta-\alpha+1,\ \dfrac{1}{p}+\dfrac{1}{q}+\dfrac{1}{2}.$

由于 $\mathrm{div}\theta=0$, 从而 $u\cdot\nabla\theta=\mathrm{div}(u\theta)$, 利用 Plancherel 定理, Hölder 不等式可知

$$\begin{aligned}\left|\int_{\mathbf{R}^2}(u\cdot\nabla\theta)\Lambda^{2\beta}\theta\mathrm{d}x\right|&=\left|\int_{\mathbf{R}^2}(\xi_1\widehat{\theta u_1}(\xi)+\xi_2\widehat{\theta u_2}(\xi))|\xi|^{2\beta}\hat{\theta}(\xi)\mathrm{d}\xi\right|\\&\leqslant\sum_{i=1}^{2}\int_{\mathbf{R}^2}|\xi|^{\beta-\alpha+1}|\widehat{\theta u_i}(\xi)||\xi|^{\alpha+\beta}|\hat{\theta}(\xi)|\mathrm{d}\xi\\&\leqslant\sum_{i=1}^{2}\|\Lambda^{\beta-\alpha+1}(\theta u_i)\|_{L^2}\|\Lambda^{\alpha+\beta}\theta\|_{L^2},\end{aligned}$$

从而可得

$$\left|\int_{\mathbf{R}^2}(u\cdot\nabla\theta)\Lambda^{2\beta}\theta\mathrm{d}x\right|\leqslant\frac{\kappa}{8}\|\Lambda^{\alpha+\beta}\theta(t)\|_{L^2}^2+\frac{2}{\kappa}\sum_{i=1}^{2}\|\Lambda^{s}(\theta u_i)\|_{L^2}^2.\tag{3.5.34}$$

利用乘积估计可知

$$\|\Lambda^s(\theta u_i)\|_{L^2}\leqslant C(\|u_i\|_{L^q}\|\Lambda^s\theta\|_{L^p}+\|\theta\|_{L^q}\|\Lambda^s u_i\|_{L^p}),\quad i=1,2.$$

又由于 $u_i=\mathcal{R}_j\theta$, 其中, $i,j\in\{1,2\}$ 且 $i\neq j$, 而 Riesz 变换和 Λ 可交换且都是 $L^p(2<p<\infty)$ 有界的, 从而 $\|\Lambda^s u_i\|_{L^p}\leqslant C\|\Lambda^s\theta\|_{L^p}$ 以及 $\|u_i\|_{L^q}\leqslant C\|\theta\|_{L^q}$. 从而可以得到估计

$$\|\Lambda^s(\theta u_i)\|_{L^2}\leqslant C\|\theta\|_{L^q}\|\Lambda^s\theta\|_{L^p},\quad i=1,2.\tag{3.5.35}$$

由解的 L^p 估计,

$$\|\theta\|_{L^q}\leqslant\|\theta_0\|_{L^q}+\int_0^t\|f(\tau)\|_{L^q}\mathrm{d}\tau.\tag{3.5.36}$$

事实上, 将方程乘以 $q|\theta|^{q-2}\theta$ 并关于 x 变量积分可得

$$\frac{\mathrm{d}}{\mathrm{d}t}\|\theta\|_{L^q}^q\leqslant q\left(\int|\theta|^{q-2}\theta f\mathrm{d}x-\int|\theta|^{q-2}\theta(u\cdot\nabla\theta)dx-\kappa\int|\theta|^{q-2}\theta(-\Delta)^{\alpha}\theta\right).$$

由于 $\mathrm{div}u=0$ 可知右端第二项为零, 由 $(-\Delta)^\alpha$ 算子的估计 (第 2 章) 可知右端第三项是非负的, 从而

$$\frac{\mathrm{d}}{\mathrm{d}t}\|\theta\|_{L^q}^q \leqslant q\int |\theta|^{q-2}\theta f\mathrm{d}x \leqslant q\|f\|_{L^q}\|\theta\|_{L^q}^{q-1},$$

从而不等式 (3.5.36) 成立. 由假设 $f\in L^1(0,\infty;L^q)$ 以及不等式 (3.5.35) 可得

$$\|\Lambda^s(\theta u_i)\|_{L^2}\leqslant C(\theta_0,f)\|\Lambda^s\theta\|_{L^p},\quad i=1,2.$$

利用位势不等式进一步可知

$$\|\Lambda^s(\theta u_i)\|_{L^2}\leqslant C(\theta_0,f)\|\Lambda^{s+1-\frac{2}{p}}\theta\|_{L^2},\quad i=1,2.$$

从而利用不等式 (3.5.34) 可知不等式 (3.5.33) 成立, 其中, 常数 $C(\kappa,\theta_0,f)=\dfrac{4}{\kappa}C(\theta_0,f)^2$. 利用式 (3.5.31)~ 式 (3.5.33) 可知

$$\frac{1}{2}\frac{\mathrm{d}}{\mathrm{d}t}\|\Lambda^\beta\theta(t)\|_{L^2}^2\mathrm{d}x+\frac{3\kappa}{4}\|\Lambda^{\alpha+\beta}\theta(t)\|_{L^2}^2dx\leqslant C_0\|\Lambda^\gamma\theta\|_{L^2}^2+\frac{2}{\kappa}\|\Lambda^{\beta-\alpha}f\|_{L^2}^2,\tag{3.5.37}$$

其中, $C_0=C(\kappa,\theta,f)$ 以及 $\gamma=s+1-\dfrac{2}{p}=\beta-\alpha+2\left(1-\dfrac{1}{p}\right)$.

令 $B_M=\{\xi:|\xi|^2\leqslant M\}$, 其中, $M>0$ 待定. 选择 $\dfrac{2}{2\alpha-1}<q<\infty$, 从而 $\dfrac{1}{2}>\dfrac{1}{p}=\dfrac{1}{2}-\dfrac{1}{q}>1-\alpha$, 从而 $\dfrac{1}{p}+\alpha-1>0$, 此时 $\gamma=\alpha+\beta-2\left(\dfrac{1}{p}+\alpha-1\right)<\alpha+\beta$, 且

$$\begin{aligned}\|\Lambda^\gamma\theta\|_{L^2}^2&=\int_{B_M}|\xi|^{2\gamma}|\hat\theta(t)|^2\mathrm{d}\xi+\int_{B_M^c}|\xi|^{2\gamma}|\hat\theta(t)|^2\mathrm{d}\xi\\&\leqslant M^{2\gamma}\|\theta(t)\|_{L^2}^2+M^{-4(\frac{1}{p}+\alpha-1)}\|\Lambda^{\alpha+\beta}\theta(t)\|_{L^2}^2.\end{aligned}$$

选择 M 充分大, 使得 $M^{-4(\frac{1}{p}+\alpha-1)}<\dfrac{\kappa}{4C_0}$, 从而

$$C_0\|\Lambda^\gamma\theta(t)\|_{L^2}^2\leqslant\frac{\kappa}{4}\|\Lambda^{\alpha+\beta}\theta(t)\|_{L^2}^2+C_0M^{2\gamma}\|\theta(t)\|_{L^2}^2.\tag{3.5.38}$$

又由于

$$\begin{aligned}\|\Lambda^{\alpha+\beta}\theta\|_{L^2}^2&\geqslant\int_{B_M^c}|\xi|^{2(\alpha+\beta)}|\hat\theta|^2\mathrm{d}\xi\geqslant M^{2\alpha}\int_{B_M^c}|\xi|^{2\beta}|\hat\theta|^2\mathrm{d}\xi\\&=M^{2\alpha}\|\Lambda^\beta\theta\|_{L^2}^2-M^{2\alpha}\int_{B_M}|\xi|^{2\beta}|\hat\theta|^2\mathrm{d}\xi,\end{aligned}$$

从而可知

$$\|\Lambda^{\alpha+\beta}\theta(t)\|_{L^2}^2\geqslant M^{2\alpha}\|\Lambda^\beta\theta\|_{L^2}^2-M^{2(\alpha+\alpha)}\|\theta(t)\|_{L^2}^2.\tag{3.5.39}$$

由定理 3.5.12 的结论以及不等式 (3.5.37)~ 不等式 (3.5.39) 可知

$$\frac{\mathrm{d}}{\mathrm{d}t}\|\Lambda^\beta\theta(t)\|_{L^2}^2+\kappa M\|\Lambda^\beta\theta(t)\|_{L^2}^2\leqslant\tilde C_0M^c(1+t)^{-\frac{1}{\alpha}}+\frac{2}{\kappa}\|\Lambda^{\beta-\alpha}f(t)\|_{L^2}^2,\tag{3.5.40}$$

其中, $\tilde{C}_0$ 为依赖于 f,θ_0,κ 的常数, 且 $c=\max\{2\gamma,2\alpha+2\beta\}$. 记 $\nu=\kappa M^{2\alpha}$, 将不等式 (3.5.40) 乘以 $\mathrm{e}^{\nu t}$ 并积分可得

$$\begin{aligned}\|\Lambda^\beta\theta(t)\|_{L^2}^2 \leqslant & e^{-\nu t}\|\Lambda^\beta\theta_0\|_{L^2}^2+\tilde{C}_0M^c\int_0^t e^{-\nu(t-s)}(s+1)^{-\frac{1}{\alpha}}\mathrm{d}s\\&+\frac{2}{\kappa}\int_0^t e^{-\nu(t-s)}\|\Lambda^{\beta-\alpha}f(s)\|_{L^2}^2\mathrm{d}s.\end{aligned}$$

注意到

$$\int_0^t e^{-\nu(t-s)}(s+1)^{-\frac{1}{\alpha}}\mathrm{d}s\leqslant C(1+t)^{-\frac{1}{\alpha}},$$

$$\int_0^t e^{-\nu(t-s)}\|\Lambda^{\beta-\alpha}f(s)\|_{L^2}^2\mathrm{d}s\leqslant\int_0^t\|\Lambda^{\beta-\alpha}f(s)\|_{L^2}^2\mathrm{d}s,$$

可知结论不等式 (3.5.30) 成立. □

推论 3.5.1 假设 $\alpha\in\left(\frac{1}{2},1\right]$, $m\geqslant\alpha$, θ 为 QG 方程 (3.5.2) 的光滑解, 其初值 $\theta_0\in L^1(\mathbf{R}^2)\cap H^m(\mathbf{R}^2)$, 则对任意的 $t\geqslant 0$ 有估计

$$\|\theta(t)\|_{H^m}\leqslant C(1+t)^{-\frac{1}{2\alpha}},\qquad \|u(t)\|_{H^m}\leqslant C(1+t)^{-\frac{1}{2\alpha}},$$

其中, C 仅依赖于初始数据. 进一步, 如果 $m\geqslant 1$, $r\in[2,\infty)$, 则有

$$\|\Lambda^\gamma\theta(t)\|_{L^r}\leqslant C_r(1+t)^{-\frac{1}{2\alpha}},\ \|\Lambda^\gamma u(t)\|_{L^r}\leqslant C_r(1+t)^{-\frac{1}{2\alpha}},\qquad 0\leqslant\gamma\leqslant\beta-1,$$

其中, C_r 为依赖于初始数据以及 r 的常数.

推论 3.5.2 设 $\beta>1$, 且满足上述定理 3.5.13 的假设, 则 $\theta(t)$ 满足估计

$$\|\theta(t)\|_{L^\infty}\leqslant C,$$

其中, 常数 C 依赖于 f 和初值 θ_0.

证明: 仅需说明 $\hat{\theta}(t)\in L^1$, 且 $\|\hat{\theta}(t)\|_{L^1}$ 一直有界. 事实上, 如果 $\theta\in H^\beta$, 则

$$\int_{\mathbf{R}^2}|\hat{\theta}(\xi)|\mathrm{d}\xi\leqslant C\left(\int_{\mathbf{R}^2}(1+|\xi|^2)^\beta|\hat{\theta}(\xi)|^2\mathrm{d}\xi\right)^{\frac{1}{2}},$$

其中, $C^2=\displaystyle\int_{\mathbf{R}^2}(1+|\xi|^2)^{-\beta}\mathrm{d}\xi<\infty$. □

事实上, 当 $\beta=1$ 时, 也可以得到解的 L^∞ 模估计.

引理 3.5.3 令 $\beta=1$, 在定理 3.5.12 的假设下进一步假设 $\hat{\theta}_0\in L^1$, $\hat{f}\in L^1(0,\infty;L^1)$, 则存在常数 $C>0$ 使得

$$\|\hat{\theta}(t)\|_{L^1}\leqslant C,\qquad \forall t\geqslant 0.$$

证明: 由定理 3.5.12, 存在常数 $C\geqslant 0$ 使得 $\|\boldsymbol{\nabla}\theta(t)\|_{L^2}^2=\|\Lambda\theta(t)\|_{L^2}\leqslant C$ 对任意的 $t\geqslant 0$ 成立. 利用傅里叶变换, $\hat{\theta}$ 可以表示为

$$\hat{\theta}=\mathrm{e}^{-\kappa|\xi|^{2\alpha}t}\hat{\theta}_0-\int_0^t\mathrm{e}^{-\kappa|\xi|^{2\alpha}(t-s)}\widehat{u\cdot\boldsymbol{\nabla}\theta}\mathrm{d}s+H(t),$$

其中, $H(t)=\int_0^t \mathrm{e}^{-\kappa|\xi|^{2\alpha}(t-s)}\hat{f}(s)\mathrm{d}s$. 由 f 的假设可知 $\|H(t)\|_{L^1}\leqslant C$ 一致有界, 从而

$$\|\hat{\theta}(t)\|_{L^1}\leqslant\|\hat{\theta}_0\|_{L^1}+\int_0^t\|\mathrm{e}^{-\kappa|\xi|^{2\alpha}(t-s)}\widehat{u\cdot\nabla\theta}\|_{L^1}\mathrm{d}s+C. \tag{3.5.41}$$

下证右端第二项一致有界. 为此令 $\varepsilon>0$(待定), 令

$$\mathrm{I}=\int_0^{t-\varepsilon}\|\widehat{u\cdot\nabla\theta}\|_{L^1}\mathrm{d}s,\quad \mathrm{II}=\int_{t-\varepsilon}^t\|\mathrm{e}^{-\kappa|\xi|^{2\alpha}(t-s)}\widehat{u\cdot\nabla\theta}\|_{L^1}\mathrm{d}s,\qquad \text{如果}\varepsilon\leqslant t;$$

$$\mathrm{I}=0,\qquad \mathrm{II}=\int_{t-\varepsilon}^t\|\widehat{u\cdot\nabla\theta}\|_{L^1}\mathrm{d}s,\qquad \text{如果}\varepsilon>t\geqslant 0.$$

下面估计 II. 首先假设 $t>\varepsilon$, 此时

$$\begin{aligned}\mathrm{II}&\leqslant\int_{t-\varepsilon}^t\|\mathrm{e}^{-\kappa|\xi|^{2\alpha}(t-s)}\|_{L^2}\|\widehat{u\cdot\nabla\theta}\|_{L^2}\mathrm{d}s\\&\leqslant C\int_{t-\varepsilon}^t\frac{1}{(t-s)^{\frac{1}{2\alpha}}}\|\nabla\theta\|_{L^2}\|u\|_{L^\infty}\mathrm{d}s\\&\leqslant C\sup_{t\geqslant0}\|\nabla\theta\|_{L^2}\sup_{0\leqslant s\leqslant t}\|\hat{\theta}(s)\|_{L^1}\varepsilon^{1-\frac{1}{2\alpha}},\end{aligned}$$

其中, 用到了基本的估计 $\|u(t)\|_{L^\infty}\leqslant C\|\hat{u}(t)\|_{L^1}\leqslant C\|\hat{\theta}(t)\|_{L^1}$. 由于 $\|\nabla\theta(t)\|_{L^2}$ 关于时间是有界的, 从而可以选择 $\varepsilon>0$ 使得

$$\mathrm{II}\leqslant\frac{1}{2}\sup_{0\leqslant s\leqslant t}\|\hat{\theta}(s)\|_{L^1},\qquad\forall t\geqslant\varepsilon. \tag{3.5.42}$$

当 $t<\varepsilon$ 时, 类似地估计可得

$$\mathrm{II}\leqslant C\sup_{t\geqslant0}\|\nabla\theta\|_{L^2}\sup_{0\leqslant s\leqslant t}\|\hat{\theta}(s)\|_{L^1}\int_0^t(t-s)^{-\frac{1}{2\alpha}}\mathrm{d}s\leqslant C\sup_{0\leqslant s\leqslant t}\|\hat{\theta}(s)\|_{L^1}\varepsilon^{1-\frac{1}{2\alpha}},$$

从而可以认为不等式 (3.5.42) 仍然成立.

下面估计 I. 当 $t\geqslant\varepsilon$ 时, 此时利用对任意的 $s\geqslant0$, $\|u(s)\|_{L^2}=\|\theta(s)\|_{L^2}\leqslant C(1+s)^{-\frac{1}{2\alpha}}\leqslant C$, 以及 $\|\nabla\theta(s)\|_{L^2}\leqslant C$, 可得

$$\begin{aligned}\mathrm{I}&\leqslant\int_0^{t-\varepsilon}\|\mathrm{e}^{-\kappa|\xi|^{2\alpha}(t-s)}\|_{L^1}\|\widehat{u\cdot\nabla\theta}\|_{L^\infty}\mathrm{d}s\leqslant C\int_0^{t-\varepsilon}\frac{1}{(t-s)^{1/\alpha}}\|\widehat{u\cdot\nabla\theta}\|_{L^\infty}\mathrm{d}s\\&\leqslant C\int_0^{t-\varepsilon}\frac{1}{(t-s)^{1/\alpha}}\|u\|_{L^2}\|\nabla\theta\|_{L^2}\mathrm{d}s\leqslant C\int_0^{t-\varepsilon}\frac{1}{(t-s)^{1/\alpha}}\mathrm{d}s\\&\leqslant\begin{cases}C\varepsilon^{1-\frac{1}{\alpha}}, & \alpha<1;\\ C\ln(1/\varepsilon), & \alpha=1.\end{cases}\end{aligned}$$

由于 ε 是固定的, 从而, 当 $\alpha<1$ 或者 $\alpha=1$ 时都有 $\mathrm{I}\leqslant C$, 即 I 关于时间是一致有界的. 利用不等式 (3.5.42) 的结果, 由不等式 (3.5.41) 可知

$$\|\hat{\theta}(t)\|_{L^1}\leqslant C+\frac{1}{2}\sup_{0\leqslant s\leqslant t}\|\hat{\theta}(s)\|_{L^1},\quad\forall t\geqslant0,$$

其中, C 不依赖于时间. 引理证毕. □

下面考虑线性方程对 QG 方程的逼近. 令 $\Theta(t)$ 为线性方程

$$\partial_t\theta+\Lambda^{2\alpha}\theta=0,\quad \theta|_{t=0}=\theta_0 \tag{3.5.43}$$

的解, 有关其性质参见本章第一节.

定理 3.5.14 　令 $\alpha\in(0,1]$, $\theta_0\in L^1(\mathbf{R}^d)\cap L^2(\mathbf{R}^d)$, θ 为初值为 θ_0 的二维 QG 方程的弱解. 则

$$\|\theta(t)-\Theta(t)\|_{L^2(\mathbf{R}^d)}\leqslant C(1+t)^{\frac12-\frac1\alpha},$$

其中, 常数 C 仅依赖于 θ_0 的 L^1 以及 L^2 范数.

证明： 仅给出形式的证明, 其严格的证明可以利用推迟光滑化的方法证明. 令 $w=\theta-\Theta$, 从而 w 满足方程

$$\partial_t w+\Lambda^{2\alpha}w=-u\cdot\nabla\theta. \tag{3.5.44}$$

将此和 w 作内积并注意到 $\int_{\mathbf{R}^2}(u\cdot\nabla\theta)\theta=0$, 有

$$\frac{\mathrm{d}}{\mathrm{d}t}\int|w|^2+2\int|\Lambda^\alpha w|^2=\int\Theta(u\cdot\nabla\theta)\mathrm{d}x.$$

利用命题 3.1.2 以及定理 3.5.11 的结果, 该式右端项满足估计

$$\left|\int\Theta(u\cdot\nabla\theta)\mathrm{d}x\right|\leqslant\|\nabla\Theta\|_{L^\infty}\|\theta\|_{L^2}^2\leqslant C(1+t)^{-\frac2\alpha}.$$

利用定理 3.5.11 的证明方法, 可以得到

$$\frac{\mathrm{d}}{\mathrm{d}t}\int|\hat w|^2+2g^{2\alpha}(t)\int|\hat w|^2\leqslant 2g^{2\alpha}(t)\int_{|\xi|\leqslant g(t)}|\hat w|^2+C(1+t)^{-\frac2\alpha}, \tag{3.5.45}$$

其中, $g(t)$ 待定.

下面估计 $\hat w$. 对式 (3.5.44) 作傅里叶变换, 注意到 $\alpha\leqslant1$, 类似于定理 3.5.11 的证明可以得到

$$|w(\xi,t)|\leqslant|\xi|\int_0^t\|\theta(s)\|_{L^2}^2\mathrm{d}s\leqslant|\xi|\int_0^t(1+s)^{-\frac1\alpha}\mathrm{d}s\leqslant C|\xi|.$$

令 $g^{2\alpha}(t)=\dfrac{\beta}{2(1+t)}$, 并对上式积分可以得到

$$(1+t)^\beta\int|\hat w|^2\leqslant C\left[(1+s)^{\beta-\frac2\alpha}\mathrm{d}s+\int_0^t(1+s)^\beta g^4(s)\mathrm{d}s\right],$$

从而

$$\|w\|_{L^2}^2\leqslant C(1+t)^{1-\frac2\alpha}.$$

证毕. □

3.5.4 吸引子的存在性

这一节考虑二维 QG 方程的吸引子, 我们将考虑两类吸引子: 第一类是弱吸引子, 第二类是强吸引子. 我们先给出吸引子的一些抽象理论, 读者可以参见 Temam 的专著, 见文献 [111]. 为了简化, 这里仅叙述全局吸引子的一些相关概念.

定义 3.5.1 令 (W,d) 表示度量空间, 其上的半流定义为映射族 $S(t):W\to W$, 其中, $t\geqslant 0$ 且满足如下性质:

(1) 对任意的 $t\geqslant 0$, 映射 $S(t)$ 是 W 中的连续映射.

(2) 对任意的 $w\in W$, $S(0)w=w$.

(3) 对任意的 $w\in W$ 以及 $s,t\in[0,\infty)$, $S(s)S(t)w=S(s+t)w$.

定义 3.5.2 令 $S(t)$ 为度量空间 (W,d) 上的半流, 称 $\mathscr{A}\subset W$ 为整体吸引子, 如果它满足:

(1) $\mathscr{A}$ 是非空的紧子集.

(2) $\mathscr{A}$ 是不变的, 即对任意的 $t\geqslant 0$ 有 $S(t)\mathscr{A}=\mathscr{A}$.

(3) 对任意的有界集 $B\subset W$, 有 $\lim\limits_{t\to+\infty}d(S(t)B,\mathscr{A})=0$, 其中, $d(A,B):=\sup_{x\in A}\inf_{y\in B}d(x,y)$.

定义 3.5.3 (吸收集) 集合 $\mathscr{B}\subset W$ 称为吸收集, 如果对 W 的任意有界子集 $B_0\subset W$, 都存在 $t_1(B_0)$ 使得 $t\geqslant t_1$ 时, 都有 $S(t)B_0\subset\mathscr{B}$.

在吸收集存在的情况下, 下面的结论说明怎样去证明吸引子的存在性. 为此假设

一致紧致条件: 当 t 充分大时, 算子族 $S(t)$ 是一致紧致的. 即对任意的有界集 $\mathscr{B}$, 存在 t_0(可以依赖于 $\mathscr{B}$) 使得 $\bigcup\limits_{t\geqslant t_0}S(t)\mathscr{B}$ 在 W 中是相对紧的.

定理 3.5.15 设 $S(t)$ 为度量空间 W 上的一致紧致的半流, 且存在有界吸收集 $\mathscr{B}$. 则 $\mathscr{B}$ 的 ω 极限集 $\mathscr{A}=\omega(\mathscr{B})$ 是紧的、极大的全局吸引子. 其中, $\subset W$ 的 ω 极限集定义为

$$\omega(\mathscr{B}):=\bigcap_{\tau\geqslant 0}\overline{\bigcup_{t\geqslant\tau}S(t)\mathscr{B}}.$$

在实际的操作中, ω 极限集具有如下刻画: $x\in\omega(\mathscr{B})$ 当且仅当存在序列 $x_n\in\mathscr{B}$ 以及 $t_n\to\infty$ 使得当 $n\to\infty$ 时有 $S(t_n)x_n\to x$.

下面再介绍有关弱吸引子的概念 (有关此概念, 读者可以参考文献 [142], [143]). 引入弱吸引子概念的目的是处理半流关于度量 d 没有紧性的情形. 为此, 设 W 上存在另一个度量 δ, 其性质在下面给出.

定义 3.5.4 称半流 $S(t)$ 是 d/δ 一致紧致的, 如果对任意 d 有界的集合 $\mathscr{B}\subset W$, 存在 (依赖于 $\mathscr{B}$ 的)t_0 使得 $\bigcup\limits_{t\geqslant t_0}S(t)\mathscr{B}$ 在 W 中关于拓扑 δ 是相对紧的.

称 $\mathscr{B}\subset W$ 是 d 吸收集, 如果 $\mathscr{B}$ 是 d 有界的, 且对任意的 d 有界的 $B_0\subset W$, 存在 $t_1(B_0)$ 使得当 $t\geqslant t_1$ 时有 $S(t)B_0\subset\mathscr{B}$.

对任意的 $B\subset W$, 其弱 ω 极限集 $\omega^\delta(B)$ 定义为

$$\omega^\delta(\mathscr{B}):=\bigcap_{\tau\geqslant 0}\overline{\bigcup_{t\geqslant\tau}S(t)\mathscr{B}}^{\delta},$$

其中, 闭包是关于 δ 拓扑取的.

对 ω 极限集可作如下刻划: $x\in\omega^\delta(B)$ 当且仅当存在序列 $x_n\in B$ 以及 $t_n\to\infty$, 使得当 $n\to\infty$ 时有 $\delta(S(t_n)x_n,x)\to 0$.

定义 3.5.5 称 $\mathscr{A}\subset W$ 为 (关于度量 d 和 δ 的) 整体弱吸引子, 如果它满足:

(1) $\mathscr{A}$ 为非空的, d 有界的, δ 紧致的集合.

(2) $\mathscr{A}$ 是关于 $S(t)$ 不变的, 即对任意的 $t\geqslant 0$ 有 $S(t)\mathscr{A}=\mathscr{A}$.

(3) 对任意的 d 有界的集合 $B\subset W$, $\lim\limits_{t\to+\infty}\delta(S(t)B,\mathscr{A})=0$.

下一定理给出了弱吸引子的存在性, 为了读者方便我们给出简要的证明.

定理 3.5.16 令 $S(t)$ 为度量空间 (W,d) 上的半流, δ 为 W 上的另一个度量, 使得 $S(t):W\to W$ 关于 δ 是连续的 $(\forall t\geqslant 0)$. 如果存在 d 有界的吸收集 $\mathscr{B}$ 且半流 $S(t)$ 是 d/δ 一致紧致的, 则 $\omega^\delta(\mathscr{B})$ 是一个整体弱吸引子.

证明: 记 $\mathscr{A}=\omega^\delta(\mathscr{B})$.

(1) 由一致紧致的定义可知, 存在 $t_0(\mathscr{B})$ 使得 $\bigcup\limits_{t\geqslant t_0}S(t)\mathscr{B}$ 在 W 中关于 δ 是相对紧致的. 即当 $\tau\geqslant t_0(\mathscr{B})$ 时, $\overline{\bigcup\limits_{t\geqslant\tau}S(t)\mathscr{B}}^{\delta}$ 是 δ 紧致的. 由 $\mathscr{A}$ 的定义, 它是一列递减的非空的 δ 紧致的集合族的交, 从而是非空的, 且是 δ 紧致的.

(2) 下证 $S(t)\mathscr{A}=\mathscr{A}$. 令 $x\in S(t)\mathscr{A}$, 即存在 $y\in\mathscr{A}$ 使得 $x=S(t)y$. 利用定义可知存在序列 y_n 以及 $t_n\to\infty$ 使得 $n\to\infty$ 时有 $\delta(S(t_n)y_n,y)\to 0$. 利用半群性质以及 $S(t)$ 的 δ 连续性, 有

$$S(t+t_n)y_n=S(t)S(t_n)y_n\xrightarrow{\delta}S(t)y=x,\quad n\to\infty,$$

从而 $x\in\mathscr{A}$.

还需要说明 $S(t)\mathscr{A}\supset\mathscr{A}$. 令 $x\in\mathscr{A}$, 从而存在序列 y_n 以及 $t_n\to\infty$ 使得 $S(t_n)y_n\xrightarrow{\delta}x$. 当 $t_n\geqslant t$ 时, $S(t_n)y_n=S(t)S(t_n-t)y_n$, 利用 $S(t)$ 的 d/δ 一致紧致性, 可以选择子列 t_{n_k} 使得 $S(t_{n_k}-t)y_{n_k}\xrightarrow{\delta}\tilde{y}\in W$. 由于 $t_{n_k}-t\to\infty$ 可知 $\tilde{y}\in\mathscr{A}$. 利用 $S(t)$ 的 δ 连续性可知

$$S(t_{n_k})y_{n_k}=S(t)S(t_{n_k}-t)y_{n_k}\xrightarrow{\delta}S(t)\tilde{y}=x,$$

从而 $x\in S(t)\mathscr{A}$.

(3) 反证. 设存在 d 有界的集合 $B_0\subset W$, 使得当 $t\to\infty$ 时 $\delta(S(t)B_0,\mathscr{A})$ 不趋于零. 即存在 $\alpha>0$, 序列 $t_n\to\infty$ 以及 $u_n\in B_0$ 使得 $\delta(S(t_n)u_n,\mathscr{A})\geqslant\alpha>0$. 由于 $\mathscr{B}$ 吸收 B_0, 存在 $\tau=\tau(B_0)$ 使得 $v_n:=S(\tau)u_n\in\mathscr{B}$, 从而存在序列 $s_n=t_n-t\to\infty$ 以及 $v_n\in\mathscr{B}$ 使得

$$\delta(S(s_n)v_n,\mathscr{A})\geqslant\alpha>0. \tag{3.5.46}$$

另一方面, $S(t)$ 是 d/δ 一致紧致的, 从而 $S(s_n)v_n$ 在 W 中具有 δ 极限, 且由弱 ω 极限集的定义可知, 该极限点属于 $\mathscr{A}$ 和式 (3.5.46) 矛盾, 证毕. □

在证明吸引子的存在性等结论的过程中, 下述一致 Gronwall 不等式常常是有用的.

引理 3.5.4 令 g,h,y 为 (t_0,∞) 上正的局部可积的函数, 并假设 y' 在 $[t_0,\infty)$ 上也是局部可积的且满足

$$\frac{\mathrm{d}y}{\mathrm{d}t}\leqslant gy+h,\quad \forall t\geqslant t_0,$$

且

$$\int_t^{t+r} g(s)\mathrm{d}s\leqslant a_1,\quad \int_t^{t+r} h(s)\mathrm{d}s\leqslant a_2,\int_t^{t+r} y(s)\mathrm{d}s\leqslant a_3,\qquad \forall t\geqslant t_0,$$

其中, r,a_1,a_2,a_3 为正的常数, 则

$$y(t+r)\leqslant (\frac{a_3}{r}+a_2)\mathrm{e}^{a_1},\quad \forall t\geqslant t_0.$$

这里对二维 QG 方程 (3.5.5) 的强吸引子的存在性结果感兴趣, 关于弱吸引子的结果有兴趣的读者可以参见文献 [131]. 设 $\Omega=[0,2\pi]^2$, 且非一般性地假设 θ 以及 f 的均值为零, 即 $\bar\theta:=\frac{1}{|\Omega|}\int_\Omega \theta\mathrm{d}x=\frac{1}{|\Omega|}\int_\Omega f\mathrm{d}x=:\bar f=0$. 事实上, 容易看出

$$\frac{\mathrm{d}}{\mathrm{d}t}\bar\theta=\frac{1}{|\Omega|}\frac{\mathrm{d}}{\mathrm{d}t}\int_\Omega \theta\mathrm{d}x=\bar f,$$

从而, 如果 $\bar\theta\neq 0$ 或者 $\bar f\neq 0$, 则可以考虑 $\theta-\bar\theta$ 以及 $f-\bar f$ 所满足的方程, 而方程的结构不会发生本质的变化. 在这样的零均值的假设下, 利用速度场 u 和 θ 的关系式 (3.5.3) 可知 u 满足同样的零均值假设. 这一点的做法和 Navier-Stokes 方程的做法是一致的 [144].

主要结论如下:

定理 3.5.17 令 $\alpha\in\left(\frac{1}{2},1\right]$, $\kappa>0$, $s>2(1-\alpha)$以及 $f\in H^{s-\alpha}(\mathbf{T}^2)\cap L^p(\mathbf{T}^2)$ 不依赖于时间变量. 则解算子 S : $S(t)\theta_0=\theta(t)(\forall t>0)$ 定义了 H^s 上的一个半群, 进一步如下结论成立:

(1) 对任意的 $t>0$, $S(t)$ 在 H^s 中连续.

(2) 对任意的 $\theta_0\in H^s$, $S:[0,t]\to H^s$ 是连续映射.

(3) 对任意的 $t>0$, $S(t)$ 是 H^s 中的紧算子.

(4) $\{S(t)\}_{t\geqslant 0}$ 在 H^s 中存在整体吸引子 $\mathscr{A}$. $\mathscr{A}$ 是 H^s 中紧致的, 连通的子集, 且是 H^s 中极大的有界吸收集以及极小的不变集, 且 (以 $\|\cdot\|_{H^s}$ 范数) 吸引 H^s 中的所有有界子集, 其中. $s>2(\alpha-1)$;

(5) 如果 $\alpha>2/3$, 则 $\mathscr{A}$(以 $\|\cdot\|_{H^s}$ 范数) 吸引 L^2 中所有周期函数构成的有界子集, 其中 $s>2(\alpha-1)$.

为了给出该定理的证明, 我们首先证明如下三个方面:

1. 先验估计

首先给出一些有用的先验估计. 下面令 $s>2(1-\alpha)$. 将方程和 θ 作 L^2 内积可得

$$\frac{1}{2}\frac{\mathrm{d}}{\mathrm{d}t}\|\theta\|_{L^2}^2+\kappa\|\Lambda^\alpha\theta\|_{L^2}^2=(f,\theta)\leqslant\frac{\kappa}{2}\|\Lambda^\alpha\theta\|_{L^2}^2+\frac{1}{2\kappa}\|\Lambda^{-\alpha}f\|_{L^2}^2.$$

从而可得

$$\frac{\mathrm{d}}{\mathrm{d}t}\|\theta\|_{L^2}^2+\kappa\|\Lambda^\alpha\theta\|_{L^2}^2=(f,\theta)\leqslant\frac{1}{\kappa}\|\Lambda^{-\alpha}f\|_{L^2}^2.$$

令 λ_1 表示 Λ 算子的第一特征值. 由于 θ 满足零均值条件, 则

$$\frac{\mathrm{d}}{\mathrm{d}t}\|\theta\|_{L^2}^2+\kappa\lambda_1^{2\alpha}\|\theta\|_{L^2}^2\leqslant\frac{1}{\kappa\lambda_1^{2\alpha}}\|f\|_{L^2}^2.$$

从而

$$\|\theta(t)\|_{L^2}^2\leqslant\left(\|\theta_0\|_{L^2}^2-\frac{F^2}{\mu_1}\right)\mathrm{e}^{-\mu_1 t}+\frac{F^2}{\mu_1},\tag{3.5.47}$$

其中, $\mu_1=\kappa\lambda_1^{2\alpha}$, $F=\|f\|_{L^2}$. 由此可以知道 L^2 中吸收集的存在性, 且如下的一致估计成立

$$\|\theta(t)\|_{L^2}^2\leqslant\|\theta_0\|_{L^2}^2+\frac{F^2}{\mu_1}.$$

进一步, 关于时间积分可知

$$\|\theta(t+1)\|_{L^2}^2+\kappa\int_t^{t+1}\|\Lambda^\alpha\theta(s)\|_{L^2}^2\mathrm{d}s\leqslant\|\theta(t)\|_{L^2}^2+\frac{1}{\kappa}\|\Lambda^{-\alpha}f\|_{L^2}^2,\tag{3.5.48}$$

从而由不等式 (3.5.47) 以及不等式 (3.5.48) 可知

$$\kappa\int_t^{t+1}\|\Lambda^\alpha\theta(s)\|_{L^2}^2\mathrm{d}s\leqslant\left(\|\theta_0\|_{L^2}^2-\frac{F^2}{\mu_1}\right)\mathrm{e}^{-\mu_1 t}+\frac{F^2}{\mu_1}+\frac{1}{\kappa}\|\Lambda^{-\alpha}f\|_{L^2}^2.\tag{3.5.49}$$

故存在 $t_*=t_*(\|\theta_0\|_{L^2}^2)$ 使得当 $t\geqslant t_*$ 时 $\int_t^{t+1}\|\Lambda^\alpha\theta(s)\|_{L^2}^2\mathrm{d}s$ 是一致有界的, 且不依赖于初值 θ_0.

设 $p>2$, 我们将证明对给定的 θ_0, $\|\theta\|_{L^p}$ 也是一致有界的, 进一步将证明存在 L^p 中的吸收集. 考虑 $p\geqslant 2$, 将方程乘以 $p|\theta|^{p-2}\theta$ 关于空间变量积分, 注意到 $\nabla\cdot u=0$ 可得

$$\frac{\mathrm{d}}{\mathrm{d}t}\|\theta\|_{L^p}^p+\kappa\|\Lambda^\alpha\theta^{p/2}\|_{L^2}^2\leqslant p\int_\Omega f|\theta|^{p-2}\theta\mathrm{d}x.$$

从而

$$\frac{\mathrm{d}}{\mathrm{d}t}\|\theta\|_{L^p}^p+\kappa\lambda^{2\alpha}\|\theta\|_{L^p}^p\leqslant p\|f\|_{L^p}\|\theta^{p-1}\|_{L^{p'}}=p\|f\|_{L^p}\|\theta\|_{L^p}^{p-1},$$

即

$$\frac{\mathrm{d}}{\mathrm{d}t}\|\theta\|_{L^p}+\frac{\kappa\lambda^{2\alpha}}{p}\|\theta\|_{L^p}\leqslant\|f\|_{L^p}.$$

由此可得

$$\|\theta(t)\|_{L^p}\leqslant\left(\|\theta_0\|_{L^p}-\frac{p\|f\|_{L^p}}{\kappa\lambda_1^{2\alpha}}\right)\mathrm{e}^{-\frac{\kappa\lambda_1^{2\alpha}}{p}t}+\frac{p\|f\|_{L^p}}{\kappa\lambda_1^{2\alpha}}.\tag{3.5.50}$$

由不等式 (3.5.50) 可得 $\|\theta\|_{L^p}$ 关于 $\|\theta_0\|_{L^p}$ 的一致的估计, 以及对任意的 $\theta_0\in L^p$ 的吸收集, 其中, $p\in[2,\infty)$, $\theta_0\in L^p$.

下面考虑 H^s 中的一致的先验估计, 其中, $s>2(1-\alpha)$. 设 $\alpha\in\left(\frac{1}{2},1\right)$ 以及 $\theta_0\in H^s$. 如果 $s\in(2(1-\alpha),1)$, 令 $r=s$; 如果 $s\in[1,\infty)$ 时, 则令 r 为 $(2(1-\alpha),1)$ 中的任意实数. 则 $\theta_0\in H^s\subset H^r\subset L^p$, 其中, $\frac{1}{p}=\frac{1-r}{2}<\alpha-\frac{1}{2}$. 从而由不等式 (3.5.50) 可知

$\theta, u \in L^\infty(0,+\infty;L^p)$.

另一方面, 可以说明

$$\begin{aligned}\frac{\mathrm{d}}{\mathrm{d}t}\|\Lambda^s\theta\|_{L^2}^2+\kappa\|\Lambda^{s+\alpha}\theta\|_{L^2}^2 &\leqslant \frac{1}{\kappa}\|\Lambda^{s-\alpha}f\|_{L^2}^2+C_0(\|\theta\|_{L^p}+\|u\|_{L^p})\|\Lambda^{s+\beta}\theta\|_{L^2}^2\\ &\leqslant \frac{1}{\kappa}\|\Lambda^{s-\alpha}f\|_{L^2}^2+C\|\Lambda^{s+\beta}\theta\|_{L^2}^2,\end{aligned}$$

其中, $s>0$, $p\in(2,\infty]$ 且 $\beta=\dfrac{1}{2}+\dfrac{1}{p}<\alpha$. 利用 Gagliardo-Nirenberg 不等式

$$\|\Lambda^{s+\beta}\theta\|_{L^2}\leqslant C\|\Lambda^{s+\alpha}\theta\|_{L^2}^{\frac{\beta}{\alpha}}\|\Lambda^s\theta\|_{L^2}^{1-\frac{\beta}{\alpha}},\qquad \frac{1}{p}\in\left[0,\alpha-\frac{1}{2}\right).$$

利用 Hölder 不等式可知

$$\|\Lambda^{s+\beta}\theta\|_{L^2}^2\leqslant\frac{\kappa}{2}\|\Lambda^{s+\alpha}\theta\|_{L^2}^2+\frac{C}{\kappa}\|\Lambda^s\theta\|_{L^2}^2,$$

从而

$$\frac{\mathrm{d}}{\mathrm{d}t}\|\Lambda^s\theta\|_{L^2}^2+\frac{\kappa}{2}\|\Lambda^{s+\alpha}\theta\|_{L^2}^2\leqslant\frac{1}{\kappa}\|\Lambda^{s-\alpha}f\|_{L^2}^2+\frac{C}{\kappa}\|\Lambda^s\theta\|_{L^2}^2.$$

当 $s\leqslant\alpha$ 时, 利用一致 Gronwall 不等式以及不等式 (3.5.49) 可知 $\|\Lambda^s\theta\|_{L^2}$ 关于 $\|\theta_0\|_{H^s}$ 是一致有界的, 进而可以得到 H^s 中的吸收集. 进一步, 积分此式可知

$$\int_0^T\|\Lambda^{s+\alpha}\theta(t)\|_{L^2}^2\mathrm{d}t<\infty,\tag{3.5.51}$$

且 $\displaystyle\int_t^{t+1}\|\Lambda^{s+\alpha}\theta(s)\|_{L^2}^2\mathrm{d}s$ 关于 $\|\theta_0\|_{H^s}$ 是一致有界的. 当 $s>2(1-\alpha)$ 时, 利用靴带法以及一致 Gronwall 不等式可知 $\|\Lambda^s\theta\|_{L^2}$ 也是一致有界的, 从而可以得到 H^s 中的吸收集. 利用紧致嵌入 $H^{s_1}\hookrightarrow\hookrightarrow H^{s_1}(\forall s_2>s_1)$, 以及 $s>2(1-\alpha)$ 时 H^s 吸收集的存在性可知对任意的 $t>0$, $S(t)$ 是 H^s 中的紧算子.

2. 关于时间 t 的连续性

现在考虑 $S(t)x:\mathbf{R}^+\to H^s$ 关于时间的连续性 ($\forall x\in H^s$). 这一点可以得到整体吸引子的连通性.

引理 3.5.5 令 V,H,V' 为 Hilbert 空间使得 $V\subset H=H'=\subset V'$, 其中, H' 为 H 的对偶空间, V' 为 V 的对偶空间. 如果函数 $u\in L^2(0,T;V)$ 且 $u'\in L^2(0,T;V')$, 则 u 在等价的意义下为 $[0,T]$ 到 H 的连续函数.

我们已证明 $\theta\in L^2(0,T;H^{s+\alpha})$, 即 $\Lambda^s\theta\in L^2(0,T;H^\alpha)$. 下面将证明 $\theta\in C([0,T];H^s)$, 即 $\Lambda^s\theta\in C([0,T];L^2)$. 为此仅需证明 $\Lambda^s\theta_t\in L^2(0,T;H^{-\alpha})$.

对任意的 $\varphi\in H^\alpha$,

$$(\Lambda^s\theta_t,\varphi)=-(\Lambda^s(u\cdot\boldsymbol{\nabla}\theta),\varphi)-(\Lambda^{s+2}\theta,\varphi)+(\Lambda^s f,\varphi).$$

从而

$$|(\Lambda^s\theta_t,\varphi)|\leqslant(\|\Lambda^{s-\alpha}(u\cdot\boldsymbol{\nabla}\theta)\|_{L^2}+\|\Lambda^{s+\alpha}\theta\|_{L^2}+\|\Lambda^{s-\alpha}f\|_{L^2})\|\Lambda^\alpha\varphi\|_{L^2}.$$

由此可知

$$\|\Lambda^s\theta_t\|_{H^{-\alpha}} \leqslant \|\Lambda^{s-\alpha}(u\cdot\nabla\theta)\|_{L^2} + \|\Lambda^{s+\alpha}\theta\|_{L^2} + \|\Lambda^{s-\alpha}f\|_{L^2}. \tag{3.5.52}$$

由于 $\nabla\cdot u=0$, 从而

$$\|\Lambda^{s-\alpha}(u\cdot\nabla\theta)\|_{L^2} = \|\Lambda^{s-\alpha}\nabla(\theta u)\|_{L^2} \leqslant \|\Lambda^{1+s-\alpha}(\theta u)\|_{L^2}. \tag{3.5.53}$$

如果 $s\in(2(1-\alpha),1)$, 令 $r=s$; 如果 $s\in[1,\infty)$ 时, 则令 r 为 $(2(1-\alpha),1)$ 中的任意实数. 从而 $\theta_0\in H^s\subset H^r\subset L^p$, 其中, $\dfrac{1}{p}=\dfrac{1-r}{2}<\alpha-\dfrac{1}{2}\leqslant 1-\dfrac{1}{2}=\dfrac{1}{2}$. 从而由式 (3.5.50) 可知 $\theta,\ u\in L^\infty(0,+\infty;L^p)$.

进一步, 利用乘积估计

$$\begin{aligned}\|\Lambda^{1+s-\alpha}(\theta u)\|_{L^2} \leqslant& C(\|\theta\|_{L^p}\|\Lambda^{1+s-\alpha}u\|_{L^q} + \|u\|_{L^p}\|\Lambda^{1+s-\alpha}\theta\|_{L^q})\\ \leqslant& C\|\theta\|_{L^p}\|\Lambda^{1+s-\alpha}\theta\|_{L^q},\end{aligned} \tag{3.5.54}$$

其中, $\dfrac{1}{p}+\dfrac{1}{q}=\dfrac{1}{2}$. 记 $q^*=\dfrac{1}{1-\alpha}$, 则 $q=\dfrac{2}{r}<q^*$. 注意到此时 $\dfrac{1}{q^*}+\dfrac{(s+\alpha)-(1+s-\alpha)}{2}=\dfrac{1}{2}$, 从而

$$\|\Lambda^{1+s-\alpha}\theta\|_{L^q} \leqslant C\|\Lambda^{1+s-\alpha}\theta\|_{L^{q^*}} \leqslant C\|\Lambda^{s+\alpha}\theta\|_{L^2}. \tag{3.5.55}$$

由式 (3.5.52)~ 式 (3.5.55) 可知

$$\|\Lambda^s\theta_t\|_{H^{-\alpha}} \leqslant (C\|\theta\|_{L^p}+1)\|\Lambda^{s+\alpha}\theta\|_{L^2} + \|\Lambda^{s-\alpha}f\|_{L^2}.$$

由不等式 (3.5.50) 以及不等式 (3.5.51) 可知 $\displaystyle\int_0^T \|\Lambda^s\theta_t(s)\|^2_{H^{-\alpha}}\mathrm{d}s<\infty$.

3. 固定时刻的连续性

下证对任意固定的 $t>0$, 方程的解算子 $S(t)$ 是 H^s 到自身的连续映射.

设 θ 和 η 是二维 QG 方程的两个解, 其初值分别为 θ_0 和 η_0. 令 $\zeta=\theta-\eta$, $w=u-v$, 其中 $u=\mathcal{R}^\perp\theta$, $v=\mathcal{R}^\perp\eta$, 易知 $\nabla\cdot w=0$. 由方程可知

$$\begin{aligned}&(u\cdot\nabla\theta,\varphi)-(v\cdot\eta,\varphi)\\ =&(u\cdot\nabla\theta,\varphi)-(u\cdot\nabla\eta,\varphi)+(u\cdot\nabla\eta,\varphi)-(v\cdot\nabla\eta,\varphi)\\ =&(u\cdot\nabla\zeta,\varphi)+(w\cdot\nabla\eta,\varphi),\end{aligned}$$

从而

$$(\zeta_t,\varphi)+\kappa(\Lambda^\alpha\zeta,\Lambda^\alpha\varphi) = -(u\cdot\nabla\zeta,\varphi)+(w\cdot\nabla\eta,\varphi). \tag{3.5.56}$$

由于 $\nabla\cdot u=0$, 从而 $(u\cdot\nabla\zeta,\zeta)=0$. 令 $\varphi=\zeta$ 可得

$$\frac{1}{2}\frac{\mathrm{d}}{\mathrm{d}t}\|\zeta\|^2_{L^2}+\kappa\|\Lambda^\alpha\zeta\|^2_{L^2} = -(w\cdot\nabla\eta,\varphi),$$

其右端项可以估计为 (由 Hölder 不等式)

$$-(w\cdot\nabla\eta,\varphi) \leqslant C\|\Lambda\eta\|_{L^{p_1}}\|\zeta\|_{L^q}\|w\|_{L^q} \leqslant C\|\Lambda\eta\|_{L^{p_1}}\|\zeta\|^2_{L^q},\quad \frac{1}{p_1}+\frac{2}{q}=1.$$

利用 Gagliardo-Nirenberg 不等式

$$\|\zeta\|_{L^q} \leqslant C\|\zeta\|_{L^2}^{1-\beta}\|\zeta\|_{H^\alpha}^{\beta}, \quad \beta = \frac{1}{\alpha p_1} \in (0,1).$$

从而可得

$$\begin{aligned}\frac{1}{2}\frac{\mathrm{d}}{\mathrm{d}t}\|\zeta\|_{L^2}^2 + \kappa\|\zeta\|_{H^\alpha}^2 \leqslant& C\|\eta\|_{H^{1,p_1}}\|\zeta\|_{L^2}^{2(1-\beta)}\|\zeta\|_{H^\alpha}^{2\beta}\\ \leqslant& \frac{\kappa}{2}\|\zeta\|_{H^\alpha}^2 + C\|\eta\|_{H^{1,p_1}}^{p_2'}\|\zeta\|_{L^2}^2,\end{aligned}$$

进而

$$\frac{\mathrm{d}}{\mathrm{d}t}\|\zeta\|_{L^2}^2 + \kappa\|\zeta\|_{H^\alpha}^2 \leqslant C\|\eta\|_{H^{1,p_1}}^{p_2'}\|\zeta\|_{L^2}^2,$$

其中, $p_2 = 1/\beta = \alpha p_1$, $p_2' = \dfrac{p_2}{1-p_2} = \dfrac{1}{1-\beta}$. 由 Gronwall 不等式可得

$$\|\zeta\|_{L^2}^2 \leqslant C\|\zeta(0)\|_{L^2}\mathrm{e}^{\int_0^T \|\eta(s)\|_{H^{1,p_1}}^{p_2'}\mathrm{d}s}.$$

如果 $s \in (2(1-\alpha), 2-\alpha)$, 令 $r = s$; 如果 $s \in [2-\alpha, +\infty)$ 时, 则令 r 为 $(2(1-\alpha), 2-\alpha)$ 中的任意实数, 则 $H^s \subset H^r$. 选择 $p_1 = \dfrac{2}{2-r-\alpha} > 1$, 从而 $p_2' = \dfrac{2\alpha}{3\alpha+s-2} \in (1,2]$, 利用 Sobolev 嵌入定理可知

$$L^{p_2'}(0,T;H^{1,p_1}) \subset L^{p_2'}(0,T;H^{r+\alpha}) \subset L^2(0,T;H^{r+\alpha}) \subset L^2(0,T;H^{s+\alpha}).$$

记 $C_1(\eta,T) := \displaystyle\int_0^T \|\eta(s)\|_{H^{1,p_1}}^{p_2'}\mathrm{d}s$, 从而

$$C_1(\eta,T) \leqslant \int_0^T \|\eta(s)\|_{H^{s+\alpha}}^2\mathrm{d}s < +\infty,$$

从而

$$\kappa\int_0^T \|\zeta(s)\|_{H^\alpha}^2\mathrm{d}s \leqslant \|\zeta(0)\|_{L^2}^2(1 + CC_1(\eta,T)\mathrm{e}^{C_1(\eta,T)}).$$

由此可知, 当 $\|\zeta(0)\|_{L^2}$ 趋于零时, 对几乎处处的 t, $\|\zeta(t)\|_{H^\alpha}$ 都收敛到零. 另一方面, 由 $\|\zeta(t)\|_{H^\alpha}$ 关于 t 的连续性, 可知对任何的 t, $\|\zeta(t)\|_{H^\alpha}$ 都收敛到零. 从而当 $s \in (2(1-\alpha),\alpha]$ 时, $\|S(t)\|$ 为 H^s 中的连续映射.

当 $s > \alpha$ 时, 我们验证解算子在 H^s 中的 Lipshitz 连续性. 设 $\alpha \in \left(\dfrac{1}{2},1\right)$. 令 $\varphi = \Lambda^{2\alpha}\zeta$, 且注意到 $\nabla\cdot u = 0$, 由式 (3.5.56) 可知

$$\begin{aligned}\frac{1}{2}\frac{\mathrm{d}}{\mathrm{d}t}\|\Lambda^s\zeta\|_{L^2}^2 + \kappa\|\Lambda^{s+\alpha}\zeta\|_{L^2}^2 =& (\Lambda^s(u\cdot\nabla\zeta) - u\cdot\nabla(\Lambda^s\zeta), \Lambda^s\zeta)\\ &- \left(\Lambda^{s-\alpha}(w\cdot\nabla\eta), \Lambda^{s+\alpha}\zeta\right) = I_1 + I_2.\end{aligned}$$

首先估计 I_2.

$$|I_2| = |(\Lambda^{s-\alpha}(w\cdot\nabla\eta), \Lambda^{s+\alpha}\zeta)| \leqslant C\|\Lambda^{s-\alpha}(w\cdot\nabla\eta)\|_{L^2}^2 + \frac{\kappa}{4}\|\Lambda^{s+\alpha}\zeta\|_{L^2}^2.$$

利用乘积估计

$$\begin{aligned}\|\Lambda^{s-\alpha}(w\cdot\nabla\eta)\|_{L^2}\leqslant& C(\|\Lambda^{s-\alpha}w\|_{L^{p_1}}\|\nabla\eta\|_{L^{p_2}}+\|w\|_{L^{q_1}}\|\Lambda^{s-\alpha+1}\eta\|_{L^{q_2}})\\ \leqslant& C(\|\Lambda^{s-\alpha}\zeta\|_{L^{p_1}}\|\Lambda\eta\|_{L^{p_2}}+\|\zeta\|_{L^{q_1}}\|\Lambda^{s-\alpha+1}\eta\|_{L^{q_2}}),\end{aligned}$$

其中, $p_1,p_2,p_3,p_4>2$ 且 $\frac{1}{p_1}+\frac{1}{p_2}=\frac{1}{2}$, $\frac{1}{q_1}+\frac{1}{q_2}=\frac{1}{2}$. 选择 $p_1=\frac{2}{1-\alpha}$, $p_2=\frac{2}{\alpha}$, $q_1=\frac{1}{1-\alpha}$, $q_2=\frac{2}{2\alpha-1}$, 利用 Sobolev 嵌入定理可知

$$\begin{aligned}&\|\Lambda^{s-\alpha}\zeta\|_{L^{p_1}}\leqslant C\|\Lambda^{s}\zeta\|_{L^2},\ \|\Lambda\eta\|_{L^{p_2}}\leqslant C\|\Lambda^{2-\alpha}\eta\|_{L^2}\leqslant C\|\Lambda^{s+\alpha}\eta\|_{L^2}\\ &\|\zeta\|_{L^{q_1}}\leqslant C\|\Lambda^{2\alpha-1}\zeta\|_{L^2}\leqslant C\|\Lambda^{\alpha}\zeta\|_{L^2}\leqslant C\|\Lambda^{s}\zeta\|_{L^2},\quad \|\Lambda^{s-\alpha+1}\eta\|_{L^{q_2}}\leqslant C\|\Lambda^{s+\alpha}\eta\|_{L^2}.\end{aligned}$$

由此可得

$$|I_2|\leqslant C\|\Lambda^{s+\alpha}\eta\|_{L^2}^2\|\Lambda^{s}\zeta\|_{L^2}^2+\frac{\kappa}{4}\|\Lambda^{s+\alpha}\zeta\|_{L^2}^2.$$

下面估计 I_1. 由于 ∇ 和 Λ 可交换, 从而

$$\begin{aligned}|I_1|=&|\,(\Lambda^{s}(u\cdot\nabla\zeta)-u\cdot(\Lambda^{s}\nabla\zeta),\Lambda^{s}\zeta)\,|\\ \leqslant& C\|\Lambda^{s}(u\cdot\nabla\zeta)-u\cdot(\Lambda^{s}\nabla\zeta)\|_{L^2}\|\Lambda^{s}\zeta\|_{L^2}^2.\end{aligned}$$

类似于 I_2 的估计, 利用交换子估计可得

$$\begin{aligned}\|\Lambda^{s}(u\cdot\nabla\zeta)-u\cdot(\Lambda^{s}\nabla\zeta)\|_{L^2}\leqslant& C(\|\nabla u\|_{L^{p_1}}\|\Lambda^{s}\zeta\|_{L^{p_2}}+\|\Lambda^{s}u\|_{L^{q_1}}\|\nabla\zeta\|_{L^{q_2}})\\ \leqslant& C(\|\Lambda\theta\|_{L^{p_1}}\|\Lambda^{s}\zeta\|_{L^{p_2}}+\|\Lambda^{s}\theta\|_{L^{q_1}}\|\nabla\zeta\|_{L^{q_2}}),\end{aligned}$$

其中, $p_1,p_2,p_3,p_4>2$ 且 $\frac{1}{p_1}+\frac{1}{p_2}=\frac{1}{2}$, $\frac{1}{q_1}+\frac{1}{q_2}=\frac{1}{2}$. 选择 $p_1=\frac{2}{\alpha}$, $p_2=\frac{2}{1-\alpha}$, $q_1=\frac{2}{1-\alpha}$, $q_2=\frac{2}{\alpha}$, 利用 Sobolev 嵌入定理可知

$$\begin{aligned}&\|\Lambda\theta\|_{L^{p_1}}\leqslant C\|\Lambda^{2-\alpha}\theta\|_{L^2}\leqslant C\|\Lambda^{s+\alpha}\theta\|_{L^2},\ \|\Lambda^{s}\zeta\|_{L^{p_2}}\leqslant C\|\Lambda^{s+\alpha}\zeta\|_{L^2}\\ &\|\Lambda^{s}\theta\|_{L^{q_1}}\leqslant C\|\Lambda^{s+\alpha}\theta\|_{L^2},\quad \|\Lambda\zeta\|_{L^{q_2}}\leqslant C\|\Lambda^{2-\alpha}\zeta\|_{L^2}\leqslant C\|\Lambda^{s+\alpha}\zeta\|_{L^2}.\end{aligned}$$

由此可得

$$|I_1|\leqslant C\|\Lambda^{s+\alpha}\theta\|_{L^2}\|\Lambda^{s+\alpha}\zeta\|_{L^2}\|\Lambda^{s}\zeta\|_{L^2}\leqslant C\|\Lambda^{s+\alpha}\theta\|_{L^2}^2\|\Lambda^{s}\zeta\|_{L^2}^2+\frac{\kappa}{4}C\|\Lambda^{s+\alpha}\zeta\|_{L^2}^2.$$

由上述估计可得

$$\frac{\mathrm{d}}{\mathrm{d}t}\|\Lambda^{s}\zeta\|_{L^2}^2+\kappa\|\Lambda^{s+\alpha}\zeta\|_{L^2}^2\leqslant C(\|\Lambda^{s+\alpha}\theta\|_{L^2}^2+\|\Lambda^{s+\alpha}\eta\|_{L^2}^2)\|\Lambda^{s}\zeta\|_{L^2}^2,$$

从而

$$\|\Lambda^{s}\zeta(t)\|_{L^2}^2\leqslant C\|\Lambda^{s}\zeta(0)\|_{L^2}^2\mathrm{e}^{\int_0^t(\|\Lambda^{s+\alpha}\theta\|_{L^2}^2+\|\Lambda^{s+\alpha}\eta\|_{L^2}^2)\mathrm{d}s},$$

注意到 $\int_0^t(\|\Lambda^{s+\alpha}\theta\|_{L^2}^2+\|\Lambda^{s+\alpha}\eta\|_{L^2}^2)\mathrm{d}s<\infty$ 便完成连续性的证明.

定理 3.5.17 的证明: 定理的 (1)~(3) 点直接是上面证明的结果, 第 (4) 点利用吸引子存在性的抽象定理可以证明. 至于第 (5) 点, 由于 $\alpha > \dfrac{2}{3}$, $\alpha > 2(1-\alpha)$, 从而对 $\theta_0 \in L^2$, 对任意的 $T>0$ 有 $\displaystyle\int_0^T \|\Lambda^\alpha\theta\|_{L^2} < \infty$ 以及

$$\|\theta(t+1)\|_{L^2}^2 + \kappa\int_t^{t+1} \|\Lambda^\alpha\theta(s)\|_{L^2}^2 \mathrm{d}s \leqslant \|\theta(t)\|_{L^2}^2 + \frac{1}{\kappa}\|\Lambda^{-\alpha} f\|_{L^2}^2.$$

定理证毕. □

3.6 边值问题 —— 调和延拓方法

本节介绍分数阶方程边值问题的一些内容. 近年来, 很多学者从不同的角度来探讨有界区域上的分数阶拉普拉斯算子的性质及其偏微分方程. 特别地, 马志明院士等人从随机过程生成元的角度来研究区域分数阶拉普拉斯算子, 他们得到了一些分部积分公式、边值问题解的存在唯一性等重要结果 [145~147]. 另外, Caffarelli 等人利用调和延拓的方法, 利用谱分解理论、Sobolev 迹定理, 得到了关于一些 "椭圆方程" 和障碍问题的一些重要结果, 其基本思想是将分数阶算子导致的非局部问题转化到高维空间中的局部问题 [148~150]. 本节仅对该方法作一个大致的介绍, 其细节可以参考相关文献.

设 D 是 $\mathbf{R}^d$ 的有界区域, 边界记为 ∂D, 考虑如下的边值问题:

$$\begin{cases} \Delta u = 0, \quad 在D内, \\ u|_{\partial D} = g, \end{cases} \tag{3.6.1}$$

由经典的椭圆方程理论可知, 在一定的关于区域 D 的正则性以及函数 g 的假设下, 该问题是适定的, 然而如下的相应分数阶问题却是不适定的:

$$\begin{cases} (-\Delta)^{\alpha/2} u = 0, \quad 在D内, \\ u|_{\partial D} = g, \end{cases} \tag{3.6.2}$$

其中, $\alpha \in (0,2)$. 原因之一是分数阶算子 $(-\Delta)^{\alpha/2}$ 是非局部算子, u 的值不仅仅依赖于边界 ∂D 的数据, 而是依赖于整个 $\mathbf{R}^d \backslash D$ 的数据. 从而适定的分数阶问题应为

$$\begin{cases} (-\Delta)^{\alpha/2} u = 0, \quad 在D内, \\ u|_{\mathbf{R}^d \backslash D} = g. \end{cases} \tag{3.6.3}$$

这一问题, 可以从概率论的角度得到解释. 方程 (3.6.1) 以及 (3.6.3) 的解都可以表示为如下形式:

$$u(x) = \mathbb{E}_x f(X_\tau), \quad \forall x \in D, \tag{3.6.4}$$

其中, $\{X_t\}$ 为由 Δ 以及 $-(-\Delta)^{\alpha/2}$ 生成的马氏过程, 且 $\tau = \inf\{t>0 : X_t \notin D\}$ 为 X_t 的首次逃逸时间. 对于方程 (3.6.1), 其马氏过程就为通常的布朗运动, 具有连续的样本轨

道, 从而 $X_\tau \in D$ a.s., 然而对于方程 (3.6.3), 其马氏过程为 α 稳态过程, 具有纯跳的样本轨道, 从而 X_τ 分布于整个 $\mathbf{R}^d \backslash D$.

基于上述原因, 对分数阶方程边值问题的处理要比整数解情形困难得多. 这里给出利用调和延拓来得到分数阶拉普拉斯算子的方法, 该方法由 Caffarelli 等发展而来 [148, 149]. 这也是一种利用局部性质来处理非局部算子的方法.

为了简明起见, 首先考虑 $(-\Delta)^{1/2}$ 的情形. 考虑如下方程:

$$\begin{cases} \Delta u(x,y) = 0, & x \in \mathbf{R}^d,\ y > 0 \\ u(x,0) = g(x), & x \in \mathbf{R}^d, \end{cases} \tag{3.6.5}$$

并假设 u 为方程的光滑有界解. 令 $T : g \mapsto -u_y(x,0)$, 则 $(T \circ T)(g)(x) = T(-u_y(x,0))(x) = u_{yy}(x,0) = -\Delta_x g(x)$. 利用分部积分公式可以知道 T 为正算子, 所以 $T = (-\Delta)^{1/2}$, 即 $(-\Delta)^{1/2} g(x) = -u_y(x,0)$. 也就是说, 算子 $(-\Delta)^{1/2}$ 的作用可以通过调和延拓以及迹定理实现.

事实上, 可以类似地利用延拓的方法构造任意解分数阶拉普拉斯算子. 考虑延拓问题

$$\Delta_x u + \frac{a}{y} u_y + u_{yy} = 0, \quad x \in \mathbf{R}^d,\ y > 0, \tag{3.6.6}$$

$$u(x,0) = g(x), \quad x \in \mathbf{R}^d, \tag{3.6.7}$$

其中, $g : \mathbf{R}^d \to \mathbf{R}$, $u : \mathbf{R}^d \times [0,\infty) \to \mathbf{R}$. 方程 (3.6.6) 可以改写为

$$\boldsymbol{\nabla} \cdot (y^a \boldsymbol{\nabla} u) = 0, \tag{3.6.8}$$

其中, $\boldsymbol{\nabla} = (\boldsymbol{\nabla}_x, \boldsymbol{\nabla}_y)$. 利用坐标变换 $z = \left(\dfrac{y}{1-a}\right)^{1-a}$, 方程可以进一步改写为如下的非散度形式:

$$\Delta_x u + z^{\frac{-2a}{1-a}} u_{zz} = 0, \tag{3.6.9}$$

且 $y^a u_y = u_z$. 进一步可以证明

$$(-\Delta)^s g(x) = -u_z(z,0), \quad s = \frac{1-a}{2}. \tag{3.6.10}$$

为此目的, 先推导相关的 Poisson 公式. 考虑 “$(n+1+a)$ 维” 的拉普拉斯方程 (3.6.6), 当 $n-1+a>0$ 时, 在原点的基本解可以表示为 $\Gamma(X) = C_{n+1+a}|X|^{1-n-a}$, 其中, $C_k = n^{k/2}\Gamma(k/2-1)/4$, $X=(x,y)$. 可以直接验证当 $y \neq 0$ 时 Γ 是方程 (3.6.6) 的解且 $\lim\limits_{y \to 0^+} y^a u_y = -C\delta_0$. 利用变换 $z = \left(\dfrac{y}{1-a}\right)^{1-a}$, 可以得到方程 (3.6.9) 的基本解

$$\tilde{\Gamma}(x,z) = C_{n+1+a} \frac{1}{(|x|^2 + (1-a)^2 |z|^{2/(1-a)})^{\frac{n-1+a}{2}}},$$

易验证它是方程 (3.6.9) 的解且当 $z \to 0$ 时 $u_z(x,z) \to -\delta_0$.

另一方面, 令 $P(x,y)=C_{n,a}\dfrac{y^{1-a}}{(|x|^2+|y|^2)^{\frac{n+1-a}{2}}}$, 则方程 (3.6.6) 及 (3.6.7) 的解可以表示为

$$u(X)=\int_{\mathbf{R}^d}P(x-\xi,y)g(\xi)\mathrm{d}\xi,$$

即 Poisson 公式. 类似地, 对此式进行变量替换或者直接计算可以得到方程 (3.6.9) 的 Poisson 核

$$\tilde{P}(x,z)=C_{n,a}\frac{z}{(|x|^2+(1-a)^2|z|^{2/(1-a)})^{\frac{n+1-a}{2}}}. \tag{3.6.11}$$

利用 Poisson 公式很容易说明式 (3.6.10). 事实上, 直接计算可知

$$\begin{aligned}
u_z(z,0)&=\lim_{z\to 0}\frac{u(x,z)-u(x,0)}{z}\\
&=\lim_{z\to 0}\frac{1}{z}\int_{\mathbf{R}^d}\tilde{P}(x-\xi,z)(g(\xi)-g(x))\mathrm{d}\xi\\
&=\lim_{z\to 0}\frac{1}{z}\int_{\mathbf{R}^d}\frac{z}{(|x|^2+(1-a)^2|z|^{2/(1-a)})^{\frac{n+1-a}{2}}}(g(\xi)-g(x))\mathrm{d}\xi\\
&=CP.V.\int_{\mathbf{R}^d}\frac{g(\xi)-g(x)}{|x-\xi|^{n+1-a}}\mathrm{d}\xi\\
&=-C(-\Delta)^{\frac{1-a}{2}}g(x),
\end{aligned}$$

其中, 这里用到了分数阶拉普拉斯算子的定义. 当 g 足够正则时, 上述极限总是存在的. 另一方面, 直接计算可知 $y^a u_y=\left(\dfrac{1}{1-a}\right)^{-a}u_z$, 从而还可以知道 $(-\Delta)^s g(x)=-Cy^a u_y$.

利用延拓方法, 还可以得到类似于经典椭圆方程的 Harnack 估计等重要结果 [148]. 为此, 先给出如下的反射延拓. 设 $u:\mathbf{R}^d\times[0,\infty)\to\mathbf{R}$ 为方程 (3.6.6) 的解, 并使得当 $|x|\leqslant r$ 时有 $\lim\limits_{y\to 0}y^a u_y(x,y)=0$, 则反射延拓 $\tilde{u}(x,y)$ 是方程 (3.6.8) 在 $B_R=\{(x,y):|x|^2+|y|^2\leqslant R^2\}$ 上的弱解. 事实上, 令 $h\in C_0^\infty(B_R)$ 为检验函数, $\varepsilon>0$, 则利用式 (3.6.6) 以及散度定理可知

$$\begin{aligned}
\int_{B_R}\nabla\tilde{u}\cdot\nabla h|y|^a dX&=\int_{B_R\setminus\{|y|<\varepsilon\}}+\int_{B_R\cap\{|y|<\varepsilon\}}\\
&=\int_{B_R\setminus\{|y|=\varepsilon\}}h\tilde{u}_y(x,\varepsilon)\varepsilon^a\mathrm{d}x+\int_{B_R\cap\{|y|<\varepsilon\}}\nabla\tilde{u}\cdot\nabla h|y|^a\mathrm{d}X.
\end{aligned} \tag{3.6.12}$$

当 $\varepsilon\to 0$ 时, 上式右端项趋于零, 从而 $\tilde{u}$ 是式 (3.6.8) 的弱解. 如此一来, 立即可以得到如下的 Harnack 不等式:

定理 3.6.1 令 $f:\mathbf{R}^d\to\mathbf{R}$ 为非负函数且使得在 B_r 上成立 $(-\Delta)^s f=0$. 则存在常数 $C=C(s,d)$ 使得

$$\sup_{B_{r/2}}f\leqslant C\inf_{B_{r/2}}f$$

事实上, 若考虑 f 的延拓 u, 则由于 f 是非负的, 可知 u 也是非负的. 对其进行反射延拓, 则由 $(-\Delta)^s f=0$ 可知 u 是式 (3.6.8) 的弱解. 由文献 [148] 和 [151] 的结论可知关于 u 以及 f 的上述 Harnack 不等式成立.

为了进一步阐述利用延拓方法来处理边值问题的思想, 考虑如下的非线性问题:

$$\begin{cases}(-\Delta)^{1/2}u=f(u), & \text{在 } D \text{ 内},\\ u|_{\partial D}=0, \\ u>0, \quad \text{在 } D \text{ 内},\end{cases} \tag{3.6.13}$$

其中, D 为 $\mathbf{R}^d$ 中的光滑有界区域. 此时, $(-\Delta)^{1/2}$ 可以通过特征值问题定义. 令 $\{\lambda_k,\varphi_k\}$ 满足

$$-\Delta\varphi_k=\lambda_k\varphi_k, \text{使得 } \varphi_k|_{\partial D}=0 \text{ 且 } \|\varphi_k\|_{L^2(D)}=1, \tag{3.6.14}$$

则 $(-\Delta)^{1/2}$ 可以定义为

$$u=\sum_{k=1}^{\infty}c_k\varphi\mapsto(-\Delta)^{1/2}u=\sum_{k=1}^{\infty}c_k\lambda_k^{1/2}\varphi_k,$$

将 $H_0^1(D)$ 映到 $L^2(D)$ 上. 给定 D 上的函数 u, 考虑它在柱状区域 $\mathcal{C}=D\times(0,\infty)$ 上的延拓 v, 并使得在侧边界 $\partial_L\mathcal{C}=\partial D\times(0,\infty)$ 上 $v=0$. 类似于全空间情形, 可以类似地构造延拓来表示分数阶拉普拉斯算子. 令 v 满足如下方程:

$$\begin{cases}\Delta v=0, & \text{在 } \mathcal{C} \text{ 中},\\ v=0, & \text{在侧边界 } \partial_L\mathcal{C} \text{ 上},\\ \dfrac{\partial v}{\partial n}=f(v), & \text{在底边界 } D\times\{0\} \text{ 上},\\ v>0, & \text{在 } \mathcal{C} \text{ 中}.\end{cases} \tag{3.6.15}$$

如果 v 满足该方程, 则 v 在底边界上的迹 $u=\mathrm{Tr}v$ 是问题 (3.6.13) 的解. 事实上, 由于 $\partial_y v$ 仍然是调和的且在侧边界为零, 可以直接说明 $(-\Delta)^{1/2}u=-v_y(\cdot,0)$.

令 $H_{0,L}^1(\mathcal{C})=\{v\in H^1(\mathcal{C})|v=0\text{几乎处处于}\partial_L\mathcal{C}\}$, 具有范数 $\|v\|=\left(\int_{\mathcal{C}}|\nabla v|^2\mathrm{d}x\mathrm{d}y\right)^{1/2}$, 其上的迹算子 Tr_D 定义为 $\mathrm{Tr}_D v=v(\cdot,0)$. 利用迹算子理论可知 $\mathrm{Tr}_D v\in H^{1/2}(D)$. 令 $\mathcal{V}_0(D)=\{u=\mathrm{Tr}_D v: v\in H_{0,L}^1(\mathcal{C})\}$, 可以证明如下命题:

命题 3.6.1 令 $l(x)=\mathrm{dist}(x,\partial D)$, 则

$$\begin{aligned}\mathcal{V}_0(D)&=\left\{u\in H^{1/2}(D):\int_D\frac{u^2(x)}{l(x)}\mathrm{d}x<\infty\right\}\\&=\left\{u\in L^2(D):u=\sum_{k=1}^{\infty}b_k\varphi_k\in L^2(D),\ \sum_{k=1}^{\infty}b_k^2\lambda_k^{1/2}<\infty\right\},\end{aligned} \tag{3.6.16}$$

且在范数 $\|u\|_{\mathcal{V}_0(D)}=\left\{\|u\|_{H^{1/2}(D)}^2+\int_D\frac{u^2}{l}\mathrm{d}x\right\}^{1/2}$ 下是 Banach 空间.

命题 3.6.2 设 $u=\sum_{k=1}^{\infty}b_k\varphi_k\in\mathcal{V}_0(D)$, 则存在 u 的唯一的调和延拓 $v\in H_{0,L}^1(\mathcal{C})$, 具有表达式

$$v(x,y)=\sum_{k=1}^{\infty}b_k\varphi_k(x)\exp\{-\lambda_k^{1/2}y\},\quad\forall(x,y)\in\mathcal{C}.$$

算子 $(-\Delta)^{1/2}$ 的作用可以表示为

$$(-\Delta)^{1/2}u=\left.\frac{\partial v}{\partial n}\right|_{D\times\{0\}}=\sum_{k=1}^{\infty}b_k\lambda_k^{1/2}\varphi_k.$$

为了进一步研究分数阶拉普拉斯算子, 这里先给出空间 $H^1_{0,L}(\mathcal{C})$ 的一些性质. 令 $\mathcal{D}^{1,2}(\mathbf{R}^{d+1}_+)$ 表示在 $\overline{\mathbf{R}^{d+1}_+}$ 上紧支的光滑函数在范数 $\|w\|_{\mathcal{D}^{1,2}(\mathbf{R}^{d+1}_+)}=\left(\int_{\mathbf{R}^{d+1}_+}|\nabla w|^2\mathrm{d}x\mathrm{d}y\right)^{1/2}$ 下的闭包. 则对 $w\in\mathcal{D}^{1,2}(\mathbf{R}^{d+1}_+)$, 成立 Sobolev 迹不等式

$$\left(\int_{\mathbf{R}^d}|w(x,0)|^{2d/(d-1)}\mathrm{d}x\right)^{(d-1)/2d}\leqslant C(d)\left(\int_{\mathbf{R}^{d+1}_+}|\nabla w(x,y)|^2\mathrm{d}x\mathrm{d}y\right)^{1/2}.$$

由参考文献 [152] 可知, 存在最佳常数 $C(d)=(d-1)\sigma_d^{1/d}/2$, 并存在 $w\in\mathcal{D}^{1,2}(\mathbf{R}^{d+1}_+)$ 使得上述等式成立, 其中, σ_d 为 d 维单位球面的面积.

当 $d\geqslant 2$ 时, 记 $2^*=\dfrac{2d}{d-1}$. 对 $v\in H^1_{0,L}(\mathcal{C})$, 将其零延拓到 $\mathbf{R}^{d+1}_+\backslash\mathcal{C}$, 则延拓后的函数可以利用 $\overline{\mathbf{R}^{d+1}_+}$ 上的紧支集函数逼近. 从而上述 Sobolev 迹不等式导出

$$\left(\int_D|v(x,0)|^{2^*}\mathrm{d}x\right)^{1/2^*}\leqslant C\left(\int_{\mathcal{C}}|\nabla v(x,y)|^2\mathrm{d}x\mathrm{d}y\right)^{1/2},\quad d\geqslant 2.$$

同时利用 Hölder 不等式还可以说明,

$$\left(\int_D|v(x,0)|^q\mathrm{d}x\right)^{1/q}\leqslant C\left(\int_{\mathcal{C}}|\nabla v(x,y)|^2\mathrm{d}x\mathrm{d}y\right)^{1/2},$$

其中, $1\leqslant q\leqslant 2$, 当 $d\geqslant 2$; 以及 $1\leqslant q<\infty$, 当 $d=1$ 时. 即 $\mathrm{Tr}_D(H^1_{0,L}(\mathcal{C}))\subset L^q(D)$, 且还可以说明该嵌入是连续的. 另外, 由迹定理可知 $\mathrm{Tr}_D(H^1_{0,L}(\mathcal{C}))\subset H^{1/2}(D)$, 且由嵌入 $H^{1/2}(D)\subset L^q(D)$ 是紧致的, 还可以说明该嵌入是紧致的. 这里 $H^{1/2}(D)$ 是 Banach 空间, 其范数为

$$\|u\|^2_{H^{1/2}(D)}=\int_D\int_D\frac{|u(x)-u(\tilde{x})|^2}{|x-\tilde{x}|^{d+1}}\mathrm{d}x\mathrm{d}\tilde{x}+\int_D|u(x)|^2\mathrm{d}x. \tag{3.6.17}$$

对 $H^1_{0,L}(\mathcal{C})$ 中的函数还可以刻画如下:

引理 3.6.1 对任意的 $v\in H^1_{0,L}(\mathcal{C})$, 都成立

$$\int_D\frac{|v(x,0)|^2}{l(x)}\mathrm{d}x\leqslant C\int_{\mathcal{C}}|\nabla v(x,y)|^2\mathrm{d}x\mathrm{d}y,$$

其中, $l(x)=\mathrm{dist}(x,\partial D)$, 常数仅依赖于区域 D.

证明: 考虑 $d=1$, 且 $D=(0,1)$. 对 $x_0\in(0,1/2)$, 成立

$$v(x_0,0)=v(t,x_0-t)\Big|_{t=0}^{x_0}=\int_0^{x_0}(\partial_x v-\partial_y v)(t,x_0-t)\mathrm{d}t.$$

从而

$$|v(x_0,0)|^2 \leqslant x_0 \int_0^{x_0} 2|\nabla v(t,x_0-t)|^2 \mathrm{d}t.$$

将该式除以 x_0, 在 $(0,1/2)$ 上关于 x_0 积分, 并利用变量替换 $x=t, y=x_0-t$ 可得

$$\int_0^{1/2} \frac{|v(x_0,0)|^2}{x_0}\mathrm{d}x_0 \leqslant 2\int_0^{1/2}\mathrm{d}x\int_0^{1/2}\mathrm{d}y|\nabla v|^2 \leqslant 2\int_{\mathcal{C}}|\nabla v|^2\mathrm{d}x\mathrm{d}y.$$

在 $(1/2,1)$ 上作同样的处理, 便可证明该引理.

在高维情形下, 不妨假设 $D=\{x=(x',x_d):|x'|<1, 0<x_d<1/2\}$, 并假设在 $\{x_d=0,|x'|<1\}\times(0,\infty)$ 上 $v=0$. 由一维情形的结论可知对任意的 x', 只要 $|x'|<1$, 则

$$\int_0^{1/2} \frac{|v(x,0)|^2}{x_d}\mathrm{d}x_d \leqslant C\int_0^{1/2}\int_0^{\infty}|\nabla v|^2\mathrm{d}x\mathrm{d}y.$$

对此关于 x' 积分可得

$$\int_D \frac{|v(x,0)|^2}{x_d}\mathrm{d}x = \int_D\int_0^{1/2}\frac{|v(x,0)|^2}{x_d}\mathrm{d}x'\mathrm{d}x_d \leqslant C\int_{\mathcal{C}}|\nabla v|^2\mathrm{d}x\mathrm{d}y.$$

对一般的区域可以通过边界拉平技巧得到结论. □

利用该引理, 实际上可以证明命题 3.6.1 中的第一个等式. 考虑 $u\in H^{1/2}(D)$ 且满足 $\displaystyle\int_D \frac{u^2}{l}<\infty$. 令 $\tilde{u}$ 为 u 在 $\mathbf{R}^d$ 上的延拓 (在 $\mathbf{R}^d\backslash D$ 上 $\tilde{u}=0$). 通过简单的计算可知存在常数 C 使得

$$\|\tilde{u}\|^2_{H^{1/2}(\mathbf{R}^d)} \leqslant C\left\{\|u\|^2_{H^{1/2}(D)} + \int_D \frac{u^2(x)}{l(x)}\mathrm{d}x\right\} < \infty,$$

这里 $\|\tilde{u}\|^2_{H^{1/2}(\mathbf{R}^d)}$ 的定义类似于式 (3.6.17), 仅需要将 D 换成 $\mathbf{R}^d$. 从而 $\tilde{u}\in H^{1/2}(\mathbf{R}^d)$, 且是某个函数 $\tilde{v}\in H^1(\mathbf{R}^{d+1}_+)$ 的迹. 构造双 Lip 映射, 将 $\overline{\mathbf{R}^{d+1}_+}$ 映到 $\overline{D}\times[0,\infty)=\overline{\mathcal{C}}$, 使得在 $D\times\{0\}$ 上为恒同映射, 并将 $\mathbf{R}^d\backslash D$ 映到 $\partial D\times[0,\infty)$. 用此映射复合 $\tilde{v}$, 便可以得到 $v\in H^1_{0,L}(\mathcal{C})$ 使得它在 $D\times\{0\}$ 上的迹为 u. 这样的双 Lip 映射是存在的, 从而式 (3.6.16) 的第一个等式成立 (注意到包含关系 $\subset$ 是显然的).

给定函数 $u\in\mathcal{V}_0(D)$, 考虑如下的极小化问题

$$\inf\left\{\int_{\mathcal{C}}|\nabla v|^2\mathrm{d}x\mathrm{d}y : v\in H^1_{0,L}(\mathcal{C}), \text{且在 } D \text{ 上有} v(\cdot,0)=u\right\}. \tag{3.6.18}$$

由 $\mathcal{V}_0(D)$ 的定义可知, 上述集合非空, 且由弱半连续性以及紧性嵌入可知存在极小元 $v\in H^1_{0,L}(\mathcal{C})$, 它是 u 到 $\mathcal{C}$ 上的调和延拓, 且在 $\partial_L\mathcal{C}$ 上等于零. 实际上, 该极小元还是唯一的. 不妨假设存在两个极小元 v_1,v_2, 则

$$0\leqslant J\left(\frac{v_1-v_2}{2}\right)=\frac{1}{2}J(v_1)+\frac{1}{2}J(v_2)-J\left(\frac{v_1+v_2}{2}\right)\leqslant 0,$$

其中, $J(v)=\displaystyle\int_{\mathcal{C}}|\nabla v|^2\mathrm{d}x\mathrm{d}y$. 从而 $v_1=v_2$.

为了表示 v 和 u 之间的关系, 记 $v=h(u)$, 表示 v 是 u 到 $\mathcal{C}$ 的调和延拓, 且在 $\partial_L\mathcal{C}$ 上等于零. 由散度定理, 对任意的 η 由引理 3.6.1 立即可知

$$\|u\|_{\mathcal{V}_0(D)} \leqslant C\|h(u)\|_{H^1_{0,L}(\mathcal{C})}, \quad \forall u\in\mathcal{V}_0(D).$$

另一方面, 算子 h 是 $\mathcal{V}_0(D)$ 到由调和函数构成的 $H^1_{0,L}(\mathcal{C})$ 的子空间 $\mathcal{H}$ 的双射, 又 $\mathcal{V}_0(D)$ 和 $\mathcal{H}$ 都是 Banach 空间, 从而由开映像定理可知存在常数 C 使得

$$\|h(u)\|_{H^1_{0,L}(\mathcal{C})} \leqslant C\|u\|_{\mathcal{V}_0(D)}, \quad \forall u\in\mathcal{V}_0(D). \tag{3.6.19}$$

记 $\mathcal{V}_0(D)$ 的对偶空间为 $\mathcal{V}_0^*(D)$, 其上的范数为

$$\|g\|_{\mathcal{V}_0^*(D)} = \sup_{u\in\mathcal{V}_0(D),\|u\|_{\mathcal{V}_0(D)}=1}\{\langle u,g\rangle\}.$$

考虑光滑函数 $\xi\in\mathcal{V}_0(D)$, 它的延拓记为 $\eta=h(\xi)$, 则由散度定理

$$\int_{\mathcal{C}}\nabla v\nabla\eta\mathrm{d}x\mathrm{d}y=\int_D\frac{\partial v}{\partial n}\xi\mathrm{d}x,$$

利用不等式 (3.6.19) 立即可得

$$\left|\int_D\frac{\partial v}{\partial n}\xi\mathrm{d}x\right| \leqslant C\|u\|_{\mathcal{V}_0(D)}\|\xi\|_{\mathcal{V}_0(D)}.$$

由此可知 $\frac{\partial v}{\partial n}|_D\in\mathcal{V}_0^*(D)$, 且满足估计 $\left\|\frac{\partial h(u)}{\partial n}\right\|_{\mathcal{V}_0^*(D)} \leqslant C\|u\|_{\mathcal{V}_0(D)}$. 由此有下述引理:

引理 3.6.2 算子 $(-\Delta)^{1/2}: u\mapsto \left.\frac{\partial v}{\partial n}\right|_{D\times\{0\}}$ 是 $\mathcal{V}_0(D)$ 到 $\mathcal{V}_0^*(D)$ 的有界线性映射.

下面考虑算子 $(-\Delta)^{1/2}$ 的谱表示以及空间 $\mathcal{V}_0(D)$ 的相应的结构. 令 $u\in\mathcal{V}_0(D)\subset L^2(D)$, 且具有展开 $u=\sum_{k=1}^{\infty}b_k\varphi_k$. 考虑函数

$$v(x,y)=\sum_{k=1}^{\infty}b_k\varphi_k(x)\exp\{-\lambda_k^{1/2}y\}, \quad y>0.$$

显然 $v(x,0)=u(x)$, 且当 $y>0$ 时 $\Delta v(x,y)=0$. 从而只要 $v\in H^1_{0,L}(\mathcal{C})$, 则由延拓的唯一性可知 $v=h(u)$. 事实上,

$$\begin{aligned}\int_0^{\infty}\int_D|\nabla v|^2\mathrm{d}x\mathrm{d}y&=\int_0^{\infty}\int_D\{|\nabla_x v|^2+|\partial_y v|^2\}\mathrm{d}x\mathrm{d}y\\&=2\sum_{k=1}^{\infty}b_k^2\lambda_k\int_0^{\infty}\exp\{-2\lambda_k^{1/2}y\}\mathrm{d}y\\&=2\sum_{k=1}^{\infty}b_k^2\lambda_k\frac{1}{2\lambda_k^{1/2}}=\sum_{k=1}^{\infty}b_k^2\lambda_k^{1/2}.\end{aligned}$$

从而 $v\in H^1_{0,L}(\mathcal{C})$ 当且仅当 $\sum\limits_{k=1}^{\infty}b_k^2\lambda_k^{1/2}<\infty$, 从而等价于 $u\in\mathcal{V}_0(D)$. 此即命题 3.6.1 的第二个等式.

直接计算 $-\left.\dfrac{\partial v}{\partial y}\right|_{y=0}$ 可知 $(-\Delta)^{1/2}u=\sum\limits_{k=1}^{\infty}b_k\lambda_k^{1/2}\varphi_k\in\mathcal{V}_0^*(D)$, 即命题 3.6.2 成立.

接着考虑算子 $(-\Delta)^{1/2}$ 的逆算子. 它可以定义如下:

定义 3.6.1 定义算子 $B:g\mapsto \mathrm{Tr}_D v$ 为 $\mathcal{V}_0^*(D)$ 到 $\mathcal{V}_0(D)$ 的映射, 其中, v 是如下方程的解

$$\begin{cases}\Delta v=0, & 在\ \mathcal{C}\ 内,\\ v=0, & 在\ \partial_L\mathcal{C}\ 上,\\ \dfrac{\partial v}{\partial n}=g(x), & 在\ D\times\{0\}\ 上,\end{cases}\tag{3.6.20}$$

称 v 是方程 (3.6.20) 的弱解, 如果 $v\in H^1_{0,L}(\mathcal{C})$ 且满足

$$\int_{\mathcal{C}}\nabla v\nabla\xi\mathrm{d}x\mathrm{d}y=\langle g,\xi(\cdot,0)\rangle,\quad \forall\xi\in H^1_{0,L}(\mathcal{C}).\tag{3.6.21}$$

利用 Lax-Milgram 定理可知存在唯一的弱解 $v\in H^1_{0,L}(\mathcal{C})$ 使得上式成立. 显然算子 B 是 $(-\Delta)^{1/2}$ 的逆算子, 且可以计算 $(B\circ B)g=(-\Delta)^{-1}g$. 从而有

命题 3.6.3 算子是 $B\circ B|_{L^2(D)}=(-\Delta)^{-1}:L^2(D)\to L^2(D)$ 的有界线性算子, 其中 $(-\Delta)^{-1}$ 是零 Dirichlet 边界条件下拉普拉斯算子的逆算子.

算子 $B:L^2(D)\to L^2(D)$ 是自伴的. 对任意的 $v_1,v_2\in H^1_{0,L}(\mathcal{C})$ 成立

$$\int_{\mathcal{C}}(v_2\Delta v_1-v_1\Delta v_2)\mathrm{d}x\mathrm{d}y=\int_D\left(v_2\frac{\partial v_1}{\partial n}-v_1\frac{\partial v_2}{\partial n}\right)\mathrm{d}x,$$

可知

$$\int_D Bg_2\cdot g_1\mathrm{d}x=\int_D Bg_1\cdot g_2\mathrm{d}x,$$

且

$$\int_D v_2(x,0)(-\Delta)^{-1/2}v_1(x,0)\mathrm{d}x=\int_D v_1(x,0)(-\Delta)^{-1/2}v_2(x,0)\mathrm{d}x.$$

在式 (3.6.21) 中取 $\xi=v$, 并利用 $\mathrm{Tr}_D(H^1_{0,L}(\mathcal{C}))\subset H^{1/2}(D)$ 嵌入的紧致性可知 B 是 $L^2(D)$ 上的正的紧算子. 由紧自伴算子的谱理论可知, B 的所有的特征值都是正的实数, 且相应的特征向量构成 L^2 的一组标准正交基. 进一步, 这样的特征值以及相应的一组标准正交基可以显式地表示出来.

命题 3.6.4 令 $\{\varphi_k\}$ 是 $L^2(D)$ 的一组标准正交基, 满足式 (3.6.14). 则对任意的 $k\geqslant 1$ 成立

$$\begin{cases}(-\Delta)^{-1/2}\varphi_k=\lambda_k^{1/2}, & 在\ D\ 内,\\ \varphi_k=0, & 在\ \partial D\ 上.\end{cases}\tag{3.6.22}$$

特别地, $\{\varphi_k\}$ 也是由 $(-\Delta)^{1/2}$ 的特征向量构成的一组基, 其特征值为 $\{\lambda_k^{1/2}\}$.

利用上述的一些关于分数阶拉普拉斯算子的结论, 可以讨论方程的正则性等理论结果. 考虑方程

$$\begin{cases}(-\Delta)^{1/2}u = f(x), & \text{在 } D \text{ 内},\\ u = 0, & \text{在 } \partial D \text{ 上},\end{cases} \tag{3.6.23}$$

其中, $f \in \mathcal{V}_0^*(D)$, 且 D 是 $\mathbf{R}^d$ 中的光滑有界区域. 利用上述延拓的方法, 该方程的解可以表示为 $u = \mathrm{Tr}_D v$, 其中 $v \in H_{0,L}^1$ 是下述方程 (3.6.20) 的解, 且 $v(x,0) = u \in \mathcal{V}_0(D)$. 下述命题是平行于椭圆方程的 $W^{2,p}$ 估计以及 Schauder 估计的正则性结果.

命题 3.6.5 令 $\alpha \in (0,1)$, D 为 $\mathbf{R}^d$ 中的 $C^{2,\alpha}$ 有界区域, $g \in \mathcal{V}_0^*(D), v \in H_{0,L}^1(\mathcal{C})$ 为方程 (3.6.20) 的弱解, $u = \mathrm{Tr}_D v$ 为方程 (3.6.23) 的弱解. 则

(1) 如果 $g \in L^2(D)$, 则 $u \in H_0^1(D)$.

(2) 如果 $g \in H_0^1(D)$, 则 $u \in H^2(D) \cap H_0^1(D)$.

(3) 如果 $g \in L^\infty(D)$, 则 $v \in W^{1,q}(D \times (0,R))$ 对任意的 $R > 0$ 以及 $1 < q < \infty$ 成立. 特别地, $v \in C^\alpha(\overline{\mathcal{C}})$ 且 $u \in C^\alpha(\overline{D})$.

(4) 如果 $g \in C^\alpha(\overline{D})$ 且 $g|_{\partial D} = 0$, 则 $v \in C^{1,\alpha}(\overline{\mathcal{C}})$ 且 $u \in C^{1,\alpha}(\overline{D})$.

(5) 如果 $g \in C^{1,\alpha}(\overline{D})$ 且 $g|_{\partial D} = 0$, 则 $v \in C^{2,\alpha}(\overline{\mathcal{C}})$ 且 $u \in C^{2,\alpha}(\overline{D})$.

证明略.

第 4 章　分数阶微积分的数值逼近

近年来分数阶微积分被广泛地应用于反常扩散、黏弹性本构建模、信号处理、控制、流体力学、图像处理、软物质研究等领域. 相比较于整数阶微积分, 分数阶微积分可以更简洁准确地描述具有历史记忆和空间全域相关性等复杂力学与物理过程, 由此出现一系列的分数阶微分方程. 尽管有些分数阶微分方程的解析解可以求出来, 但人们注意到, 很多分数阶微分方程的解析解是由比较特殊的函数来表示, 而要数值地表示这些特殊的函数是很困难的, 并且有些非线性方程是不可能求出其解析解的. 因此, 人们越来越关注分数阶微分方程的数值方法. 但是由于分数阶微积分具有历史依赖性与全域相关性, 分数阶微分方程的数值模拟的计算量和存储量极大, 即便采用高性能计算机, 也很难进行长时间历程 (随着时间历程的增加计算量成指数增长) 或大计算域的模拟. 目前虽然有一些学者提出了短记忆原理 (Short Memory) 来克服这一困难, 但如 Ford 等教授指出, 短记忆原理在某些问题上表现计算的不稳定性, 也就是说, 短记忆原理只对很少一些情况有效, 并不具有普适性. 因而长时间历程问题的解决任重道远. 另外, 数值方法的稳定性至今缺乏系统的分析研究, 高维分数阶微分方程的数值方法目前研究也还较少, 特别是非线性分数阶微分方程.

接下来的三章我们主要讨论分数阶微分方程的数值计算. 现阶段, 分数阶导数方程的数值算法主要包括: (1) 有限差分法: Euler 显式格式、Eiler 隐式格式、Crank-Nicolson 格式、预估校正算法等. (2) 级数逼近法: Adomian 分解法、变分迭代法、同伦摄动法、通论分析法、微分转换法等. (3) 有限元法. (4) 其他方法: 如谱方法、无网格法等. 以上这些数值算法各有优缺点, 不同的条件与方程适用于不同的算法, 另外, 现有的不少算法的理论分析, 如稳定性、收敛性分析等还不严格 (或者缺少).

首先, 我们给出几种基本的数值计算分数阶导数 (积分) 的方法及其思想: 这些方法主要基于 Grünwald-Letnikov 分数阶微积分的定义展开、Riemann-Liouville 分数阶微积分数值离散、数值积分公式的应用以及经典差分逼近格式的推广等.

这里, 我们假设函数 $f(t)$ 在区间 $[a,T]$ 上充分光滑, 并记 $t_j=a+jh, f(t_j)=f_j, j=0,1,\cdots,[(T-a)/h]$. 另有如下记号:

$$b_j^{(\alpha)}=(j+1)^{1-\alpha}-j^{1-\alpha},$$

$[x]$ 表示对 x 取整, 即是一个不超过 x 的最大整数.

4.1　分数阶微积分定义及其相互关系

分数阶的定义有多种, 定义的不同也会带来算法形式的差异, 且会造成算法稳定性证明与精度分析方法的不同. 但对于实际应用中的分数阶微分方程的数值方法的介绍, 下面三种常见的分数阶微积分的定义足够.

1. Grünwald-Letnikov 分数阶导数定义

经典的整数阶导数由各阶向后差商的极限定义:

$$\frac{\mathrm{d}f(t)}{\mathrm{d}t}=\lim_{h\to 0}\frac{1}{h}\Big(f(t)-f(t-h)\Big),$$

$$\frac{\mathrm{d}f^2(t)}{\mathrm{d}t^2}=\lim_{h\to 0}\frac{1}{h^2}\Big(f(t)-2f(t-h)+f(t-2h)\Big),$$

$$\cdots\cdots$$

$$\begin{aligned}\frac{\mathrm{d}f^n(t)}{\mathrm{d}t^n}&=\lim_{h\to 0}\frac{1}{h^n}\sum_{k=0}^{n}(-1)^k\binom{n}{k}f(t-kh)\\&=\lim_{h\to 0}\frac{1}{h^n}\sum_{k=0}^{\infty}\frac{(-1)^k\Gamma(n+1)}{\Gamma(k+1)\Gamma(n-k+1)}f(t-kh),\quad n\in\mathbf{N};\end{aligned}\tag{4.1.1}$$

其中, 当 $k>n$ 时, $\binom{n}{k}=0$.

将上式整数阶导数的定义推广到任意阶, 即将式 (4.1.1) 中的 n 用任意实数 α 取代, 可以得到标准的 Grünwald-Letnikov 分数阶导数定义:

$${}^{GL}\mathcal{D}^{\alpha}f(t)=\lim_{h\to 0}\frac{1}{h^\alpha}\sum_{k=0}^{\infty}\frac{(-1)^k\Gamma(\alpha+1)}{\Gamma(k+1)\Gamma(\alpha-k+1)}f(t-kh),\quad \alpha>0.\tag{4.1.2}$$

假设函数 $f(t)$ 定义在区间 $[a,T]$ 上, 且 $f(t)=0,\forall t<a$, 那么 Grünwald-Letnikov 分数阶导数可写成

$${}^{GL}\mathcal{D}^{\alpha}f(t)=\lim_{h\to 0}\frac{1}{h^\alpha}\sum_{k=0}^{[(t-a)/h]}\omega_k^{(\alpha)}f(t-kh),\quad \alpha>0.\tag{4.1.3}$$

其中, $\omega_k^{(\alpha)}=(-1)^k\binom{\alpha}{k}=\dfrac{(-1)^k\Gamma(\alpha+1)}{\Gamma(k+1)\Gamma(\alpha-k+1)}$ 称为 Grünwald-Letnikov 系数.

由参考文献 [153], 另一种所谓的移位的 Grünwald-Letnikov 分数阶导数 (Shifted Grünwald-Letnikov Formula) 定义为

$${}^{GL}\mathcal{D}^{\alpha}f(t)=\lim_{h\to 0}\frac{1}{h^\alpha}\sum_{k=0}^{[(t-a)/h+p]}\omega_k^{(\alpha)}f(t-(k-p)h),\quad \alpha>0.\tag{4.1.4}$$

2. Riemann-Liouville 分数阶积分、微分算子

n 阶积分 (n 为自然数, 即整数阶积分):

$${}_0\mathcal{D}^{-n}f(t)=\frac{1}{\Gamma(n)}\int_0^t(t-\tau)^{n-1}f(\tau)\mathrm{d}\tau,\tag{4.1.5}$$

将式 (4.1.5) 中的 n 用任意实数 α 取代, 可以得到 Riemann-Liouville 分数阶积分的定义

$${}_a\mathcal{D}^{-\alpha}f(t)=\frac{1}{\Gamma(\alpha)}\int_a^t(t-\tau)^{\alpha-1}f(\tau)\mathrm{d}\tau,\tag{4.1.6}$$

令 $\beta = m-\alpha(m-1<\beta\leqslant m)$, m 为整数. 而 Riemann-Liouville 分数阶导数 (β 阶) 定义为

$$\begin{aligned}{}_a\mathcal{D}^{\beta}f(t) &= {}_a\mathcal{D}^m\ {}_a\mathcal{D}^{-\alpha}f(t)\\ &= \frac{\mathrm{d}^m}{\mathrm{d}t^m}\Big[\frac{1}{\Gamma(\alpha)}\int_a^t(t-\tau)^{\alpha-1}f(\tau)\mathrm{d}\tau\Big].\end{aligned} \tag{4.1.7}$$

特别地, 当 $a=-\infty$ 时, 式 (4.1.7) 称为 Liouville 分数阶导数. 显然, 若 $t\leqslant a$ 时, $f(t)=0$, 则 Riemann-Liouville 分数阶导数与 Liouville 分数阶导数等价.

3. Caputo 分数阶导数

另一种称为 Caputo 分数阶导数的定义为

$${}_a^C\mathcal{D}^{\alpha}f(t) = \begin{cases}\dfrac{1}{\Gamma(m-\alpha)}\displaystyle\int_a^t(t-\tau)^{m-\alpha-1}f^{(m)}(\tau)\mathrm{d}\tau, & m-1\leqslant\alpha<m;\\ f^{(m)(t)}, \quad \alpha=m,\end{cases} \tag{4.1.8}$$

其中, m 为整数. 特别地, 当 $a=0$ 时, ${}_a^C\mathcal{D}^{\alpha}f(t)$ 简记为 ${}^C\mathcal{D}^{\alpha}f(t)$.

4. 三种分数阶导数的关系及其与整数阶导数的本质区别

命题 4.1.1[154]　设 $m-1<\alpha\leqslant m, m\in\mathbf{N}, f(t)\in C^m[a,b]$, 那么

$${}^{GL}\mathcal{D}^{\alpha}f(t) = {}_a\mathcal{D}^{\alpha}f(t). \tag{4.1.9}$$

命题 4.1.2[154]　设 $m-1<\alpha\leqslant m, m\in\mathbf{N}$, ${}_a\mathcal{D}^{\alpha}f(t)$ 存在, 且在初始点 $t=a$ 处, 函数 $f(t)$ 存在 $m-1$ 阶导数, 那么

$${}_a^C\mathcal{D}^{\alpha}f(t) = {}_a\mathcal{D}^{\alpha}[f-T_{m-1}[f;a]](t) = {}_a\mathcal{D}^{\alpha}f(t) - \sum_{k=0}^{m-1}\frac{f^{(k)}(a)}{\Gamma(k-\alpha+1)}(t-a)^{k-\alpha}, \tag{4.1.10}$$

其中, $T_{m-1}[f;a]$ 为函数 f 的 $m-1$ 阶 Taylor 多项式:

$$T_{m-1}[f;a] = \sum_{k=0}^{m-1}\frac{(t-a)^k}{k!}f^{(k)}(a).$$

注 4.1.1　① Riemann-Liouville 导数与 Grünwald-Letnikov 导数在一个比较弱的条件下等价, 这对于物理等许多应用问题, 该条件自然能满足, 所以通常我们指这两种分数阶导数等价.

② 当 $f^{(k)}(a)=0,\ k=0,1,\cdots,m$ 时, Caputo 分数阶导数与 Riemann-Liouville 分数阶导数等价.

③ 在命题 4.1.2 的条件下, 三种导数的关系可以表示为

$${}^{GL}\mathcal{D}^{\alpha}f(t) = \sum_{k=0}^{m-1}\frac{f^{(k)}(a)}{\Gamma(k-\alpha+1)}(t-a)^{k-\alpha} + {}_a^C\mathcal{D}^{\alpha}f(t) = {}_a\mathcal{D}^{\alpha}f(t). \tag{4.1.11}$$

④ 分数阶导数与整数阶导数最主要的区别是: 分数阶导数是非局部算子, 整数阶导数则为局部算子. 这从 Riemann-Liouville 及 Caputo 定义中的积分区间可以看出.

4.2 Riemann-Liouville 分数阶微积分的 G 算法

根据 Grünwald-Letnikov 定义 (4.1.3), 一种简单有效的逼近 Riemann-Liouville 分数阶导数 $\mathcal{D}^\alpha f(t)$ 的方式为：去掉 Grünwald-Letnikov 定义中的极限号, 就可得到由有限个点表示的分数阶导数的离散形式, 我们称之为 Grünwald-Letnikov 逼近公式. Grünwald-Letnikov 逼近公式是最常用来数值逼近 Riemann-Liouville 分数阶导数的方式之一, 因为一般情况下, Riemann-Liouville 分数阶导数等价于 Grünwald-Letnikov 分数阶导数. 它是数值计算分数阶微分 (积分) 的最早采用的算法之一 (参见文献 [46] 中 Chapter 7 和文献 [155] 中 §8.2). 具体表述为

$$ {}_a\mathcal{D}_t^\alpha f(t) \approx h^{-\alpha} \sum_{k=0}^{[(t-a)/h]} \omega_k^{(\alpha)} f(t-kh) := \left({}_a\mathcal{D}^\alpha f(t)\right)_{GL}. \tag{4.2.1} $$

当 $f(a)=0$ 时, 并取 $h=\dfrac{t-a}{N}$, 再利用关系式

$$ \omega_j^{(\alpha)} = (-1)^j \binom{\alpha}{j} = \binom{j-\alpha-1}{j} = \frac{\Gamma(j-\alpha)}{\Gamma(-\alpha)\Gamma(j+1)}, \tag{4.2.2} $$

于是得到如下具体逼近格式：

$$ {}_a\mathcal{D}_t^\alpha f(t) \approx \left\{ \frac{[\frac{t-a}{N}]^{-\alpha}}{\Gamma(-\alpha)} \sum_{j=0}^{N-1} \frac{\Gamma(j-\alpha)}{\Gamma(j+1)} f\left(t - j\left[\frac{t-a}{N}\right]\right) \right\}. \tag{4.2.3} $$

特别地, 当 $a=0$ 时, 逼近格式变为

$$ {}_0\mathcal{D}_t^\alpha f(t) \approx \frac{t^{-\alpha} N^\alpha}{\Gamma(-\alpha)} \sum_{j=0}^{N-1} \frac{\Gamma(j-\alpha)}{\Gamma(j+1)} f\left(t - \frac{jt}{N}\right). \tag{4.2.4} $$

我们称此差分逼近格式为“G1 算法”.

G1 算法可表示为

$$ \left({}_a\mathcal{D}_t^\alpha f(t_n)\right)_{G1} = h^{-\alpha} \sum_{k=0}^{n} \omega_k^{(\alpha)} f_{n-k}. \tag{4.2.5} $$

我们也称之为“分数阶向后差商”逼近格式.

同理, 由移位的 Grünwald-Letnikov 分数阶导数定义 (4.1.4) 可得如下逼近：

$$ {}_a\mathcal{D}_t^\alpha f(t) \approx h^{-\alpha} \sum_{k=0}^{[(t-a)/h+p]} \omega_k^{(\alpha)} f(t-(k-p)h) := \left({}_a\mathcal{D}^\alpha f(t)\right)_{G_{S(p)}}, \tag{4.2.6} $$

我们称之为移位的 Grünwald(Shifted Grünwald) 离散格式, 简称为“$G_{S(p)}$ 算法”.

一般地, p 为非负整数, 则 $G_{S(p)}$ 算法可表示为

$$ \left({}_a\mathcal{D}_t^\alpha f(t_n)\right)_{G_{S(p)}} = h^{-\alpha} \sum_{k=0}^{[(t-a)/h]+p} \omega_k^{(\alpha)} f_{n-k+p}. \tag{4.2.7} $$

Grünwald-Letnikov 系数 $\omega_j^{(\alpha)} = (-1)^j \begin{pmatrix} \alpha \\ j \end{pmatrix}$ 实际上是生成函数 $\omega(z) = (1-z)^\alpha$ 的泰勒展开多项式系数, 该系数还可以更简单地由下面的递推公式直接求出

$$\omega_0^{(\alpha)} = 1, \quad \omega_j^{(\alpha)} = \left(1 - \frac{\alpha+1}{j}\right)\omega_{j-1}^{(\alpha)}, \quad j = 1, 2, \cdots. \tag{4.2.8}$$

另外, Oldham 和 Spanier[155] 于 1974 年发现如下逼近格式:

$${}_a\mathcal{D}_t^{-1} f(t) = \lim_{h \to 0} h \sum_{j=0}^{[\frac{t-a}{h} - \frac{1}{2}]} f\left(t - \left(j + \frac{1}{2}\right)h\right), \tag{4.2.9}$$

$${}_a\mathcal{D}_t^{1} f(t) = \lim_{h \to 0} h^{-1} \sum_{j=0}^{[\frac{t-a}{h} + \frac{1}{2}]} (-1)^j f\left(t - \left(j - \frac{1}{2}\right)h\right). \tag{4.2.10}$$

该逼近格式具有快速收敛性质, 由此推广得到一种改进的 Grünwald-Letnikov 分数阶导数定义 [即对式 (4.1.4) 中取 $p = \alpha/2$]

$${}_a\mathcal{D}_t^{\alpha} f(t) = \lim_{h \to 0} \frac{h^{-\alpha}}{\Gamma(-\alpha)} \sum_{j=0}^{[(t-a)/h + \alpha/2]} \frac{\Gamma(j-\alpha)}{\Gamma(j+1)} f\left(t - \left(j - \frac{1}{2}\alpha\right)h\right). \tag{4.2.11}$$

当 $a = 0$ 时, 式 (4.2.11) 变为

$${}_0\mathcal{D}_t^{\alpha} f(t) = \lim_{h \to 0} \frac{h^{-\alpha}}{\Gamma(-\alpha)} \sum_{j=0}^{[t/h + \alpha/2]} \frac{\Gamma(j-\alpha)}{\Gamma(j+1)} f\left(t - \left(j - \frac{1}{2}\alpha\right)h\right). \tag{4.2.12}$$

并由此提出了“分数阶中心差商”逼近格式 (去掉极限符号), 一般称之为“G2 算法”. 该逼近公式用到了非网格点上的函数值, 所以需要插值计算这些函数值. 比如采用三个点的插值公式:

$$\begin{aligned} f\left(t - \left(j - \frac{1}{2}\alpha\right)h\right) \approx &\left(\frac{\alpha}{4} + \frac{\alpha^2}{8}\right) f(t-(j-1)h) \\ &+ \left(1 - \frac{\alpha^2}{4}\right) f(t-jh) + \left(\frac{\alpha^2}{8} - \frac{\alpha}{4}\right) f(t-(j+1)h), \end{aligned} \tag{4.2.13}$$

则 G2 算法可表示为

$$\begin{aligned} \left({}_a\mathcal{D}_t^{\alpha} f(t_n)\right)_{G2} = h^{-\alpha} \sum_{j=0}^{n-1} \omega_j^{(\alpha)} \Big\{ &f_{n-j} + \frac{1}{4}\alpha\left(f_{n-j+1} - f_{n-j-1}\right) \\ &+ \frac{1}{8}\alpha^2\left(f_{n-j+1} - 2f_{n-j} + f_{n-j-1}\right)\Big\}. \end{aligned} \tag{4.2.14}$$

注 4.2.1　G1、G2 及 G_S 算法都是基于 Grünwald-Letnikov 分数阶微积分定义推导而来的, 既可以用来数值计算分数阶导数 ($\alpha \geqslant 0$) 也可以用来数值计算分数阶积分 ($\alpha \leqslant 0$).

定理 4.2.1[153]　假设 $f(t) \in L_1(\mathbf{R})$, 且 $f \in \wp^{\alpha+1}(\mathbf{R})$, 令

$$A_h f(t) = h^{-\alpha} \sum_{k=0}^{\infty} \omega_k^{(\alpha)} f(t-(k-p)h), \tag{4.2.15}$$

其中, p 为非负实数. 令 $Af(t) = {}_{\infty}\mathcal{D}^{\alpha}f(t)$, 为 Liouville 分数阶导数 [即 Riemann-Liouville 分数阶导数当 $a=-\infty$ 的情形, 见式 (4.1.7)], 那么, 当 $h \to 0$ 时,

$$A_h f(t) = Af(t) + O(h), \quad t \in \mathbf{R}. \tag{4.2.16}$$

证明: 令 $\hat{f}(k) = \mathscr{F}\{f(t);k\} = \int_{-\infty}^{\infty} \mathrm{e}^{\mathrm{i}kt} f(t)\mathrm{d}t$ 为函数 $f(t)$ 的 Fouier 变换. 则 $\{f(t-h);k\} = \mathrm{e}^{\mathrm{i}kh}\hat{f}(k)$.

对于任意的复数 z 及 $\alpha > 0$, 有

$$(1-z)^{\alpha} = \sum_{k=0}^{\infty}(-1)^k \begin{pmatrix} \alpha \\ k \end{pmatrix} z^k = \sum_{k=0}^{\infty} \omega_k^{(\alpha)} z^k, \tag{4.2.17}$$

则对式 (4.2.15) 作傅里叶变换得

$$\begin{aligned}
\mathscr{F}\{A_h f(t);k\} &= h^{-\alpha}\sum_{m=0}^{\infty}\omega_k^{(\alpha)}\mathrm{e}^{\mathrm{i}k(m-p)h}\hat{f}(k) \\
&= h^{-\alpha}\mathrm{e}^{-\mathrm{i}kph}\hat{f}(k)\sum_{m=0}^{\infty}\omega_k^{(\alpha)}\mathrm{e}^{\mathrm{i}kmh} \\
&= h^{-\alpha}\mathrm{e}^{-\mathrm{i}kph}\hat{f}(k)(1-\mathrm{e}^{\mathrm{i}kh}) \\
&= (-\mathrm{i}k)^{\alpha}\phi(-\mathrm{i}kh)\hat{f}(k),
\end{aligned} \tag{4.2.18}$$

其中

$$\phi(z) = \left(\frac{1-\mathrm{e}^{-z}}{z}\right)^{\alpha}\mathrm{e}^{zp} = 1 - \left(p - \frac{\alpha}{2}\right)z + O(|z|^2). \tag{4.2.19}$$

显然, 存在 $c > 0$, 使

$$|\phi(-\mathrm{i}x) - 1| \leqslant c|x|, \quad \forall x \in \mathbf{R}.$$

于是有

$$\begin{aligned}
\mathscr{F}\{A_h f(t);k\} &= (-\mathrm{i}k)^{\alpha}\hat{f}(k) + (-\mathrm{i}k)^{\alpha}\hat{f}(k)[\phi(-\mathrm{i}kh)-1] \\
&= \mathscr{F}\{Af(t);k\} + \hat{\varphi}(h,k),
\end{aligned} \tag{4.2.20}$$

其中, $\hat{\varphi}(h,k) = (-\mathrm{i}k)^{\alpha}[\phi(-\mathrm{i}kh)-1]\hat{f}(k)$, 且 $|\hat{\varphi}(h,k)| \leqslant |k|^{\alpha}c|hk||\hat{f}(k)|$. 由于 $f(t) \in L_1(\mathbf{R})$, 且 $f \in \wp^{\alpha+1}(\mathbf{R})$, 所以

$$I = \int_{-\infty}^{\infty}(1+|k|)^{\alpha+1}|\hat{f}(k)|\mathrm{d}k < \infty.$$

于是

$$|\varphi(h,x)| = \left|\frac{1}{2\pi\mathrm{i}}\int_{-\infty}^{\infty}\mathrm{e}^{-\mathrm{i}kx}\hat{\varphi}(h,k)\mathrm{d}k\right| \leqslant Ich.$$

证毕. □

注 4.2.2 ① 由式 (4.2.19) 得, 当 $p = \alpha/2$ 时, A_h 的误差最小, 可以提高到二阶精度, 但是要用到非网格节点上的函数值, 需要插值计算. 此时对应到逼近公式 (4.2.11), 最后得到 G2 算法.

② 为了方便计算, 避免再用插值, 希望 $t_n-(k-p)h$ 为网格节点, 因此 p 一般取非负整数. 此时最优的情况是选择适当的非负整数 p, 使得 $|p-\alpha/2|$ 最小. 显然, 当 $0<\alpha\leqslant 1$ 时, $p=0$ 最优; 当 $1<\alpha\leqslant 2$ 时, $p=1$ 最优.

③ 若 $t\leqslant 0$ 时, $f(t)=0$, 则 $A_hf(t)$ 为有限和, 而 $Af(t)$ 与 R-L 分数阶导数等价, 这说明当函数 $f(t)$ 在初始点处充分光滑且 $f(a)=0$ 时, G 算法具有一阶精度. 即有下面结论:

推论 4.2.1[46, 154] 假设 $f\in C^n[a,T],\alpha\geqslant 0,n=[\alpha],N=(T-a)/h\in\mathbf{N}$, 则有限 Grünwald-Letnikov 分数阶微分算子

$$\left({}_a\mathcal{D}^\alpha f(t)\right)_{G_{s(p)}}=h^{-\alpha}\sum_{k=0}^{[(t-a)/h+p]}\omega_k^{(\alpha)}f(t-(k-p)h) \tag{4.2.21}$$

为 Riemann-Liouville 分数阶微分算子 ${}_a\mathcal{D}_t^\alpha$ 的一阶逼近的充分必要条件是 $f(a)=0$, 即

$$\left({}_a\mathcal{D}^\alpha f(t)\right)_{G_{s(p)}}=\mathcal{D}_t^\alpha f(t)+O(h)\Leftrightarrow f(a)=0.$$

而当 $f(a)\neq 0$ 时, 则有

$$\left({}_a\mathcal{D}^\alpha f(t)\right)_{G_{s(p)}}=\mathcal{D}_t^\alpha f(t)+O(h)+O(f(a)).$$

下面用 $G_s(p)$ 算法计算 $\sin(x)$ 分数阶导数在 $x=1$ 时的值. 根据分数阶微积分的性质有[46]

$$\mathcal{D}^\alpha\sin t=\begin{cases}t^{1-\alpha}\displaystyle\sum_{i=0}^{\infty}\frac{(-1)^{\mathrm{i}}t^{2\mathrm{i}}}{\Gamma(2\mathrm{i}+2-\alpha)}, & 0<\alpha<1;\\ t^{2-\alpha}\displaystyle\sum_{i=0}^{\infty}\frac{(-1)^{\mathrm{i}+1}t^{2\mathrm{i}+1}}{\Gamma(2\mathrm{i}+4-\alpha)}, & 1<\alpha<2.\end{cases} \tag{4.2.22}$$

$G_s(p)$ 算法计算得到误差如表 4.2.1 所示. 由表 4.2.1 中的数据可以看出各方法的收敛性, 且收敛阶为 1 阶 (误差随着步长减半而减半). 并且进一步可以看出, 当 $\alpha=0.2$ 时, $p=0$ 时方法最优 (误差最小); 而当 $\alpha=1.6$ 时, $p=1$ 时方法最优 (误差最小), 这与注 4.2.2 一致.

表 4.2.1　不同步长下各方法的误差

h	$\alpha=0.2$			$\alpha=1.6$		
	$p=0$	$p=1$	$p=2$	$p=0$	$p=1$	$p=2$
0.1	−0.0032	0.0243	0.0412	0.0890	−0.0214	−0.1249
0.05	−0.0016	0.0132	0.0254	0.0439	−0.0108	−0.0637
0.01	−3.1650e-004	0.0028	0.0058	0.0087	−0.0022	−0.0130
0.005	−1.5826e-004	0.0014	0.0030	0.0043	−0.0011	−0.0065
0.001	−3.1653e-005	2.8447e-004	5.9954e-004	8.6735e-004	−2.1676e-004	−0.0013
0.0005	−1.5827e-005	1.4234e-004	3.0024e-004	4.3362e-004	−1.0838e-004	−6.5022e-004

4.3　Riemann-Liouville 分数阶导数的 D 算法

1997 年, Kai Diethelm[156] 提出采用有限部积分 (Finite-Part Integrals) 的数值积分公式 (见参考文献 [157]) 来数值逼近分数阶微积分.

引理 4.3.1[46, 154] 设 $m-1<\alpha<m, m\in\mathbf{N}, \alpha\notin\mathbf{N}$, 函数 $f\in C^m[0,T]$ 且 $t\in[0,T]$, 那么, Reimann-Liouville 分数阶导数可用如下 Hadamard finite-part 积分表示:

$$\mathcal{D}^\alpha f(t)=\frac{1}{\Gamma(-\alpha)}\int_0^t\frac{f(\tau)}{(t-\tau)^{\alpha+1}}\mathrm{d}\tau. \tag{4.3.1}$$

同样, Caputo 型分数阶导数也可以由 Hadamard finite-part 积分表示

$${}^C\mathcal{D}^\alpha f(t)=\frac{1}{\Gamma(-\alpha)}\int_0^t\frac{f(\tau)-T_{m-1}[f;0](\tau)}{(t-\tau)^{\alpha+1}}\mathrm{d}\tau. \tag{4.3.2}$$

为了分析式 (4.3.1) 由 Hadamard finite-part 积分表示的 Reimann-Liouville 分数阶导数的数值算法, 首先将变量区间 $[0,t]$ 变换到 $[0,1]$, 并取等距离网格节点 $t_j=jh$. 则 Reimann-Liouville 分数阶导数式 (4.3.1) 可以表示为

$${}_0\mathcal{D}_t^\alpha f(t_n)=\frac{t_n^{-\alpha}}{\Gamma(-\alpha)}\int_0^1\frac{f(t_n-t_n\xi)}{\xi^{\alpha+1}}\mathrm{d}\xi=\frac{t_n^{-\alpha}}{\Gamma(-\alpha)}\int_0^1\frac{g_n(\xi)}{\xi^{\alpha+1}}\mathrm{d}\xi, \tag{4.3.3}$$

其中, $g_n(\xi)=f(t_n-t_n\xi)$.

因此, 数值计算 Reimann-Liouville 分数阶导数的任务就转为如何数值计算 Hadamard finite-part 积分

$$\int_0^1\frac{g(\xi)}{\xi^{\alpha+1}}\mathrm{d}\xi.$$

可采用 Diethelm 构造的复化数值积分公式[157] 进行数值计算, 具体步骤如下: 首先对积分区间 $[0,1]$ 做网格剖分: $0=x_0<x_1<\cdots<x_n=1$; 接着插值计算被积函数 g: 插值函数 $\tilde{g}_d$ 是在每个子区间 $[t_{l-1},t_l](l=1,2,\cdots,n)$ 上的 $d+1$ 个等距节点 $x_{l-1}+\dfrac{\mu}{d}(x_l-x_{l-1})$, $\mu=0,1,\cdots,d$ 插值所得的 d 次多项式. 而分段多项式 $\tilde{g}_d$ 的加权 (权函数 $\xi^{-\alpha-1}$) 积分可以精确计算, 于是得到数值积分公式:

$$Q_n[g]=\int_0^1\frac{\tilde{g}_d(\xi)}{\xi^{\alpha+1}}\mathrm{d}\xi,$$

它依赖于 n,d,α 以及网格剖分.

特别地, 取 $x_k=k/j,\ \ k=0,1,\cdots,j$, 并做分段线性插值, 即令 $d=1$, 得

$$Q_n[g]\approx\sum_{k=0}^n w_{k,n}g(k/n),$$

其中

$$\begin{aligned}w_{k,n}&=\frac{n^\alpha}{\alpha(1-\alpha)}\begin{cases}-1, & k=0,\\ 2k^{1-\alpha}-(k-1)^{1-\alpha}-(k+1)^{1-\alpha}, & 1\leqslant k\leqslant n-1,\\ (\alpha-1)n^{-\alpha}-(n-1)^{1-\alpha}+n^{1-\alpha}, & k=n,\end{cases}\\ &=\frac{n^\alpha}{\alpha(1-\alpha)}\begin{cases}-1, & k=0,\\ b_{k-1}^{(\alpha)}-b_k^{(\alpha)}, & 1\leqslant k\leqslant n-1,\\ (\alpha-1)n^{-\alpha}-b_{n-1}^{(\alpha)}, & k=n.\end{cases}\end{aligned} \tag{4.3.4}$$

于是得到 Riemann-Liouville 分数阶导数的逼近格式

$$\mathcal{D}^{\alpha}f(t_n)\approx\frac{t_n^{-\alpha}}{\Gamma(-\alpha)}\sum_{k=0}^{n}w_{k,n}f(t_n-kh):=\Big(\mathcal{D}^{\alpha}f(t_n)\Big)_D. \tag{4.3.5}$$

我们将其称为“D 算法”.

定理 4.3.1　若 $\alpha\in(0,2),\alpha\neq1,f(t)\in\mathcal{C}^2[0,T],t_n=nh\in[0,T]$, 那么存在与 α 有关的常数 $c_\alpha>0$, D 算法的截断误差满足

$$\left|\mathcal{D}^{\alpha}f(t_n)-\Big(\mathcal{D}^{\alpha}f(t_n)\Big)_D\right|\leqslant c_\alpha\|f''\|_\infty h^{2-\alpha}. \tag{4.3.6}$$

证明见参考文献 [158](定理 2.3) 及参考文献 [156](引理 2.2).

下面再用 D 算法计算 $\sin(x)$ 分数阶导数在 $x=1$ 时的值, 得到误差如表 4.3.1 所示. 由表格数据可以看出, 对于不同的 α, 误差随着步长 h 的减小而减小, 即方法收敛. 为了进一步观察方法的收敛精度, 我们描出了误差与步长 h 的关系, 如图 4.3.1 所示, 其中两坐标均为对数坐标, 虚线分别表示不同 α 取值下步长与绝对误差的对数关系, 实线则是表示 $y=(2-\alpha)x$ 的直线.

表 4.3.1　不同步长下的误差

h	$\alpha=0.01$	$\alpha=0.5$	$\alpha=1.5$
0.01	4.8999e-007	1.9018e-004	0.0693
0.002	2.4486e-008	1.7370e-005	0.0310
0.001	6.6534e-009	6.1709e-006	0.0219
0.0002	3.1609e-010	5.5547e-007	0.0098
0.0001	8.4463e-011	1.9668e-007	0.0069

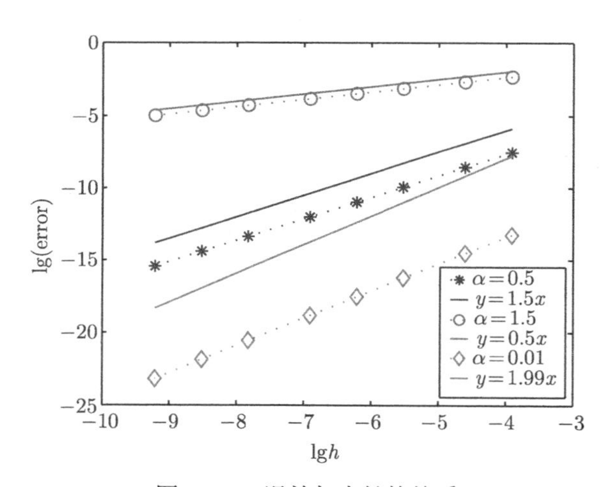

图 4.3.1　误差与步长的关系

由图 4.3.1 可以看出, 不同 α 取值下, 绝对误差的对数与步长对数均为直线关系, 且与 $y=(2-\alpha)x$ 的直线平行, 表明方法是 $2-\alpha$ 阶收敛精度, 即 $|\mathcal{D}^{\alpha}f(t_n)-\Big(\mathcal{D}^{\alpha}f(t_n)\Big)_D|=O(h^{2-\alpha})$.

将这一算法构造思想应用到 Caputo 型分数阶导数上, 或者直接根据两种导数之间的关系, 可以得到类似的结果. 另外, 当 $\alpha < 0$ 时公式也成立, 即为 R2 算法, 二阶收敛.

4.4 Riemann-Liouville 分数阶积分的 R 算法

如何数值计算分数阶积分方程, 特别是线性和非线性的Abel积分方程, 以及含分数阶积分算子的积分微分方程, 关键是寻找好的数值方法求解Riemann-Liouville积分式. 下面我们介绍Lubich离散分数阶积分的方法(可参见Lubich等的相关文章, 见参考文献[159]).

Riemann-Liouville 分数阶积分的定义 (设 $q<0$):

$$ {}_0\mathcal{J}_t^{-q}f(t) = {}_0\mathcal{D}_t^q f(t) = \frac{1}{\Gamma(-q)}\int_0^t \frac{f(\tau)}{(t-\tau)^{q+1}}\mathrm{d}\tau = \frac{1}{\Gamma(-q)}\int_0^t \frac{f(t-\tau)}{\tau^{q+1}}\mathrm{d}\tau \tag{4.4.1} $$

各种数值积分公式的应用可以得到不同数值求解 Riemann-Liouville 分数阶积分的方法, 比如各种复化数值积分公式的应用, 即再将式 (4.4.1) 写成

$$ {}_0\mathcal{J}_t^{-q}f(t) = {}_0\mathcal{D}_t^q f(t) = \frac{1}{\Gamma(-q)}\sum_{j=0}^{[t/h]}\int_{t_j}^{t_{j+1}} \frac{f(t-\tau)}{\tau^{q+1}}\mathrm{d}\tau. \tag{4.4.2} $$

数值求解分数阶 Riemann-Liouville 分数阶积分的关键就转化为如何数值逼近式 (4.4.2) 的各项积分, 我们把这一类方法称为 R 算法.

若采用复化矩形积分公式进行积分的数值计算, 则有

$$ \begin{aligned} {}_0\mathcal{J}_t^{-q}f(t_n) = {}_0\mathcal{D}_t^q f(t_n) &= \frac{1}{\Gamma(-q)}\sum_{j=0}^{n-1}\int_{t_j}^{t_{j+1}} \frac{f(t_n-\tau)}{\tau^{q+1}}\mathrm{d}\tau \\ &\approx \frac{1}{\Gamma(-q)}\sum_{j=0}^{n-1} f(t_n-t_{j+1})\int_{t_j}^{t_{j+1}} \frac{1}{\tau^{q+1}}\mathrm{d}\tau \\ &= \frac{h^{-q}}{\Gamma(1-q)}\sum_{j=0}^{n-1}[(j+1)^{-q}-j^{-q}]f(t_n-t_{j+1}). \end{aligned} \tag{4.4.3} $$

我们称之为 “R0 算法”, 可以表示为

$$ \left({}_0\mathcal{J}_t^{-q}f(t_n)\right)_{\mathrm{R0}} = \left({}_0\mathcal{D}_t^q f(t_n)\right)_{\mathrm{R0}} =: \frac{h^{-q}}{\Gamma(1-q)}\sum_{j=0}^{n-1} b_j^{(1+q)} f_{n-j-1}. \tag{4.4.4} $$

若利用梯形数值积分公式, 可得

$$ \begin{aligned} \int_{t_j}^{t_{j+1}} \frac{f(t-\tau)}{\tau^{q+1}}\mathrm{d}\tau &\approx \frac{f(t-t_j)+f(t-t_{j+1})}{2}\int_{t_j}^{t_{j+1}} \frac{\mathrm{d}\tau}{\tau^{q+1}} \\ &= \frac{f(t-t_j)+f(t-t_{j+1})}{-2q}(t_{j+1}^{-q}-t_j^{-q}), \end{aligned} \tag{4.4.5} $$

于是得到如下分数阶积分近似法 (我们称之为 R1 算法):

$$ \left({}_0\mathcal{J}_t^{-q}f(t_n)\right)_{\mathrm{R1}} = \left({}_0\mathcal{D}_t^q f(t_n)\right)_{\mathrm{R1}} = \frac{h^{-q}}{2\Gamma(1-q)}\sum_{j=0}^{n-1} b_j^{(1+q)}\Big(f_{n-j}+f_{n-j-1}\Big). \tag{4.4.6} $$

另外, 若采用分段线性插值逼近被积函数 f, 即

$$\int_{t_j}^{t_{j+1}} \frac{f(t-\tau)}{\tau^{q+1}} \mathrm{d}\tau \approx \int_{t_j}^{t_{j+1}} \frac{(1+j-h\tau)f(t-t_j)+(h\tau-j)f(t-t_{j+1})}{\tau^{q+1}} \mathrm{d}\tau, \tag{4.4.7}$$

于是得到如下算法 (我们称之为 R2 算法):

$$\left({}_0\mathcal{J}_t^{-q} f(t_n)\right)_{\mathrm{R2}} = \left({}_0\mathcal{D}_t^{q} f(t_n)\right)_{\mathrm{R2}} = \frac{h^{-q}}{\Gamma(1-q)} \sum_{j=0}^{n-1} \left\{ b_j^{(1+q)} \frac{(j+1)f_{n-j} - jf_{n-j-1}}{-q} + b_j^{(q)} \frac{f_{n-j-1} - f_{n-j}}{1-q} \right\}. \tag{4.4.8}$$

注 4.4.1　①式 (4.4.2) 中的各积分项, 还可以采用其他高阶积分公式, 或者说被积函数 $f(t-\tau)$ 可以采用各种插值多项式逼近, 如分段二次插值等.

② R 算法也可以采用非均匀网格.

③ R 算法的误差精度: R0 为一阶, R1 为 $1-q(-1<q<0)$ 阶, R2 为 2 阶. 具体见参考文献 [160] 及后面的引理 5.2.1 和引理 5.2.2.

现用 R 算法计算 Mittag-Leffler 函数 $f(t)=E_{2,1}(-t^2)$ 在 $t=1$ 时的 Riemann-Liouville 分数阶积分 ${}_0\mathcal{J}_t^{\alpha} f(t)$, Mittag-Leffler 函数由如下级数形式定义:

$$E_{\alpha,\beta}(z) := \sum_{n=0}^{\infty} \frac{z^n}{\Gamma(\alpha n+\beta)}, \quad z \in \mathbf{C}, \beta > 0, \tag{4.4.9}$$

且由分数阶微积分的定义可以推出

$${}_0\mathcal{J}_t^{\alpha} E_{\mu,1}(-t^{\mu}) = t^{\alpha} E_{\mu,1+\alpha}(-t^{\mu}). \tag{4.4.10}$$

表 4.4.1 是 R 算法计算所得的绝对误差值. 由表格可以看出, 对于不同的 α 取值, 误差随着步长 h 的减小而减小, 即方法收敛.

为了进一步观察方法的收敛精度, 我们描出了误差与步长 h 的关系, 如图 4.4.1 和图 4.4.2 所示, 其中两坐标均为对数坐标.

由图 4.4.1 可以看出, 不同 α 取值下, R0 算法和 R2 算法的绝对误差的对数与步长对数均为直线关系, 且分别与直线 $y=x$ 及 $y=2x$ 平行, 表明方法的收敛精度对应为 1 阶和 2 阶. 图 4.4.2 显示 R1 算法的绝对误差的对数与步长对数的仍成直线关系, 但是直线的斜率随着 α 取值不同而不同, 说明方法收敛阶与参数 α 有关. 进一步说, 斜率可以表示为 $1+\alpha$, 即对应与 $y=(1+\alpha)x$ 的直线平行, 表明方法是 $1+\alpha$ 阶收敛精度.

表 4.4.1　不同步长下各方法的误差

h	R0		R1		R2	
	$\alpha=0.05$	$\alpha=0.8$	$\alpha=0.05$	$\alpha=0.8$	$\alpha=0.05$	$\alpha=0.8$
0.01	0.0073	0.0027	0.0031	1.3139e-005	1.7314e-006	7.2609e-006
0.005	0.0036	0.0014	0.0015	4.3150e-006	4.5968e-007	1.8159e-006
0.001	6.9375e-004	2.7149e-004	2.7918e-004	2.9340e-007	2.0747e-008	7.2659e-008
0.0005	3.4217e-004	1.3569e-004	1.3487e-004	8.9663e-008	5.4268e-009	1.8166e-008
0.0001	6.6357e-005	2.7125e-005	2.4892e-005	5.5004e-009	2.3813e-010	7.2668e-010

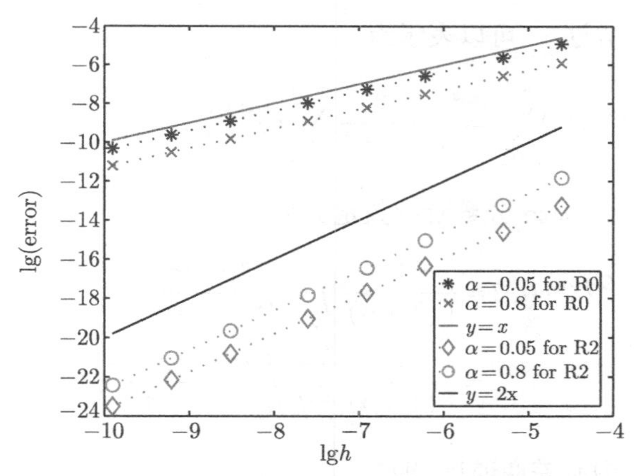

图 4.4.1 R0 算法和 R2 算法的误差与步长的关系

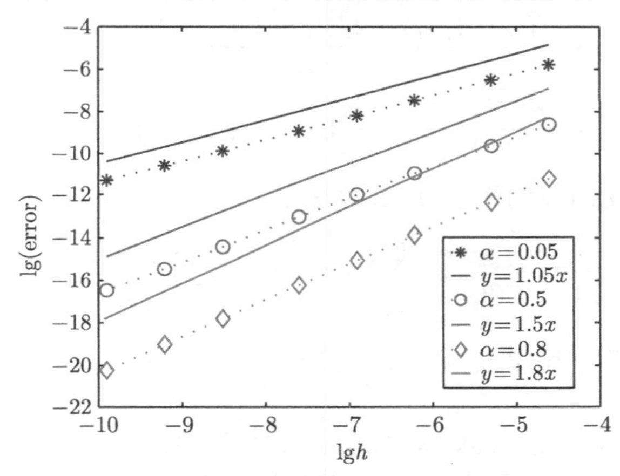

图 4.4.2 R1 算法的误差与步长的关系

4.5 分数阶导数的 L 算法

R 算法是针对 Riemann-Liouville 分数阶积分提出的一种数值逼近方法, 下面将该算法的思想推广到分数阶导数情形. 其基本思想是 将被积函数中出现的 f 的导数直接用数值微分公式逼近.

假设 $0 \leqslant \alpha < 1$, 则 Caputo 分数阶导数为

$$\begin{aligned}
{}^C\mathcal{D}_t^\alpha f(t_n) &= \frac{1}{\Gamma(1-\alpha)} \int_0^{t_n} \frac{f'(\tau)\mathrm{d}\tau}{(t_n-\tau)^\alpha} \\
&= \frac{1}{\Gamma(1-\alpha)} \sum_{j=0}^{n-1} \int_{t_j}^{t_{j+1}} \frac{f'(t_n-\tau)\mathrm{d}\tau}{\tau^\alpha} \\
&\approx \frac{1}{\Gamma(1-\alpha)} \sum_{j=0}^{n-1} \frac{f(t_n-t_j)-f(t_n-t_{j+1})}{h} \int_{t_j}^{t_{j+1}} \tau^{-\alpha}\mathrm{d}\tau \\
&= \frac{h^{-\alpha}}{\Gamma(2-\alpha)} \sum_{j=0}^{n-1} (f_{n-j}-f_{n-j-1})[(j+1)^{1-\alpha}-j^{1-\alpha}]. \qquad (4.5.1)
\end{aligned}$$

我们称之为“L1 算法”, 可以表示为

$$\left({}^{C}\mathcal{D}_{t}^{\alpha}f(t_n)\right)_{L1}=\frac{h^{-\alpha}}{\Gamma(2-\alpha)}\sum_{j=0}^{n-1}b_j^{(\alpha)}(f_{n-j}-f_{n-j-1}). \tag{4.5.2}$$

当 $1\leqslant\alpha<2$ 时, Caputo 分数阶导数定义为

$$\begin{aligned}{}^{C}\mathcal{D}_{t}^{\alpha}f(t_n)&=\frac{1}{\Gamma(2-\alpha)}\int_0^{t_n}\frac{f''(\tau)\mathrm{d}\tau}{(t_n-\tau)^{\alpha}}\\&=\frac{1}{\Gamma(2-\alpha)}\sum_{j=0}^{n-1}\int_{t_j}^{t_{j+1}}\frac{f''(t_n-\tau)\mathrm{d}\tau}{\tau^{\alpha-1}},\end{aligned} \tag{4.5.3}$$

被积函数 f 采用二阶中心差商逼近, 即

$$\begin{aligned}\int_{t_j}^{t_{j+1}}\frac{f''(t_n-\tau)}{\tau^{\alpha-1}}\mathrm{d}\tau&\approx\frac{f(t_n-t_{j-1})-2f(t_n-t_j)+f(t_n-t_{j+1})}{h^2}\int_{t_j}^{t_{j+1}}\frac{\mathrm{d}\tau}{\tau^{\alpha-1}}\\&=\frac{h^{-\alpha}}{2-\alpha}\Big(f_{n-j+1}-2f_{n-j}+f_{n-j-1}\Big)[(j+1)^{2-\alpha}-j^{2-\alpha}],\end{aligned} \tag{4.5.4}$$

于是得到如下逼近算法 (我们称之为 L2 算法):

$$\left({}^{C}\mathcal{D}_{t}^{\alpha}f(t_n)\right)_{L2}:=\frac{h^{-\alpha}}{\Gamma(3-\alpha)}\sum_{j=0}^{n-1}b_j^{(\alpha-1)}\Big(f_{n-j+1}-2f_{n-j}+f_{n-j-1}\Big) \tag{4.5.5}$$

同理, 我们可以推导出 $2\leqslant\alpha<3$, $3\leqslant\alpha<4,\cdots$ 对应的算法 (称它们为 L3 算法、L4 算法等).

另外, 根据 Riemann-Liouville 与 Caputo 导数的关系式 (4.1.10), 这一算法可以推广应用到 Riemann-Liouville 分数阶导数上, 所得的算法与对应的 Caputo 导数情形只是前几项系数不同 [因为根据式 (4.1.10), 需要加上适当初始值]. 最后得到的 Riemann-Liouville 分数阶导数的 L1 算法与 D 算法格式一致 (尽管两者推导方式不同), 具体格式的形式见式 (4.6.5) 和式 (4.6.10)(见下一节). 所以它与 D 算法具有相同的收敛阶.

4.6 分数阶差商逼近的一般通式

前面介绍的几种分数阶微积分的差商逼近格式均可以写成如下统一的形式:

$$\mathcal{D}^{\alpha}f(t_n)\approx h^{-\alpha}\sum_{j=0}^{N}c_{n,j}^{(\alpha)}f_j, \tag{4.6.1}$$

系数 $c_{n,j}^{(\alpha)}$ 依赖于 n,j,α, 但与 f 无关, 由各算法确定, 具体如下:

G1 算法

$$c_{n,j}^{(\alpha)}=\begin{cases}\omega_{n-j}^{(\alpha)}=\dfrac{\Gamma(n-j-\alpha)}{\Gamma(-\alpha)\Gamma(n-j+1)}, & 0\leqslant j\leqslant n;\\ 0, & \text{其他}.\end{cases} \tag{4.6.2}$$

$\mathbf{G}_{s(p)}$ 算法 (p 为正整数)

$$c_{n,j}^{(\alpha)} = \begin{cases} \omega_{n-j+p}^{(\alpha)} = \dfrac{\Gamma(n-j+p-\alpha)}{\Gamma(-\alpha)\Gamma(n-j+p+1)}, & 0 \leqslant j \leqslant n+p; \\ 0, & \text{其他}. \end{cases} \tag{4.6.3}$$

G2 算法

$$c_{n,j}^{(\alpha)} = \begin{cases} \left(\dfrac{\alpha^2}{8} - \dfrac{\alpha}{4}\right)\dfrac{\Gamma(n-1-\alpha)}{\Gamma(-\alpha)\Gamma(n)}, & j=0; \\ \left(1-\dfrac{\alpha}{4}\right)\omega_{n-1}^{(\alpha)} + \left(\dfrac{\alpha^2}{8} - \dfrac{\alpha}{4}\right)\omega_{n-2}^{(\alpha)}, & j=1; \\ \left(\dfrac{\alpha}{4}+\dfrac{\alpha^2}{8}\right)\omega_{n-j-1}^{(\alpha)} + \left(1-\dfrac{\alpha^2}{4}\right)\omega_{n-j}^{(\alpha)} + \left(\dfrac{\alpha^2}{8}-\dfrac{\alpha}{4}\right)\omega_{n-j-1}^{(\alpha)}, & j=2,3,\cdots,n-1; \\ \left(\dfrac{\alpha}{4}+\dfrac{\alpha^2}{8}\right)\omega_1^{(\alpha)} + \left(1-\dfrac{\alpha^2}{4}\right)\omega_0^{(\alpha)}, & j=n; \\ \left(\dfrac{\alpha}{4}+\dfrac{\alpha^2}{8}\right)\omega_0^{(\alpha)}, & j=n+1; \\ 0, & \text{其他}. \end{cases} \tag{4.6.4}$$

D 算法

$$c_{n,j}^{(\alpha)} = \frac{1}{\Gamma(2-\alpha)} \begin{cases} (1-\alpha)n^{-\alpha} + b_{n-1}^{(\alpha)}, & j=0; \\ b_{n-j}^{(\alpha)} - b_{n-j-1}^{(\alpha)}, & 1 \leqslant j \leqslant n-1; \\ 1, & j=n; \\ 0, & \text{其他}. \end{cases} \tag{4.6.5}$$

R0 算法

$$c_{n,j}^{(\alpha)} = \frac{1}{\Gamma(1-\alpha)} \begin{cases} b_{n-j-1}^{(1+\alpha)}, & 0 \leqslant j \leqslant n-1; \\ 0, & \text{其他}. \end{cases} \tag{4.6.6}$$

R1 算法

$$c_{n,j}^{(\alpha)} = \frac{1}{\Gamma(1-\alpha)} \begin{cases} b_{n-1}^{(1+\alpha)}, & j=0; \\ b_{n-j}^{(1+\alpha)} + b_{n-j-1}^{(1+\alpha)}, & 1 \leqslant j \leqslant n-1; \\ 1, & j=n; \\ 0, & \text{其他}. \end{cases} \tag{4.6.7}$$

R2 算法

$$c_{n,j}^{(\alpha)} = \frac{1}{\Gamma(2-\alpha)} \begin{cases} (1-\alpha)n^{-\alpha} - b_{n-1}^{(\alpha)}, & j=0; \\ b_{n-j}^{(\alpha)} - b_{n-j-1}^{(\alpha)}, & 1 \leqslant j \leqslant n-1; \\ 1, & j=n; \\ 0, & \text{其他}. \end{cases} \tag{4.6.8}$$

L1 算法 (Caputo 分数阶导数)

$$c_{n,j}^{(\alpha)}=\frac{1}{\Gamma(2-\alpha)}\begin{cases}-b_{n-1}^{(\alpha)}, & j=0;\\ b_{n-j}^{(\alpha)}-b_{n-j-1}^{(\alpha)}, & 1\leqslant j\leqslant n-1;\\ 1, & j=n;\\ 0, & \text{其他}.\end{cases}\tag{4.6.9}$$

L1 算法 (Riemann-Liouville 分数阶导数)

$$c_{n,j}^{(\alpha)}=\frac{1}{\Gamma(2-\alpha)}\begin{cases}(1-\alpha)n^{-\alpha}-b_{n-1}^{(\alpha)}, & j=0;\\ b_{n-j}^{(\alpha)}-b_{n-j-1}^{(\alpha)}, & 1\leqslant j\leqslant n-1;\\ 1, & j=n;\\ 0, & \text{其他}.\end{cases}\tag{4.6.10}$$

L2 算法 (Caputo 分数阶导数)

$$c_{n,j}^{(\alpha)}=\frac{1}{\Gamma(3-\alpha)}\begin{cases}b_{n-1}^{(\alpha-1)}, & j=0;\\ b_{n-2}^{(\alpha-1)}-2b_{n-1}^{(\alpha-1)}, & j=1;\\ b_{n-j+1}^{(\alpha-1)}-2b_{n-j}^{(\alpha-1)}+b_{n-j-1}^{(\alpha-1)}, & 2\leqslant j\leqslant n-1;\\ 2^{2-\alpha}-3, & j=n;\\ 1, & j=n+1;\\ 0, & \text{其他}.\end{cases}\tag{4.6.11}$$

注 4.6.1　① 通式 (4.6.1) 中 α 可正可负, 分别对应分数阶导数和积分. 对于 G 算法, α 可正可负; R 算法是针对 Riemman-Liouville 分数阶积分的逼近公式; L 算法则是针对分数阶导数的比较公式.

② D 算法、R2 算法及 L1(Riemann-Liouville 型) 算法通式中的系数一致, 虽然它们的推导过程及针对的对象不同, 另外, D 算法要求均匀网格剖分, 而 R 和 L 算法可以推广到非均匀网格上.

③ 通式 (4.6.1) 中的 N 一般取为 $N=n$(包括 G1 算法、D 算法、R2 算法、L1 算法), 特殊的有 R0 算法取 $N=n-1$; G2 算法和 L2 算法取 $N=n+1$; $\mathrm{G}_{s(p)}$ 算法则取 $N=n+p$.

4.7　经典整数阶数值微分、积分公式的推广

4.7.1　经典向后差商及中心差商格式的推广

既然能从整数阶导数的定义推广到分数阶导数 (GL 和 RL) 的定义, 并由此得到 G1 和 G2 算法, 我们也可以直接从整数阶导数的经典差商格式 (向后差分和中心差分) 进行推广得到对应的分数阶差分格式, 即整数阶导数的采用差商逼近 (如一阶导数可以用向后差商或中心差商逼近) 方式可以自然推广到分数阶导数上.

首先介绍转移算子 E^h 和差分算子 (向后差分、向前差分、中心差分) $\boldsymbol{\nabla}_h,\triangle_h,\delta_h$, 其中, $h\in\mathbf{R}$, 它们作用到函数 $u(t),t\in\mathbf{R}$ 的形式如下:

$$\begin{cases} E^h u(t) = u(t+h), \\ \boldsymbol{\nabla}_h u(t) = u(t) - u(t-h), \\ \triangle_h u(t) = u(t+h) - u(t), \\ \delta_h u(t) = u(t+h/2) - u(t-h/2). \end{cases} \tag{4.7.1}$$

显然, 转移算子 E^h 具有如下性质:

$$E^{\sigma+\tau} = E^{\sigma} E^{\tau}, \quad \sigma, \tau \in \mathbf{R}, \tag{4.7.2}$$

并且进一步有如下关系式:

$$\boldsymbol{\nabla}_h = I - E^{-h}, \quad \triangle_h = E^h - I, \quad \delta_h = E^{\frac{h}{2}} - E^{-\frac{h}{2}}, \tag{4.7.3}$$

利用上面的记号, 一阶导数的经典向后差商和中心差商逼近式就可以表示为

$$u'(t) = \mathrm{D}^1 u(t) = \frac{u(t) - u(t-h)}{h} + O(h) = \frac{[\boldsymbol{\nabla}_h u(t)]}{h} + O(h),$$

$$u'(t) = \mathrm{D}^1 u(t) = \frac{u(t+h/2) - u(t-h/2)}{h} + O(h^2) = \frac{\delta_h u(t)}{h} + O(h^2).$$

这里假设函数 $u(t)$ 充分光滑. 这一逼近格式及其表示形式可以推广到高阶导数 $u^{(n)}(t) = \mathrm{D}^n u(t),\ n \in \mathbf{N}$ 的逼近:

$$\mathrm{D}^n u(t) = \frac{[\boldsymbol{\nabla}_h^n u(t)]}{h^n} + O(h) = h^{-n}(I - E^{-h})^n u(t) + O(h),$$

或

$$\mathrm{D}^n u(t) = \frac{\delta_h^n u(t)}{h^n} + O(h^2) = h^{-n}(E^{h/2} - E^{-h/2})^n u(t) + O(h^2).$$

这里假设 $h > 0$, 函数 $u(t)$ 充分光滑. 其中差分的幂 $\boldsymbol{\nabla}_h^n$, δ_h^n 可以由二项式展开为

$$\boldsymbol{\nabla}_h^n = \sum_{j=0}^{n} (-1)^j \binom{n}{j} E^{-jh},$$

$$\delta_h^n = \sum_{j=0}^{n} (-1)^j \binom{n}{j} E^{(n-j)h/2} E^{-jh/2} = \sum_{j=0}^{n} (-1)^j \binom{n}{j} E^{(n/2-j)h},$$

于是得到如下公式:

$$h^{-n} \sum_{j=0}^{n} (-1)^j \binom{n}{j} u(t - jh) = \mathrm{D}^n u(t) + O(h), \tag{4.7.4}$$

$$h^{-n} \sum_{j=0}^{n} (-1)^j \binom{n}{j} u(t + (n/2 - j)h) = \mathrm{D}^n u(t) + O(h^2). \tag{4.7.5}$$

这些公式可以推广到非整数阶导数的情形:

$$\boldsymbol{\nabla}_h^{\alpha} = \sum_{j=0}^{\infty} (-1)^j \binom{\alpha}{j} E^{-jh},$$

$$\delta_h^\alpha = \sum_{j=0}^{\infty}(-1)^j \binom{\alpha}{j} E^{(\alpha/2-j)h}.$$

上面的公式类似于如下展开式 (用变量 z 替代 E^{-h}, 且当 $|z|<1$ 时收敛):

$$(1-z)^\alpha = \sum_{j=0}^{\infty}(-1)^j \binom{\alpha}{j} z^j = \sum_{j=0}^{\infty}(-1)^j w_j^{(\alpha)} z^j,$$

$$(z^{-1/2}-z^{1/2})^\alpha = z^{-\alpha/2}\sum_{j=0}^{\infty}(-1)^j \binom{\alpha}{j} z^j = \sum_{j=0}^{\infty} w_j^{(\alpha)} z^{j-\alpha/2},$$

于是得到 Grünwald-Letnikov 差分逼近:

$$h^{-\alpha}\nabla_h^\alpha u(t) = h^{-\alpha}\sum_{j=0}^{\infty} w_j^{(\alpha)} u(t-jh) = {}_a^{GL}\mathcal{D}^\alpha u(t) + O(h),$$

及分数阶中心差分逼近:

$$h^{-\alpha}\delta_h^\alpha u(t) = h^{-\alpha}\sum_{j=0}^{\infty} w_j^{(\alpha)} u(t-(j-\alpha/2)h) = {}_a^{GL}\mathcal{D}^\alpha u(t) + O(h^2).$$

若 $t \leqslant 0$ 时, $u(t)=0$, 则有

$$h^{-\alpha}\nabla_h^\alpha u(t) = h^{-\alpha}\sum_{j=0}^{[t/h]} w_j^{(\alpha)} u(t-jh) = {}_0^{GL}\mathcal{D}^\alpha u(t) + O(h),$$

$$h^{-\alpha}\delta_h^\alpha u(t) = h^{-\alpha}\sum_{j=0}^{[t/h+\alpha/2]} w_j^{(\alpha)} u(t-(j-\alpha/2)h) = {}_0^{GL}\mathcal{D}^\alpha u(t) + O(h^2).$$

上面两格式分别与差分格式式 (4.2.1) 及式 (4.2.11) 对应一致.

注 4.7.1　① 对于向前差分格式逼近公式

$$h^{-n}\triangle^n u(t) = \mathrm{D}^n u(t) + O(t),$$

不是很适合推广到分数阶导数上, 这里不讨论.

② 当 $u(t)$ 在 $t=0$ 处不能光滑延伸到负半轴上, 这种逼近会出现问题, 即要求 $u(t) = 0, \forall t \leqslant 0$.

4.7.2　插值型数值积分公式的推广

经典的整数解求积公式构造的一种基本的方法就是用被积函数的插值多项式近似, 所得的求积公式称为插值型求积公式. 这一思想可推广应用到分数阶数值积分公式的构造上. 现以复化梯形公式构造的思想应用到 Riemann-Liouville 分数阶积分上为例介绍该思想.

令 $t_j = a + jh, f(t) = f_j (j = 0, 1, \cdots), h$ 为步长. 先将函数 $f(t)$ 的 Riemann-Liouville 分数阶积分表示为

$$\begin{aligned}\left({}_a\mathcal{J}_t^{\alpha}f(t)\right)(t_n)&=\frac{1}{\Gamma(\alpha)}\int_a^{t_n}(t_n-\tau)^{\alpha-1}f(\tau)\mathrm{d}\tau\\&=\frac{1}{\Gamma(\alpha)}\sum_{j=0}^{n-1}\int_{t_j}^{t_{j+1}}(t_n-\tau)^{\alpha-1}f(\tau)\mathrm{d}\tau.\end{aligned}\tag{4.7.6}$$

然后被积函数可采用各阶插值多项式近似, 如用一阶线性 Newton 插值得

$$\begin{aligned}&\left({}_a\mathcal{J}_t^{\alpha}f(t)\right)(t_n)=\frac{1}{\Gamma(\alpha)}\sum_{j=0}^{n-1}\int_{t_j}^{t_{j+1}}(t_n-\tau)^{\alpha-1}\Big[f(t_j)+\frac{f(t_{j+1})-f(t_j)}{h}(\tau-t_j)\Big]\mathrm{d}\tau\\&=\frac{h^{\alpha}}{\Gamma(1+\alpha)}\sum_{j=0}^{n-1}b_{n-j-1}^{(1-\alpha)}f_j+\frac{h^{\alpha}}{\Gamma(1+\alpha)}\sum_{j=0}^{n-1}(f_{j+1}-f_j)\Big[\frac{b_{n-j-1}^{(-\alpha)}}{1+\alpha}-(n-j-1)^{\alpha}\Big]\\&=h^{\alpha}\sum_{j=0}^{n}\bar{c}_{j,n}f_j,\end{aligned}\tag{4.7.7}$$

其中, $\bar{c}_{j,n}=c_{j,n}^{(-\alpha)}$, 而 $c_{j,n}^{(-\alpha)}$ 由式 (4.6.8) 定义, 也就是说复化梯形公式推广应用到 Riemann-Liouville 分数阶积分上即得 R2 算法.

特别地, 当 $\alpha=1$ 时, 公式 (4.7.7) 退化为复化梯形公式; 当 $\alpha=1$ 时, 公式 (4.7.7) 则退化为 $\left({}_a\mathcal{J}_t^{\alpha}f(t)\right)(t_n)=f_n$.

同样地, 若被积函数采用更高阶的插值多项式近似, 即可得到更高阶的数值积分公式, 如被积函数用二阶 Newton 插值近似, 即可将复化 Simpson 公式推广.

4.7.3 经典线性多步法的推广：Lubich 分数阶线性多步法

我们先回忆一阶积分方程的线性多步法的基本思想, 并由此推广到分数阶微积分上.

考虑如下积分方程:

$$y(t)=Ju(t)=\int_0^t u(\tau)\mathrm{d}\tau,\tag{4.7.8}$$

记 $t_k=kh,\quad y_k\approx y(t_k)(k=0,1,2,\cdots)$, 并令 $u_k=\begin{cases}u_h(kh), & k\geqslant 0\\ 0, & k<0\end{cases}$, 用符号 z 表示离散向后转移算子 $z=E^{-h}$:

$$zu_n=u_{n-1},\quad z^k u_n=u_{n-k},$$

求解积分方程 (4.7.8) 的一般线性多步法可以表示为

$$\alpha_p y_n+\alpha_{p-1}y_{n-1}+\cdots+\alpha_0 y_{n-p}=h(\beta_p u_n+\beta_{p-1}u_{n-1}+\cdots+\beta_0 u_{n-p}),\tag{4.7.9}$$

其中, 系数 α_k,β_k 给定. 引进 p 阶多项式

$$\rho(z)=\alpha_p+\alpha_{p-1}z+\cdots+\alpha_0 z^p,\quad \sigma(z)=\beta_p+\beta_{p-1}z+\cdots+\beta_0 z^p,$$

并记

$$\omega(z)=\frac{\rho(z)}{\sigma(z)},$$

称 $\omega^{-1}(z)$ 为一阶积分方程线性多步法的生成函数. 那么线性多步法式 (4.7.9) 可以表示为

$$\rho(z)y_n = h\sigma(z)u_n,$$

或

$$y_n = h\omega^{-1}(z)u_n \approx Ju(nh). \tag{4.7.10}$$

并记其为 (ρ,σ) 型线性多步法. 将生成函数 $\omega^{-1}(z)$ 进行 Taylor 多项式级数展开:

$$\omega^{-1}(z) = \omega_0 + \omega_1 z + \omega_2 z^2 + \cdots,$$

于是线性多步法式 (4.7.9) 或式 (4.7.10) 可以表示成

$$y_n = h\sum_{j=0}^{\infty}\omega_j u_{n-j} \approx Ju(nh). \tag{4.7.11}$$

由于当 $k<0$ 时, $u_k=0$, 所以线性多步法式 (4.7.11) 可简化为

$$y_n = h\sum_{j=0}^{n}\omega_j u_{n-j} \approx Ju(nh). \tag{4.7.12}$$

同理, 由

$$u_n = h^{-1}\omega(z)y_n \approx y'(nh) \tag{4.7.13}$$

可定义一阶微分方程线性多步法的生成函数为 $\omega(z)$.

一阶微分方程经典的 p 阶向后差分多步法的生成函数为[159]

$$\omega(z) = \sum_{k=0}^{p}\omega_j z^k = \sum_{k=1}^{p}\frac{1}{k}(1-z)^k := W_p(z). \tag{4.7.14}$$

将这种逼近一阶积分算子 $Ju(t)$ 的思想推广到分数阶积分算子的数值逼近上, 于是得到如下逼近:

$$J^{\alpha}u(t) \approx h^{\alpha}(\omega(z))^{-\alpha}u(t) = h^{\alpha}\sum_{j=0}^{[t/h]}\omega_j^{(-\alpha)}u(t-jh), \tag{4.7.15}$$

或

$${}^{RL}\mathcal{D}_t^{\alpha}y(t) = J^{-\alpha}y(t) = h^{-\alpha}(\omega(z))^{\alpha} \approx h^{-\alpha}\sum_{j=0}^{[t/h]}\omega_j^{(\alpha)}y(t-jh), \tag{4.7.16}$$

其中, 系数 $\omega_j^{(\beta)}(j=0,1,2,\cdots)$ 是一个生成函数的泰勒展开系数, 即

$$\omega_0^{(\beta)} + \omega_1^{(\beta)}z + \omega_2^{(\beta)}z^2 + \cdots = \omega^{(\beta)}(z), \tag{4.7.17}$$

$\beta<0$ 与 $\beta>0$ 分别表示 Riemman-Liouville 分数阶积分算子与微分算子对应的生成函数, 它们由一阶微分经典的 p 阶线性多步法的生成函数 (4.7.14) 产生:

$$\omega^{(\beta)}(z) = \Big(\omega(z)\Big)^{\beta}, \tag{4.7.18}$$

阶数 p 不同, 生成函数也不同. 根据经典生成函数表达式 (4.7.14), 可以推导出分数阶线性多步法对应 1 至 6 阶方法的生成函数[159] 如下:

$$W_1^{(\beta)}(z) = \Big(W_1(z)\Big)^\beta = (1-z)^\beta,$$

$$W_2^{(\beta)}(x) = \Big(W_2(z)\Big)^\beta = \Big(\frac{3}{2} - 2x + \frac{1}{2}x^2\Big)^\beta,$$

$$W_3^{(\beta)}(x) = \Big(W_3(z)\Big)^\beta = \Big(\frac{11}{6} - 3x + \frac{3}{2}x^2 - \frac{1}{3}x^3\Big)^\beta,$$

$$W_4^{(\beta)}(x) = \Big(W_4(z)\Big)^\beta = \Big(\frac{25}{12} - 4x + 3x^2 - \frac{1}{3}x^3 + \frac{1}{4}x^4\Big)^\beta,$$

$$W_5^{(\beta)}(x) = \Big(W_5(z)\Big)^\beta = \Big(\frac{137}{60} - 5x + 5x^2 - \frac{10}{3}x^3 + \frac{5}{4}x^4 - \frac{1}{5}x^5\Big)^\beta,$$

$$W_6^{(\beta)}(x) = \Big(W_6(z)\Big)^\beta = \Big(\frac{147}{60} - 6x + \frac{15}{2}x^2 - \frac{20}{3}x^3 + \frac{15}{4}x^4 - \frac{6}{5}x^5 + \frac{1}{6}x^6\Big)^\beta,$$

事实上, 上面提到的由 Grünwald-Letnikov 定义得到的近似方法就是由 $W_1^{(\alpha)}(z) = (1-z)^\alpha$ 的泰勒展开系数 $\omega_j^{(\alpha)} = (-1)^j \begin{pmatrix} \alpha \\ j \end{pmatrix} (j = 0, 1, 2, \cdots)$ 得到的近似方法.

如果仅用式 (4.7.16) 来近似, Lubich 已经证明了它对函数 $f(t) = t^{\nu-1}$ 的误差为 $O(h^\nu) + O(h^p)$, 其中, $\nu > 0$, p 对应方法的阶数 (2~6). 我们可以发现对于固定的 ν, 即使 p 提高, 误差阶也只有 $O(h^\nu)$. 所以, 为了有更高阶的格式, Lubich 于 1986 年提出一种解决增加一校正项的技巧[161], 即采用如下格式来近似分数阶导数:

$$\mathcal{D}_t^\beta f(t_n) \approx h^{-\beta} \sum_{j=0}^{n} \omega_{n-j}^{(\beta)} f(t_j) + h^{-\beta} \sum_{j=0}^{s} \varpi_{n,j} f(t_j), \tag{4.7.19}$$

其思想是加上一定的修正项使之能去掉 $O(h^\nu)$ 这一项, 这样, 总的误差阶就只有 $O(h^p)$ 了. 关于式 (4.7.19) 中的修正项系数 $\varpi_{n,j}$ 的计算如下:

选取

$$\mathcal{A} = \{\gamma = k + l\beta, 0 \geqslant k, l = 0, 1, 2, \cdots; \gamma \leqslant p-1\},$$

s 表示集合 A 中的元素个数减 1, 然后将 $f(t) = t^q, q \in \mathcal{A}$ 代入方程 (4.7.19), 则得到关于 ϖ_{nj} 的线性方程组

$$\sum_{j=0}^{s} \varpi_{n,j} j^q = \frac{\Gamma(a+1)}{\Gamma(1-\beta+q)} n^{q-\beta} - \sum_{j=1}^{n} \omega_{n-j}^{(\beta)} j^q, \quad q \in \mathcal{A}. \tag{4.7.20}$$

定理 4.7.1 假设 $f(t)$ 在区间 $[0,T]$ 上充分光滑可微, 系数 ω_j^β 由式 (4.7.18) 及式 (4.7.14) 定义; $\varpi_{n,j}$ 则由方程组 (4.7.20) 确定, 那么

$$h^{-\beta} \sum_{j=0}^{n} \omega_{n-j}^{(\beta)} f(t_j) + h^{-\beta} \sum_{j=0}^{s} \varpi_{n,j} f(t_j), -\mathcal{D}_t^\beta f(t_n) = O(h^p), \tag{4.7.21}$$

其中, $t_n \in [0,T], \omega_k^{(\beta)} = O(k^{\beta-1}), \varpi_{n,j} = O(n^{\beta-1})$. 证明参见文献 [159].

注 4.7.2 ① 对于每个网格点 t_n, 都需要解一个线性方程组 (4.7.20) 来求一组修正项系数 $\varpi_{n,j}$, 但是系数矩阵不变 (具有广义 Vondermonde 结构), 而右边常数项不同.

② 线性方程组 (4.7.20) 的性质与 α 有关, 其系数矩阵的条件数可能很大, 即具有病态性.

③ 该格式的高阶精度以增加计算量为代价 (系数 $\omega_j^{(\alpha)}$ 及 ϖ_{nj} 的计算复杂), Lubich 等建议用快速傅里叶变换来计算.

4.8 其他方法技巧的应用

4.8.1 利用傅里叶级数计算周期函数的分数阶微积分

对于周期为 $2L$ 的函数, 可以利用傅里叶展开方法, 将 $t \in [-L, L]$ 区间内的 $f(t)$ 函数写成三角函数的级数形式, 即

$$f(t) = \frac{a_0}{2} + \sum_{n=1}^{\infty}\left(a_n \cos\frac{n\pi}{L}t + b_n \sin\frac{n\pi}{L}t\right), \tag{4.8.1}$$

其中

$$\begin{cases} a_n = \dfrac{1}{L}\displaystyle\int_{-L}^{L} f(t)\cos\frac{n\pi t}{L}\mathrm{d}t, \quad n = 0, 1, 2, \cdots, \\ b_n = \dfrac{1}{L}\displaystyle\int_{-L}^{L} f(t)\sin\frac{n\pi t}{L}\mathrm{d}t, \quad n = 1, 2, 3, \cdots. \end{cases} \tag{4.8.2}$$

假设已知正弦、余弦函数的整数阶微分表达式分别为

$$\frac{\mathrm{d}^k}{\mathrm{d}t^k}[\sin at] = a^k \sin\left(at + \frac{k\pi}{2}\right), \quad \frac{\mathrm{d}^k}{\mathrm{d}t^k}[\cos at] = a^k \cos\left(at + \frac{k\pi}{2}\right). \tag{4.8.3}$$

由 Cauchy 积分公式可以证明, 对于分数阶的微分来说, 当 k 为分数时, 上述公式仍然成立[162]. 所以, 可以考虑用傅里叶级数展开去逼近已知的函数 $f(t)$, 再利用式 (4.8.3), 就可以将 $f(t)$ 函数的 α 阶导数用下面的公式直接计算出来:

$${}_a\mathcal{D}_t^{\alpha} f(t) = \frac{a_0}{\Gamma(1-\alpha)}t^{-\alpha} + \sum_{n=1}^{\infty}\left(\frac{n\pi}{L}\right)^{\alpha}\left[a_n \cos\left(\frac{n\pi}{L}t + \frac{\alpha\pi}{2}\right) + b_n \sin\left(\frac{n\pi}{L}t + \frac{\alpha\pi}{2}\right)\right]. \tag{4.8.4}$$

4.8.2 短记忆原理

对于 $t \gg a$ 时, 分数阶导数差分逼近公式 (4.3.5) 中的加数总和很大, 但是, 由 Grünwald-Letnikov 定义中的系数计算公式可知, 对于大的时间 t, 在一定假设下, 函数 $f(t)$ 在靠近下限 (初始点)$t = a$ 的“历史”作用可以忽略. 由此可推出“短记忆原理”公式, 即只在“最近的过去”, 即 $[t-L, L]$ 区间内考虑函数 $f(t)$ 的行为, 其中 L 称“记忆长度”,

$${}_a\mathcal{D}_t^{\alpha} f(t) \approx {}_{t-L}\mathcal{D}_t^{\alpha} f(t), \quad t > a + L. \tag{4.8.5}$$

换句话说, 根据“短记忆原理”式 (4.8.5), 由下限为 a 的分数阶导数变成下限是 $t-L$ 的分数阶导数近似, 再利用差分逼近公式 (4.3.5), 这样, 加数总和不超过 $\left[\dfrac{L}{h}\right]$. 当然, 这种简化处理是以牺牲一定的精度为代价的.

若 $f(t) \leqslant M, \forall a \leqslant t \leqslant b$(事实上, 这在许多实际应用中通常是能满足的), 那么, 由

$$
{}_a\mathcal{D}_t^{\alpha} f(t) = \frac{1}{\Gamma(-\alpha)} \int_a^t \frac{f(\tau)\mathrm{d}\tau}{(t-\tau)^{\alpha+1}}, \quad \alpha \neq 0, 1, 2, \cdots
$$

可推出短记忆法产生的误差

$$
\Delta(t) = |{}_a\mathcal{D}_t^{\alpha} f(t) - {}_{t-L}\,\mathcal{D}_t^{\alpha} f(t)| \leqslant \frac{ML^{-\alpha}}{|\Gamma(1-\alpha)|}. \tag{4.8.6}
$$

该不等式可以根据所需要的精度来确定记忆长度 L 的选取. 若 $L \leqslant \left(\frac{M}{\varepsilon|\Gamma(1-\alpha)|}\right)^{1/\alpha}$, 则 $|\Delta(t)| \leqslant \varepsilon$.

Ford 和 Simpson 针对非线性分数微分方程分析了固定存储原则, 提出了嵌套网格方案, 实现变步长计算, 以合理的计算花费获得了更好的逼近[163, 164].

第 5 章　分数阶常微分方程数值求解方法

这一章我们讨论分数阶常微分方程的数值处理方法. 注意到, 许多学者讨论了第一和第二类型的 Abel-Volterra 积分方程的数值计算, 称之为分数阶积分方程, 包括 Riemann-Liouville 分数阶积分 (见参考文献 [165] 及 [166]). 但是, 分数阶微分方程的数值计算则是最近这些年才真正开始的. 这里, 我们主要基于分数阶导数的逼近方法来研究分数阶微分方程的数值处理方法以及利用分数阶积分的逼近方法来研究分数阶积分方程的数值方法.

5.1　分数阶线性微分方程的解法

首先考虑分数阶线性常微分方程, 它的一般形式为[46]

$$a_m\mathcal{D}_t^{\beta_m}y(t)+a_{m-1}\mathcal{D}_t^{\beta_{m-1}}y(t)+\cdots+a_1\mathcal{D}_t^{\beta_1}y(t)+a_0\mathcal{D}_t^{\beta_0}y(t)=u(t), \tag{5.1.1}$$

其中, $u(t)$ 可以由某函数及其分数阶微分构成. 并假设 $\beta_m>\beta_{m-1}>\cdots>\beta_1>\beta_0$.

假设函数 $y(t)$ 具有零初始条件, 则可以对该方程进行拉普拉斯变换, 得出

$$G(s)=\frac{Y(s)}{U(s)}=\frac{1}{a_ms^{\beta_m}+a_{m-1}s^{\beta_{m-1}}+\cdots+a_1s^{\beta_1}+a_0s^{\beta_0}},$$

这里, $G(s)$ 又称为分数阶传递函数. 文献 [46] 给出了求该方程的精确解法, 然而该算法用计算机实现有较大的难度, 所以要讨论其他数值算法.

一般地, 用分数阶差商逼近公式 [见其通式 (4.6.1)] 近似求解, 则可直接推导出微分方程 (5.1.1) 的数值解为

$$y_N=\frac{1}{\displaystyle\sum_{i=0}^{m}\frac{a_ic_{n,N}}{h^{\beta_i}}}\left(u(t_n)-\sum_{i=0}^{m}\frac{a_i}{h^{\beta_i}}\sum_{j=0}^{N-1}c_{n,j}^{(\beta_i)}y_j\right).$$

这里需要指出的是, 利用分数阶差商逼近通式 (4.6.1) 时, 要注意各方法的适用范围, 或对其作适当的修正. 上面提到的方法是对方程中的分数阶微积分直接离散所得, 所以我们也把这一类方法称为直接法, 对应还有一类所谓的间接法: 通过引入变量, 将多阶的分数阶微分方程转化成与之等价的分数阶微分方程组的形式[167~169], 包括非线性多阶的分数阶微分方程的情形. 其他方法包括 Podlubny[46] 提出的一些方法, 但都没有误差分析. K. Diethelm 将多阶的分数阶微分方程转化成与之等价的分数阶微分方程组后, 引入线性多步法、预估校正法求解, 并给出了稳定性和收敛性分析[168, 169]. Ali 等用 Poisson 变换方法解线性多阶分数阶微分 —— 积分方程[170], Erturk 等则用一般的微分变换法解多阶分数解微分方程[171], 以及还有 Adomian 分解法[172, 173] 和分离变量法[174] 等.

5.2 一般分数阶常微分方程的解法

考虑如下分数阶常微分方程

$$\frac{\partial^{\alpha} y(t)}{\partial t^{\alpha}} = f(t, y(t)), \quad t \in [0, T], \tag{5.2.1}$$

这里 $\alpha > 0, m = [\alpha]$, 分数阶导数算子 $\frac{\partial^{\alpha} y(t)}{\partial t^{\alpha}}$ 为 Caputo 型或 Riemann-Liouville 型.

再加上适当的初始条件使解存在唯一 (解的存在唯一性证明见参考文献 [175]). 对应 Caputo 型的初始条件为

$$\mathcal{D}^{k} y(0) = y_0^{(k)}, k = 0, 1, \cdots, m-1. \tag{5.2.2}$$

而 Riemann-Liouville 型的初始条件的提法为

$$\mathcal{D}^{\alpha-k} y(0) = y_0^{(k)}, k = 1, 2, \cdots, m. \tag{5.2.3}$$

由于 Riemann-Liouville 型分数阶微分方程给出的初值条件是分数阶导数形式, 这个在物理上的意义不明确, 而 Caputo 型给出的初值条件方式与经典整数阶类似, 有明确的物理意义, 所以我们将以 Caputo 型分数阶微分方程为主介绍各数值方法.

另外, 我们知道, 在一定连续条件下, Grünwald-Letnikov 型分数阶导数等价于 Riemann-Liouville 型, 再设定齐次初值条件 $b_k = 0$, 那么它们也与 Caputo 型分数阶导数等价.

初值问题 (5.2.1)+(5.2.2) 等价于[175]

$$y(t) = \sum_{k=0}^{m-1} \frac{t^k}{k!} y_0^{(k)} + \frac{1}{\Gamma(\alpha)} \int_0^t (t-\tau)^{\alpha-1} f(\tau, y(\tau)) \mathrm{d}\tau, \tag{5.2.4}$$

即

$$y(t) = \sum_{k=0}^{m-1} \frac{t^k}{k!} y_0^{(k)} + J^{\alpha} f(t, y(t)). \tag{5.2.5}$$

许多整数阶常微分方程的数值算法可以推广应用到分数阶常微分方程, 但是由于分数阶导数的非局部性, 导致在算法的许多重要方面及计算上有非常大的不同. 数值方法主要可以从以下两个方面构造:

1. 直接法

直接对微分方程 (5.2.1) 构造差分格式, 即所谓的直接法. 分数阶导数 ${}^{C}\mathcal{D}^{\alpha}$ 由不同的表达形式 (弱或强的积分核算子), 可以得出不同的逼近方式. 根据 Caputo 分数阶导数与 Riemann-Liouville 即 Grünwald-Letnikov 分数阶导数的关系, 我们可以采用前面提到的 G 算法、D 算法、L 算法及分数阶线性多步法等.

2. 间接法

将式 (5.2.1) 转化成 Volterra 积分方程 (5.2.4), 然后应用 (或作适当推广)Volterra 问

题的数值方法, 可采用各数值积分公式来构造, 即所谓的间接法. 如前面介绍的 R 算法的应用以及将要介绍的预估校正方法就属于此类.

先做网格剖分：取均匀网格节点 $t_j = jh, j = 0, 1, \cdots, [T/h]$, 并记 $y_n \approx y(t_n), f_n = f(x_n, y_n)$.

5.2.1　直接法

首先, 我们考虑齐次初值条件的分数阶微分方程:

$$\begin{cases} \dfrac{\partial^\alpha y(t)}{\partial t^\alpha} = f(t, y(t)), \quad t \in [0, T], \\ y^{(k)}(0) = 0, \quad k = 0, 1, \cdots, m-1. \end{cases} \tag{5.2.6}$$

此时

$$^{C}\mathcal{D}^\alpha y(t) = ^{RL}\mathcal{D}^\alpha y(t) = ^{GL}\mathcal{D}^\alpha y(t).$$

则直接应用分数阶导数的一般差商逼近公式 (4.6.1) 得

$$h^{-\alpha} \sum_{j=0}^{N} c_{n,j}^{(\alpha)} y_j = f(t_n, y_n), \quad n = 0, 1, \cdots, [t/h], \tag{5.2.7}$$

则上面方程组可以按下面的方式逐点计算:

$$y_N = \frac{h^\alpha}{c_{n,N}^{(\alpha)}} f(t_n, y_n) - \frac{1}{c_{n,N}^{(\alpha)}} \sum_{j=1}^{N-1} c_{n,j}^{(\alpha)} y_j, \quad n = 1, \cdots, [T/h]. \tag{5.2.8}$$

其中, $N = n$(对应到 G1 算法、D 算法、L1 算法、线性多步法) 或 $N = n+1$(对应到 G2 算法、L2 算法).

注 5.2.1　① 当 $N = n+1$(对应到 G2 算法、L2 算法) 时, 则可以按照式 (5.2.8) 显式地逐点计算, 但 L2 算法是针对 $1 < \alpha \leqslant 2$ 的情形. 另外, 目前该算法缺乏系统理论分析, 特别是稳定性分析.

② $N = n$(对应到 G1 算法、D 算法、L1 算法、线性多步法) 时, 若 f 线性, 则可以由式 (5.2.8) 逐点计算, 另外, 此时若为非齐次初值条件, 则可以通过变量变换齐次化[154], 具体为

(i) Caputo 型问题

$$y(t) = \sum_{k=0}^{m-1} y^{(k)}(0) t^k + z(t), \tag{5.2.9}$$

(ii) Riemann-Liouville 型问题

$$y(t) = \sum_{k=1}^{m} \mathcal{D}^{\alpha-k} y(0) t^{\alpha-k} + z(t). \tag{5.2.10}$$

最后变成求解关于新的变量 $z(t)$ 的带齐次初值条件的分数阶微分方程, 然后采用差分格式式 (5.2.8) 数值计算. 若为非线性齐次初值条件, 则需要求解非线性方程或解线性方程组.

③ 非线性非齐次初值条件的问题

(i) G1 算法

Caputo 型分数阶常微分方程的差分格式 (5.2.8) 需要加上校正项[154], 当 $0<\alpha\leqslant 1$ 时, 格式校正为

$$y_n=h^{\alpha}f(t_n,y_n)-\sum_{k=1}^{n}\omega_k^{(\alpha)}y_{n-k}-\Big(\frac{n^{-\alpha}}{\Gamma(n-\alpha)}-\sum_{j=0}^{n}\omega_j^{(\alpha)}\Big)y_0,\tag{5.2.11}$$

其中, $n=1,\cdots,[T/h]$.

(ii) D 算法

根据 Caputo 型导数与 Riemann-Liouville 型导数的关系式 (见命题 4.1.2)

$${}^{C}\mathcal{D}^{\alpha}y(t)=\mathcal{D}^{\alpha}y(t)-\mathcal{D}^{\alpha}T_{m-1}[y;0](t),\tag{5.2.12}$$

其中

$$T_{m-1}[y;a]=\sum_{k=0}^{m-1}\frac{t^k}{k!}y^{(k)}(0).$$

再应用 D 算法, 得

$$h^{-\alpha}\sum_{j=0}^{n}c_{n,j}y_j-\sum_{k=0}^{m-1}\frac{t_n^k}{k!}y^{(k)}(0)=f(t_n,y_n),\tag{5.2.13}$$

于是有

$$y_n=h^{\alpha}f(t_n,y_n)+h^{\alpha}\sum_{k=0}^{m-1}\frac{t^k}{k!}y^{(k)}(0)-\sum_{j=0}^{n-1}c_{n,j}y_j,\tag{5.2.14}$$

其中, 系数 $c_{n,j}$ 由式 (4.6.4) 定义. 令 $\alpha=1$, 可得到经典的一阶微分方程的最简向后差分格式. 但这种逼近方法理论还不够完善, 其中两个重要的问题都没能好好解决: 方程 (5.2.14) 的可解性及具体的误差分析.

Diethelm[156, 176] 对 $0<\alpha<1, f(t,y)=\mu y+q(x)$ 这一特殊情况, 从这两个方面进行了讨论. 此时方程 (5.2.1) 变为

$$({}_0\mathcal{D}_t^{\alpha}[y(t)-y(0)])(x)=\beta y(x)+f(x),\quad 0<x<1,\beta\leqslant 0.\tag{5.2.15}$$

当 $y(t)\in C^2[0,T]$ 时, 理论分析得到方法的误差为 $O(h^{2-\alpha})$. Diethelm 和 Walz[177] 进一步分析后得到数值解 y_n 的渐近展开式

$$y_n=y(x_n)+\sum_{l=2}^{M_1}a_i n^{l-\alpha}+\sum_{j=1}^{M_2}b_j n^{-2j}+O(x^{-\lambda_M})\quad(n\to\infty),\tag{5.2.16}$$

其中, 自然数 M_1,M_2 由函数 $f(x)$ 和 $y(x)$ 的光滑性所定义. 常数 $a_k(k=2,\cdots,M_1)$ 和 $b_j(j=1,\cdots,M_2)$ 依赖于 $k-\alpha$, $2j$ 和 $M=\min\{\alpha-M_1,2M_2\}$. 它们利用该渐近估计式 (5.2.16) 阐述了数值求解问题 (5.2.15) 的一种外推法.

(iii) 线性多步法

分数阶线性多步法最早由 Lubich[159,178~182] 及其合作者 Hairer、Schlichte[183] 提出.

根据关系式 (5.2.12) 及逼近格式 (4.7.19), 求解 Caputo 型分数阶微分方程 (5.2.28) 的 $p\in\{1,2,\cdots,6\}$ 阶 Lubich 分数阶线性多步法为

$$\begin{aligned}&h^{-\alpha}\sum_{j=0}^{m}\omega_{m-j}^{(\alpha)}y_j+h^{-\alpha}\sum_{j=0}^{s}\varpi_{mj}y_j-\mathcal{D}^{\alpha}T_{n-1}[y;0](t_m)\\&=f(t_m,y_m),\quad m=1,\cdots,N,\end{aligned}\tag{5.2.17}$$

并可改写为

$$\begin{aligned}y_m=&h^{\alpha}f(t_m,y_m)+h^{\alpha}\mathcal{D}^{\alpha}T_{n-1}[y;0](t_m)\\&-\sum_{j=1}^{m}\omega_{m-j}^{(\alpha)}y_j-\sum_{j=0}^{s}\varpi_{mj}y_j,\quad m=1,\cdots,N.\end{aligned}\tag{5.2.18}$$

其中, 系数 $\omega_k^{(\alpha)}$ 由如下生成函数给出:

$$\omega^{\alpha}(z)=\Big(\sum_{k=1}^{p}\frac{1}{k}(1-z)^k\Big)^{\alpha},\tag{5.2.19}$$

而启动权 ϖ_{mj} 由下列方程组得到

$$\sum_{j=0}^{s}\varpi_{mj}j^q=\frac{\Gamma(1+q)}{\Gamma(1+q-\alpha)}m^{q-\alpha}-\sum_{j=1}^{m}\omega_{m-j}^{(\alpha)}j^q,$$

具体可参见前一章的内容. 存在很小的 $\varepsilon>0$, 逼近格式 (5.2.18) 在任意网格节点上的误差为 $O(h^{p-\varepsilon})$, 且 $\omega_k=O(k^{\alpha-1})$.

另外, 我们知道分数阶微分方程 (5.2.6) 可以转化成 Abel-Volterra 积分方程:

$$y(t)=T_{n-1}[y;0](t)+\mathcal{J}^{\alpha}f(t,y(t)),\tag{5.2.20}$$

其中

$$\mathcal{J}^{\alpha}f(t,y(t))=\frac{1}{\Gamma(\alpha)}\int_0^t(t-\tau)^{\alpha-1}f(\tau,y(\tau))\mathrm{d}\tau.$$

对上式采用 $p\in\{1,2,\cdots,6\}$ 阶 Lubich 分数阶线性多步法得

$$\begin{aligned}y_m=&T_{n-1}[y;0](t_m)+h^{\alpha}\sum_{j=0}^{m}\omega_{m-j}^{(-\alpha)}f(t_j,y_j)\\&+h^{\alpha}\sum_{j=0}^{s}\varpi_{mj}f(t_j,y_j),\quad m=1,\cdots,N,\end{aligned}\tag{5.2.21}$$

其中, 卷积系数 $\omega_k^{(-\alpha)}$ 由如下生成函数给出:

$$\omega^{-\alpha}(z)=\Big(\sum_{k=1}^{p}\frac{1}{k}(1-z)^k\Big)^{-\alpha}.\tag{5.2.22}$$

而启动权 ϖ_{mj} 由下列方程组得到

$$\sum_{j=0}^{s}\varpi_{mj}j^q=\frac{\Gamma(1+q)}{\Gamma(1+q+\alpha)}m^{q+\alpha}-\sum_{j=1}^{m}\omega_{m-j}^{(-\alpha)}j^q.$$

(iv) L 算法

Shkhanukov[184] 最早应用差分方法研究如下的 Dirichlet 问题:

$$\begin{cases} Ly \equiv \dfrac{\mathrm{d}}{\mathrm{d}x}[k(x)\dfrac{\mathrm{d}}{\mathrm{d}x}y(x)] - r(x)_0\mathcal{D}_x^\alpha y(x) - q(x)y(x) = -f(x), \quad 0 < x < 1, \\ y(0) = y(1) = 0, \quad k(x) \geqslant c_0 > 0, r(x) \geqslant 0, q(x) \geqslant 0, \end{cases} \tag{5.2.23}$$

这里 $0 < \alpha < 1$, ${}_0\mathcal{D}_x^\alpha$ 为 Riemann-Liouville 分数阶导数. 他的方法是基于如下分数阶导数的逼近:

$$ {}_0\mathcal{D}_x^\alpha y(x_i) = \frac{1}{\Gamma(2-\alpha)} \sum_{k=1}^{i} (x_{i-k+1}^{1-\alpha} - x_{i-k}^{1-\alpha}) y_{\bar{x}k}, \tag{5.2.24}$$

其中, $y_{\bar{x}k} = \dfrac{y(x_k) - y(x_{k-1})}{x_k - x_{k-1}}$ 为 $y(x_k)$ 的一阶向前差商. 上式实际上就是前面提到的 L1 算法 (4.5.2). 仍采用均匀网格节点: $\{x_j = jh: \ j = 0, 1, \cdots, N-1\}$, $h = 1/N$ 为步长. 利用上式逼近, Shkhanukov 得到了问题 (5.2.23) 的差分格式, 并且证明了它的稳定性和收敛性. 利用分数阶导数的差分逼近 (5.2.24), Shkhanukov 进一步构造了如下分数阶偏微分方程初边值问题的差分格式:

$$\begin{cases} \mathcal{D}_t^\alpha u(x,t) = \dfrac{\partial^2 u(x,t)}{\partial x^2} + f(x,t), \ 0 < x < 10 < t < T, \\ u(0,t) = u(1,t) = 0, \quad 0 \leqslant t \leqslant T; \\ u(x,0) = 0, \quad \mathcal{D}_t^\alpha u(x,t)|_{t=0} = 0, \quad 0 \leqslant x \leqslant 1, \end{cases} \tag{5.2.25}$$

并进一步得到了均匀网格情况下的差分格式的稳定性和收敛性.

5.2.2 间接法

1. R 算法

Diethelm 和 Freed[185] 将如下非线性分数阶方程:

$$({}_0\mathcal{D}_t^\alpha[y(t) - y(0)])(x) = f[x, y(x)](0 < x < 1; 0 < \alpha < 1) \tag{5.2.26}$$

看成是第二类 Volterra 积分方程

$$y(x) = y(0) + \frac{1}{\Gamma(\alpha)} \int_0^x \frac{f[t, y(t)]}{(x-t)^{1-\alpha}} \mathrm{d}t. \tag{5.2.27}$$

将式 (5.2.27) 中的积分看成是加权积分, 权函数为 $(t_{n+1}-t)^{\alpha-1}$, 取节点 $t_j(j = 0, 1, \cdots, n+1)$, 并应用梯形求积公式进行求解, 即采用前面介绍的 R 算法.

R 算法常用到预估–校正格式中, 所以关于它的具体应用, 我们放在下面分析.

2. 分数阶预估–校正方法

仍考虑如下分数阶常微分方程:

$$\begin{cases} {}^C\mathcal{D}^\alpha y(t) = f(t, y(t)), \quad t \in [0, T], \\ y^{(k)}(0) = b_k, \quad k = 0, 1, \cdots, m-1, \end{cases} \tag{5.2.28}$$

这里 $\alpha>0, m=[\alpha]+1$, 分数阶导数算子 ${}^C\mathcal{D}^\alpha$ 是 Caputo 型, 因为 Riemann-Liouville 型分数阶微分方程给出的初值条件是分数阶导数形式, 这个物理意义不明确, 而 Caputo 型给出的初值条件方式与经典整数阶类似, 所以我们以 Caputo 型分数阶微分方程为主.

5.2.3 差分格式

做网格剖分：取均匀网格节点 $t_j=jh(h=T/N)$, 并记 $y_j=y_h(t_j)\approx y(t_j), f_j=f(x_j,y_j), j=0,1,\cdots,N$.

方程 (5.2.28) 等价于

$$y(t)=\sum_{k=0}^{m-1}\frac{t^k}{k!}b_k+\frac{1}{\Gamma(\alpha)}\int_0^t(t-\tau)^{\alpha-1}f(\tau,y(\tau))\mathrm{d}\tau, \tag{5.2.29}$$

即

$$y(t)=\sum_{k=0}^{m-1}\frac{t^k}{k!}b_k+J^\alpha f(t,y(t)). \tag{5.2.30}$$

式 (5.2.30) 右边第一项完全由初值决定, 因此为已知量; 第二项是函数 f 的 Riemann-Liouville 积分, 可以采用前面提到的 R 算法逼近. 若采用精度相对比较高的 R2 算法离散可得

$$y_h(t_{n+1})=\sum_{k=0}^{m-1}\frac{t_{n+1}^k}{k!}b_k+h^\alpha\sum_{j=0}^{n+1}a_{j,n+1}f(t_j,y_h(t_j)). \tag{5.2.31}$$

其中, 系数

$$a_{j,n}=\frac{1}{\Gamma(2+\alpha)}\begin{cases}(1+\alpha)n^\alpha-n^{1+\alpha}+(n-1)^{1+\alpha}, & j=0;\\ (n-j+1)^{1+\alpha}-2(n-j)^{1+\alpha}+(n-j-1)^{1+\alpha}, & 1\leqslant j\leqslant n-1;\\ 1, & j=n;\end{cases} \tag{5.2.32}$$

差分逼近格式 (5.2.31) 称为分数阶 Adams-Moulton 方法.

此方法的问题是未知量 $y_h(t_{n+1})$ 出现在等式两边, 并且由于函数 f 的非线性性, 我们一般不能直接求出未知量 $y_h(t_{n+1})$. 因此, 需要采用迭代求解, 即将预估的一个值 $y_h(t_{n+1})$ 代入到方程 (5.2.31) 的右边, 以便求出更好的逼近解.

设 $y_h^p(t_{n+1})$ 为预估值, 可用一些简单的方法 (显格式) 求得. 如用精度稍差的 R0 算法

$$y_h^p(t_{n+1})=\sum_{k=0}^{m-1}\frac{t_{n+1}^k}{k!}b_k+h^\alpha\sum_{j=0}^{n}b_{j,n+1}f(t_j,y_h(t_j)), \tag{5.2.33}$$

称之为分数阶 Euler 方法或分数阶 Adams-Bashforth 方法, 其中

$$b_{j,n}=\frac{(n-j)^\alpha-(n-j-1)^\alpha}{\Gamma(1+\alpha)}.$$

将其代入式 (5.2.31) 右端取代 $y_h(t_{n+1})$ 得

$$y_h(t_{n+1})=\sum_{k=0}^{m-1}\frac{t_{n+1}^k}{k!}b_k+h^\alpha f(t_{n+1},y_h^p(t_{n+1}))+h^\alpha\sum_{j=0}^{n}a_{j,n+1}f(t_j,y_h(t_j)). \tag{5.2.34}$$

式 (5.2.33) 和式 (5.2.34) 所决定的方法称为分数阶 Adams-Bashforth-Moulton 方法.

分数阶 Adams-Bashforth-Moulton 方法的计算过程主要包括以下四步:

(1) Predict: 由格式 (5.2.33) 预估 $y^p(t_{n+1})$.

(2) Evaluate: 计算函数值 $f(t_{n+1}, y_{n+1}^p)$.

(3) Correct: 由格式 (5.2.34) 校正 $y(t_{n+1})$.

(4) Evaluate: 再计算函数值 $f(t_{n+1}, y_h(t_{n+1}))$, 准备下一个循环迭代.

因此, 我们更常称这种方法为预估–校正格式, 或 PECE(Predict, Evaluate, Correct, Evaluate) 方法.

5.2.4 误差分析

引理 5.2.1[160] 假设 $g(t) \in C^1[0,T]$, 那么

$$\left|J^\alpha g(t_n) - h^\alpha \sum_{j=0}^{n-1} b_{j,n} g(t_j)\right| \leqslant \frac{1}{\Gamma(1+\alpha)} \|g'\|_\infty t_n^\alpha h. \tag{5.2.35}$$

引理 5.2.2[160] 假设 $g(t) \in C^2[0,T]$, 那么存在依赖于 α 的常数 C_α, 使得

$$\left|J^\alpha g(t_n) - h^\alpha \sum_{j=0}^{n} a_{j,n} g(t_j)\right| \leqslant C_\alpha \|g'\prime\|_\infty t_n^\alpha h^2. \tag{5.2.36}$$

定理 5.2.1[160] 设 $\alpha > 0, y(t)$ 充分光滑, 且 ${}^C\mathcal{D}^\alpha y(t) \in C^2[0,T]$, 而函数 $f(t,y)$ 关于第二个变量满足 Lipschitz 条件, 即

$$f(t,y_1) - f(t,y_2) \leqslant L|y_1 - y_2|, \tag{5.2.37}$$

那么校正格式 (5.2.33)+(5.2.34) 的误差满足

$$\max_{0\leqslant j\leqslant N} |y(t_j) - y_h(t_j)| = \begin{cases} O(h^2), & \alpha \geqslant 1; \\ O(h^{1+\alpha}), & \alpha < 1, \end{cases} \tag{5.2.38}$$

也即

$$\max_{0\leqslant j\leqslant N} |y(t_j) - y_h(t_j)| = O(h^p), \tag{5.2.39}$$

其中, $p = \min\{2, 1+\alpha\}, M = [T/h]$.

证明: 我们将证明, 对于任意的 $j = 0, 1, \cdots, N$ 及足够小的 h, 存在常数 C, 有

$$|y(t_j) - y_h(t_j)| \leqslant Ch^p. \tag{5.2.40}$$

由于初始条件给定, 所以当 $j = 0$ 时自然成立. 假设对于 $j = 0, 1, \cdots, k$, 不等式 (5.2.40) 成立, 现证明该式对于 $j = k+1$ 也成立.

首先考察预估值 y_{k+1}^P 的误差. 由式 (5.2.30) 及式 (5.2.33) 得

$$|y(t_{k+1} - y_{k+1}^P)| = |[J^\alpha f(t, y(t))]_{t=t_{k+1}} - h^\alpha \sum_{j=0}^{k} b_{j,k+1} f(t_j, y_j)|$$

$$
\begin{aligned}
&\leqslant |[J^{\alpha C}\mathcal{D}^{\alpha}y(t)]_{t=t_{k+1}} - h^{\alpha}\sum_{j=0}^{k} b_{j,k+1}[{}^{C}\mathcal{D}^{\alpha}y(t)]_{t=t_{k+1}}| \\
&\quad + h^{\alpha}\sum_{j=0}^{k} b_{j,k+1}|f(t_j, y(t_j)) - f(t_j, y_j)| \\
&\leqslant c_1 t_{k+1}^{\alpha} h + c_2 t_{k+1}^{\alpha} h^p,
\end{aligned}
\tag{5.2.41}
$$

这里 c_1, c_2 是与 α 有关的常数.

接下来再估计校正值的误差. 由式 (5.2.30) 与式 (5.2.34) 得

$$
\begin{aligned}
|y(t_{k+1} - y_{k+1})| &= |[J^{\alpha}f(t, y(t))]_{t=t_{k+1}} - h^{\alpha}a_{k+1,k+1}f(t_{k+1}, y_{k+1}^{P}) \\
&\quad - h^{\alpha}\sum_{j=0}^{k} a_{j,k+1}f(t_j, y_j)| \\
&\leqslant |[J^{\alpha C}\mathcal{D}^{\alpha}y(t)]_{t=t_{k+1}} - h^{\alpha}\sum_{j=0}^{k+1} a_{j,k+1}[{}^{C}\mathcal{D}^{\alpha}y(t)]_{t=t_{k+1}}| \\
&\quad + h^{\alpha}\sum_{j=0}^{k} a_{j,k+1}|f(t_j, y(t_j)) - f(t_j, y_j)| \\
&\quad + h^{\alpha}a_{k+1,k+1}|f(t_{k+1}, y(t_{k+1})) - f(t_{k+1}, y_{k+1}^{P})| \\
&\leqslant c_3 t_{k+1}^{\alpha} h^2 + c h^{\alpha} h^p \sum_{j=0}^{k} a_{j,k+1} + c' h^{\alpha} a_{k+1,k+1}(h + h^p) \\
&\leqslant c_3 t_{k+1}^{\alpha} h^2 + c_4 h^{1+\alpha} + c_5 t_{k+1}^{\alpha} h^p \leqslant C h^p.
\end{aligned}
\tag{5.2.42}
$$

证毕. □

这里的误差估计是在一个比较严格的条件 (${}^{C}\mathcal{D}^{\alpha}y(t) \in C^2[0, T]$) 下得到的. 因为, 对于光滑函数 $y(t)$, 其分数阶导数 ${}^{C}\mathcal{D}^{\alpha}y(t)$ 很有可能非光滑. Diethelm 等还给出了在其他一些条件假设下的不同误差估计结果[160].

下面给出的收敛性估计是在对函数 $y(t)$ 自身光滑要求下得出的结论.

定理 5.2.2　设 $0 < \alpha \leqslant 1, y(t) \in C^2[0, T]$, 且函数 $f(t, y)$ 关于第二个变量满足 Lipschitz 条件 (5.2.37), 那么

$$
|y(t_j) - y_h(t_j)| = C t_j^{\alpha-1} \times \begin{cases} h^{1+\alpha}, & 0 < \alpha \leqslant 1/2; \\ h^{2-\alpha}, & 1/2 < \alpha < 1, \end{cases}
\tag{5.2.43}
$$

其中, C 与 j, h 无关的常数.

证明见参考文献 [160].

注 5.2.2　① 相比较于整数阶的情形, 分数阶导数为非局部算子, 这意味着某一点的分数阶导数的计算不能只用到该点附近的函数值, 而且还要用到全局历史数据, 即该点之前的所有点的函数值. 这一性质虽然能更好地刻画一些带有记忆原理的物理现象, 但却对数值计算带来了很大的麻烦. 本方法的计算量为 $O(N^2)$(整数阶的情形为 $O(N)$), 其中 N 为需要计算的点数. 目前在这方面的改进方法有短记忆原理[46], 其代价是方法的精度丢失, 另外, 对于某些问题会出现计算的不稳定性. 另外一种改进办法是“Nest Memory Concept”, 计算的复杂度降为 $O(N\lg N)$, 并且保留了方法原有的精度[163].

② 方法的稳定性分析等同经典的 Adams-Bashforth-Moulton 格式. 一种提高稳定性的方法是所谓的 $P(EC)^mE$ 算法, 即每次计算校正 m 次. 通过增加校正迭代次数, 使之在不改变收敛性的前提下提高方法的稳定性, 同时也没有改变算法的复杂度.

③ 方法精度的提高: 采用 Richardson 外推法, 提高算法精度. 即在每一时间步长上算出 2 倍网格的数值 $u_{i,2N}^n$, 然后采用 Richardson 外推公式 $2u_{2i,2N}^n - u_i^n$ 作为新的数值 $\bar{u}_i^n$, 这样, 方法在空间上就达到 $O(h^2)$ 收敛阶.

④ 该算法思想可以推广应用到一般网格剖分上, 即网格节点 $t_0, t_1, \cdots, t_N$ 并不一定均匀剖分得到. 此时, 预估权及校正权也需要适当改变, 但是 Richardson 外推方法失效.

第 6 章　分数阶偏微分方程数值解法

分数阶偏微分方程的数值算法, 目前相对应用较多较成熟的方法依然是有限差分法, 以及级数法 (主要是 Adomian 分解和变分迭代方法). 理论分析工具主要有傅里叶方法、能量估计、矩阵方法 (特征值) 和数学归纳法等. 还有一些其他的数值方法, 但大都不能作为普适性的数值方法或缺乏相对较完善的理论分析. 主要工作有: 从 20 世纪末开始, Gorenflo 教授等发表了一系列文章[186~190], 借助于一定条件下 Riemann-Liouville 分数阶导数与 Grünwald-Letnikov 分数阶导数的等价性, 用移位的 Grünwald-Letnikov 技巧逼近 Riemann-Liouville 分数阶导数 (即用移位的 Grünwald-Letnikov 分数阶导数级数表达式中有限项级数和近似 Riemann-Liouville 分数阶导数), 得到时间、空间、时间–空间分数阶扩散方程的有限差分离散近似格式, 进而把相应的离散格式解释成时间、空间、时间–空间上的离散随机游走模型, 这一方法很能推广应用到一般的分数阶微分方程上. 2002 年, Liu 等在海水浸入地下水层的研究项目中, 首次提出分数阶行方法 (Method of Lines)[191], 将分数阶偏微分方程转换为常微分方程系统来求解, 其主要思想是采用自动变阶变步长的向后差分公式. 这个方法已得到普遍认可, 并广泛应用于解空间分数阶偏微分方程. 2004 年, Meerschaert 和 Tadjeran[153] 给出了变系数的空间分数阶对流–扩散方程的有限差分格式, 并给出了误差分析. 2006 年, Tadjeran 等[192] 考虑了变系空间分数阶扩散方程, 借助于移位 Grünwald-Letnikov 技巧和 Crank-Nicolson 法得到关于空间步长一阶、时间步长二阶收敛的无条件稳定的数值离散格式, 进一步对空间变量采用外推技巧使得关于空间步长的收敛阶也达到二阶. 并进一步被推广应用到其他类型的空间分数阶导数的偏微分方程[193~196]. 以上的文献涉及的方法均为基于 Grünwald-Letnikov 逼近公式分数阶导数的离散差分格式. 此外, 还有一类基于 L 算法分数阶导数离散的差分格式[191,197~200], 但是大多没有相关的理论误差分析或者缺乏系统的理论分析.

而在时间分数阶偏微分方程方面, 与空间分数阶偏微分方程类似, 差分法主要有两类. 一类是基于 G 算法逼近时间分数阶导数的有限差分法[201, 202]; 另一类是基于 L 算法逼近时间分数阶导数的差分格式[203].

对于时间–空间分数阶偏微分方程, 则采用 G 算法与 L 算法相结合的方法[204~206].

对于高维的情况, Meerschaert 等[207] 在 2006 年考虑了二维变系数分数阶扩散方程的有限差分逼近, 提出了交替方向法, 给出了详细的稳定性和收敛分析. 2008 年, Chen 和 Liu 讨论了二维的分数阶对流一扩散方程, 提出交替方向 Euler 格式, 采用矩阵特征值的方法讨论了格式的稳定性, 并用 Richardson 外推法得到二阶精度. Liu 在她的博士论文中讨论了二维和三维的分数阶对流散方程, 提出了几种修正的交替方向法, 也用 Richardson 外推法提高收敛阶.

除以上提到的数值方法外, 2004 年, Roop 采用有限元方法求分数阶微分方程[208]. 2005 年, Momani 用 Adomian 分解法求解空间–时间分数阶电报方程[209]. 同年, Al-

Khaled 和 Momani[210] 仍然利用 Adomian 分解法数值求解分数阶扩散–波动方程. 2006 年, Rawashdeh[211] 借助于多项式样条函数, 利用配置法给出了一类分数阶积分方程的数值解, 但没有给出数值分析. 2007 年, Zhang 在其博士论文中也利用有限元方法解分数偏微分方程从而得到高阶逼近精度. 同年, Lin 和 Xu[212] 提出了用谱方法求解时间分数阶扩散方程.

对于分数阶微分方程, 数值算法研究起步不久, 理论分析和对算法的改进方面目前还比较有限. 分数阶算子本身的非局部性这一特殊结构, 使得分数阶微分方程比整数阶需要花费更多的计算时间和更高的存储要求.

分数阶微分方程的许多有限差分法都是基于 Grünwald-Letnikov 逼近的适当形式构造的, 且多为一阶精度. 目前讨论分数阶偏微分方程的数值解的文献中证明稳定性和收敛性所采用的方法有傅里叶分析、特征值法和归纳法及能量方法. 下面以分数阶对流–扩散方程为例来说明这类分数阶差分法的构造思想.

分数阶扩散方程通常用于模拟物理[213] 和金融[214], 以及水文[215, 216], 指出分数阶对流–扩散方程能更精确地模拟具有长尾性态的溶质运动过程.

另外, Liu 等[217] 考虑了时间分数阶对流–扩散方程, 利用 Mellin 变换和拉普拉斯变换得到了此方程的基本解, 此解是一个由概率密度函数和完备的误差函数组成的 Fox 函数. Huang 和 Liu[218] 将文中的结论推广到 n 维全空间和半空间上, 得到了相应的基本解, 进一步他们还考虑了空间–时间分数阶对流–扩散方程的解析解[219].

我们将分别考虑与时间相关、与空间相关、与空间和时间都相关的分数阶对流–扩散方程的有限差分方法[153, 198, 202, 203, 205, 220]. 即考虑如下变系数分数阶对流–扩散方程:

$$\frac{\partial^\alpha u(x,t)}{\partial t^\alpha} = -v(x,t)\mathcal{D}_x^\beta u(x,t) + d(x,t)\mathcal{D}_x^\gamma u(x,t) + f(x,t), \quad 0 < t \leqslant T, L < x < R, \tag{6.0.1}$$

其中, $0 < \alpha, \beta \leqslant 1, 1 < \gamma \leqslant 2$, 且 $v, d \geqslant 0$, 即流体是从左到右的. $\dfrac{\partial^\alpha u(x,t)}{\partial t^\alpha} = C\mathcal{D}_t^\alpha u(x,t)$ 为 Caputo 时间分数阶导数; $\mathcal{D}_x^\mu u(x,t)$ 为 Riemann-Liouville 空间分数阶导数. 并加上适当的初边值条件. 方程 (6.0.1) 解的存在唯一性见文献 [221].

6.1 空间分数阶对流–扩散方程

先考虑如下变系数的空间分数阶对流–扩散方程 [即方程 (6.0.1) 中取 $\alpha, \beta = 1, v = v(x), d = d(x)$]

$$\frac{\partial u(x,t)}{\partial t} = -v(x)\frac{\partial u(x,t)}{\partial x} + d(x)\mathcal{D}_x^\gamma u(x,t) + f(x,t), \quad 0 < t \leqslant T, L < x < R, \tag{6.1.1}$$

并给定初边值条件

$$\begin{aligned} &u(x, t=0) = \psi(x), \quad L < x < R; \\ &u(x=L, t) = 0, \quad \frac{\partial u}{\partial t}(x=R, t) = 0; \end{aligned} \tag{6.1.2}$$

空间分数阶导数可采用 G 算法或 L 算法离散, 分别得到基于 G 算法的有限差分格式和基于 L 算法的有限差分格式. 下面以基于 G 算法的有限差分格式为例介绍这一思想.

方程 (6.1.1) 中的时间和空间一阶导数可以采用一阶差商逼近, 而空间分数阶导数则可以采用 G 算法; 及直接利用分数阶 Riemann-Liouville 定义与 Grünwald-Letnikov 定义的等价性来离散. 但是 Meerschaert 等[153] 已经证明, 基于标准的 Grünwald-Letnikov 公式的显式、隐式 Euler 方法及 C-N 方法均不稳定. 需要用到修正的 Grünwald-Letnikov 公式. 由于 $1<\gamma\leqslant 2$, 最佳移位数 $p=1$ (见定理 4.2.1 及其注释), 即采用如下逼近公式:

$$\mathcal{D}_x^\gamma u(x,t)\approx h^{-\gamma}\sum_{k=0}^{[x-L/h]}\omega_k^{(\gamma)}u(x-(k-1)h,t), \tag{6.1.3}$$

令 $0\leqslant t_n=n\tau\leqslant T, x_i=L+ih, h=(R-L)/M, i=0,1,\cdots,M$. $u_i^n\approx u(x_i,t_n)$, $v_i=v(x_i)$, $d_i=d(x_i)$, $f_i^n=f(x_i,t_n)$.

定理 6.1.1[153] 空间分数阶对流–扩散方程 (6.1.1) 基于修正的 Grünwald-Letnikov 的逼近公式 (6.1.3) 的隐式差分格式

$$\frac{u_i^{n+1}-u_i^n}{\tau}=-v_i\frac{u_i^{n+1}-u_{i-1}^{n+1}}{h}+\frac{d_i}{h^\gamma}\sum_{k=0}^{i+1}\omega_k^{(\gamma)}u_{i-k+1}^{n+1}+f_i^{n+1} \tag{6.1.4}$$

连续, 且无条件稳定, 从而收敛.

证明: 由于满足齐次的左边界条件 $[u(L,t)=0]$, 根据推论 4.2.1, 修正的 Grünwald-Letnikov 逼近 (6.1.3) 精度为 $O(h)$. 所以方法 (6.1.4) 逼近的精度为 $O(h)+O(\tau)$, 即满足连续.

记 $E_i=v_i\tau/h,\quad B_i=d_i\tau/h^\gamma$, 那么隐式差分格式 (6.1.4) 可以表示为

$$u_i^{n+1}-u_i^n=-E_i(u_i^{n+1}-u_{i-1}^{n+1})+B_i\sum_{k=0}^{i+1}\omega_k^{(\gamma)}u_{i-k+1}^{n+1}+\tau f_i^{n+1}, \tag{6.1.5}$$

或

$$\begin{aligned}-B_i\omega_0^{(\gamma)}u_{i+1}^{n+1}+(1+E_i-B_i\omega_1^{(\gamma)})u_i^{n+1}-(E_i+B_i\omega_2^{(\gamma)})u_{i-1}^{n+1}\\ -B_i\sum_{k=3}^{i+1}\omega_k^{(\gamma)}u_{i-k+1}^{n+1}=u_i^n+\tau f_i^{n+1}.\end{aligned} \tag{6.1.6}$$

记向量符号

$$\underline{U}^{n+1}=(u_0^{n+1},u_1^{n+1},u_2^{n+1},\cdots,u_M^{n+1})^{\mathrm{T}},$$

$$\underline{U}^n+\tau\underline{F}^{n+1}=(0,u_1^n+\tau f_1^{n+1},u_2^n+\tau f_2^{n+1},\cdots,u_{M-1}^n+\tau f_{M-1}^{n+1},b_R(t_{n+1}))^{\mathrm{T}},$$

于是式 (6.1.6) 可以用线性代数系统 $\underline{A}\underline{C}^{n+1}=\underline{C}^n+\tau\underline{F}^{n+1}$, 其中 $\underline{A}=[A_{i,j}]$ 为系数矩阵, 其元素 $A_{i,j}$ 定义为 [注意到 $\omega_0^{(\gamma)}=1,\omega_1^{(\beta)}=-\beta$]

$$\begin{cases}A_{0,0}=1,\ A_{0,j}=0, & j=1,2,\cdots,M;\\ A_{M,M}=1,\ A_{M,j}=0, & j=0,1,\cdots,M-1,\end{cases} \tag{6.1.7}$$

及当 $i,j=1,2,\cdots,M-1$ 时,

$$A_{i,j}=\begin{cases}0, & j\geqslant i+2,\\ -B_i\omega_0^{(\gamma)}, & j=i+1,\\ 1+E_i-B_i\omega_1^{(\gamma)}\gamma, & j=i,\\ -E_i-B_i\omega_2^{(\gamma)}, & j=i-1,\\ -B_i\omega_{i-j+1}^{(\gamma)}, & j\leqslant i-1.\end{cases} \tag{6.1.8}$$

设 λ 为矩阵 $\underline{A}$ 的特征值, $\underline{X}$ 为对应的特征向量, 即满足 $\underline{AX}=\lambda\underline{X}$. 选择 i 使得 $\|x_i\|=\max\{|x_j|:j=0,\cdots,M\}$. 于是由 $\sum\limits_{j=0}^{M}A_{i,j}x_j=\lambda x_i$, 得

$$\lambda=A_{i,i}+\sum_{j=0,j\neq i}^{M}A_{i,j}\frac{x_j}{x_i}. \tag{6.1.9}$$

若 $i=0$ 或 $i=M$, 则 $\lambda=1$. 否则, 将式 (6.1.8) 代入式 (6.1.9) 得

$$\begin{aligned}\lambda&=1+E_i-B_i\omega_1^{(\gamma)}-B_i\omega_0^{(\gamma)}\frac{x_{i+1}}{x_i}-(E_i+B_i\omega_2^{(\gamma)})\frac{x_{i-1}}{x_i}-B_i\sum_{j=0}^{i-2}\omega_{i-j+1}^{(\gamma)}\frac{x_j}{x_i}\\&=1+E_i(1-x_{i-1}/x_i)-B_i\Big[\omega_1^{(\gamma)}+\sum_{j=0,j\neq i}^{i+1}\omega_{i-j+1}^{(\gamma)}\frac{x_j}{x_i}\Big].\end{aligned} \tag{6.1.10}$$

由于 $\sum\limits_{k=0}^{\infty}\omega_k^{(\gamma)}=0, 1<\gamma\leqslant 2$, 所以 Grünwald 权系数中只有一个 $\omega_1^{(\gamma)}=-\gamma$ 为负数, 且 $-\omega_1^{(\gamma)}\geqslant\sum\limits_{k=0,k\neq 1}^{j}\omega_k^{(\gamma)}, j=0,1,2,\cdots$. 又由于 $|x_j/x_i|\leqslant 1$ 且 $\omega_j^{(\gamma)}\geqslant 0, j=0,2,3,4,\cdots$, 于是有

$$\sum_{j=0,j\neq i}^{i+1}\omega_{i-j+1}^{(\gamma)}|x_j/x_i|\leqslant\sum_{j=0,j\neq i}^{i+1}\omega_{i-j+1}^{(\gamma)}\leqslant-\omega_1^{(\gamma)}.$$

所以

$$\omega_1^{(\gamma)}+\sum_{j=0,j\neq i}^{i+1}\omega_{i-j+1}^{(\gamma)}\|x_j/x_i\|\leqslant 0.$$

由于参数 B_i,E_i 为非负实数, 所以可以得出系数矩阵 $\underline{A}$ 的特征值满足 $\|\lambda\|\geqslant 1$. 所以系数矩阵可逆, 逆矩阵 $\underline{A}^{-1}$ 的特征值 η 满足 $\|\eta\|\leqslant 1$. 即 $\underline{A}^{-1}$ 的谱半径不大于 1, 即 $\rho(A^{-1})\leqslant 1$. 设 $\underline{\varepsilon}^k$ 为第 k 步 $\underline{U}^k$ 产生的误差, 则误差的传播方式为 $\underline{\varepsilon}^1=\underline{A}^{-1}\underline{\varepsilon}^0$, 所以 $\|\underline{\varepsilon}^1\|\leqslant\|\underline{\varepsilon}^0\|$, 即方法无条件稳定. 再由 Lax 等价定理得方法收敛.

注 6.1.1 ① 局部截断误差 $O(\tau)+O(h)$.

② 当 $v=v(x,t),d=d(x,t)$ 时, 结论不变.

③ 可推广应用到其他右边界条件, 如

$$u(R,t)+\nu\frac{\partial u}{\partial t}u(R,t)=\phi(t),\quad \nu\geqslant 0.$$

④ $\gamma=2$ 时, 差分格式 (6.1.4) 退化为经典的二阶中心差商逼近空间二阶导数. 此时修正的 Grünwald-Letnikov 公式 (6.1.3) 为经典的中心差商 ($\omega_0^{(2)}=1,\omega_1^{(2)}=-2,\omega_2^{(2)}=1,\omega_4^{(2)}=\omega_4^{(2)}=0$)

$$\frac{\partial^2 u(x_i,t_n)}{\partial x^2}\approx\frac{u_{i+1}^n-2u_i^n+u_{i-1}^n}{h^2}.$$

⑤ 可推广应用到其他方程上, Meerschaert 等将这一技巧推广到二维的空间分数阶偏微分方程[207] 以及双边空间分数阶导数的偏微分方程[193], 得出基于修正的 Grünwald-Letnikov 公式的隐格式则为无条件稳定, 而显格式为条件稳定, 并且稳定条件可以看作是经典抛物和双曲型方程显式差分格式稳定性条件的推广.

⑥ 基于修正的 Grünwald-Letnikov 逼近的其他差分格式的应用. 如: ①对流项可以采用中心差商, 类似的 Lax-Wendroff 格式等 (条件稳定)[194]. ②加权平均方法 (Weighted Average Methods), 即差分格式由方程 (6.1.1) 如下逼近方程构造[195]:

$$\begin{aligned}\frac{\partial u(x,t)}{\partial t}\Big|_{(x_j,t_{n+\frac{1}{2}})}=&(1-\lambda)\Big[-v(x)\frac{\partial u(x,t)}{\partial x}+d(x)\mathcal{D}_x^{\gamma}u(x,t)\Big]_{(x_j,t_{n+1})}\\&+\lambda\Big[-v(x)\frac{\partial u(x,t)}{\partial x}+d(x)\mathcal{D}_x^{\gamma}u(x,t)\Big]_{(x_j,t_n)}+f(x_j,t_{n+\frac{1}{2}}),\end{aligned}\qquad(6.1.11)$$

其中, $0\leqslant\lambda\leqslant1$ 为权系数. 然后对上式左边的时间导数采用二阶中心差商, 右边的一阶空间导数采用一阶向后差商, 空间分数阶导数采用修正的 Grünwald-Letnikov 公式. 特别地, 当 $\lambda=1/2$ 时, 称为分数阶 Crank-Nicolson 格式. 同样的方式可以证明基于修正的 Grünwald-Letnikov 逼近公式的 Crank-Nicolson 方法是稳定、收敛的[192], 并采用 Richardson 外推法得到时间、空间都达到二阶精度. 这种加权平均方法还可以推广应用到双边空间分数阶对流–扩散方程[196].

⑦ 基于 L 算法的差分格式: 对于空间分数阶导数, 也可以采用 L 算法, 以获得类似的分数阶 Euler 方法, 但是此类方法大都没有给出理论上的收敛性和稳定性分析, 包括 Riemann-Liouville 分数阶导数的 L2 算法的应用[197], 双边空间分数阶导数[191] 和 Riesz 空间分数阶导数[199, 200]. 理论分析方面, Shen 对于 Caputo 分数阶扩散方程构造的基于 L1 算法的有限差分格式进行了理论分析[198].

6.2 时间分数阶偏微分方程

时间分数阶扩散方程在物理上有很广泛的应用, 可描述带有长时记忆的流通过程的分数阶定律.

考虑如下时间分数阶扩散方程:

$$\frac{\partial u(x,t)}{\partial t}=K_\mu\mathcal{D}_t^{1-\mu}\frac{\partial^2 u(x,t)}{\partial x^2},\quad 0\leqslant x\leqslant L,t>0.\qquad(6.2.1)$$

给定如下初边值条件:

$$u(x,t=0)=g(x),\quad 0\leqslant x\leqslant L.\qquad(6.2.2)$$

$$u(x=0,t)=\varphi_(x),\quad u(x=L,t)=\varphi_2(x), \tag{6.2.3}$$

令 $x_i=ih, i=0,1,\cdots,M; h=L/N; t_k=k\tau, k=0,1,\cdots,M; \tau=T/M$.

6.2.1 差分格式

下面我们分别采用一阶向前差商和空间二阶中心差商逼近 (6.2.1) 中的时间一阶导数和空间二阶导数 (Forward Time and Centered Space Method, 简称 FTCS 方法):

$$\frac{\partial u}{\partial t}u(x_j,t_k)=\frac{[u]_j^{k+1}-[u]_j^k}{\tau}+O(\tau), \tag{6.2.4}$$

$$\frac{\partial^2 u}{\partial x^2}u(x_j,t_k)=\frac{[u]_{j-1}^k-2[u]_j^k+[u]_{j+1}^k}{(h)^2}+O(h^2). \tag{6.2.5}$$

于是可得

$$\frac{[u]_j^{k+1}-[u]_j^k}{\tau}=K_\mu\mathcal{D}_t^{1-\mu}\frac{[u]_{j-1}^k-2[u]_j^k+[u]_{j+1}^k}{(h)^2}+T(x,t), \tag{6.2.6}$$

其中, $T(x,t)$ 为截断误差项.

对于分数阶导数的离散, 我们采用高阶线性多步法式 (4.7.16), 即

$$\mathcal{D}_t^{1-\mu}f(t)=\bar{h}^{-(1-\mu)}\sum_{j=0}^{[t/\bar{h}]}\omega_j^{(1-\mu)}f(t-j\bar{h})+O(\bar{h}^p), \tag{6.2.7}$$

其中, $\bar{h}$ 为步长, 这里取 $\bar{h}=\tau$, 系数 $\omega_j^{(\alpha)}$ 由对应的生成函数 $W_p^{(\alpha)}(z)$ 获得, 前面的章节中我们给出了 $p=1\sim 6$ 的生成函数. 当 $p=1$ 时, $W_1^{(\alpha)}=(1-z)^\alpha$, 其对应 G1 方法, 也称为分数阶一阶向后差商 (简记 BDF1) 逼近; 当 $p=2$ 时, $W_2^{(\alpha)}=\left(\frac{3}{2}-2x+\frac{1}{2}x^2\right)^\alpha$, 称其为分数阶二阶向后差商 (简记 BDF2) 逼近.

将上述格式代入方程并舍去截断误差得

$$u_j^{k+1}=u_j^k+S_\mu\sum_{m=0}^{k}w_m^{(1-\mu)}\left(u_{j-1}^{k-m}-2u_j^{k-m}+u_{j+1}^{k-m}\right), \tag{6.2.8}$$

其中, $S_\mu=K_\mu\frac{\tau^\mu}{h^2}$.

6.2.2 稳定性分析: Fourier-Von Neumann 方法

令 $u_j^k=\zeta_k\mathrm{e}^{\mathrm{i}qjh}$, q 为空间波数. 并将其代入式 (6.2.6) 得

$$\zeta_{k+1}=\zeta_k-4S_\mu\sin^2\left(\frac{qh}{2}\right)\sum_{m=0}^{k}w_m^{(1-\mu)}\zeta_{k-m}, \tag{6.2.9}$$

它是下面分数阶微分方程的离散形式

$$\frac{\mathrm{d}\psi(t)}{\mathrm{d}t}=-4C\sin^2\left(\frac{qh}{2}\right)\mathcal{D}_t^{1-\mu}\psi(t), \tag{6.2.10}$$

其中, $C = S_\mu \tau^\mu$, 它的解可由 Mittag-Leffler 函数表示[46]. 令

$$\zeta_{k+1} = \xi \zeta_k, \tag{6.2.11}$$

并假设 $\xi = \xi(q)$ 与时间无关. 将其代入式 (6.2.9) 得

$$\xi = 1 - 4S_\mu \sin^2\left(\frac{qh}{2}\right) \sum_{m=0}^{k} w_m^{(1-\mu)} \xi^{-m}. \tag{6.2.12}$$

若存在 q, 使得 $|\xi| > 1$, 则方法不稳定.

考虑极限情况 $\xi = -1$, 则

$$S_\mu \sin^2\left(\frac{qh}{2}\right) \leqslant \frac{1/2}{\displaystyle\sum_{m=0}^{k} (-1)^m w_m^{(1-\mu)}} \equiv \bar{S}_{\mu,k}. \tag{6.2.13}$$

式 (6.2.13) 的估计界限弱依赖于迭代次数 k, 令 $\bar{S}_\mu = \lim\limits_{k\to\infty} \bar{S}_{\mu,k}$, 其值可由式 (6.2.14) 及生成函数 $W_p^{(\beta)}(z) = (1-z)^\beta = \sum\limits_{m=0}^{k} w_m^{(\beta)} z^m$ (取 $z = -1, \beta = 1-\mu$, 生成函数定义见前面章节) 获得.

因此, 要使方法稳定, 则需要满足 (充分条件)

$$S_\mu \sin^2\left(\frac{qh}{2}\right) \leqslant \bar{S}_\mu = \frac{1}{2W_p^{(1-\mu)}(-1)}. \tag{6.2.14}$$

参考文献 [202] 中采用数值测试证明上式也是方法稳定的必要条件, 即得差分格式 (6.2.6) 稳定的充分必要条件

$$S_\mu \leqslant \frac{\bar{S}_\mu}{\sin^2\left(\dfrac{ah}{2}\right)}. \tag{6.2.15}$$

因此, 若

$$S_\mu = K_\mu \frac{\tau^\mu}{(h)^2} \leqslant \bar{S}_\mu, \tag{6.2.16}$$

则方法稳定.

6.2.3　误差分析

由式 (6.2.6) 知方法的截断误差为

$$T(x,t) = \frac{[u]_j^{k+1} - [u]_j^k}{\tau} - K_\mu \mathcal{D}_t^{1-\mu} \frac{[u]_{j-1}^k - 2[u]_j^k + [u]_{j+1}^k}{h^2}. \tag{6.2.17}$$

又因为

$$\frac{[u]_j^{k+1} - [u]_j^k}{\tau} = u_t + \frac{1}{2} u_{tt} \tau + O(\tau)^2, \tag{6.2.18}$$

且

$$
\begin{aligned}
&\mathcal{D}_t^{1-\mu}\Big([u]_{j-1}^k - 2[u]_j^k + [u]_{j+1}^k\Big) \\
&= \frac{1}{\bar{h}^{1-\mu}} \sum_{m=0}^{k} w_m^{(1-\mu)} \Big(u_{xx} + \frac{1}{12} u_{xxx}(h)^2 + \cdots\Big) + O(\bar{h}^p),
\end{aligned} \tag{6.2.19}
$$

所以

$$
\begin{aligned}
T(x,t) &= O(\bar{h}^p) + \tfrac{1}{2} u_{tt}\tau - \frac{K_\mu h^2}{12} \mathcal{D}_t^{1-\mu} u_{xxxx} \\
&= O(\bar{h}^p) + O(\tau) + O(h^2).
\end{aligned} \tag{6.2.20}
$$

因此, 假设: ① u 的初边值条件相容 (也是经典的 FTCS 方法的前提条件); ② u 在初始点 $t=0$ 处充分光滑 [这是线性多步法 (6.2.7) 成立的条件], 则 FTCS 方法无条件连续, 即

$$
T(x,t) \longrightarrow 0 \quad 当\ \bar{h}, \tau, h \to 0.
$$

注 6.2.1 ① 特别地, 当 $p=1$ 时, $W_1^{(\alpha)} = (1-z)^\alpha$, 所以 $\bar{S}_\mu = \dfrac{1}{2^{2-\mu}}$; 当 $p=2$ 时, $W_2^{(\alpha)} = \left(\dfrac{3}{2} - 2x + \dfrac{1}{2}x^2\right)^\alpha$, 此时, $\bar{S}_\mu = \dfrac{1}{2^{3/2-\mu}}$.

② 同时注意到, 当 $\mu < 1$ 时, $\dfrac{1}{2^{3/2-\mu}} \leqslant \dfrac{1}{2^{2-\mu}}$, 即分数阶 BDF2 方法 $(p=2)$ 的稳定性比 BDF1$(p=1)$ 差一些.

③ 在实际计算中, 一般取 $\bar{h} = \tau$, 由式 (6.2.20) 知, 对于分数阶导数的高阶线性多步法 $(p>1)$, 并不能真正提高 FTCS 方法的精度. 而在稳定性方面, 如前面所述, 高阶的方法 $(p=2)$ 的稳定性反而比低阶 $p=1$ 更差. 所以, 实际应用中取 $p=1$, 即采用基于 G1 算法的 FTCS 格式.

④ 整体误差的分析见参考文献 [220], 该文同时也给出了隐式的差分格式, 并进行了稳定性和收敛性分析.

⑤ 基于 L1 算法的 FTCS 方法

Caputo 时间分数阶导数 $\dfrac{\partial^\alpha u(x,t)}{\partial t^\alpha} = {}^C\mathcal{D}_t^\alpha u(x,t)$ 采用 L1 算法式 (4.5.2):

$$
\frac{\partial^\alpha u(x_i, t_{k+1})}{\partial t^\alpha} = \frac{\tau^{-\alpha}}{\Gamma(2-\alpha)} \sum_{j=0}^{k} b_j^{(\alpha)} \Big(u(x_i, t_{k-j+1}) - u(x_i, t_{k-j})\Big) + O(\tau), \tag{6.2.21}
$$

其中, $b_j^{(\alpha)} = (j+1)^{1-\alpha} - j^{1-\alpha}$, 并简记为 $b_j^{(\alpha)} = b_j$.

时间一阶导数和空间二阶导数分别采用一阶向后差商和空间二阶中心差商逼近得到[203]

$$
\begin{aligned}
&(1+2\rho)u_j^{k+1} - \rho u_{j+1}^{k+1} - \rho u_{j-1}^{k+1} = (1+2\rho)u_j^k - \rho u_{j+1}^k \\
&-\rho u_{j-1}^k + \rho \frac{\mu}{(k+1)^{1-\mu}} \Delta_h^2 u_j^0 + \rho \sum_{l=0}^{k-1} b_{k-l}^{(1-\mu)} (\Delta_h^2 u_j^{l+1} - \Delta_h^2 u_j^l),
\end{aligned} \tag{6.2.22}
$$

其中, $\rho = \dfrac{K_\mu \tau^\mu}{h^2 \Gamma 1 + \mu}, b_j^{(\alpha)} = (j+1)^{1-\alpha} - j^{1-\alpha}, \quad \Delta_h^2 u_j^k = u_{j+1}^k - 2u_j^k + u_{j-1}^k$.

Langlands 和 Henry 对这一隐式差分格式进行了简单的 (不是严格的理论分析) 稳定性分析和收敛性分析, 得到局部截断误差为 $O((\tau)^{2-\mu})+O((h)^2)$, 但是没有给出整体误差的分析.

6.3 时间–空间分数阶偏微分方程

考虑变系数分数阶对流–扩散方程 (6.0.1), 其初始和边界条件为

$$u(x,t=0)=g(x),\quad 0\leqslant x\leqslant L, \tag{6.3.1}$$

$$u(x=0,t)=0,\quad u(x=L,t)=\varphi(t). \tag{6.3.2}$$

6.3.1 差分格式

做网格剖分, 令 τ,h 分别为时间和空间步长, 并即 $x_i=ih, i=0,1,\cdots,N, h=L/N$; $t_k=k\tau, k=0,1,\cdots,M; \tau=T/M$.

Caputo 时间分数阶导数 $\dfrac{\partial^\alpha u(x,t)}{\partial t^\alpha}={}^C\mathcal{D}_t^\alpha u(x,t)$ 采用 L1 算法 (4.5.2):

$$\frac{\partial^\alpha u(x_i,t_{k+1})}{\partial t^\alpha}=\frac{\tau^{-\alpha}}{\Gamma(2-\alpha)}\sum_{j=0}^{k}b_j^{(\alpha)}\Big(u(x_i,t_{k-j+1})-u(x_i,t_{k-j})\Big)+O(\tau), \tag{6.3.3}$$

其中, $b_j^{(\alpha)}=(j+1)^{1-\alpha}-j^{1-\alpha}$, 并简记为 $b_j^{(\alpha)}=b_j$.

Riemann-Liouville 空间分数阶导数则采用 G 算法. 根据定理 4.2.1 下面的注释, 由于 $0<\beta\leqslant 1, 1<\gamma\leqslant 2$, 所以 $\mathcal{D}_x^\beta u(x,t)$ 和 $\mathcal{D}_x^\gamma u(x,t)$ 的 G 算法中, 最佳移位数分别是 $p=0$ 和 $p=1$, 即分别采用 G1 和 $\mathrm{G}_{S(1)}$ 算法离散:

$$\mathcal{D}_x^\beta u(x_i,t_{k+1})=h^{-\beta}\sum_{j=0}^{i}\omega_j^{(\beta)}u(x_i-jh,t_{k+1})+O(h); \tag{6.3.4}$$

$$\mathcal{D}_x^\gamma u(x,t)=h^{-\gamma}\sum_{j=0}^{i}\omega_j^{(\gamma)}u(x_i-(j-1)h,t_{k+1}+O(h), \tag{6.3.5}$$

其中, $\omega_j^\mu=(-1)^j\dfrac{\mu(\mu-1)\cdots(\mu-l+1)}{j!}$. 于是可得到如下隐式差分格式:

$$\sum_{j=0}^{k}b_j(u_i^{k-j+1}-u_i^{k-j})=-r_{i,k+1}^{(1)}\sum_{l=0}^{i}\omega_l^{(\beta)}u_{i-l}^{k+1}+r_{i,k+1}^{(2)}\sum_{l=0}^{i+1}\omega_l^{(\gamma)}u_{i+1-l}^{k+1}+\bar{f}_i^{k+1}, \tag{6.3.6}$$

或改写为

$$\begin{aligned}u_i^{k+1}+r_{i,k+1}^{(1)}\sum_{l=0}^{i}\omega_l^{(\beta)}u_{i-l}^{k+1}-r_{i,k+1}^{(2)}\sum_{l=0}^{i+1}\omega_l^{(\gamma)}u_{i+1-l}^{k+1}=\sum_{j=0}^{k-1}(b_j-b_{j+1})u_i^{k-j}\\+b_ku_i^0+\bar{f}_i^{k+1},\quad i=1,2,\cdots,M;k=0,1,\cdots,N,\end{aligned} \tag{6.3.7}$$

其中

$$v_i^k = v(ih, k\tau), \quad d_i^k = d(ih, k\tau), \quad r_{i,k}^{(1)} = \frac{v_i^k \tau^\alpha \Gamma(2-\alpha)}{h^\beta},$$

$$r_{i,k}^{(2)} = \frac{d_i^k \tau^\alpha \Gamma(2-\alpha)}{h^\gamma}, \quad f_i^k = f(ih, k\tau), \quad \bar{f}_i^k = \tau^\alpha \Gamma(2-\alpha) f_i^k.$$

类似地, 可以导出如下显示差分格式:

$$\begin{aligned} u_i^{k+1} = & b_k u_i^0 + \sum_{j=0}^{k-1}(b_j - b_{j+1})u_i^{k-j} - r_{i,k+1}^{(1)} \sum_{l=0}^{i} \omega_l^{(\beta)} u_{i-l}^k \\ & + r_{i,k+1}^{(2)} \sum_{l=0}^{i+1} \omega_l^{(\gamma)} u_{i+1-l}^k + \bar{f}_i^{k+1}, \ i = 1, 2, \cdots, M; k = 0, 1, \cdots, N. \end{aligned} \tag{6.3.8}$$

再加上如下初边值条件:

$$u_i^0 = g(ih), \ u_0^k = 0, \quad u_M^k = \varphi(k\tau), \quad i = 0, 1, \cdots, M, \ k = 0, 1, \cdots, N. \tag{6.3.9}$$

引理 6.3.1 系数 $b_j, \omega_j^{(\beta)}, \omega_j^{(\gamma)}$ 满足

$$b_0 = 1, \quad b_j > 0, \quad b_{j+1} > b_j, \ j = 0, 1, 2, \cdots$$

$$\omega_0^{(\beta)} = 1, \quad \omega_1^{(\beta)} = -\beta, \quad \omega_j^{(\beta)} < 0 (j > 1),$$

$$\sum_{j=0}^{\infty} \omega_j^{(\beta)} = 0, \quad \forall K, \sum_{j=0}^{K} \omega_j^{(\beta)} > 0;$$

$$\omega_0^{(\gamma)} = 1, \quad \omega_1^{(\gamma)} = -\gamma, \quad \omega_j^{(\gamma)} > 0 (j \neq 1),$$

$$\sum_{j=0}^{\infty} \omega_j^{(\gamma)} = 0, \quad \forall K, \sum_{j=0}^{K} \omega_j^{(\gamma)} < 0.$$

为了分析简便, 我们假设 v, d 是与变量 x, t 无关的常数, 该假设不影响方法的稳定性和收敛性. 并记 $r_{i,k}^{(m)} = r_m, m = 1, 2$.

6.3.2 稳定性及收敛性分析

1. 隐式差分格式的稳定性

定义两差分算子 L_1, L_2 为

$$L_1 u_i^{k+1} = u_i^{k+1} + r_1 \sum_{l=0}^{i} \omega_l^{(\beta)} u_{i-l}^{k+1} - r_2 \sum_{l=0}^{i+1} \omega_l^{(\gamma)} u_{i+1-l}^{k+1}, \tag{6.3.10}$$

$$L_2 u_i^k = b_k u_i^0 + \sum_{j=0}^{k-1} (b_j - b_{j+1}) u_i^{k-j}, \tag{6.3.11}$$

则隐式差分格式 (6.3.6) 可以写成

$$L_1 u_i^{k+1} = L_2 u_i^k + \bar{f}_i^{k+1}. \tag{6.3.12}$$

假设 $\tilde{u}_i^j$ 是由差分格式式 (6.3.7) 和式 (6.3.9) 计算所得近似值, $\varepsilon_i^j=\tilde{u}_i^j-u_i^j$ 为计算误差, 满足

$$L_1\varepsilon_i^{k+1}=L_2\varepsilon_i^k, \tag{6.3.13}$$

并引进误差向量 $E^k=(\varepsilon_1^k,\varepsilon_2^k,\cdots,\varepsilon_{M-1}^k)^{\mathrm{T}}$.

定理 6.3.1　隐式差分格式 (6.3.7) 和 (6.3.9) 由初值引起的误差满足

$$\|E^{k+1}\|_\infty\leqslant\|E^0\|_\infty,\ k=0,1,2,\cdots, \tag{6.3.14}$$

即格式无条件稳定.

证明: 用数学归纳法证明.

当 $k=0$ 时, 记 $|\varepsilon_l^1|=\max\limits_{1\leqslant i\leqslant M}|\varepsilon_i^1|$, 由引理 6.3.1 得

$$\begin{aligned}|\varepsilon_l^1|&\leqslant\Big(1+r_1\sum_{j=0}^{l}\omega_j^{(\beta)}-r_2\sum_{j=0}^{l+1}\omega_j^{(\gamma)})|\varepsilon_l^1|\\&\leqslant|\varepsilon_l^1|+r_1\sum_{j=0}^{l}\omega_j^{(\beta)}|\varepsilon_{l-j}^1|-r_2\sum_{j=0}^{l+1}\omega_j^{(\gamma)}|\varepsilon_{l+1-j}^1|\\&=(1+r_1+r_2\gamma)|\varepsilon_l^1|+r_1\sum_{j=0}^{l}\omega_j^{(\beta)}|\varepsilon_{l-j}^1|-r_2\sum_{j=0,j\neq1}^{l+1}\omega_j^{(\gamma)}|\varepsilon_{l+1-j}^1|\\&\leqslant|\varepsilon_l^1+r_1\sum_{j=0}^{l}\omega_j^{(\beta)}\varepsilon_{l-j}^1-r_2\sum_{j=0}^{l+1}\omega_j^{(\gamma)}\varepsilon_{l+1-j}^1|\\&=|L_1\varepsilon_l^1|=|L_2\varepsilon_l^0|=|\varepsilon_l^0|\leqslant\|E^0\|_\infty,\end{aligned} \tag{6.3.15}$$

因此, $\|E^1\|_\infty\leqslant\|E^0\|_\infty$.

现假设 $\|E^j\|_\infty\leqslant\|E^0\|_\infty,\ j=1,2,\cdots,k$. 并记 $|\varepsilon_l^{k+1}|=\max\limits_{1\leqslant i\leqslant M-1}|\varepsilon_i^1|$, 由引理 6.3.1 得

$$\begin{aligned}|\varepsilon_l^{k+1}|&\leqslant\Big(1+r_1\sum_{j=0}^{l}\omega_j^{(\beta)}-r_2\sum_{j=0}^{l+1}\omega_j^{(\gamma)}\Big)|\varepsilon_l^{k+1}|\\&\leqslant|\varepsilon_l^{k+1}|+r_1\sum_{j=0}^{l}\omega_j^{(\beta)}|\varepsilon_{l-j}^{k+1}|-r_2\sum_{j=0}^{l+1}\omega_j^{(\gamma)}|\varepsilon_{l+1-j}^{k+1}|\\&=(1+r_1+r_2\gamma)|\varepsilon_l^{k+1}|+r_1\sum_{j=0}^{l}\omega_j^{(\beta)}|\varepsilon_{l-j}^{k+1}|-r_2\sum_{j=0,j\neq1}^{l+1}\omega_j^{(\gamma)}|\varepsilon_{l+1-j}^{k+1}|\\&\leqslant|\varepsilon_l^{k+1}+r_1\sum_{j=0}^{l}\omega_j^{(\beta)}\varepsilon_{l-j}^{k+1}-r_2\sum_{j=0}^{l+1}\omega_j^{(\gamma)}\varepsilon_{l+1-j}^{k+1}|\\&=|L_1\varepsilon_l^{k+1}|=|L_2\varepsilon_l^k|,\end{aligned} \tag{6.3.16}$$

因此

$$\begin{aligned}\|E^{k+1}\|_\infty&\leqslant|L_2\varepsilon_l^k|=\Big|b_k\varepsilon_l^0+\sum_{j=0}^{k-1}(b_j-b_{j+1})\varepsilon_l^{k-j}\Big|\\&\leqslant\Big(b_k+\sum_{j=0}^{k-1}(b_j-b_{j+1})\Big)\|E^0\|_\infty=\|E^0\|_\infty.\end{aligned} \tag{6.3.17}$$

即隐式差分格式 (6.3.7) 和 (6.3.9) 关于初值无条件稳定.

2. 隐式差分法的收敛性

设 $u(x_i,t_k)(i=1,2,\cdots,M-1;k=1,2,\cdots,N)$ 是方程 (6.0.1), 式 (6.3.1) 和式 (6.3.2) 在网格节点上的精确解. 定义该精确解与隐式的差分格式 (6.3.7) 和 (6.3.9) 的数值解的误差为 $\eta_i^k=u(x_i,t_k)-u_i^k, i,k=1,2,\cdots$, 并记 $Y^k=(\eta_1^k,\eta_2^k,\cdots,\eta_{M-1}^k)^{\mathrm{T}}$. 显然 $Y^0=0$, 误差满足方程

$$\begin{cases} L_1\eta_i^{k+1}=L_2\eta_i^k+R_i^{k+1}, \\ \eta_i^0=0, \end{cases} \quad i=1,2,\cdots,M-1;\ k=0,1,2,\cdots,N-1. \tag{6.3.18}$$

其中, $|R_i^k|\leqslant C\tau^\alpha(\tau+h)$, 可由式 (6.3.3)～ 式 (6.3.5) 推出.

引理 6.3.2　隐式差分格式 (6.3.7) 和 (6.3.9) 的数值解与精确解的误差满足

$$\|Y^{k+1}\|_\infty\leqslant Cb_k^{-1}(\tau^{1+\alpha}+\tau^\alpha h),\quad k=1,2,\cdots,n. \tag{6.3.19}$$

证明: 采用数学归纳法证.

当 $k=0$ 时, 记 $\|Y^1\|_\infty=|\eta_l^1|=\max\limits_{1\leqslant i\leqslant M-1}|\eta_i^1|$, 由引理 6.3.1 得

$$\begin{aligned}
|\eta_l^1|&\leqslant\left(1+r_1\sum_{j=0}^{l}\omega_j^{(\beta)}-r_2\sum_{j=0}^{l+1}\omega_j^{(\gamma)}\right)|\eta_l^1|\\
&\leqslant|\eta_l^1|+r_1\sum_{j=0}^{l}\omega_j^{(\beta)}|\eta_{l-j}^1|-r_2\sum_{j=0}^{l+1}\omega_j^{(\gamma)}|\eta_{l+1-j}^1|\\
&=(1+r_1+r_2\gamma)|\eta_l^1|+r_1\sum_{j=0}^{l}\omega_j^{(\beta)}|\eta_{l-j}^1|-r_2\sum_{j=0,j\neq1}^{l+1}\omega_j^{(\gamma)}|\eta_{l+1-j}^1|\\
&\leqslant|\eta_l^1+r_1\sum_{j=0}^{l}\omega_j^{(\beta)}\eta_{l-j}^1-r_2\sum_{j=0}^{l+1}\omega_j^{(\gamma)}\eta_{l+1-j}^1|\\
&=|L_1\eta_l^1|=|L_2\eta_l^0+C\tau^\alpha(\tau+h)|=|\eta_l^0+C\tau^\alpha(\tau+h)|\leqslant C\tau^\alpha(\tau+h),
\end{aligned} \tag{6.3.20}$$

因此, $\|Y^1\|_\infty\leqslant Cb_0^{-1}\tau^\alpha(\tau+h)$.

现假设 $\|Y^j\|_\infty\leqslant Cb_{j-1}^{-1}\tau^\alpha(\tau+h), j=1,2,\cdots,k$. 并设 $|\eta_l^{k+1}|=\max\limits_{1\leqslant i\leqslant M-1}|\eta_i^1|$, 由引理知 $b_k^{-1}\geqslant b_j^{-1}(j=0,1,\cdots,k)$, 得

$$\|Y^j\|_\infty\leqslant Cb_k^{-1}\tau^\alpha(\tau+h),\ j=1,2,\cdots,k.$$

类似地, 应用 $\eta_l^0=0$, 可得

$$\begin{aligned}
|\eta_l^{k+1}|&\leqslant\left(1+r_1\sum_{j=0}^{l}\omega_j^{(\beta)}-r_2\sum_{j=0}^{l+1}\omega_j^{(\gamma)}\right)|\eta_l^{k+1}|\\
&\leqslant|\eta_l^{k+1}|+r_1\sum_{j=0}^{l}\omega_j^{(\beta)}|\eta_{l-j}^{k+1}|-r_2\sum_{j=0}^{l+1}\omega_j^{(\gamma)}|\eta_{l+1-j}^{k+1}|\\
&=(1+r_1+r_2\gamma)|\eta_l^{k+1}|+r_1\sum_{j=0}^{l}\omega_j^{(\beta)}|\eta_{l-j}^{k+1}|-r_2\sum_{j=0,j\neq1}^{l+1}\omega_j^{(\gamma)}|\eta_{l+1-j}^{k+1}|
\end{aligned}$$

$$
\begin{aligned}
&\leqslant |\eta_l^{k+1} + r_1 \sum_{j=0}^{l} \omega_j^{(\beta)} \eta_{l-j}^{k+1} - r_2 \sum_{j=0}^{l+1} \omega_j^{(\gamma)} \eta_{l+1-j}^{k+1}| \\
&= |L_1 \eta_l^{k+1}| = |L_2 \eta_l^k + C\tau^\alpha(\tau+h)| \\
&= |b_k \eta_l^0 + \sum_{j=0}^{k-1} (b_j - b_{j+1}) \eta_l^{k-j} + C\tau^\alpha(\tau+h)| \\
&\leqslant \sum_{j=0}^{k-1} (b_j - b_{j+1}) \eta_l^{k-j} + C\tau^\alpha(\tau+h) \\
&\leqslant \Big(b_k + \sum_{j=0}^{k-1} (b_j - b_{j+1}) b_k^{-1} C\tau^\alpha(\tau+h) = C b_k^{-1} \tau^\alpha(\tau+h)
\end{aligned} \tag{6.3.21}
$$

即有 $\|Y^{k+1}\|_\infty \leqslant C b_k^{-1} \tau^\alpha(\tau+h)$. □

定理 6.3.2　隐式差分格式 (6.3.7) 和 (6.3.9) 的数值解与精确解的误差满足

$$|u_i^k - u(x_i, t_k)| \leqslant \bar{C}(\tau+h), i=1,2,\cdots,M-1; k=1,2,\cdots,N,$$

即格式收敛.

证明: 因为

$$
\begin{aligned}
\lim_{k\to\infty} \frac{b_k^{-1}}{k^\alpha} &= \lim_{k\to\infty} \frac{k^{-\alpha}}{(k+1)^{1-\alpha} - k^{1-\alpha}} = \lim_{k\to\infty} \frac{k^{-1}}{(1+\frac{k}{1})^{1-\alpha} - 1} \\
&= \lim_{k\to\infty} \frac{k^{-1}}{(1-\alpha)k^{-1}} = \frac{1}{1-\alpha},
\end{aligned} \tag{6.3.22}
$$

所以, 存在一个常数 $\tilde{C}$ 使得

$$b_k^{-1} \leqslant \tilde{C} k^\alpha. \tag{6.3.23}$$

因为 $k\tau \leqslant T$ 有限. 因此, 根据上面引理证明有

$$|u_i^k - u(x_i, t_k)| \leqslant |\eta_l^k| \leqslant C b_k^{-1} \tau^\alpha(\tau+h) \leqslant C\tilde{C} k^\alpha \tau^\alpha(\tau+h) \leqslant \bar{C}(\tau+h).$$

即格式收敛. □

3. 显式差分格式的稳定性

类似地, 假设 $\tilde{u}_i^j$ 是由差分格式 (6.3.8) 和 (6.3.9) 计算所得近似值, $\varepsilon_i^j = \tilde{u}_i^j - u_i^j$ 为计算误差, 满足

$$\varepsilon_i^{k+1} = b_k \varepsilon_i^0 + \sum_{j=0}^{k-1} (b_j - b_{j+1}) \varepsilon_i^{k-j} - r_1 \sum_{l=0}^{i} \omega_l^{(\beta)} \varepsilon_{i-l}^k + r_2 \sum_{l=0}^{i+1} \omega_l^{(\gamma)} \varepsilon_{i+1-l}^k, \tag{6.3.24}$$

这里 $k=0,1,\cdots,N-1; i=1,2,\cdots,M-1$, 并引进误差向量 $E^k = (\varepsilon_1^k, \varepsilon_2^k, \cdots, \varepsilon_{M-1}^k)^{\mathrm{T}}$.

定理 6.3.3　若

$$r_1 + r_2\beta < 2 - 2^{1-\alpha} = 1 - b_1, \tag{6.3.25}$$

则显式差分格式 (6.3.8) 和 (6.3.9) 由初值引起的误差满足

$$\|E^{k+1}\|_\infty \leqslant \|E^0\|_\infty,\ k=0,1,2,\cdots, \tag{6.3.26}$$

即格式关于初值条件稳定.

证明: 用数学归纳法证明.

当 $k=0$ 时, 记 $|\varepsilon_l^1| = \max\limits_{1\leqslant i\leqslant M} |\varepsilon_i^1|$, 由引理 6.3.1 及已知条件 (6.3.25) 得

$$b_0 - r_1 - r_2\beta > b_0 - 1 + b_1 = b_1 > 0. \tag{6.3.27}$$

因此

$$\begin{aligned} |\varepsilon_l^1| &\leqslant b_0|\varepsilon_l^0| - r_1\sum_{j=0}^{l}\omega_j^{(\beta)}|\varepsilon_{l-j}^0| - r_2\sum_{j=0}^{l+1}\omega_j^{(\gamma)}|\varepsilon_{l+1-j}^0| \\ &= \left(1 - r_1\sum_{j=0}^{l}\omega_j^{(\beta)} + r_2\sum_{j=0}^{l+1}\omega_j^{(\gamma)}\right)\|E^0\|_\infty \leqslant \|E^0\|_\infty. \end{aligned} \tag{6.3.28}$$

因此, $\|E^1\|_\infty \leqslant \|E^0\|_\infty$.

现假设 $\|E^j\|_\infty \leqslant \|E^0\|_\infty$, $j=1,2,\cdots,k$. 并记 $|\varepsilon_l^{k+1}| = \max\limits_{1\leqslant i\leqslant M-1}|\varepsilon_i^1|$, 由 (6.3.25) 式得

$$b_0 - b_1 - r_1 - r_2\beta > b_0 - b_1 - 1 + b_1 = 0$$

再由引理 6.3.1 得

$$\begin{aligned} |\varepsilon_l^{k+1}| &\leqslant b_k|\varepsilon_l^0| + \sum_{j=0}^{k-1}(b_j - b_{j+1})\varepsilon_i^{k-j} - r_1\sum_{j=0}^{l}\omega_j^{(\beta)}\varepsilon_{l-j}^0 + r_2\sum_{j=0}^{l+1}\omega_j^{(\gamma)}\varepsilon_{i+1-l}^0 \\ &\leqslant \left(b_k + \sum_{j=0}^{k-1}(b_j - b_{j+1}) - r_1\sum_{j=0}^{l}\omega_j^{(\beta)} + r_2\sum_{j=0}^{l+1}\omega_j^{(\gamma)}\right)\|E^0\|_\infty \\ &\leqslant \|E^0\|_\infty. \end{aligned} \tag{6.3.29}$$

因此 $\|E^{k+1}\|_\infty \leqslant \|E^0\|_\infty$, 即显式差分格式 (6.3.8) 和 (6.3.9) 关于初值条件稳定. □

注 6.3.1 当方程系数 v, b 为变量 x, t 的函数时, 稳定条件变为

$$\lambda = \max_{\substack{1\leqslant i\leqslant M-1\\ 1\leqslant k\leqslant N}}\left[(r_{i,k}^{(1)} + r_{i,k}^{(2)}\beta)\right] - 2 - 2^{1-\alpha} < 0.$$

4. 显式差分法的收敛性

与前面隐式差分格式的分析类似, 设 $u(x_i,t_k)(i=1,2,\cdots,M-1;k=1,2,\cdots,N)$ 是方程 (6.0.1) 及式 (6.3.1) 和式 (6.3.2) 在网格节点上的精确解. 定义该精确解与显式的差分格式 (6.3.8) 和 (6.3.9) 的数值解的误差为 $\eta_i^k = u(x_i,t_k) - u_i^k(i,k=1,2,\cdots)$, 并记 $Y^k = (\eta_1^k, \eta_2^k, \cdots, \eta_{M-1}^k)^{\mathrm{T}}$. 显然 $Y^0 = 0$, 误差满足方程

$$\begin{cases} \eta_i^{k+1} = b_k\eta_i^0 + \sum\limits_{j=0}^{k-1}(b_j - b_{j+1})\eta_i^{k-j} - r_1\sum\limits_{l=0}^{i}\omega_l^{(\beta)}\eta_{i-l}^k + r_2\sum\limits_{l=0}^{i+1}\omega_l^{(\gamma)}\eta_{i+1-l}^k + R_i^{k+1} \\ \eta_i^0 = 0, \qquad i=1,2,\cdots,M-1;\ k=0,1,2,\cdots,N-1. \end{cases} \tag{6.3.30}$$

其中, $|R_i^k| \leqslant C\tau^\alpha(\tau+h)$.

引理 6.3.3　若条件 (6.3.25) 成立, 则隐式差分格式 (6.3.8) 和 (6.3.9) 的数值解与精确解的误差满足

$$\|Y^{k+1}\|_\infty \leqslant Cb_k^{-1}(\tau^{1+\alpha}+\tau^\alpha h),\quad k=1,2,\cdots,n. \tag{6.3.31}$$

证明: 采用数学归纳法证.

先证明 $k=0$ 时, 命题成立. 记 $\|Y^1\|_\infty = |\eta_l^1| = \max\limits_{1\leqslant i\leqslant M-1}|\eta_i^1|$, 有

$$|\varepsilon_l^1| = |R_l^1| \leqslant C\tau^\alpha(\tau+h). \tag{6.3.32}$$

因此, $\|Y^1\|_\infty \leqslant Cb_0^{-1}\tau^\alpha(\tau+h)$.

现假设 $\|Y^j\|_\infty \leqslant Cb_{j-1}^{-1}\tau^\alpha(\tau+h),\ j=1,2,\cdots,k$. 并记 $|\eta_l^{k+1}| = \max\limits_{1\leqslant i\leqslant M-1}|\eta_i^{k+1}|$, 应用 $b_k^{-1}\geqslant b_j^{-1}(j=0,1,\cdots,k)$ 及式 (6.3.25) 得

$$\begin{aligned}|\eta_l^{k+1}| &\leqslant b_k|\eta_l^0| + \sum_{j=0}^{k-1}(b_j-b_{j+1})\eta_i^{k-j} - r_1\sum_{j=0}^{l}\omega_j^{(\beta)}\eta_{l-j}^k + r_2\sum_{j=0}^{l+1}\omega_j^{(\gamma)}\eta_{i+1-l}^k + |R_l^{k+1}|\\ &\leqslant \Big[1+\sum_{j=0}^{k-1}(b_j-b_{j+1}) - r_1\sum_{j=0}^{l}\omega_j^{(\beta)} + r_2\sum_{j=0}^{l+1}\omega_j^{(\gamma)} + b_k\Big]b_k^{-1}C\tau^\alpha(\tau+h)\\ &\leqslant b_k^{-1}C\tau^\alpha(\tau+h).\end{aligned} \tag{6.3.33}$$

再由式 (6.3.23), 得 $\|Y^{k+1}\|_\infty \leqslant Cb_k^{-1}\tau^\alpha(\tau+h) \leqslant \bar{C}(k\tau)^\alpha(\tau+h)$. □

由于 $k\tau\leqslant T$ 有限, 于是可以得到下面定理.

定理 6.3.4　若条件 (6.3.25) 成立, 则隐式差分格式 (6.3.8) 和 (6.3.9) 收敛, 其数值解与原方程精确解的误差满足

$$|u_i^k - u(x_i,t_k)| \leqslant C(\tau+h), i=1,2,\cdots,M-1; k=1,2,\cdots,N,$$

即格式收敛.

注 6.3.2　这里证明了隐式及显式差分格式的收敛阶均为 $O(\tau+h)$, 其中, $O(\tau)$ 是 L1 算法的误差精度, $O(h)$ 是 D 算法的精度. 但是 Langlands 和 Henry 证明[203], 函数 $u(t)$ 具有如下 Taylor 展开:

$$u(t) = u(0) + tu'(0) + \int_0^t u''(t-s)\mathrm{d}s, \tag{6.3.34}$$

那么 L1 算法 (6.3.3) 的精度为 $O(\tau^{2-\alpha})$, 即高于 1 阶 (并且指出, 数值实验结果表明, 即使函数不存在 Taylor 展式 (6.3.34), L1 算法依然能达到 $O(\tau^{2-\alpha})$ 的精度). 那么在此情形下, 可以证明隐式和显式差分格式的收敛阶应为 $O(\tau^{2-\alpha}+h)$.

6.4 非线性分数阶偏微分方程的数值计算

6.4.1 Adomian 分解法

G. Adomian 在 20 世纪 80 年代提出一种求解非线性方程近似解析解的分解方法. 这个方法是以级数的形式给出方程的解, 可用于求解一大类数学、物理、线性、非线性的

常微分方程或偏微分方程[222, 223]. 近几年来人们也尝试用分解法来求解分数阶微分方程, 这方面的工作如: Momani 等用 Adomian 分解法求解非线性的分数阶常微分方程组和含多项分数阶导数的线性常微分方程[222~224]; Ray 和 Beral 用 Adomian 分解法求解分数阶 Bayley-Torvik 方程[225]; Jafari 和 Daftardar-Gjji 在文献[226] 中使用 Adomian 分解法来求解分数阶非线性两点边值问题; Momani[227] 使用 Adomian 分解法求解具有特定初始和边界条件的空间–时间分数阶电报方程; Al-khaled 和 Momani 利用 Adomian 分解法数值求解分数阶扩散–波动方程[210]; Odibat 和 Momani 采用修正的 Adomian 分解法 (即矩阵方法) 求时间–空间分数阶扩散–波动方程的数值解[228].

考虑如下一般时间分数阶偏微分方程

$$ {}^{C}\mathcal{D}_t^{\alpha}u(x,t)+\mathcal{L}u(x,t)+\mathcal{N}u(x,t)=g(x,t),\ m-1<\alpha\leqslant m, \tag{6.4.1}$$

其等价于

$$u(x,t)=\sum_{k=0}^{m-1}\frac{\partial^k u(x,0)}{\partial t^k}\frac{t^k}{k!}+\mathcal{J}^{\alpha}g(x,t)-\mathcal{J}^{\alpha}[\mathcal{L}u(x,t)+\mathcal{N}u(x,t)]. \tag{6.4.2}$$

令

$$u(x,t)=\sum_{n=0}^{\infty}u_n(x,t), \tag{6.4.3}$$

$$\mathcal{N}u(x,t)=\sum_{n=0}^{\infty}A_n, \tag{6.4.4}$$

A_n 是通常所说的 Adomian 多项式. 将式 (6.4.3) 及式 (6.4.4) 代入式 (6.4.2) 得

$$\sum_{n=0}^{\infty}u_n(x,t)=\sum_{k=0}^{m-1}\frac{\partial^k u(x,0)}{\partial t^k}\frac{t^k}{k!}+\mathcal{J}^{\alpha}g(x,t)-\mathcal{J}^{\alpha}\Big[\mathcal{L}\Big(\sum_{n=0}^{\infty}u_n(x,t)\Big)+\sum_{n=0}^{\infty}A_n\Big], \tag{6.4.5}$$

然后重复迭代求解上述方程, 并由下述的递归决定:

$$\begin{cases} u_0(x,t)=\displaystyle\sum_{k=0}^{m-1}\frac{\partial^k u(x,0)}{\partial t^k}\frac{t^k}{k!}+\mathcal{J}^{\alpha}g(x,t),\\ u_1(x,t)=-\mathcal{J}^{\alpha}(\mathcal{L}u_0+A_0),\\ u_2(x,t)=-\mathcal{J}^{\alpha}(\mathcal{L}u_1+A_1),\\ \qquad\qquad\cdots\cdots\\ u_{n+1}(x,t)=-\mathcal{J}^{\alpha}(\mathcal{L}u_n+A_n),\\ \qquad\qquad\cdots\cdots \end{cases} \tag{6.4.6}$$

Adomian 多项式 A_n 由下面方程推出:

$$\begin{cases} v=\displaystyle\sum_{i=0}^{\infty}\lambda^i u_i,\\ \mathcal{N}(v)=\mathcal{N}\Big(\displaystyle\sum_{i=0}^{\infty}\lambda^i u_i\Big)=\sum_{n=0}^{\infty}\lambda^n A_n. \end{cases} \tag{6.4.7}$$

对式 (6.4.7) 同时求关于 λ 的 n 阶导数可以推出 Adomian 多项式的一般形式:

$$A_n=\frac{1}{n!}\frac{\mathrm{d}^n}{\mathrm{d}\lambda^n}\Big[\mathcal{N}\Big(\sum_{i=0}^{\infty}\lambda^i u_i\Big)\Big]_{\lambda=0}. \tag{6.4.8}$$

方程 (6.4.1) 的解为

$$u(x,t)=\lim_{N\to\infty}\Big(\sum_{n=0}^{N-1}u_n(x,t)\Big). \tag{6.4.9}$$

Adomian 方法具有和 Taylor 级数展开类似的收敛性质, 其收敛性及截断误差见参考文献 [229], [230]. 另外, 也可以用 Adomian 分解法求变系数的空间–时间分数阶反应–扩散问题[226] 和其他非线性问题[226].

Adomian 分解法的优点是避免了方程的离散, 同时能以较快的速度收敛于精确解而且计算量较小、方法普适性高, 缺点则是计算过程涉及已知函数的分数阶积分, 这往往不太容易计算.

6.4.2　变分迭代法

变分迭代法[228] 与 Adomian 分解法类似, 最初来源于量子力学, 后被应用于求解非线性方程.

考虑如下一般的时间分数阶偏微分方程

$${}^{C}\mathcal{D}_t^{\alpha}u(x,t)=f(u,u_x,u_xx)+g(x,t), \tag{6.4.10}$$

其中, f 为非线性函数, g 为源项, $m-1<\alpha\leqslant m$, 并给定如下初边值条件:

当 $0<\alpha\leqslant 1$ 时,

$$\begin{cases} u(x,0)=\varphi_1(x), \\ u(x,t)\to 0,\ \text{当}\ |x|\to\infty; \end{cases} \tag{6.4.11}$$

当 $1<\alpha\leqslant 2$ 时,

$$\begin{cases} u(x,0)=\varphi_1(x), \quad \partial_t u(x,0)=\varphi_2(x), \\ u(x,t)\to 0,\ \text{当}\ |x|\to\infty. \end{cases} \tag{6.4.12}$$

式 (6.4.10) 的修正泛函为

$$u_{k+1}(x,t)=u_k(x,t)+\int_0^t\lambda(\xi)\Big(\frac{\partial^m}{\partial\xi^m}u(x,\xi)-f(\tilde{u}_k,(\tilde{u}_k)_x,(\tilde{u}_k)_{xx})-g(x,\xi)\Big)\mathrm{d}\xi \tag{6.4.13}$$

u_k 是第 k 次逼近解, $\tilde{u}_k$ 是限制变分, 满足 $\delta\tilde{u}_k=0$. λ 是广义的 Lagrange 乘子, 它可以通过变分理论求得, 具体过程是对式 (6.4.13) 两边取变分得

$$\begin{aligned}\delta u_{k+1}(x,t)&=\delta u_k(x,t)+\delta\int_0^t\lambda(\xi)\Big({}^{C}\mathcal{D}_\xi^{\alpha}u(x,\xi)-f(\tilde{u}_k,(\tilde{u}_k)_x,(\tilde{u}_k)_{xx})-g(x,\xi)\Big)\mathrm{d}\xi\\&=\delta u_k(x,t)+\delta\int_0^t\lambda(\xi)\Big({}^{C}\mathcal{D}_\xi^{\alpha}u(x,\xi)-g(x,\xi)\Big)\mathrm{d}\xi\\&=0.\end{aligned} \tag{6.4.14}$$

于是得到

$$\lambda = -1, \text{ 对 } m = 1; \qquad \lambda = \xi - t, \text{ 对 } m = 2.$$

在实际计算时的处理方法是应用分部积分法, 将 λ 从积分号中提出, 通过比较方程两边的同类项的系数, 同时注意到 $u_n(t)$ 的任意性得到 λ 的值.

于是得到如下变分迭代格式: 当 $m = 1$ 时,

$$\begin{cases} u_{k+1}(x,t) = u_k(x,t) - \displaystyle\int_0^t \left({}^C\mathcal{D}_\xi^\alpha u_k(x,\xi) - f(u_k, (u_k)_x, (u_k)_{xx}) + g(x,\xi)\right)\mathrm{d}\xi, \\ u_0(x,t) = \varphi_1(x). \end{cases} \tag{6.4.15}$$

当 $m = 2$ 时,

$$\begin{cases} u_{k+1}(x,t) = u_k(x,t) - \displaystyle\int_0^t (\xi - t)\left({}^C\mathcal{D}_\xi^\alpha u_k(x,\xi) - f(u_k, (u_k)_x, (u_k)_{xx}) + g(x,\xi)\right)\mathrm{d}\xi, \\ u_0(x,t) = \varphi_1(x) + t\varphi_2(x). \end{cases} \tag{6.4.16}$$

方程 (6.4.10) 的解为

$$u(x,t) = \lim_{k\to\infty} u_k(x,t). \tag{6.4.17}$$

显然, 变分迭代法的主要步骤就是通过变分原理来确定 Lagrange 乘子值, 然后通过任意选取的初值 u_0 迭代就可以快速得到近似解. 相比较于 Adomian 分解法, 它的优点是不需要用到 Adomian 多项式, 缺点与 Adomian 分解类似, 计算涉及到已知函数的分数阶导数, 这往往不是太容易. 关于 Adomian 分解法与变分迭代法应用求解分数阶微分方程的比较与应用见参考文献 [228], [230].

参考文献

[1] Mandelbrot B B. The Fractional Geometry of Nature. New York:Freeman, 1983.

[2] Mandelbrot B B, Van Ness J W. Fractional Brownian motions, fractional noises and applications. SIAM Rev., 1968, (10):422~437.

[3] O'Shaugnessy B, Procaccia I. Analytical solutions for diffusion on fractal objects. Phys. Rev. Lett., 1985, 54(5):455~458.

[4] Metzler R, Klafter J. The random walk's guide to anomalous diffusion: a fractional dynamics approach. Phys. Rep., 2000, 339:1~77.

[5] Klafter J, Blumen A, Shlesinger M F. Stochastic pathway to anomalous diffusion. Phys. Rev. A, 1987, 35:3081~3085.

[6] Scher H, Shlesinger M F, Bendler J T. Time-scale invariance in transport and relaxation. Phys. Today, 1991, 44(1):26~34.

[7] Samko S G, Kilbas A A, Marichev O I. Fractional Integrals and Derivatives: Theory and Applications. New York:Gordon and Breach Science, 1993.

[8] Oldham K B, Spanier J. The Fractional Calculus. New York:Academic Press, 1974.

[9] Miller K S, Ross B. An Introduction to the Fractional Calculus and Fractional Differential Equations. New York:John Wiley & Sons, 1993.

[10] Diethelm K. The Analysis of Fractional Differential Equations: An Application-Oriented Exposition Using Differential Operator of Caputo Type. Berlin-Heidelberg:Springer-Verlag, 2010.

[11] Barkai E, Metzler R, Klafter J. From continuous time random walks to the fractional Fokker-Planck equation, Phys. Rev. E, 2000, 61(1):132~138.

[12] Compte A. Continuous time random walks on moving fluids. Phys. Rev. E, 1997, 55:6821~6831.

[13] Compte A, Caceres M O. Fractional dynamics in random velocity fields. Phys. Rev. Lett., 1998, 81:3140~3143.

[14] Compte A, Metzler R, Camacho J. Biased continuous time random walks between parallel plates. Phys. Rev. E, 1997, 56:1445~1454.

[15] Kampen N G van. Stochastic Processes in Physics and Chemistry. Amsterdam:Elsevier, 1981.

[16] Risken H. The Fokker-Planck Equation. Berlin:Springer, 1989.

[17] Fokker A D. Die mittlere energie rotierender elektrischer dipole im strahlungsfeld. Annalen der Physik, 1914, 43:810~820.

[18] Planck M. Ueber einen satz der statistichen dynamik und eine erweiterung in der quantumtheorie. Sitzungberichte der Preussischen Akadademie der Wissenschaften, 1917: 324~341.

[19] Metzler R, Barkai E, Klafter J. Anomalous diffusion and relaxation close to thermal equilibrium: Afractional Fokker-Planck equation approach. Phys. Rev. Lett., 1999, 82:3563~3567.

[20] Metzler R, Barkai E, Klafter J. Deriving fractional Fokker-Planck equations from ageneralised master equation. Europhys. Lett., 1999, 46:431~436.

[21] Abramowitz M, Stegun I. Handbook of Mathematical Functions. New York:Dover, 1972.

[22] 郭柏灵, 蒲学科. 随机无穷维动力系统. 北京: 北京航空航天大学出版社, 2009.

[23] Constantin P, Majda A J, Tabak E. Formation of strong fronts in the $2d$ quasi-geostrophic thermal active scalar. Nonlinearity, 1994, 7:1495~1533.

[24] Wu J H. Solutions of the 2D quasi-geostrophic equation in Hölder spaces. Nonl. Anal., 2005, 62:579~594.

[25] Pu X K, Guo B L. Existence and decay of solutions to the two-dimensional fractional quasigeostrophic equation. J. Math. Phys., 2010, 51(8):1~15.

[26] Laskin N. Fractional Schrödinger equationcs. Phys. Rev. E, 2002, 66(5).

[27] Naber M. Time fractional Schrödinger equation. J. Math. Phys., 2004, 45(8):3339~3352.

[28] Tarasov V E, Zaslavsky G M. Fractional Ginzburg-Landau equation for fractal media. Phys. A, 2005, 354:249~261.

[29] Lifshitz E M, Pitaevsky L P. Statistical Physics, Landau Course on Theoretical Physics, Vol. 9. Oxford-NewYork:Pergamon Press, 1980.

[30] Landau L D, Lifshitz E M. On the theory of the dispersion of magnetic permeability inferromagnetic bodies. Phys. Z. Sowj., 1935, 8:153~169.

[31] Akhiezer A I, Yakhtar V G, Peletminskii S V. Spin Waves. Amsterdam:North-Halland Publishing Company, 1968.

[32] Zhou Y L, Guo B L, Tan S B. Existence and uniqueness of smooth solution for system of ferromagnetic chain. Sci.China, Ser.A, 1991, 34:257~ 266.

[33] Guo B L, Hong M C. The Landau-Lifshitz equations of the ferromagnetic spin chian and harmonic maps. Calc. Var., 1993, 1:311~334.

[34] Guo B L, Ding S J. Landau-Lifshitz Equations. Singapore:World Scientific, 2008.

[35] Cimrak I. On the Landau-Lifshitz equation of ferromagnetism. PhD Thesis, Ghent University, 2005.

[36] DeSimone A, Kohn R V, Müller S, et al. A reduced theory for thin-film micromagnetics. Comm. Pure Appl. Math., 2002, 55:1408~1460.

[37] Pu X K, Guo B L, Zhang J J. Global weak solutions to the 1-d fractional Landau-Lifshitz equation. Discret. Contin. Dyn. Syst. Ser. B, 2010, 14(1):199~207.

[38] Guo B L, Zeng M. Solutions for the fractional Landau-Lifshitz equation. J. Math. Anal. Appl., 2009, 361:131~138.

[39] Pu X K, Guo B L. The fractional Landau-Lifshitz-Gilbert equation and the heat flow of harmonic maps. Calculus of Variations, 2011, 42:1~19.

[40] Rossikhin Y A, Shitikova M V. Applications of fractional calculus to dynamic problems of linear and nonlinear hereditary mechanics of solids. Appl. Mech. Rev., 1997, 50(1):15~67.

[41] Mainardi F. Applications of fractional calculus in mechanics//P. Rusev, I. Dimovski and V. Kiryakova ed. Transform Methods and Special Functions. Singapore:Verna' 96. SCT Publishers, 1997.

[42] Carpinteri A, Mainardi F. Fractals and Fractional Calculus in Continuum Mechanics. Vienna-New York:Springer-Verlag, 1997.

[43] Scott-Blair G W. The role of psychophysics in rheology. J. Colloid Sciences, 1947, 2:21～32.

[44] Scott-Blair G W. Measurements of Mind and Matter. London:Dennis Dobson, 1950.

[45] Gerasimov A N. A generalization of linear laws of deformation and its application to inner friction problems. Prikl. Mat. Mekh., 1948, 12:251～259.

[46] Podlubny I. Fractional Differential Equations: An Introduction to Fractional Derivatives, Fractional Differential Equations, to Methods of Their Solution and Some of Their Applications. New York: Academic Press, 1999.

[47] Liu F, Zhang P, Anh V, et al. A fractional-order implicit difference approximation for the space-time fractional diffusion equation. ANZIAM J., 2006, 47:48～68.

[48] Zhai Z. Well-posedness for fractional Navier-Stokes equations in critical spaces close to $b\infty,\infty^{-(2\beta-1)}$ (r^n). Dynamics of PDE, 2010, 7(1):25～44.

[49] Momani S, Odibat Z. Analytical solution of a time-fractional Navier-Stokes equation by adomian decomposition method. Appl. Math. Comput., 2006, 177:488～494.

[50] Biler P, Funaki T, Woyczynski W A. Fractal Burgers equations. J. Differential Equations, 1998，148:9～46.

[51] Miao C, Yuan B, Zhang B. Well-posedness of the Cauchy problem for the fractional power dissipative equations. Nonl. Anal., 2008, 68:461～484.

[52] Zhou Y. Regularity criteria for the generalized viscous MHD equations. Ann. I. H. Poincaré, 2007, 24:491～505.

[53] Wu J. Generalized MHD equations. J. Differential Equations, 2003, 195:284～312.

[54] Caputo M. Linear model of dissipation whose q is almost frequency independent. Part II. Geophys. J. R. Astr. Soc., 1967, 13:529～539.

[55] Caputo M. Elasticità e Dissipazione. Bologna:Zanichelli, 1969.

[56] El-Sayed A M A. Multi-valued fractional equations of fractional order. Appl. Math. Comput., 1994, 49:1～11.

[57] El-Sayed A M A. Fractional order evolution equations. J. Frac. Calculus, 1995, 7:89～100.

[58] Weyl H. Bemerkungen zum bergriff des differentialquotienten gebrochener ordnung. Vierteliahresschr. Naturforsh. Ges. Zurich, 1917, 62:296～302.

[59] Saichev A, Zaslavsky G M. Fractional kinetic equations: solutions and applications. Chaos, 1997, 7:753～764.

[60] Bogdan K, Burdzy K, Chen Z Q. Censored stable processes. Probab. Theory Relat. Fields, 2003, 127:89～152.

[61] Bogdan K. Representation of α-harmonic functions in Lipschitz domains. Hiroshima Math. J., 1999, 29:227～243.

[62] Guan Q Y, Ma Z M. Reffected symmetric α-stable processes and regional fractional Laplacian. Probab. Theory Relat. Fields, 2006, 134:649～694.

[63] Guan Q Y, Ma Z M. Boundary value problems of fractional Laplacian. Stochastics and Dynamics, 2005, 5(3):385～424.

[64] Blumenthal R M, Getoor R K, Ray D B. On the distribution of first hits for the symmetric stable processes. Trans. Amer. Math. Soc., 1961, 99:540～554.

[65] Getoor R K. First passage times for symmetric stable processes in space. Trans. Amer. Math. Soc., 1961, 101:75～90.

[66] Chen W, Holm S. Fractional Laplacian time-space models for linear and nonlinear lossy media exhibiting arbitrary frequency power law dependency. J. Acoust. Soc. Am., 2004, 115(4):1424~1430.

[67] Zähle M. Fractional differentiation in the self-affine case. v-the local degree of differentiability. Math. Nachr., 1997, 185:279~306.

[68] Samko S G, Kilbas A A, Marichev O I. Fractional Integrals and Derivatives: Theory and Applications. New York:Gordon and Breach Science, 1987.

[69] Córdoba A, Córdoba D. A maximum principle applied to quasi geostrophic equations. Commum. Math. Phys., 2004, 249:511~528.

[70] Ju N. The maximum principle and the global attractor for the dissipative $2d$ quasi-geostrophic equations. Commum. Math. Phys., 2005, 255(1):161~181.

[71] Córdoba A, Córdoba D. A pointwise estimate for fractionary derivatives with applications to PDE. Proc. Natl. Acad. Sci., 2003, 100(26):15136~15317.

[72] Kohn J J, Nirenberg L. An algebra of pseudo-differential operators. Comm. Pure Appl. Math., 1965, 18:269~305.

[73] Folland G B. Introduction to Partial Differential Equations. 2nd ed. Princeton:Princeton University Press, 1995.

[74] Alinhac S, Gerard P. Pseudo-differentiels et Theoreme de Nash-Moser (有中译本: 姚一隽译, 小南校. 拟微分算子和 Nash-Moser 定理. 北京: 高等教育出版社, 2009). Paris:EDP Sciences, 1991.

[75] Hormander L. The Analysis of Linear Partial Differential Operators. Vol.1. Berlin:Springer, 1983.

[76] Hormander L. The Analysis of Linear Partial Differential Operators. Vol. Berlin:Springer, 1985: 3~4.

[77] Stein E M. Harmonic Analysis. Princeton:Princeton University Press, 1993.

[78] 齐民友. 线性偏微分算子引论 (上册). 北京: 科学出版社, 1986.

[79] Taylor M. Partial Differential Equations. Vol. II. Berlin:Springer-Verlag, 1996.

[80] Coifman R, Meyer Y. Au delà des opérateurs psedodifférentieles. Astérisque 57, Société Mathématique de France, 1978.

[81] David G, Journé J L. A boundedness criterion for generalized Calderon-Zygmund operators. Ann. Math., 1984, 120:371~397.

[82] 韩永生. 近代调和分析方法及其应用. 北京: 科学出版社, 1999.

[83] Stein E M. Singular Integrals and Differentiability Properties of Functions. Princeton:Princeton University Press, 1970.

[84] 苗长兴. 调和分析及其在偏微分方程中的应用. 第二版. 北京: 科学出版社, 2004.

[85] Meyers N, Serrin J. $h = w$. Proc. Nat. Acad. Sci., 1964, 51:1055~1056.

[86] Adams R A, Fournier J J F. Sobolev Spaces. 2nd ed. Amsterdam:Academic Press, 2003.

[87] Triebel H. Theory of Function Spaces. Basel: Birkhäuser, 1983.

[88] Bergh J, Löfström J. Interpolation Spaces. Berlin-Heidelberg:Springer-Verlag, 1976.

[89] Gilbarg D, Trudinger N S. Elliptic Partial Differential Equations of Second Order, 2nd ed. Berlin:Springer-Verlag, 1983.

[90] Ziemer W P. Weakly Differentiable Functions. Heidelberg:Springer-Verlag, 1989.

[91] Strichartz R S. Multipliers on fractional Sobolev spaces. J. Math. Mech., 1967: 16(9): 1031～1060.

[92] Schonbek M, Schonbek T. Asymptotic behavior to dissipative quasi-geostrophic flows. SIAM J. Math. Anal., 2003, 35:357～375.

[93] Stein E M, Shakarchi R. Fourier Analysis: An Introduction. Princeton:Princeton University Press, 2003.

[94] Stein E M, Weiss G. Introduction to Fourier Analysis on Euclidean Space. Princeton:Princeton University Press, 1971.

[95] 周民强. 调和分析讲义 (实变方法). 北京: 北京大学出版社, 1999.

[96] 姜礼尚, 陈亚浙. 数学物理方程讲义. 北京: 高等教育出版社, 1986.

[97] Lieb E H. Gaussian kernels have only Gaussian maximizer. Invent. Math., 1990, 102:179～208.

[98] Reed M, Simon N. Methods of Modern Mathematical Physics. New York:Academic Press, 1975.

[99] Mittag-Leffer G M. Sur la représentation analytique d′une branche uniforme d′une fonction monogène. Acta Mathematica, 1905, 29:101～182.

[100] Lions J L. Quelques méthodes de résolution des problèmes aux limites non linéaires. Paris: Dunod Gauthier-Villars, 1969.

[101] 郭柏灵, 汪礼礽 (译). 非线性边值问题的一些解法. 广州: 中山大学出版社, 1989.

[102] 郭柏灵. 非线性演化方程. 上海: 上海科学技术出版社, 1995.

[103] Guo B L, Han Y, Xin J. Existence of the global smooth solutionto the period boundary value problem of fractional nonlinear Schrödinger equation. Appl. Math. Comput., 2008, 204:468～477.

[104] Guo B L, Huo Z. Global well-posedness for the fractional nonlinear Schrödinger equation. Commun. Partial Differential Equations, 2011, 36(2):247～255.

[105] Bourgain J. Fourier restriction phenomena for certain lattice subsets and applications to nonlinear evolution equations, Part I: Schrödinger equations; Part II: the KdV equation. Geom. Funct. Anal., 1993, 3:107～156, 209～262.

[106] Kenig C, Ponce G, Vega L. The Cauchy problem for the korteweg-de vries equation in Sobolev spaces of negative indices. Duke Math. J., 1993, 71:1～21.

[107] Kenig C, Ponce G, Vega L. A bilinear estimate with applications to the KdV equation. J. Amer. Math. Soc., 1996, 9:573～603.

[108] Tao T. Multilinear weighted convolution of l^2functions, and applications to nonlinear dispersive equation. Amer.J. Math., 2001, 123:839～908.

[109] Kenig C, Ponce G, Vega L. Well-posedness and scattering results for the generalized Korteweg-de Vries equation via the contraction principle. Comm. Pure Appl. Math., 1993, 46(4):453～620.

[110] Doering C R, Gibbon J D, Levermore C D. Weak and strong solutions of the complex Ginzburg-Landau equation. Phys. D., 1994, 71:285～318.

[111] Temam R. Infinite Dimensional Dynamical Systems in Mechanics and Physics. 2nd ed. New York:Springer-Verlag, 1998.

[112] Pazy A. Semigroups of Linear Operators and Applications to Partial Differential Equations.

New York:Springer-Verlag, 1983.

[113] 郭柏灵, 黄海洋, 蒋慕蓉. 金兹堡 - 朗道方程. 北京: 科学出版社, 2002.

[114] Alougest F, Soyeur A. On global weak solutions for Landau-Lifshitz equations:Existence and nonuniqueness. Nonl. Anal. TMA, 1992, 19(11):1071∼1084.

[115] Lin F, Wang C. The Analysis of Harmonic Maps and Their Heat Fows. Singapore:World Scientific, 2008.

[116] Tarasov V E. Fractional Heisenberg equation. Phys.Lett.A, 2008, 372:2984∼2988.

[117] Gilbert T L. A Lagrangian formulation of gyromagnetic equation of the magnetization field. Phys. Rev., 1955, 100:1243∼1255.

[118] Chen Y. The weak solutions to the evolution problems of harmonic maps. Math. Z., 1989, 201:69∼74.

[119] Simon J. Compact sets in space l^p(0,t;b). Ann. Math. Pura. Appl., 1987, 146:65∼96.

[120] Aubin J P. Un theoreme de compacite. C. R. Acad. Sci., 1963, 256:5042∼5044.

[121] Chand N H, Uhlenbeck K. Schrödinger maps. Commun. Pure Appl. Math., 2000, 53(5):590∼602.

[122] Nahmod A, Stefanov A, Uhlenbeck K. On Schrödinger maps. Commun. Pure Appl. Math., 2003, 56(1):114∼151.

[123] Constantin P, Wu J. Behavior of solutions of 2*d* quasi-geostrophic equations. SIAM J. Math. Anal., 1999, 30(5):937∼948.

[124] Chae D. On the regularity conditions for the dissipative quasigeostrophic equations. SIAM J. Math. Anal., 2006, 37:1649∼1656.

[125] Constantin P, Córdoba D, Wu J. On the critical dissipative quasi-geostrophic equation. Indiana Univ. Math. J., 2001, 50:97∼107.

[126] Kiselev A, Nazarov F, Volberg A. Global well-posedness for the critical 2*d* dissipative quasi-geostrophic equation. Invent. Math., 2007, 167:445∼453.

[127] Cafferelli L, Vasseur A. Drift diffusion equations with fractional diffusion and the quasi-geostrophic equation. Ann. Math., 2010, 171(3):1903∼1930.

[128] Chae D, Lee J. Global well-posedness in the super-critical dissipative quasi-geostrophic equations. Commun. Math.Phys., 2003, 223:297∼311.

[129] Constantin P, Wu J. Regularity of Hölder continuous solutions of the supercritical quasi-geostrophic equation. Ann. Inst. H. Poincaré Anal. Non Linéaire, 2008, 25(6):1103∼1110.

[130] Constantin P, Wu J. Hölder continuity of solutions of supercritical dissipative hydrodynamic transport equations. Ann.Inst.H.Poincaré Anal. Non Linéaire, 26(1):159∼180, 2009.

[131] Berselli L C. Vanishing viscosity limit and long time behavior for 2*d* quasi-geostrophic equations. Indian Univ. Math. J., 2002, 51(4):905∼930.

[132] Ju N. Existence and uniqueness of the solution to the dissipative 2*d* quasi-geostrophic equations in the Sobolev space. Commum. Math. Phys., 2004, 252:365∼376.

[133] Wu J H. Inviscid limit and regularity estimates for the solutions of the 2*d* dissipative quasi-geostrophic equations. Indiana Univ. Math. J., 1997, 46:1113∼1124.

[134] Resnick S. Dynamical problems in nonlinear advective partial differential equations. Ph. D. thesis, University of Chicago, 1995.

[135] Wu J H. The quasi-geostrophic equation and its two regularizations. Comm. Partial Dif-

ferential Equations, 2002, 27(5~6):1161~1181.

[136] DiPerna R J, Majda A J. Oscillation and concentration in weak solutions of the incompressible fluid equations. Commun. Math. Phys., 1987, 108:667~689.

[137] Temam R. Navier-Stokes Equations. 3^{rd}ed. Amsterdam-New York:North-Holland Publishing Co., 1984.

[138] Majda A. Compressible Fluid Flow and Systems of Conservation Laws in Seberal Space Variables. New York:Springer, 1984.

[139] Majda A J, Bertozzi A L. Vorticity and Incompressible Flow. Cambridge:Cambridge University Press, 2002.

[140] Beale J T, Kato T, Majda A. Remarks on breakdown of smooth solutions for the three-dimensional Euler equations. Comm. Math. Phys., 1984, 94:61~66.

[141] Cafferelli L, Kohn R, Nirenberg L. Partial regularity of suitable weak solutions of the Navier-Stokes equations. Comm. Pure Appl. Math., 1982, 35:771~831.

[142] Sell G R. Global attractors for the three-dimensional Navier-Stokes equations. J. Dyn. Diff. Eqs., 1996, 8:1~33.

[143] Bessaih H, Flandoli F. Weak attractor for a dissipative Euler equation. J. Dyn. Diff. Eqs., 2000, 12(4):713~732.

[144] Temam R. Navier-Stokes Equations and Nonlinear Functional Analysis. Philadelphia:Society for Industrial and Applied Mathematics, 1985.

[145] Guan Q, Ma Z. Boundary problems for fractional Laplacian. Stoch. Dynam., 2005, 5(3):385~424.

[146] Guan Q. Integration by parts formula for regional fractional Laplacian. Commun. Math. Phys., 2006, 266(2):289~329.

[147] Guan Q, Ma Z. Reffected symmetric α-stable processes and regional fractional Laplacian. Probab. Th. Rel. Fields, 2006, 134(4):649~694.

[148] Caffarelli L, Silvestre L. An entension problem related to the fractional Laplacian. Commun. Partial Differential Equation., 2007, 32(8):1245~1260.

[149] Caffarelli L, Tan J. Positive solutions of nonlinear problems involving the square root of the Laplacian. Adv.Math., 2010, 224(5):2052~2093.

[150] Caffarelli L, Salsa S, Silvestre L. Regularity estimates for the solution and the free boundary of the obstacle problem for the fractional Laplacian. Invent. Math., 2008, 171(2):425~461.

[151] Fabes E, Kenig C, Serapioni R. The local regularity of solutions of degenerate elliptic equations. Commun. Partial Differential Equations, 1982, 7(1):77~116.

[152] Lions P L. The concentration-compactness principle in the calculus of variations, the limit case ii. Rev. Mat. Iberoamericana, 1985, 1:45~121.

[153] Meerschaert M M, Tadjeran C. Finite difference approximations for fractional dvection-dispersion flow equations. J. Comput. Appl. Math., 2004, 2:65~77.

[154] Weilbee M. Effcient Numerical Methods for Fractional Differetnial Equations and Their Analytical Background. Braunschweig:Technical University of Braunschweig, 2005.

[155] Oldham K B, Spanier J. The Fractional Calculus:Theory and Applications of Differentiation and Integration to Arbitrary Order. Pittsburgh:Academic Press, 1974.

[156] Diethelm K. An algorithm for the numerical solution of differential equations of fractional

order. Electron. Trans. Numer. Anal., 1997, 5:1～6.

[157] Diethelm K. Numerical approximation for finite-part integrals with generalized compound quadrature formulae. Hildesheimer Informatik-Berichte, 1995.

[158] Diethelm K. Generalized compound quadrature formulae for finite-part integrals. IMA J. Numer. Anal., 1997, 17:479～493.

[159] Lubich Ch. Discretized fractional calculus. SIAM J. Math. Anal., 1986, 17:704～719.

[160] Diethelm K, Ford N, Freed A. Detailed error analysis for a fractional Adams method. Numerical Algorithms, 2004, 36(1):31～52.

[161] Cherrult Y. Convergence of Adomian's method. Kybernetes, 1989, 18:31～38.

[162] Tseng C, Pei S, Hsia S. Computation of fractional derivatives using Fourier transform and digital FIR differentiator. Signal Processing, 2000, 80:151～159.

[163] Ford N J, Simpson A C. The numerical solution of fractional differential equations:speed versus accuracy. Numerical Analysis Report. Manchester:Manchester Centre for Computational Mathematics, 2003.

[164] Ford N J, Simpson A C. Numerical approaches to the solution of some fractional differential equations. Numerical Analysis Report. Manchester:Manchester Centre for Computational Mathematics, 2003.

[165] Gorenflo R, Vessela R. Abel Integral Equations: Analysis and Applications, Lecture Notes in Mathematics, Vol.1461. Berlin:Springer-Verlag, 1991.

[166] Gorenflo R. Fractional calculus:some numerical methods. *In*:Carpinteri a. and Mainardi f.(eds.), Fractals and Fractional Calculus in Continuum Mechanics. Vol.378 of CISM Coursed and Lectures. Berlin:Springer-Verlag, 1997: 277～290.

[167] Edwards J T, Ford N J, Simpson C A. The numerical solution of linear multi-term fractional differential equations:systems of equations. J. Comput. Appl. Math., 2002, 148(2):401～418.

[168] Diethelm K. Efficient solution of multi-term fractional differential equations using p(EC)mE methods. Computing, 2003, 71:305～319.

[169] Diethelm K, Ford N J. Multi-order fractional differential equations and their numerical solution. Applied Mathematics and Computation, 2004, 154:621～640.

[170] Ali I, Kiryakov V, Kalla S L. Solutions of fractional multi-order integral and differential equations using a Poisson-type transform. J. Math. Anal. Appl., 2002, 269(1):172～199.

[171] Erturk V S, Momanib S, Odibat Z. Application of generalized differential transform method to multi-order fractional differential equations. Commun. Nonl. Sci. Numer. Simul., 2008, 13:1642～1654.

[172] Daftardar-Gejji V, Jafar H. Solving a multi-order fractional differential equation using Adomian decomposition. Appl. Math. Comput., 2007, 189:541～548.

[173] El-Sayed A M A, Saleh M M, Ziada E A A. Analytical and numerical solution of multi-term nonlinear differential equations of arbitrary orders. J. Appl. Math. Comput., 2010, 33:375～388.

[174] Daftardar-Gejji V, Bhalekara S. Boundary value problems for multi-term fractional differential equations. J. Math. Anal. Appl., 2008, 345(2):754～765.

[175] Diethelm K, Ford N J. Analysis of fractional differential equations. J. Math. Anal. Appl., 2002,265(2):229～248.

[176] Diethelm K. Fractional Differential Equations. Theory and Numerical Treatment. Braunschweig:Technical University of Braunschweig, 2003.

[177] Diethelm K, Walz G. Numerical solution of fractional order differential equations by extrapolation. Numer. Algorit., 1997, 16(3~4):231~253.

[178] Lubich Ch. On the stability of linear multistep methods for Volterra convolution equations. IMA J. Numer. Anal., 1983, 3(4):439~465.

[179] Lubich Ch. Fractional linear multistep methods for Abel-Volterra integral equations of the second kind. IMA J. Numer. Anal., 1985, 45(172):463~469.

[180] Lubich Ch. A stability analysis of convolution quadratures for Abel-Volterra integral equations. IMA J. Numer. Anal., 1986, 6(1):87~101.

[181] Lubich Ch. Fractional linear multistep methods for Abel-Volterra integral equations of the first kind. IMA J. Numer. Anal., 1987, 7(1):97~106.

[182] Lubich Ch. Convolution quadrature and discretized operational calculus. I. Numer. Math., 1988, 52(2):129~145.

[183] Hairer E, Lubich Ch, Schlichte M. Fast numerical solution of nonlinear Volterra convolution equations. SIAM J. Sci. Statist. Comput, 1985, 6(3):532~541.

[184] Shkhanukov M K. On the convergence of difference schemes for differential equations with a fractional derivative. Dekl. Akad. Nauk, 1996, 348(6):746~748.

[185] Diethelm K, Freed A. On the solution of nonlinear fractional-order differential equations used in the modelling of viscoplasticity//Keil F, Mackens W, Vob H, et al.(eds). Scientific Computing in Chemical Engineering ii-computational Fluid Dynamics, Reaction Engineering and Molecular Properties, Berlin:Springer, 1999: 217~224.

[186] Gorenflo R, Mainardi F. Random walk models for space-fractional diffusion processes. Fract. Calc. Appl. AnaL., 1998, 1(2):167~191.

[187] Mainardi F, Gorenflo R. Approximation of Lévy-Feller diffusion by random walk. J. Anal. Appl., 1999, 18:231~246.

[188] Gorenflo R, Fabritiis G D, Mainardi F. Discrete random walk models for symmetric Lévy-Feller diffusion processes. Physcica A, 1999, 269:79~89.

[189] Mainardi F, Gorenflo R, Luehko Yu. Wright function as scale-invariant solutions of the diffusion-wave equation. J. Comp. Appl. Math., 2000, 118:175~191.

[190] Gorenflo R, et al. Diserete random walk models for space-time fractional diffusion. Chemical Physics, 2002, 284:521~541.

[191] Liu F, Anh V, Turner I. Error analysis of an explicit finite difference approximation for the space fractional diffusion equation with insulated ends. ANZIAM J., 2005, 46(E):C871~887.

[192] Tadjeran C, Meerschaert M M, Scheffler H P. A second-order accurate numerical approximation for the fractional diffusion equation. J. Comp. Phy., 2006, 213:205~213.

[193] Meerschaert M M, Tadjeran C. Finite difference approximations for two-sided space fractional partial differential equations. Appl. Numer. Math., 2006, 56:80~90.

[194] Sousa E. Finite difference approximations for a fractional advection diffusion problem. J. Comput. Phys., 2009, 228:4038~4054.

[195] Su L, Wang W, Xu Q. Finite difference methods for fractional dispersion equations. Appl.

Math. Comput., 2010, 216:3329~3334.

[196] Ding Z, Xiao A, Li M. Weighted finite difference methods for a class of space fractional partial differential equations with variable coefficients. J. Comput. Appl. Math., 2010, 233:1905~1914.

[197] Lynch VE, et al. Numerical methods for the solution of partial differential equations of fractional order. J. Comput. Phy., 2003, 192:406~421.

[198] Shen S, Liu F. Numerical solution of the space fractional Fokker-Planck equation. J. Comput. Appl. Math., 2004, 166:209~219.

[199] Ciesielski M, Leszczynski J. Numerical treatment of an initial-boundary value problem for fractional partial differential equations. Signal Processing, 2006, 86:2619~2631.

[200] Yang Q, Liu F, Turner I. Numerical methods for fractional partial differential equations with Riesz space fractional derivatives. Appl. Math. Model., 2010, 34:200~218.

[201] Gorenflo R, Abdel-Rehim E A. Convergence of the Grünwald-Letnikov scheme for time-fractional diffusion. J. Comput. Appl. Math., 2007, 205:871~881.

[202] Yuste S B, Acedo L. An explicit finite difference method and a new von neumann-type stablity analysis for fractional diffiusion equations. SIAM J. Numer. Anal., 2005, 42(5):1862~1874.

[203] Langlands T A M, Henry B I. The accuracy and stability of an implicit solution method for the fractional diffusion equation. J. Comput. Phys., 2005, 205:719~736.

[204] Liu F, Zhuang P, Anh V, et al. A fractional-order implicit difference approximation for the space-time fractional diffusion equation. ANZIAM J., 2006, 47(E):48~68.

[205] Liu F, Zhuang P, Anh V, et al. Stability and convergence of the difference methods for the space-time fractional advection-diffusion equation. Appl. Math. Comput., 2007, 191(E):12~20.

[206] Zhuang P, Liu F, Turner I, et al. Numerical treatment for the fractional Fokker-Planck equation. ANZIAM J., 2007, 48(E):759~774.

[207] Meerschaert M M, Scheffler H P, Tadjeran C. Finite difference methods for two-dimensional fractional dispersion equation. J. Comp. Phy., 2006, 211:249~261.

[208] Roop J C. Computational aspects of FEM approximation of fractional advection dispersion equations on bounded domain in R^2. J. Comp. Appl. Math., 2006, 193:243~268.

[209] Momani S. Analytic and approximate solutions of the space-and time-fractional telegraph equations. Appl. Math. Comput., 2005, 170:1126~1134.

[210] AI-Khaled K, Momani S. Approximate solution for a fractional diffusion-wave equation using the decomposition method. Appl. Math. Comput., 2005, 165:473~483.

[211] Rawashdeh E A. Numerical solution of fractional integro-differential equations by collocation method. Appl. Math. Comput., 2006, 176:1~6.

[212] Lin Y, Xu C. Finite difference/spectral approximations for the time-fractional diffusion equation. J. Comput. Phys., 2007, 225(2):1533~1552.

[213] Metzler R, Klafter J. The restaurant at the random walk: recent developments in the description of anomalous transport by fractional dynamics. J. Phys. A, 2004, 37:161~208.

[214] Gorenflo R, Scalas E, Mainardi F. Fractional calculus and continuous-time finance. Phys. A, 2000, 284:376~384.

[215] Benson D A, Wheatcraft S W, Meerschaert M M. Application of fractional advection-dispersion equation. Water Resource. Res., 2000, 36(6):1403~1412.

[216] Benson D A, Wheatcraft S W, Meerschaert M M. Application of fractional advection-dispersion equation. Water Resource. Res., 2000, 36(6):1413~1423.

[217] Liu F, Anh V, Turner I, et al. Time fractional advection dispersion equation. J. Appl. Math. Comp., 2003, 13(1~2):233~246.

[218] Huang F, Liu F. The time fractional diffusion equation and the advection-dispersion equation. ANZIAM. J., 2005, 46:317~330.

[219] Huang F, Liu F. The space-time fractional diffusion equation with Caputo derivatives. J. Appl. Math. Comp., 2005, 19(1~2):179~190.

[220] Chen C, Liu F, Burrage K. Finite difference methods and a Fourier analysis for the fractional reaction-subdiffusion equation. Appl. Math. Comput., 2008, 198:754~769.

[221] Ervin V J, Roop J P. Variational solution of the fractional advection dispersion equation on bounded domains in $\mathbf{R}^2$. Numer. Methods Partial Differential Equations, 2007, 23(2):256~281.

[222] Adomian G. Solving Frontier Problems of Physics:the Decomposition Method. Boston: Kluwer Academic Publisher, 1994.

[223] Adomian G. A review of the decomposition method in applied mathematics. J. Math. Anal. Appl., 1988, 135:501~544.

[224] Cherrualt Y. Convergence of Adomian's method. Kybernetes, 1989, 18:31~ 38.

[225] Abbapio K, Cherruault Y. Convergence of Adomian's method applied to differential equations. Comput. Math. Appl., 1994, 28:103~109.

[226] Yu Q, Liu F, Anh V, et al. Solving linear and non-linear space-time fractional reaction-diffusion equations by the Adomian decomposition method. Int. J. Numer. Meth. Engng, 2008, 74:138~158.

[227] Jafari H, Daftardar-Gejji V. Solving linear and non-linear fractional diffusion and wave equations by Adomian decomposition. Appl. Math. Comput., 2006, 180(2):488~497.

[228] He J. Variational iteration method-some recent results and new interpretations. J. Comput. Appl. Math., 2007, 207:3~17.

[229] Momania S, Odibatb Z. Numerical comparison of methods for solving linear differential equations of fractional order. Chaos, Solitons & Fractals, 2007, 31(5):1248~1255.

[230] Odibat Z, Momani S. Numerical methods for nonlinear partial differential equations of fractional order. Appl. Math. Model., 2008, 32:28~39.